Unterrichtsentwürfe Mathematik
Sekundarstufe II

Mathematik Primarstufe und Sekundarstufe I + II

Herausgegeben von
Prof. Dr. Friedhelm Padberg, Universität Bielefeld
und Prof. Dr. Andreas Büchter, Universität Duisburg-Essen

Bisher erschienene Bände (Auswahl):

Didaktik der Mathematik

P. Bardy: Mathematisch begabte Grundschulkinder – Diagnostik und Förderung (P)
C. Benz/A. Peter-Koop/M. Grüßing: Frühe mathematische Bildung (P)
M. Franke/S. Reinhold: Didaktik der Geometrie (P)
M. Franke/S. Ruwisch: Didaktik des Sachrechnens in der Grundschule (P)
K. Hasemann/H. Gasteiger: Anfangsunterricht Mathematik (P)
K. Heckmann/F. Padberg: Unterrichtsentwürfe Mathematik Primarstufe, Band 1 (P)
K. Heckmann/F. Padberg: Unterrichtsentwürfe Mathematik Primarstufe, Band 2 (P)
F. Käpnick: Mathematiklernen in der Grundschule (P)
G. Krauthausen: Digitale Medien im Mathematikunterricht der Grundschule (P)
G. Krauthausen/P. Scherer: Einführung in die Mathematikdidaktik (P)
K. Krüger/H.-D. Sill/C. Sikora: Didaktik der Stochastik in der Sekundarstufe (S)
G. Krummheuer/M. Fetzer: Der Alltag im Mathematikunterricht (P)
F. Padberg/C. Benz: Didaktik der Arithmetik (P)
P. Scherer/E. Moser Opitz: Fördern im Mathematikunterricht der Primarstufe (P)
A.-S. Steinweg: Algebra in der Grundschule (P)

G. Hinrichs: Modellierung im Mathematikunterricht (P/S)

R. Danckwerts/D. Vogel: Analysis verständlich unterrichten (S)
C. Geldermann/F. Padberg/U. Sprekelmeyer: Unterrichtsentwürfe Mathematik Sekundarstufe II (S)
G. Greefrath: Didaktik des Sachrechnens in der Sekundarstufe (S)
K. Heckmann/F. Padberg: Unterrichtsentwürfe Mathematik Sekundarstufe I (S)
F. Padberg: Didaktik der Bruchrechnung (S)
H.-J. Vollrath/H.-G. Weigand: Algebra in der Sekundarstufe (S)
H.-J. Vollrath/J. Roth: Grundlagen des Mathematikunterrichts in der Sekundarstufe (S)
H.-G. Weigand/T. Weth: Computer im Mathematikunterricht (S)
H.-G. Weigand et al.: Didaktik der Geometrie für die Sekundarstufe I (S)

Mathematik

M. Helmerich/K. Lengnink: Einführung Mathematik Primarstufe – Geometrie (P)
F. Padberg/A. Büchter: Einführung Mathematik Primarstufe – Arithmetik (P)
F. Padberg/A. Büchter: Vertiefung Mathematik Primarstufe – Arithmetik/Zahlentheorie (P)

Appell/J. Appell: Mengen – Zahlen – Zahlbereiche (P/S)
Filler: Elementare Lineare Algebra (P/S)
rauter/C. Bescherer: Erlebnis Elementargeometrie (P/S)
tting/M. Sauer: Elementare Stochastik (P/S)
lers: Erlebnis Algebra (P/S)
rs: Erlebnis Arithmetik (P/S)
g: Elementare Zahlentheorie (P/S)
/R. Danckwerts/M. Stein: Zahlbereiche (P/S)

.-W. Henn: Elementare Analysis (S)
. Humenberger: Elementare Numerik für die Sekundarstufe (S)
lementare Funktionen und ihre Anwendungen (S)

imarstufe
undarstufe

Christian Geldermann · Friedhelm Padberg ·
Ulrich Sprekelmeyer

Unterrichtsentwürfe Mathematik Sekundarstufe II

Vielseitige Anregungen zur Unterrichtsplanung und Unterrichtsgestaltung

Unter Mitarbeit von

Wolfgang Fleger
Gerd Hinrichs
Christof Höger
Henning Körner
Gerhard Metzger
Jörg Meyer
Horst Ocholt
Robert Strich

Springer Spektrum

Christian Geldermann
Ostbevern, Deutschland

Ulrich Sprekelmeyer
Münster, Deutschland

Friedhelm Padberg
Fakultät für Mathematik
Universität Bielefeld
Bielefeld, Deutschland

ISBN 978-3-662-48387-9

Die Deutsche Nationalbibliothek verzeichnet diese Publikation in der Deutschen Nationalbibliografie; detaillierte bibliografische Daten sind im Internet über http://dnb.d-nb.de abrufbar.

Springer Spektrum

Planung und Lektorat: Ulrike Schmickler-Hirzebruch, Bianca Alton
Korrektorat: Alexander Reischert, ALUAN

Gedruckt auf säurefreiem und chlorfrei gebleichtem Papier.

Springer-Verlag GmbH Berlin Heidelberg ist Teil der Fachverlagsgruppe Springer Science+Business Media (www.springer.com)

Vorwort

Wir wünschen, dass dieser Band

- vielen Studienreferendarinnen und Studienreferendaren,
- vielen Studierenden, insbesondere in Praxis-/Schulpraxissemestern und bei Praktika, sowie
- vielen praktizierenden Lehrkräften, die nach neuen Ideen für ihren täglichen Unterricht suchen

vielseitige, innovative und dennoch praktikable Anregungen für die Planung und Realisierung ihres Mathematikunterrichts in der Sekundarstufe II vermittelt.

Dieser Band ist in enger Zusammenarbeit von Studienseminar (Dr. Christian Geldermann, Studienseminar Münster; Dr. Ulrich Sprekelmeyer, Studienseminar Bocholt) und Universität (Prof. Dr. Friedhelm Padberg, Universität Bielefeld) entstanden. Herzstück dieses Bandes sind 19 authentische, sorgfältig ausgesuchte Unterrichtsentwürfe – darunter neun Unterrichtsentwürfe für Examenslehrproben. Dieser Band konnte in dieser Form nur entstehen durch eine intensive und gute Zusammenarbeit mit den folgenden Fachleitern für Mathematik:

- Wolfgang Fleger, Studienseminar Münster,[1]
- Gerd Hinrichs, Studienseminar Leer,
- Christof Höger, Studienseminar Heidelberg,
- Henning Körner, Studienseminar Oldenburg,
- Gerhard Metzger, Studienseminar Freiburg,
- Dr. Jörg Meyer, Studienseminar Hameln,
- Dr. Horst Ocholt, Studienseminar Dresden sowie
- Robert Strich, Studienseminar Würzburg.

---

[1] Wir benutzen hier und im Folgenden kurz und einheitlich die Bezeichnung „*Studienseminar*", obwohl die Bezeichnung für diese Institution mittlerweile je nach Bundesland bekanntlich sehr unterschiedlich ist. Missverständnisse sind hierdurch jedoch nicht zu befürchten.

Auch zwei Autoren dieses Bandes
- Dr. Christian Geldermann, Studienseminar Münster, und
- Dr. Ulrich Sprekelmeyer, Studienseminar Bocholt,

haben zu diesem Buch – neben dem umfangreichen Grundlagenteil – eigene Unterrichts-entwürfe beigesteuert.

Die für diesen Band aus einer umfangreichen Anzahl ausgewählten Entwürfe basieren auf den kreativen Ideen der folgenden Exstudienreferendarinnen und Exstudienreferendare, bei denen wir uns ganz herzlich dafür bedanken, dass sie uns ihre Unterrichtsentwürfe zur Verfügung gestellt haben:

Maximilian Brunegraf, Dr. Matthias Färber, Jessica Glumm, Robert Hampe, Kolja Hanke, Jochen Hinderks, Sven Kirchner, Franziska Müller, Dr. Dennis Nawrath, Andre Perk, Jochen Scheuermann, David Schinowski, Tim Schöningh, Sandra Schufmann, geb. Korb, Katharina Rensinghoff, Andrea Schwane, geb. Puharic, Ralf Schwietering und Jan Stauvermann.

Den Namen der Autorin bzw. des Autors nennen wir außerdem noch jeweils zu Beginn des einzelnen Unterrichtsentwurfs.

Münster, Bielefeld, Bocholt,   Christian Geldermann
Juni 2015   Friedhelm Padberg
                                                                                        Ulrich Sprekelmeyer

Inhaltsverzeichnis

Einleitung

Das vorliegende Buch hat es sich zur Aufgabe gemacht, Studierenden in Praxisphasen, Studienreferendarinnen und Studienreferendaren sowie Lehrkräften in der Sekundarstufe II hilfreiche Anregungen für die Gestaltung des eigenen Unterrichts zu bieten. Es ist daher in erster Linie für die Verwendung in der Ausbildung in Lehramtsstudiengängen und in der zweiten Phase der Lehrerausbildung konzipiert. Es wendet sich nicht nur an die angehenden Lehrkräfte, sondern ist in zweiter Linie auch gut für die individuelle Weiterbildung von Lehrkräften in der Sekundarstufe II geeignet. Aktuelle Forschungsberichte bezeichnen nämlich den heute zu beobachtenden Mathematikunterricht als verbreitet eher defizitär ([52]: 345 ff.; [49]: 9; [74]: 149 ff.). Zwar ist die Spannbreite der erfassten Unterrichtsqualität sehr groß, dennoch zeigt sich der Mathematikunterricht vielfach noch durch zu starke Lehrerzentrierung geprägt. Dazu kommt ein Mangel an individualisierten und kooperativen Lernformen sowie ein allgemein eher geringes kognitives Aktivierungspotenzial der verwendeten Aufgaben ([52]: 345 ff.).

In diesem Buch wird daher einerseits ein Bild modernen Mathematikunterrichts beschrieben, andererseits werden die vielfältigen Anforderungen an die Unterrichtsplanung dargestellt, deren Umsetzung in einer vielseitigen Zusammenstellung von authentischen Unterrichtsentwürfen konkretisiert wird.

1.1 Unterrichtsentwürfe als Mittel der Lehrerausbildung und der Unterrichtsentwicklung

Betrachtet man die speziell für das Schulfach Mathematik beschriebene Problematik, so ist es nicht verwunderlich, dass der Kern der Qualitätsentwicklung von Schulen im Bereich der Unterrichtsentwicklung gesehen wird ([84]). In diesem Bereich gelten drei empirisch belegte „*Entwicklungsachsen*" als entscheidend: Neben dem *Anspruch, zielführend zu han-*

deln, sind dies die auf kooperative Unterrichtsentwicklung zielende *Teamarbeit* und ein etabliertes *reziprokes Feedback.*

Zielführendes Handeln der Lehrkräfte bezieht sich sowohl auf die Lernerfolge der Schülerinnen und Schüler als auch auf die eigene Professionalisierung. Dies setzt eine gute Kenntnis der aktuellen unterrichtlichen Situation und des eigenen Entwicklungsstands voraus. Dazu sind *klare Ziele* für diesen Entwicklungsprozess erforderlich. Diese sind individuell zu definieren, sollten aber so weit wie möglich die allgemeine und die fachbezogene schulische Situation berücksichtigen. So entstehen Anknüpfungspunkte für eine unterrichtsbezogene Teamarbeit der Lehrkräfte, die sich insbesondere in *professionellen Lerngemeinschaften* effektiv verwirklichen lässt.[1]

Die dritte Entwicklungsachse wird als lernbezogene Feedback-Kultur beschrieben. Neben eine förderorientierte Rückmeldung an die Lernenden tritt als zweite Richtung der Dialog der Lehrkraft mit den Lernenden, anderen Lehrkräften, Eltern und der Schulleitung über den Unterricht und seine Rahmenbedingungen. Dazu gehören als zentrale Elemente das *Lehrer-Schüler-Feedback* und *kollegiale Hospitationen* ([84]; [14]).

Die Rolle der Unterrichtsentwürfe

Die in diesem Buch dargestellten Unterrichtsentwürfe spielen ebenso wie die grundlegenden Überlegungen in den Kap. 2 bis 4 für die Professionalisierung einer Lehrkraft eine wichtige Rolle. Die Unterrichtsentwürfe sind einerseits keinesfalls als Muster zu verstehen, nach dem eine Unterrichtsstunde unabhängig von ihren Rahmenbedingungen durchzuführen wäre. Andererseits geben sie gute Anregungen für die individuelle Unterrichtsplanung, indem sie erprobte, wenn auch auf spezifische Lerngruppen und jeweils eine einzelne Lehrkraft angepasste Handlungsentwürfe darstellen. Die mit solchen Planungen verbundenen Strukturierungsprozesse sind eine unverzichtbare Vorleistung für gelingenden Unterricht; im Anschluss an die Durchführung bilden sie zudem den Maßstab für eine Analyse des Unterrichts mit dem Blick auf die gewünschte sukzessive Optimierung des Lehrerhandelns.

Damit sind Unterrichtsentwürfe behilflich bei der Definition klarer individueller Ziele und unterstützen so das gewünschte ergebnisorientierte Handeln. Gleichzeitig können sie zum Gegenstand des kollegialen Austauschs über Unterrichtsplanung und -durchführung werden, indem sie beispielsweise die Basis für eine individuelle Planung in parallelen Lerngruppen darstellen. Deren Realisierung kann dann anschließend im Vergleich auf die Funktionalität der wesentlichen Entscheidungen in Abhängigkeit von spezifischen Merkmalen der jeweiligen Lerngruppe untersucht werden. So wird der Blick auf die wichtigen Parameter für die methodisch-didaktischen Entscheidungen im Planungsprozess, aber auch in der Durchführung geschärft. Besonders interessant wird dies bei wechselseitigen *kol-*

---

[1] Sie setzen gemeinsame Werte voraus und sind im unterrichtlichen Kontext gekennzeichnet durch gemeinsam vereinbarte Ziele, Fokus auf Schülerlernen, Deprivatisierung der Lehrerrolle (Lehrer sehen ihre Klasse und ihren Unterricht nicht als ihr Eigentum sondern als Angelegenheit des ganzen Jahrgangs oder der ganzen Fachgruppe an), Zusammenarbeit/Kooperation sowie reflektierenden Dialog (zielorientiert und datengestützt) (vgl. [84]: 6).

legialen Hospitationen, da der Besucher noch eher als die unterrichtende Lehrkraft in der Lage ist, die Kommunikations- und Lernprozesse detailliert zu beobachten.

In diesem Buch werden also wichtige Voraussetzungen für die Umsetzung einer fachbezogenen Entwicklung des Mathematikunterrichts insbesondere in der Ausbildungsphase gelegt. Auf diese Art und in diesem Sinne kann dieser Band Hilfen für eine Verbesserung der praktischen Ausbildung an Universitäten und Studienseminaren – und auch für die Berufspraxis danach – geben.

1.2 Aufbau des Buches

Ausgehend von dem aktuellen Stand der Unterrichtsforschung und den aktuellen bundesweiten Vorgaben für den Unterricht wird zunächst ein Bild eines für die Lernerfolge der Lernenden günstigen Mathematikunterrichts gezeichnet. Zunächst werden die wesentlichen Inhalte und Zielsetzungen eines solchen Unterrichts vor dem Hintergrund der *Bildungsstandards* und bundesweiter Vorgaben vorgestellt. Auf dieser Basis werden günstige Rahmenbedingungen und Gestaltungsmerkmale für erfolgreichen Mathematikunterricht beschrieben, bevor Grundlagen und Details der Planung und Gestaltung des Mathematikunterrichts erläutert werden. Den Abschluss bildet die Zusammenstellung gelungener Unterrichtsentwürfe. Dazu werden Grundprinzipien für die schriftliche Unterrichtsplanung vorgestellt und es wird erörtert, wie die Unterrichtsentwürfe ausgewählt und dargestellt wurden.

Der grundlegende theoretische Teil des Buches startet mit der Darstellung der *Inhalte und Ziele des Mathematikunterrichts* im Kap. 2. Zunächst werden aus Ansprüchen an den allgemeinbildenden Unterricht in Anlehnung an Heymann und Winter ([38]; [105]) Grundanforderungen an den Mathematikunterricht abgeleitet. Auf dieser Basis folgt eine detailliertere Darstellung von Vorgaben im Sinne der Qualitätssicherung im Bildungssystem, die in Form allgemeiner mathematischer Kompetenzen und Leitideen konkretisiert werden. Dabei werden exemplarisch Bezüge zu aktuellen Richtlinien und Lehrplänen deutscher Bundesländer hergestellt und Folgerungen für Maßnahmen zur Qualitätssicherung im Bereich des Mathematikunterrichts gezogen.

Das Kap. 3 *Rahmenbedingungen für erfolgreichen Mathematikunterricht* beginnt mit der Darstellung von Kriterien guten Unterrichts nach Meyer ([66]) und den sich ergebenden Anforderungen an die Lehrkräfte. Die komplexen Wechselbeziehungen dieser Merkmale und Anforderungen werden im Folgenden, auf ihre Lernwirksamkeit bezogen, im *systemischen Rahmenmodell* nach Reusser und Pauli ([82]: 18) abgebildet. Anschließend folgt eine deutliche Abgrenzung der Oberflächenmerkmale von Merkmalen der Tiefenstruktur des Unterrichts, die sich als besonders wichtig, gleichzeitig aber weniger gut direkt beobachtbar erwiesen haben.

Da die allgemeine Sicht auf Unterrichtsqualität als nur sehr bedingt auf den Mathematikunterricht anwendbar angesehen wird, befasst sich der weitere Teil des Kapitels mit Kriterien für guten Mathematikunterricht. Diese werden in Form eines Leitbildes mit zehn

Leitsätzen präsentiert, das sich in Planungs-, Durchführungs- und Auswertungsaspekte gliedert. Zu allen Leitsätzen werden Indikatoren und Praxisbeispiele angeboten.

Im Kap. 4 *Zur Planung und Gestaltung von Mathematikunterricht* werden ausgehend von dem Anspruch einer realistischen gründlichen Unterrichtsplanung zunächst grundlegende Prinzipien für diese Kernaufgabe von Lehrkräften dargestellt. Anschließend präsentieren wir drei überschaubare aktuelle Unterrichtsmodelle nach Leisen, Reich und Meyer. Diese können vor allem für Berufsanfänger bei der Ausprägung und Weiterentwicklung eines persönlichen Modells behilflich sein, das dem aktuellen Forschungsstand zu effektivem und effizientem Mathematikunterricht angemessen ist, wie er in Kap. 3 beschrieben wird. Dazu wird ein zyklisches Modell für die länger- und die kurzfristige Unterrichtsplanung vorgestellt und begründet, in dem sich die wechselseitige Abhängigkeit der Planungsaspekte und -entscheidungen widerspiegelt. Abschließend werden Anforderungen an einen zeitgemäßen schriftlichen Unterrichtsentwurf formuliert.

Im Kap. 5 *Beispiele gelungener Unterrichtsentwürfe* werden die Herkunft, die Auswahl und die Anordnung der fast zwanzig Unterrichtsentwürfe in den Kap. 6 bis 9 erläutert. Diese wurden sorgfältig so zusammengestellt, dass sowohl verschiedene Bundesländer vertreten sind als auch alle relevanten Inhalts- und Anforderungsbereiche exemplarisch aufgeführt werden. Es sind sowohl Grundkurs- als auch Leistungskursstunden enthalten und es wurden etwa zur Hälfte Entwürfe von Examensstunden aufgenommen.

Der zweite Teil des Buches enthält in den Kap. 6 bis 9 jene nach Inhaltsfeldern sortierten, ausgewählten Unterrichtsentwürfe, die nach unserer Überzeugung im Sinne einer *Best Practice* ein Abbild gelungener Ausbildungspraxis in der zweiten Phase der Lehrerausbildung bieten.

Inhalte und Ziele des Mathematikunterrichts

2

Die Frage nach den Inhalten und Zielen des Mathematikunterrichts kann bei genauerer Betrachtung nicht so leicht beantwortet werden, wie es vielleicht zunächst erscheinen mag. Die Mathematik ist vielfältig und die Menge der Inhalte, Kompetenzen und Aspekte, die unter der Überschrift des Mathematikunterrichts subsumiert werden könnten, ist sicherlich größer als das, was im Unterricht der allgemeinbildenden Schule jemals behandelt werden kann. Die Frage nach Kriterien für eine sinnvolle Auswahl von Zielen und Inhalten wird im folgenden Abschnitt behandelt, bevor die diesbezüglichen Entscheidungen, die für Deutschland in den Bildungsstandards getroffen wurden, im Abschn. 2.2 allgemein und anschließend in den Abschn. 2.3 und 2.4 spezifiziert für die allgemeinen Kompetenzen und Leitideen vorgestellt werden. Die Rolle der digitalen Werkzeuge wird dabei gesondert im Abschn. 2.5 betrachtet. Die Umsetzung der Vorgaben der Bildungsstandards in länderspezifischen Lehrplänen ist dann im Abschn. 2.6 exemplarisch für Nordrhein-Westfalen kurz angedeutet.

2.1 Allgemeine Zielsetzung des Mathematikunterrichts

Die Frage nach Inhalten und Zielen des Mathematikunterrichts kann aus verschiedenen Perspektiven unterschiedlich beantwortet werden. Sieht man die Mathematik als ein Unterrichtsfach unter vielen, so können die Zielsetzungen der allgemeinbildenden Schule, wie sie zum Beispiel von Hentig ([37]) diskutiert wurden, auch auf den Mathematikunterricht bezogen werden. Eine aktuellere Auseinandersetzung mit der Zielsetzung des Mathematikunterrichts vor dem Hintergrund eines allgemeinbildenden Unterrichts führte Heymann im Jahre 1996 [38]. Er wählte dabei einen Ansatz, bei dem er davon ausgeht, dass allgemeinbildende Schulen in unserer Gesellschaft im Wesentlichen sieben verschiedene, sich teilweise überschneidende Aufgaben zu erfüllen haben:

© Springer-Verlag Berlin Heidelberg 2016
C. Geldermann et al., *Unterrichtsentwürfe Mathematik Sekundarstufe II*,
Mathematik Primarstufe und Sekundarstufe I + II, DOI 10.1007/978-3-662-48388-6_2

- *Lebensvorbereitung*: Der Unterricht soll die Schülerinnen und Schüler pragmatisch auf absehbare Erfordernisse ihres beruflichen und privaten Alltags vorbereiten.
- *Stiftung kultureller Kohärenz*: Die Schule tradiert wichtige kulturelle Errungenschaften und vermittelt zwischen unterschiedlichen Subkulturen, damit die Schülerinnen und Schüler eine reflektierte kulturelle Identität aufbauen können.
- *Weltorientierung*: Die Schule soll einen orientierenden Überblick über unsere Welt und die Probleme, die alle angehen, geben. Sie sollte zu einem Denkhorizont beitragen, der über den privaten Alltagshorizont hinausreicht.
- *Anleitung zum kritischen Vernunftgebrauch*: Der Unterricht soll selbstständiges Denken und Kritikvermögen fördern, dazu ermutigen und hierfür Gelegenheit bieten.
- *Entfaltung von Verantwortungsbereitschaft*: Der Unterricht und die Art, wie mit Themen umgegangen wird, sollen die Verantwortungsbereitschaft fördern.
- *Einübung in Verständigung und Kooperation*: Die Schule soll Verständigung, Toleranz, Solidarität und gemeinsames Lösen von Problemen einüben.
- *Stärkung des Schüler-Ichs*: In der Schule sollen die Heranwachsenden als eigenständige Personen geachtet und in ihrer Individualität ernst genommen werden (vgl. [38]).

Der Mathematikunterricht als Fachunterricht muss sich nach Heymann auch diesen sieben Aufgaben stellen. Heymann fordert einen Mathematikunterricht, der mathematische Alltagstätigkeiten und verständige Handhabungen technischer Hilfsmittel thematisiert und übt, der sich an zentralen Ideen orientiert, an denen die Verbindung von Mathematik und außermathematischer Kultur sichtbar wird, der durch ein Verständnis von (nichtmathematischen) Problemen zur Weltorientierung herangezogen werden kann und der durch seine Unterrichtskultur subjektive Sichtweisen berücksichtigt. Dabei kommt nach Heymann der Interaktion im Unterricht eine besondere Bedeutung zu.

> *Was an und über Mathematik und ihre Zusammenhänge mit der übrigen Welt gelernt wird, hängt in hohem Maß davon ab, wie im Rahmen der unterrichtlichen Interaktion mit Mathematik umgegangen wird ([38]: 276).*

Dementsprechend plädiert Heymann für einen verstehensorientierten Mathematikunterricht, der eine entsprechende Unterrichtskultur hat, bei der subjektive Sicht- und Vorgehensweisen, der gemeinsame Austausch und eigenverantwortliches Tun eine Rolle spielen.

Die Zielsetzungen und Aufgaben des Mathematikunterrichts in der gymnasialen Oberstufe werden inzwischen deutschlandweit weitgehend einheitlich gesehen, was sich in den einheitlichen Prüfungsanforderungen und den Bildungsstandards der Kultusministerkonferenz manifestiert. Als gemeinsamer Kern des *allgemeinbildenden Auftrags* können dabei die von Winter formulierten drei Grunderfahrungen gesehen werden:

1. *Erscheinungen der Welt um uns, die uns alle angehen oder angehen sollten, aus Natur, Gesellschaft und Kultur mit Hilfe der Mathematik und ihrer Anwendungsbereiche in einer spezifischen Art wahrnehmen und zu verstehen,*

2. *mathematische Gegenstände und Sachverhalte, repräsentiert in Sprache, Symbolen, Bildern und Formeln als geistige Schöpfungen, als eine deduktiv geordnete Welt eigener Art kennenzulernen und zu begreifen,*
3. *in der Auseinandersetzung mit Aufgaben Problemlösefähigkeiten, die über die Mathematik hinausgehen, zu erwerben* ([106]: 37).

Diese von Winter auch im Auftrag der Kultusministerkonferenz formulierten Grunderfahrungen werden in der Fachpräambel der Bildungsstandards im Fach Mathematik für die Allgemeine Hochschulreife für die ersten beiden Grunderfahrungen nahezu identisch aufgegriffen:

- *Mathematik als Werkzeug, um Erscheinungen der Welt aus Natur, Gesellschaft, Kultur, Beruf und Arbeit in einer spezifischen Weise wahrzunehmen und zu verstehen,*
- *Mathematik als geistige Schöpfung und auch deduktiv geordnete Welt eigener Art,*
- *Mathematik als Mittel zum Erwerb von auch über die Mathematik hinausgehenden, insbesondere heuristischen Fähigkeiten* ([47]: 9).

Bei der dritten Grunderfahrung wählen die Bildungsstandards eine etwas offenere Formulierung, unter der weitere Fähigkeiten subsumiert werden, die mithilfe der Mathematik erworben werden können.

Diese drei Grunderfahrungen spiegeln sich, wenn auch in teilweise unterschiedlichen Ausprägungen und Formulierungen, in den Bildungs- und Lehrplänen für die Sekundarstufe II aller Bundesländer. Die erste Grunderfahrung zeigt sich meist in einer Sichtweise, bei der die Mathematik als Werkzeug, Anwendung und Hilfsmittel für ein verständiges und gestaltendes Leben in einer wissenschaftlich geprägten Welt gesehen wird. Der meist deduktive, formale Charakter und die Struktur der Mathematik als Wissenschaft deuten dementsprechend auf die zweite Grunderfahrung hin, während heuristische Tätigkeiten insbesondere auch in der Übertragung auf nichtmathematische Bereiche als Vertreter der dritten Grunderfahrung gesehen werden können. Auch wenn die Grunderfahrungen als Kern in allen Lehr- und Bildungsplänen zu finden sind, können doch insbesondere im Bereich der dritten Grunderfahrung geringfügige Unterschiede in landesspezifischen Formulierungen und Schwerpunktsetzungen festgestellt werden.

Exemplarisch werden hier Eckpunkte aus aktuellen Bildungs- und Lehrplänen aus Bayern, Nordrhein-Westfalen und Sachsen dargestellt.

Das **bayerische** Staatsinstitut für Schulqualität und Bildungsforschung (ISB) sieht die Mathematik als gemeinsame Kulturleistung, die in Naturwissenschaften, Technik, Wirtschaft, Politik und Sozialwissenschaften mit ihrer Sprache und ihren Methoden und Aussagen für Entscheidungen von weitreichender Bedeutung ist. Im Rahmen des Lehrplans sieht es das ISB in der Folge als

zentrale Aufgabe des Mathematikunterrichts am Gymnasium [...], den Schülern neben konkreten mathematischen Kenntnissen und Arbeitsweisen auch allgemeinere Einsichten in Prozesse des Denkens und der Entscheidungsfindung zu vermitteln, die für eine aktive und verantwortungsbewusste Mitgestaltung der Gesellschaft von Bedeutung sind ([92]), was im Wesentlichen der ersten und dritten Grunderfahrung entspricht. Als Beitrag zur ersten Grunderfahrung können auch die geforderten vielfältigen Verknüpfungen mit anderen Fächern gesehen werden. Die zweite Grunderfahrung spiegelt sich auch sehr direkt unter den Zielen und Inhalten des Fachprofils wider. Dort beschreibt das ISB, dass Gymnasiasten *„mathematische Gegenstände und Sachverhalte, ausgedrückt in Sprache, Formeln und graphischen Darstellungen, als eine deduktiv geordnete Welt"* kennenlernen sollen ([92]). Die dort folgenden Ausführungen, *„dass viele Probleme unserer Zeit einen rationalen Zugang besitzen, dass mathematische Denk- und Vorgehensweisen Anwendung in den meisten Wissenschaften, den unterschiedlichsten Berufsfeldern und nicht zuletzt in unserem Alltag finden"*, können unter anderem der dritten Grunderfahrung zugeordnet werden. Darüber hinaus soll der Mathematikunterricht aus Sicht des ISB in München auch das Denken schulen und durch Persönlichkeits- und Arbeitstugenden einen Beitrag zur gymnasialen Bildung und zur Persönlichkeitsentwicklung leisten. Diese Zielsetzung kann durchaus den weiteren Fähigkeiten in der offeneren Formulierung der dritten Grunderfahrung in den Bildungsstandards zugeordnet werden.

Der Kernlehrplan für die Sekundarstufe II in **Nordrhein-Westfalen** [68] fokussiert auf zentrale fachliche Kompetenzen. Für fachübergreifende Kompetenzen, wie Personal- und Sozialkompetenzen, verweist der Kernlehrplan auf den an anderer Stelle beschriebenen Bildungs- und Erziehungsauftrag der Schule. Für das Fach Mathematik bezieht sich der Kernlehrplan konkret auf die drei Grunderfahrungen nach Winter, wobei die dritte Grunderfahrung – nicht so offen wie in den Bildungsstandards – auf Problemlösefähigkeiten und Kreativität eingeschränkt wird.

Die Schülerinnen und Schüler sollen

- technische, natürliche, soziale und kulturelle Erscheinungen und Vorgänge mithilfe der Mathematik wahrnehmen, verstehen, beurteilen und beeinflussen (Mathematik als Anwendung),
- mathematische Gegenstände und Sachverhalte, repräsentiert in Sprache, Symbolen und Bildern, als geistige Schöpfungen, als eine deduktiv geordnete Welt eigener Art erkennen und weiterentwickeln (Mathematik als Struktur),
- in der Auseinandersetzung mit mathematischen Fragestellungen Kreativität und Problemlösefähigkeit, die über die Mathematik hinausgehen, erwerben und einsetzen (Mathematik als individuelle und kreative Tätigkeit) ([68]: 10 f.).

Für die Unterrichtsgestaltung fordert der Kernlehrplan eine verständnisorientierte Auseinandersetzung mit der Mathematik, wobei das Fach wie auch die anderen Fächer des mathematisch-naturwissenschaftlich-technischen Aufgabenfeldes zur interdisziplinären Verknüpfung von Kompetenzen beitragen sollen.

In **Sachsen** wird der allgemeinbildende Auftrag des Mathematikunterrichts im *„Lehrplan Gymnasium Mathematik"* unter den Zielen und Aufgaben des Faches hervorgehoben. Dort wird das „*selbstständige Problemlösen auf der Grundlage eines anwendungsbereiten Wissens*" ([87]) als wesentlicher Beitrag des Mathematikunterrichts gesehen. Damit schließt der Lehrplan mit dem Problemlösen, was heuristische Fähigkeiten mit einschließt, direkt an die dritte Grunderfahrung an. Das anwendungsbereite Wissen greift dabei auch schon Aspekte der ersten Grunderfahrung auf, die in den weiteren Ausführungen des Lehrplans noch deutlicher angesprochen wird:

> *Die Schüler erkennen, dass die Mathematik ein Reservoir an Modellen bereithält, welches geeig-net ist, Erscheinungen der Welt zu beschreiben, zu strukturieren und zu interpretieren ([87]: 2).*

Die zweite Grunderfahrung, die Mathematik als geistige Schöpfung und deduktiv geordnete Welt zu sehen, wird im sächsischen Lehrplan wesentlich mit der formalen Sprache und der logischen Strukturierung mathematischer Sätze angesprochen. Damit greift der sächsische Lehrplan ebenfalls die drei Grunderfahrungen auf, auch wenn hier der Schwerpunkt eindeutig im Bereich der ersten und dritten Grunderfahrung liegt.

Die dargestellten Ziele und Aufgaben der verschiedenen Länder zeigen insgesamt Unterschiede in Schwerpunktsetzungen und Formulierungen auf, jedoch sind die Bildungsstandards als gemeinsamer Kern gut erkennbar. Daher werden diese als Grundlage im Weiteren kurz vorgestellt.

2.2 Bildungsstandards, Lehrpläne und zentrale Prüfungen

Im Sinne eines länderübergreifend einheitlichen und angemessenen Anforderungsniveaus wie auch zur Transparenz sind länderübergreifende normative Absprachen und Vorgaben sinnvoll. Die Kultusministerkonferenz als indirekt demokratisch legitimiertes Gremium hat diese normative Aufgabe für Deutschland wahrgenommen, indem sie am 01.12.1998 einheitliche Prüfungsanforderungen (EPA) für die Gestaltung der Abiturprüfung beschloss. Inzwischen wurden die EPA durch die am 18.10.2012 für das Fach Mathematik verabschiedeten Bildungsstandards für die Allgemeine Hochschulreife abgelöst, in denen die kompetenzorientierten Elemente der EPAs aufgegriffen und weiterentwickelt wurden. Mit der Erstellung der Bildungsstandards ist „*ein Paradigmenwechsel in der Bildungspolitik in Deutschland im Sinne von Ergebnisorientierung, Rechenschaftslegung und Systemmonitoring eingeleitet worden*" ([90]: 5). Damit offenbart sich *Qualitätssicherung im Bildungssystem* als wichtige Funktion und Zielsetzung der Bildungsstandards, die in der „Gesamtstrategie der Kultusministerkonferenz zum Bildungsmonitoring" näher beschrieben wird.

Die von der Kultusministerkonferenz beschlossenen Bildungsstandards legen Regelstandards für die jeweiligen Schulabschlüsse fest, in denen sie darstellen, welches Kompetenzniveau Schülerinnen und Schüler im Durchschnitt für den jeweiligen Schulabschluss erreichen sollen:

> *‚Regelstandards', die ein Durchschnittsniveau spezifizieren, enthalten implizit die Botschaft, dass man eine Art Normalverteilung der Kompetenzen erwartet, bei der es im Vergleich zum Regelfall immer Gewinner und Verlierer gibt ([45]: 28).*

Damit orientieren sich die Bildungsstandards nach Linneweber-Lammerskitten ([60]) in
der Folge stärker an den Bedürfnissen der Gesellschaft als an denen der einzelnen Indivi-
duen. Dies ist vielleicht eine Konsequenz, die aus der Zielsetzung der Qualitätssicherung
im Bildungssystem folgt. Mit dieser Orientierung am Durchschnitt weichen die Bildungsstandards aber auch deutlich von der Empfehlung der Expertise von Klieme ([45]: 27) ab,
in der nachdrücklich empfohlen wird, Mindeststandards als verbindliches Minimalniveau
festzulegen und damit die Bedürfnisse der einzelnen Lerner zu berücksichtigen. Die Bildungsstandards *„setzen in erster Linie nicht Maßstäbe für die Bildung, sondern für die
Qualität von Bildungssystemen"*, die an den Kompetenzleistungen der Schülerinnen und
Schüler gemessen werden können ([60]: 13).

Der den Bildungsstandards zugrunde liegende Kompetenzbegriff bezieht sich auf eine
Kompetenzdefinition von Weinert. Danach sind Kompetenzen

> *die bei Individuen verfügbaren oder durch sie erlernbaren kognitiven Fähigkeiten und Fertig-*
> *keiten, um bestimmte Probleme zu lösen, sowie die damit verbundenen motivationalen, voli-*
> *tionalen [d. h. absichts- und willensbezogenen] und sozialen Bereitschaften und Fähigkeiten,*
> *um die Problemlösung in variablen Situationen erfolgreich und verantwortungsvoll nutzen zu*
> *können* ([102]: 27).

In Bezug auf diese Definition fokussieren die Bildungsstandards auf die kognitiven Fähigkeiten und Fertigkeiten, während die motivationalen, volitionalen und sozialen Bereitschaf-
ten und Fähigkeiten in den Beschreibungen der Bildungsstandards kaum wahrnehmbar
sind.

> *Einerseits geht es auf der Oberfläche der formulierten mathematischen Bildungsstandards*
> *nur um kognitive Anforderungen, andererseits ist zu einer tatsächlichen Bewältigung von*
> *Problemsituationen mit Hilfe von Mathematik nicht nur Kognitives notwendig, sondern auch*
> *Nicht-Kognitives. Der kompetenzorientierte Mathematikunterricht muss deshalb über [...] die*
> *kognitiven Anforderungen der Bildungsstandards hinausgehen* ([60]: 19).

Die bundesweiten normativen Vorgaben der Bildungsstandards werden auf Landesebene
in länderspezifischen Lehrplänen, Bildungsplänen und Vorgaben jeweils aufgegriffen und
ergänzt. Auf Schulebene vor Ort werden diese Vorgaben dann durch schulspezifische und
schulinterne Lehrpläne sowie verbindliche und empfehlende Absprachen nochmals konkretisiert und ergänzt (vgl. Abb. 2.1).

Im Idealfall beachten dabei die Vorgaben auf der jeweils unteren Ebene vollständig
die Vorgaben der übergeordneten Ebenen, sodass die Lehrkraft auf der Schulebene bei
Beachtung des schulinternen Lehrplans und der schulinternen Absprachen automatisch die
Vorgaben der Landes- und Bundesebene mit erfüllt.

Gemeinsame Klausuren, Leistungs-, Diagnose- und Kompetenztests auf den drei Ebenen
können dem direkten Vergleich, aber auch der Sicherung und Messung der Bildungsqualität
dienen. So können parallele Klausuren und sonstige Diagnosemöglichkeiten (zum Beispiel
schriftliche Überprüfungen, Portfolios) in allen Kursen einer Jahrgangsstufe auf Schulebene einen guten Vergleich des Lernstands der einzelnen Kurse ermöglichen. Auf Landes-

Abb. 2.1 Vorgaben auf Bundes-, Landes- und Schulebene

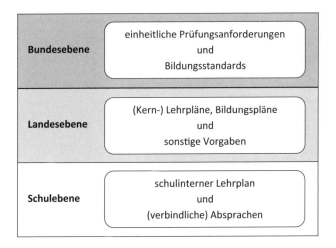

ebene wird in vielen Bundesländern mit zentralen Abiturprüfungen eine Qualitätssicherung im Bildungssystem und eine Vergleichbarkeit angestrebt. In einigen Bundesländern werden darüber hinaus in bestimmten Jahrgangsstufen, wie zum Beispiel in der Einführungsphase in NRW, zentrale Klausuren geschrieben. Auf Bundesebene gibt es Bestrebungen, vergleichbare Abiturklausuren zu schreiben. Hierzu wird unter Federführung des IQB ein Pool gemeinsam nutzbarer Abituraufgaben erstellt. Im Schuljahr 2013/2014 haben die Bundesländer Bayern, Hamburg, Mecklenburg-Vorpommern, Niedersachsen, Schleswig-Holstein und Sachsen erstmals länderübergreifende gemeinsame Aufgabenteile in der Abiturprüfung in Mathematik verwendet. Zusätzlich gibt es noch verschiedene Elemente des Bildungsmonitorings, die in der „Gesamtstrategie der Kulturministerkonferenz zum Bildungsmonitoring" beschlossen wurden. Hierzu zählen zum Beispiel PISA-Erhebungen und Ländervergleiche.

2.3   Allgemeine mathematische Kompetenzen

Den Bildungsstandards liegt ein Kompetenzmodell zugrunde, das im Sinne des Kompetenzbegriffs mathematisch-inhaltliche Aspekte, die als Leitideen und inhaltsbezogene Kompetenzen systematisiert werden, mit handlungsbezogenen Aspekten, die als allgemeine mathematische Kompetenzen oder prozessbezogene Kompetenzen bezeichnet werden, kombiniert. Diese Systematisierung in handlungsbezogene beziehungsweise prozessbezogene allgemeine und mathematisch inhaltlich orientierte Aspekte kann übereinstimmend auch in anderen Kompetenzmodellen wie dem Schweizer HarmoS-Projekt, dem Modell des amerikanischen NCTM (National Council of Teachers of Mathematics) oder dem Kompetenzmodell des internationalen PISA-Konsortiums identifiziert werden. Im Bereich der handlungsbezogenen beziehungsweise prozessbezogenen allgemeinen Kompetenzen weisen die verschiedenen Kompetenzmodelle dabei unterschiedlich viele Kategorien auf, die einander nicht in allen Punkten eindeutig zugeordnet werden können. Somit stellt die in

Tab. 2.1 Handlungsbezogene Aspekte verschiedener Kompetenzmodelle (vgl. ([60]: 21 f.))

KMK allgemeine Kompetenzen	HarmoS Kompetenzaspekte	NCTM Process Standards	PISA 2003 eight characteristic mathematical competencies
mathematisch argumentieren	Argumentieren und Begründen	Reasoning and Proof	Thinking and Reasoning Argumentation
Probleme mathematisch lösen	Erforschen und Explorieren	Problem Solving	problem posing and solving
mathematisch modellieren	Mathematisieren und Modellieren Interpretieren und Reflektieren der Resultate	Connections	Modelling
mathematische Darstellungen verwenden	Darstellen und Kommunizieren	Representation	Representation
mit symbolischen, formalen und technischen Elementen der Mathematik umgehen	Verwenden von Instrumenten und Werkzeugen Operieren und Berechnen		using symbolic, formal and technical language and operations use aids and tools
mathematisch kommunizieren	Wissen, Erkennen und Beschreiben	Communication	Communication

Tab. 2.1 vorgenommene Darstellung dieser Aspekte eine mögliche Zuordnung dar, die auch anders vorgenommen werden könnte.

Den deutschen Bildungsstandards liegt dabei das Kompetenzmodell der Kultusministerkonferenz (KMK) zugrunde, in dem die handlungsbezogenen Aspekte des Kompetenzmodells durch sechs nicht überschneidungsfreie, allgemeine mathematische Kompetenzen beschrieben werden: *mathematisch argumentieren (K1); Probleme mathematisch lösen (K2); mathematisch modellieren (K3), mathematische Darstellungen verwenden (K4); mit symbolischen, formalen und technischen Elementen der Mathematik umgehen (K5)* und *mathematisch kommunizieren (K6).*

Für einen ersten Überblick werden diese sechs allgemeinen mathematischen Kompetenzen hier kurz dargestellt. Eine differenziertere Darstellung ist in den Bildungsstandards [47] zu finden.

(K1) Mathematisch argumentieren umfasst die eigenständige Entwicklung von mathematischen Argumentationen und Vermutungen wie auch das Verständnis und die Bewertung von mathematischen Aussagen und Beweisen. Die drei Anforderungsbereiche beschreiben im Rahmen dieser Kompetenz im Wesentlichen die Komplexitätsstufen der Argumentation.

(K2) **Probleme mathematisch lösen** umfasst den Bereich der eigenständigen Problemlösungen, wozu das Erkennen und Formulieren der Probleme, die Auswahl von Lösungsstrategien und das Finden und die Umsetzung von Lösungswegen gehören. Auch bei dieser Kompetenz beschreiben die Anforderungsniveaus im Wesentlichen die Komplexitätsstufe der erreichten Kompetenz.

(K3) **Mathematisch modellieren** umfasst den Übergang zwischen Realsituation und Mathematik. Hierzu gehören neben dem Verständnis, der Anwendung und Bewertung vorgegebener und bekannter Modelle sowohl Vereinfachungen und Strukturierungen von Realsituationen wie auch das Übersetzen dieser Situationen bzw. ihrer Vereinfachungen in mathematische Modelle, die wiederum in Bezug auf die Realität interpretiert und bewertet werden müssen.

(K4) **Mathematische Darstellungen verwenden** beinhaltet den Umgang, die Erstellung, Auswahl und auch die Bewertung von Darstellungen, wozu unter anderem Tabellen, Diagramme, Graphen und Formeln zählen.

(K5) **Mit symbolischen, formalen und technischen Elementen der Mathematik umgehen** enthält das Operieren mit mathematischen Objekten wie Zahlen, Größen, Variablen, Termen, Gleichungen, Funktionen, Vektoren und geometrischen Objekten. Hierzu zählen auch Kenntnisse über und der Umgang mit Hilfsmitteln und digitalen Werkzeugen sowie Reflexionen über Grenzen und Möglichkeiten von Verfahren, Hilfsmitteln und Werkzeugen.

(K6) **Mathematisch kommunizieren** umfasst eine Informationsentnahme aus verschiedenen Texten und Quellen wie auch die Darstellung, Präsentation und Bewertung von mathematischen Sachverhalten, Verfahren und Argumentationen unter angemessener Verwendung der Fachsprache.

In Bezug auf die kognitiven Ansprüche werden für diese allgemeinen mathematischen Kompetenzen jeweils drei ansteigende Anforderungsbereiche (AFB) formuliert. Die Kompetenzerwartungen im ersten Anforderungsbereich (AFB I) beziehen sich dabei im Wesentlichen auf einfache und weitgehend bekannte Tätigkeiten der jeweiligen Kompetenz, während die Kompetenzerwartungen im Anforderungsbereich AFB II durch einen höheren Abstraktionsgrad und mehrschrittige Verfahren geprägt sind. Im höchsten Anforderungsbereich AFB III werden dann auch komplexe, beurteilende und bewertende Tätigkeiten der jeweiligen Kompetenz erwartet. Nach den Bildungsstandards kann dabei nur von einem *„hinreichenden Erwerb einer allgemeinen mathematischen Kompetenz"* gesprochen werden, wenn diese bei verschiedenen inhaltlichen Aspekten (Leitideen) erfolgreich angewendet werden kann.

Neben den Anforderungsbereichen unterscheiden die Bildungsstandards auch zwischen dem grundlegenden und dem erhöhten Anforderungsniveau. Die diesbezügliche Unterscheidung des Unterrichts findet sich in den Schulen in der Einteilung auf Grund- und Leistungskurse wieder. Gemäß der *„Vereinbarung zur Gestaltung der gymnasialen Oberstufe in der Sekundarstufe II"* müssen bei einem Prüfungsfach auf erhöhtem Anforderungsniveau, zum Beispiel im Leistungskurs, neben dem generellen Schwerpunkt im Anforderungsbereich II auch deutlichere Akzente im Anforderungsbereich III gesetzt werden. Bei einem

Prüfungsfach auf grundlegendem Anforderungsniveau soll gemäß der Vereinbarung der Länder neben dem Schwerpunkt im Anforderungsbereich II auch der Anforderungsbereich I stärker akzentuiert werden.

2.4 Mathematische Leitideen und inhaltsbezogene Kompetenzen

Im Bereich der fachlich-inhaltlich orientierten Aspekte und Kompetenzen stimmen die oben bereits erwähnten verschiedenen Kompetenzmodelle weitgehend überein, wie in Tab. 2.2 dargestellt.

In den Bildungsstandards werden die fachlichen Inhalte des Faches Mathematik, die in inhaltsbezogenen Kompetenzen formuliert werden, in fünf Leitideen strukturiert, die immer im Zusammenhang mit den allgemeinen mathematischen Kompetenzen gesehen werden. Die Leitideen entsprechen dabei nicht den klassischen mathematischen Themenbereichen (Analysis, Lineare Algebra und Analytische Geometrie, Stochastik), sodass die inhaltsbezogenen Kompetenzen einer Leitidee aus verschiedenen klassischen Themenbereichen der Mathematik stammen können und somit zu deren Vernetzung beitragen.

Bei der Beschreibung der Leitideen weisen die Bildungsstandards die inhaltsbezogenen Kompetenzen, die das grundlegende Anforderungsniveau charakterisieren, und die inhaltsbezogenen Kompetenzen, die für ein erhöhtes Anforderungsniveau zusätzlich gefordert werden, getrennt aus. Die Unterscheidung des Unterrichts auf grundlegendem und erhöhtem Anforderungsniveau findet sich in den Schulen in der Einteilung auf Grund- und Leistungskurse wieder.

(L1) Zur **Leitidee** *Algorithmus und Zahl* gehören Tupel und Matrizen mit den zugehörigen Operationen, reelle Zahlen, infinitesimale Methoden und ein propädeutischer Grenzwertbegriff wie auch mathematische Verfahren zur Lösung von Gleichungen und Gleichungssystemen. Auf dem erhöhten Anforderungsniveau kommen hierzu auch Potenzen von Matrizen bei mehrstufigen Prozessen sowie Grenzmatrizen und Fixvektoren hinzu. Diese Leitidee ist damit sowohl in der Analysis als auch in der Linearen Algebra zu finden.

(L2) Die **Leitidee** *Messen* umfasst infinitesimale, numerische und analytisch-geometrische Methoden, mit denen funktionale Größen (Steigungen, Änderungsraten, Flächen, Bestände und auf erhöhtem Niveau Volumina von Rotationskörpern), Größen im Koordinatensystem (Längen, Winkel und auf erhöhtem Niveau Abstände), aber auch stochastische Kenngrößen (Lage- und Streumaße, Erwartungswert und Standardabweichung) bestimmt und gedeutet werden können. Damit erstreckt sich diese Leitidee über die drei Sachgebiete der Analysis, der Analytischen Geometrie und der Stochastik.

(L3) Die **Leitidee** *Raum und Form* bezieht sich auf das Sachgebiet der Analytischen Geometrie und zielt auf das räumliche Vorstellungsvermögen. Diese Leitidee beinhaltet den Umgang mit Objekten im Raum, Eigenschaften und Beziehungen dieser

Tabelle 2.2 Inhaltliche Aspekte verschiedener Kompetenzmodelle (vgl. [60]: 21 f.)

KMK Leitideen	HarmoS Kompetenzbereiche	NCTM Content Standards	PISA 2003 Übergreifende Ideen (Overarching ideas)
Algorithmus und Zahl	Zahl und Variable	Number and Operations	Quantität (Quantity)
Messen	Größen und Maße	Measurement	
Raum und Form	Form und Raum	Geometry	Raum und Form (Space and Shape)
funktionaler Zusammenhang	funktionale Zusammenhänge	Algebra	Veränderung und Beziehung (Change and Relationships)
Daten und Zufall	Daten und Zufall	Data Analysis and Probability	Unsicherheit (Uncertainty)

Objekte und ihre Darstellung mit geeigneten Hilfsmitteln einschließlich Geometriesoftware. Im Einzelnen gehören hierzu Koordinatisierungen, Vektoroperationen und Untersuchung auf Kollinearität, geometrische Interpretationen des Skalarprodukts, Vektoren bei geradlinig bzw. ebenflächig begrenzten Objekten, analytische Beschreibungen von Geraden und Ebenen, Lagebeziehungen zwischen Geraden sowie auf erhöhtem Anforderungsniveau auch Lagebeziehungen zwischen Geraden und Ebenen allgemein.

(L4) Die **Leitidee *Funktionaler Zusammenhang*** umfasst funktionale Beziehungen zwischen Zahlen bzw. Größen sowie deren Eigenschaften und Darstellungen in den Bereichen der Analysis und Stochastik. Die Nutzung infinitesimaler Methoden und geeigneter Software gehört ebenfalls zu dieser Idee. Im Bereich der Analysis gehört hierzu die Untersuchung und Beschreibung von Funktionsklassen, die Verknüpfung und Verkettung von Funktionen in einfachen Fällen sowie natürlich Aspekte der Differenzial- und Integralrechnung. Aus dem Sachgebiet der Stochastik gehört zu dieser Leitidee die Nutzung von Zufallsgrößen und Wahrscheinlichkeitsverteilungen. Spezielle Erwartungen an das erhöhte Anforderungsniveau werden bei dieser Leitidee nur für das Sachgebiet der Analysis formuliert. Hierzu zählen die Deutung der Ableitung mithilfe der Approximation durch lineare Funktionen, die Nutzung der Kettenregel für Ableitungen und die Nutzung der natürlichen Logarithmusfunktion als Stammfunktion.

(L5) Die **Leitidee *Daten und Zufall*** bezieht sich auf das Sachgebiet der Stochastik. Zu dieser Leitidee gehören neben der Aufbereitung und Interpretation statistischer Daten Binomialverteilungen, Simulationen, der Schluss von der Stichprobe auf die Gesamtheit und mehrstufige Zufallsexperimente mit Baumdiagrammen, Vierfeldertafeln, bedingten Wahrscheinlichkeiten und die Prüfung von Teilvorgängen auf stochastische Unabhängigkeit. Die Verwendung einschlägiger Software ist auch bei dieser Leitidee in der allgemeinen Beschreibung in den Bildungsstandards zu finden. Auf erhöhtem Anforderungsniveau kommen bei dieser Leitidee die exemplarische Unterscheidung von diskreten und stetigen Zufallsgrößen, die Grundvorstellung von normalverteilten Zufallsgrößen und wahlweise ein Schwerpunkt beim Schätzen von Parametern im Kontext der Binomialverteilung oder ein Schwerpunkt im Bereich der Hypothesentests hinzu.

Wie oben bereits angedeutet, ermöglichen die Bildungsstandards den Ländern an zwei Stellen Schwerpunkte zu setzen. Eine Möglichkeit hierzu gibt es bei der Leitidee L5. In deren Rahmen können die Länder wahlweise das Testen von Hypothesen oder die Schätzung von Parametern als Schwerpunkt wählen. Die andere Wahlmöglichkeit, die den Ländern durch die Bildungsstandards eingeräumt wird, betrifft mehrere Leitideen. So können die Länder zwischen einem Schwerpunkt im Bereich der vektoriellen Analytischen Geometrie und damit in den Leitideen L2 und L3 oder einem Schwerpunkt bei der Beschreibung mathematischer Prozesse durch Matrizen in der Leitidee L1 wählen.

2.5   Einsatz digitaler Werkzeuge

Die Vereinbarungen und Erwartungen an den Einsatz digitaler Werkzeuge werden in den Bildungsstandards in der Kompetenz K5, den Leitideen L3, L4, L5 und darüber hinaus in einem gesonderten Abschnitt kurz umrissen. Die Bildungsstandards empfehlen einen reflektierten Einsatz digitaler Werkzeuge zum Entdecken mathematischer Zusammenhänge, zur Verständnisförderung, zur Reduktion schematischer Abläufe, zur Verarbeitung größerer Datenmengen und als Kontrollmöglichkeit. In den Bildungsstandards wird auch formuliert, dass digitale Mathematikwerkzeuge nach einer durchgängigen Verwendung im Unterricht auch in der Prüfung eingesetzt werden sollten. Dabei geben die Bildungsstandards keine konkrete Empfehlung zur Art der digitalen Werkzeuge, die eingesetzt werden sollen. Die Kompetenzerwartungen der Bildungsstandards können mit verschiedenen digitalen Werkzeugen, die auch kombiniert eingesetzt werden können, erreicht werden. Hierzu bieten sich grafikfähige Taschenrechner (GTR), Tabellenkalkulationen (TK), Funktionenplotter, Dynamische Geometriesysteme (DGS) und auch Computeralgebrasysteme (CAS) an. Folgerichtig beziehen sich die illustrierten Beispielaufgaben der Bildungsstandards auf unterschiedliche digitale Werkzeuge. Dies führt dazu, dass der Einsatz dieser Medien im Unterricht und in Prüfungen zwischen den Ländern und selbst innerhalb einiger Länder unterschiedlich gehandhabt wird.

2.6   Umsetzung der Bildungsstandards

Die in den Bildungsstandards beschriebenen sechs allgemeinen Kompetenzen und die fünf Leitideen werden in teilweise abweichender Schwerpunktsetzung, Darstellung und Strukturierung in den Lehrplänen und Vorgaben auf der Landesebene umgesetzt, was hier am

Beispiel des Kernlehrplans von Nordrhein-Westfalen exemplarisch kurz veranschaulicht werden soll. Dieser hat die sechs allgemeinen Kompetenzen in fünf Kompetenzbereiche strukturiert, wobei die ersten drei, nämlich *Modellieren*, *Problemlösen* und *Argumentieren*, inhaltlich mit den gleich lautenden Kompetenzen der Bildungsstandards übereinstimmen. Der im Kernlehrplan von Nordrhein-Westfalen enthaltene Kompetenzbereich *Kommunizieren* enthält die gleich lautende Kompetenz K6 aus den Bildungsstandards, aber darüber hinaus mit Kompetenzerwartungen zu Darstellungen und mathematischen Darstellungsformen auch große Anteile der allgemeinen Kompetenz *„K4: mathematische Darstellungen verwenden"*. Die in den Bildungsstandards beschriebene allgemeine Kompetenz *„K5: Mit symbolischen, formalen und technischen Elementen der Mathematik umgehen"*, zu der zum Beispiel auch der Umgang mit digitalen Werkzeugen und Operationen mit Vektoren gehört, ist im Kernlehrplan Nordrhein-Westfalens wesentlich im allgemeinen Kompetenzbereich *Werkzeuge nutzen* und in besonderem Maße auch in den *inhaltsbezogenen Kompetenzen* zu finden, wo zum Beispiel verschiedene Vektoroperationen wie Additionen und Multiplikationen mit einem Skalar konkret benannt werden. Ein besonderes Augenmerk legt der Kernlehrplan Nordrhein-Westfalen auf die Nutzung von digitalen Werkzeugen. Im Kompetenzbereich *Werkzeuge nutzen* werden die Kompetenzerwartungen im Bereich der digitalen Werkzeuge ausführlich, detailliert und konkretisiert dargestellt, womit die Vorgaben der Bildungsstandards in diesem Bereich vollkommen abgedeckt werden.

Die inhaltlichen Leitideen der Bildungsstandards werden im Kernlehrplan Nordrhein-Westfalen durch die inhaltsbezogenen Kompetenzen erfasst, wobei einige Aspekte, die zu den Leitideen gehören – etwa Erwartungen an die Nutzung entsprechender Software – bei den prozessbezogenen Kompetenzen angesiedelt sind. Bei den inhaltsbezogenen Kompetenzen greift der Kernlehrplan Nordrhein-Westfalen nicht auf die Leitideen der Bildungsstandards, sondern auf die Inhaltsbereiche Analysis, Lineare Algebra und Analytische Geometrie sowie Stochastik zurück.

Rahmenbedingungen für erfolgreichen Mathematikunterricht

3.1 Allgemeine Kriterien für guten Unterricht

Aktuelle Diskussionen zur Unterrichtsqualität werden insbesondere aus der allgemein-pädagogischen Sicht geführt (vgl. [97]: 27). Dabei entstehen wertvolle Impulse für die allgemeine Unterrichtsentwicklung aus Kriterien guten Unterrichts etwa nach Meyer ([66]; vgl. Tab. 3.1) oder nach Helmke ([34]), fachdidaktische Aspekte werden jedoch nur indirekt berücksichtigt.

Tab. 3.1 Kriterien guten Unterrichts nach Meyer ([66]: 97)

1.	*klare Strukturierung des Unterrichts* (*Prozess-, Ziel- und Inhaltsklarheit; Rollenklarheit, Absprache von Regeln, Ritualen und Freiräumen*)
2.	*hoher Anteil echter Lernzeit* (*durch gutes Zeitmanagement, Pünktlichkeit; Auslagerung von Organisationskram, Rhythmisierung des Tagesablaufs*)
3.	*lernförderliches Klima* (*durch gegenseitigen Respekt, verlässlich eingehaltene Regeln, Verantwortungsübernahme, Gerechtigkeit und Fürsorge*)
4.	*inhaltliche Klarheit* (*durch Verständlichkeit der Aufgabenstellung, Plausibilität des thematischen Gangs, Klarheit und Verbindlichkeit der Ergebnissicherung*)
5.	*Sinn stiftendes Kommunizieren* (*durch Planungsbeteiligung, Gesprächskultur, Schülerkonferenzen, Lerntagebücher und Schüler-Feedback*)
6.	*Methodenvielfalt* (*Reichtum an Inszenierungstechniken; Vielfalt der Handlungsmuster; Variabilität der Verlaufsformen; Ausbalancierung der methodischen Großformen*)
7.	*individuelles Fördern* (*durch Freiräume, Geduld und Zeit; durch innere Differenzierung; durch individuelle Lernstandsanalysen und abgestimmte Förderpläne; besondere Förderung von Schülern aus Risikogruppen*)
8.	*intelligentes Üben* (*durch Bewusstmachen von Lernstrategien, passgenaue Übungsaufträge, gezielte Hilfestellungen und „überfreundliche" Rahmenbedingungen*)

© Springer-Verlag Berlin Heidelberg 2016
C. Geldermann et al., *Unterrichtsentwürfe Mathematik Sekundarstufe II*,
Mathematik Primarstufe und Sekundarstufe I + II, DOI 10.1007/978-3-662-48388-6_3

Tab. 3.1 *(Fortsetzung)*

9.	*transparente Leistungserwartungen (durch ein an den Richtlinien oder Bildungs- standards orientiertes, dem Leistungsvermögen der Schülerinnen und Schüler entsprechendes Lernangebot und zügige förderorientierte Rückmeldungen zum Lern- fortschritt)*
10.	*vorbereitete Umgebung (durch gute Ordnung, funktionale Einrichtung und brauch- bares Lernwerkzeug)*
11.	*Joker für weitere Kriterien*

Aus diesen Merkmalen guten Unterrichts ergeben sich nach Gudjons ([29]) Konsequenzen für die Lehrerrolle. Neben den Aufgaben der Organisation und der Gestaltung
von Lernsituationen ist auch eine *„pädagogische Führung"* zu leisten, die sich in gutem
Zeitmanagement, regelmäßig vertretenen angemessenen Leistungserwartungen und einer
ausgeprägten Methodenkompetenz zeigt. Dazu gehören eine gründliche Planung und Auswertung des Unterrichts, eine positive Arbeitsatmosphäre und die angemessene Berücksichtigung der gerade auch für den Mathematikunterricht so wichtigen Phasen des Übens
und Wiederholens. Die abwechslungsreiche Gestaltung der Lernprozesse trägt dazu bei,
die erforderliche Ausdauer der Lernenden sicherzustellen.

Betrachtet man die Merkmale der Unterrichtsqualität konsequent vor dem Hintergrund
ihrer Wirkungsweise, so wird deutlich, dass das Unterrichtsangebot und seine Nutzung sich
gegenseitig beeinflussen, dass also eine Wechselbeziehung besteht. Einerseits werden die
angebotenen Lerngelegenheiten von den Lernenden wegen ihrer individuellen Voraussetzungen unterschiedlich wahrgenommen, andererseits wirken sich natürlich erfolgreich gestaltete Lernprozesse positiv auf den weiteren Verlauf des Unterrichts aus. Die komplexen
Wechselwirkungen werden in dem systemischen Rahmenmodell von Unterrichtsqualität
und -wirksamkeit von Reusser und Pauli ([82]) veranschaulicht (vgl. Abb. 3.1).

Dieses Modell ist als Prozess-Mediations-Produkt-Modell[1] konstruiert, das *„die verschiedenen Einflussfaktoren auf Angebots- und Nutzerseite ebenso wie die ko-konstruktiven Prozesse und Aktivitäten der Lernenden mitzuberücksichtigen versucht"* ([82]: 17). Damit kann
es als Weiterentwicklung des Angebots-Nutzungs-Modells von Helmke ([34]: 73) verstanden
werden, dem im Vergleich eher das Potenzial zugesprochen wird, *„adäquater auch offene
Unterrichtsformen abbilden zu können"* ([48]: 252). Trotz der Komplexität des systemischen
Rahmenmodells bleiben aus fachdidaktischer Sicht wichtige Aspekte unberücksichtigt oder
werden zu wenig differenziert dargestellt. Fragen der Aufgabenkultur, des Umgangs mit Fehlern sowie nach der Effektivität und Effizienz fachbezogener Lernprozesse müssen zusätzlich
beantwortet werden. Dazu gehört auch die Untersuchung der Wirkung von Lernhindernissen
oder von Alltagsvorstellungen (vgl. Abschn. 4.3.2 „Planung einer Unterrichtseinheit").

---

[1] Prozess-Mediations-Produkt-Modelle stellen eine Erweiterung des einfachen Prozess-Produkt-
Modells von Unterricht dar. Neben die Untersuchung des Zusammenhangs zwischen Merkmalen
des Lehrerhandelns und der Unterrichtswirksamkeit tritt hier die Betrachtung von Einflussfaktoren
auf Seiten des Bildungsangebots und auf Seiten der Lernenden ([82]: 17).

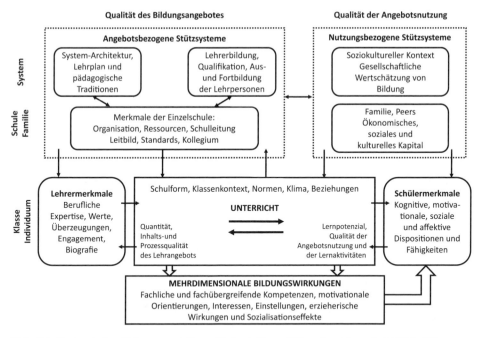

Abb. 3.1 Systemisches Rahmenmodell von Unterrichtsqualität und -wirksamkeit ([82]: 18)

In der aktuellen empirischen Unterrichtsforschung werden einzelne Qualitätsmerkmale des Unterrichts auf ihre Wirkung bezüglich beobachtbarer Lernerfolge untersucht. Auf der Basis der Meta-Meta-Studie von Hattie ([30]) berichten Meyer ([64]) wie auch Möller und Köller ([50]), dass einige besonders wichtige Kriterien guten Unterrichts identifiziert werden konnten, während andere eine deutlich geringere Bedeutung haben. Dabei werden organisatorische Aspekte als *„Oberflächenmerkmale"* (vgl. Tab. 3.2) von Merkmalen der *„Tiefenstruktur des Unterrichts"* unterschieden. Ihre Bedeutung wird mit Hilfe der jeweiligen Effektstärke d angegeben[2].

Während bezüglich der Oberflächenmerkmale neben den schädlichen Auswirkungen häufiger Schulwechsel besonders die geringe Bedeutung der Klassengröße[3] oder der jahr-

---

[2] Effektstärken (oder Standardabweichungseinheiten) bezüglich der Lernleistungen sind Werte aus dem Intervall [0; 1], wobei d = 1,0 einer großen, völlig offensichtlichen Änderung und d = 0,0 keiner Änderung entspricht. Hattie ([31]: 10 ff., 21) bezeichnet den Wert d = 0,40 als Umschlagpunkt, *„ab dem Effekte einer Innovation die Lernleistung derart verbessern, dass wir in der realen Welt Unterschiede beobachten können"*.

[3] Erfahrungsgemäß ist die Klassengröße dennoch wichtig, ihre Bedeutung steigt sogar angesichts neuer Rahmenbedingungen. Dafür spricht die inzwischen im Unterrichtsalltag als bedeutender angesehene Notwendigkeit der individuellen Förderung mit den Erfordernissen einer passgenauen Individualisierung, die etwa auch ein Schüler-Feedback und regelmäßige Rückmeldungen der Lehrkraft an die Lernenden angemessen integrieren muss.

Tab. 3.2 Oberflächenmerkmale ([64]: 22 f.)

Akzeleration (ein leistungsstarker Schüler/eine Schülerin überspringt eine Klasse)	d = 0,68
individuelle und gemeinsame **Leseförderung**	d = 0,67
direkte Instruktion	d = 0,59
kooperatives anstelle von konkurrenzorientiertem **Lernen**	d = 0,54
konsequente **Klassenführung** (classroom management)	d = 0,52
Kleingruppenarbeit	d = 0,49
„enrichment" (leistungsstärkere Schülerinnen und Schüler erhalten angepasste zusätzliche Lernangebote)	d = 0,39
hoher Anteil echter Lernzeit (time on task)	d = 0,38
Inklusion	d = 0,28
Klassengröße	d = 0,21
Lernen in **jahrgangsgemischten Klassen**	d = 0,04
Häufiger **Schulwechsel** (der absolut gravierendste von Hattie erfasste Negativ-Effekt)	d = −0,34

gangsgemischten Klassen auffällt, konnte für Merkmale der Tiefenstruktur (vgl. Tab. 3.3) eine insgesamt deutlich höhere Wirksamkeit belegt werden (vgl. [82]: 19 f.).

Besonders bedeutend sind hier die Unterrichtsmerkmale, die direkt mit Einstellungen und Maßnahmen der Lehrkraft verknüpft sind. So werden ihre Glaubwürdigkeit, ihre Klarheit und Verständlichkeit, ein gutes Classroom-Management sowie eine positive Erwartungshaltung, gepaart mit herausfordernden anspruchsvollen Lern- und Lehrzielen, herausgestellt. Im Unterricht etablierte Maßnahmen wie im Unterrichtsprozess gegebene Rückmeldungen an die Schüler (*formative assessment*, allgemeiner: regelmäßiges Schüler-Feedback), gemeinsames Nachdenken von Schülern und Lehrperson über den Lernprozess und Ursachen des Lernfortschritts (Metakognition) sowie reziprokes Lernen und Schülerdiskussionen im Unterricht haben sich als besonders lernwirksam gezeigt. Dennoch dürfen wegen der Wechselwirkungen auch die Faktoren nicht gänzlich außer Acht gelassen werden, die als weniger bedeutsam eingestuft werden.[4]

---

[4] Beywl und Zierer ([31]: X) weisen auf die nicht zu unterschätzende Bedeutung von Merkmalskombinationen auch mit scheinbar unwichtigen Faktoren hin: „*Vielfach liegt der Schlüssel für den Erfolg nicht in der Auswahl weniger ‚starker' Faktoren, sondern in einer wohlüberlegten, auf den jeweiligen schulischen Kontext abgestimmten Kombination, auch mit schwächeren Faktoren.*".

Tab. 3.3 „Weiche" Variablen der Unterrichtsqualität ([64]: 22 f.)

Glaubwürdigkeit des Lehrers/der Lehrerin bei den Schülern	d = 0,90
„formative assessment" (im Unterrichtsprozess gegebene Rückmeldungen an die Schüler)	d = 0,90
Schülerdiskussionen im Unterricht	d = 0,82
Klarheit und Verständlichkeit der Lehrperson	d = 0,75
regelmäßiges **Schüler-Feedback**	d = 0,75
reziprokes Lernen (die Schüler helfen sich gegenseitig beim Lernen – also ungefähr dasjenige, was oben als kooperatives Lernen bezeichnet wurde)	d = 0,74
Metakognition (gemeinsames Nachdenken von Schülern und Lehrperson über den Lernprozess und Ursachen des Lernfortschritts)	d = 0,67
gutes **Classroom-Management**	d = 0,59
herausfordernde (an der oberen Kante des Leistungsvermögens angesiedelte) **Ziele**	d = 0,56
Einfluss des **Elternhauses** (home environment)	d = 0,52
Erwartungshaltung der Lehrperson	d = 0,43

3.2   Kriterien für guten Mathematikunterricht

Für den Mathematikunterricht müssen die aus allgemeinpädagogischer Sicht formulierten Kriterien in besonderer Weise gewichtet werden und es gelten weitere Anforderungen. Die bisher beschriebenen Merkmale für guten Unterricht müssen aus fachdidaktischer Sicht weiter differenziert werden und die Betrachtung fachspezifischer Prozesse, der Aufgabenkultur und des Umgangs mit Fehlern muss hinzukommen.[5] Die Fachdidaktik fragt nach der Effektivität und Effizienz fachbezogener Lernprozesse; so werden die Wirkungen von Lernhindernissen wie Rechenstörungen und die Bedeutung von Alltagsvorstellungen untersucht. Auf der Basis unterschiedlicher Modelle guten Unterrichts von Meyer ([62], allgemein-didaktisch), von Heymann ([38], allgemeinbildende Unterrichtskultur), aus dem SINUS-Projekt ([75]: 156 f., orientiert an der Lehr-Lern-Forschung)[6] und von Blum und Biermann ([9], fachspezifischer Kriterienkatalog) entwickelten Barzel, Holzäpfel, Leuders und Streit einen eigenen, eher fachdidaktischen Kriterienkatalog (vgl. Tab. 3.4). Sie bezeichnen ihn mit dem aus den Kriterien gebildeten Akronym FÜVVVAS ([4]: 18–25).

---

[5] Bisher wurden „*Unterrichtsprozesse (…) eher selten unter fachdidaktischen Kategorien untersucht und auch nur selten die Mehrdimensionalität fachspezifischer Kompetenzen berücksichtigt*" ([61]: 225; vgl. auch [97]: 27).

[6] SINUS steht für „*Steigerung der Effizienz des mathematisch-naturwissenschaftlichen Unterrichts*" ([75]: 7).

Tab. 3.4 Kriterien und Prüffragen für Unterrichtsqualität ([4]: 26)

Kriterien	Prüffragen
Fachlichkeit	Spielen fachsprachlich präzise Begriffsbildungen und Formalisierungen eine angemessene Rolle? Haben fachliche Prozesse wie Problemlösen, Modellieren oder Argumentieren einen angemessenen Raum?
Überfachlichkeit	Haben personale und soziale Lernziele eine ausreichende Bedeutung? Erhalten Schülerinnen und Schüler beispielsweise genügend Verantwortung für das eigene Lernen? Lernen sie zu kooperieren und zu kommunizieren?
Verstehen	Werden tragfähige Vorstellungen der mathematischen Konzepte aufgebaut? Nutzt der Unterricht dazu geeignete Darstellungen? Stehen Prozesse echten Verstehens im Vordergrund und wird nicht nur mit Rezepten gearbeitet?
Vernetzung	Werden die Begriffe mit den bereits früher erarbeiteten tragfähig vernetzt? (vertikale Vernetzung) Werden die Inhalte mit Vorerfahrungen der Schüler aus ihrer Lebenswelt oder mit passenden Anwendungssituationen verknüpft? (horizontale Vernetzung)
Vielfalt	Sind die Lernangebote hinsichtlich der unterschiedlichen Lernstände und Fähigkeiten hinreichend differenziert? Ist die Offenheit gegenüber verschiedenen Lösungen oder Lösungswegen und der methodische Umgang damit angemessen berücksichtigt?
Authentizität	Sind die mathematischen Inhalte und Prozesse authentisch? Ist das vermittelte Bild von Mathematik und der Art und Weise, wie Mathematik entsteht und angewendet wird, angemessen?
Sinnstiftung	Ist für die Schülerinnen und Schüler der Sinn der Tätigkeit ersichtlich? In Erarbeitungsstunden bedeutet das z. B.: Haben sie ein Ziel vor Augen, etwa das Lösen eines Problems? Erkennen sie, wozu sie mathematische Begriffe oder Verfahren erarbeiten? In Übungsstunden bedeutet das z. B.: Ist transparent, wozu geübt werden soll? Ist der Lerngegenstand zudem inhaltlich und in seiner Darstellung motivierend? Greift er mögliche Schülerinteressen auf?

Auf der Basis eines enttäuschenden Bildes von einer Gesellschaft, in der in weiten Teilen *„nicht einmal die grundlegenden mathematischen Kulturtechniken in ausreichender Weise"* zur Verfügung stehen, formuliert Heymann ([39]) fünf Leitgedanken für den Mathematikunterricht aus Sicht der Anforderungen für die Allgemeinbildung:

Leitgedanke 1: Lebensnützliches Wissen und Können ernst nehmen
Leitgedanke 2: Mathematik als Teil unserer Kultur erfahren lassen
Leitgedanke 3: Mathematik mit der „übrigen" Welt verbinden

Leitgedanke 4: Brücken zwischen alltäglichem und mathematischem Denken bauen
Leitgedanke 5: Fachliches und soziales Lernen miteinander verbinden
([39]: 6 f.)

Ausgehend von diesen Grundsätzen werden im Folgenden Merkmale eines Unterrichts beschrieben, die für ihre Umsetzung geeignet sind.

Nach Klieme et al. lauten die übergeordneten Merkmalsdimensionen für guten Mathematikunterricht ([46]: 131):

1. *Strukturierte, klare, störungspräventive Unterrichtsführung,*
2. *Unterstützendes, schülerorientiertes Sozialklima,*
3. *Kognitive Aktivierung (allgemein: diskursiver[7] Umgang mit Fehlern; situativ[8] im Fachkontext: herausfordernde offene Aufgaben im Mathematikunterricht)[9].*

Der Fokus liegt auf kompetenzorientiertem Lernen, also darauf, Kompetenzen nachhaltig zu entwickeln und Basiskompetenzen zu sichern. Insbesondere darf der Mathematikunterricht sich nicht nur auf das Lösen von Aufgaben beschränken, sondern es geht auch darum, „*Verständnis für mathematisches Arbeiten und mathematische Arbeitsmethoden zu wecken*" ([80]: 194). Aus fachdidaktischer Sicht werden der diskursive Umgang mit Fehlern und die herausfordernden offenen Aufgaben im Mathematikunterricht betont. Natürlich gehören ebenfalls die behandelten mathematischen Inhalte mit ihrem Schwerpunkt und mit ihren vernetzenden Aspekten sowie die Förderung der Problemlösekompetenzen zu den zentralen Bereichen. Als besonders günstige Voraussetzung für das Verständnis hat sich die geschickte situative Anknüpfung an das Vorwissen der Schülerinnen und Schüler durch dessen gezielte Aktivierung erwiesen. Dazu werden Elemente eigenverantwortlichen, kooperativen und individualisierten Lernens im Bereich der Vermittlung unter der Maßgabe einer effektiven Lernsteuerung empfohlen. Dennoch besitzt die direkte Instruktion in Abhängigkeit vom kontextspezifischen Vorwissen der Lernenden eine hohe Bedeutung.[10] Da die zu vermittelnden Kompetenzen komplex sind, wird die Arbeit mit Lösungsbeispielen,

---

[7] Fehler sollten in ausführlichen Diskussionen in einem methodischen Vorgehen erörtert werden. Klassengespräche sollten konsequent diskursiv geführt werden, alle Beteiligten sollten also auf Suggestivfragen verzichten, möglichst genaue Formulierungen verwenden und sich dabei auf die Beiträge der anderen beziehen ([21]: 7, 34).

[8] Das bildungssprachlich gebräuchliche Wort „situativ" erfasst hier die Situationsangemessenheit sowohl mit vorzubereitenden Aspekten als auch Gesichtspunkte der unmittelbaren spontanen Reaktion.

[9] Vgl. auch das Struktur- und Messmodell der Unterrichtsqualität in der COACTIV-Untersuchung ([53]). Blum führt in einer eigenen Liste auch das Kriterium „fachlich gehaltvolle Unterrichtsgestaltung" auf, das Aspekte der allgemeinen mathematischen Kompetenzen einschließt ([11]: 29).

[10] Eine zu deutliche Zurückhaltung der Lehrkraft im Lernprozess hat sich als wenig hilfreich für den Lernerfolg von Schülerinnen und Schülern herausgestellt, eine Unterstützung eigenverantwortlicher Arbeit durch gezielte klare Instruktionen ist dagegen sehr lernwirksam ([43]: 83 f.).

aber auch eine konsequente Kontinuität im Lernprozess im Sinne eines verteilten Lernens empfohlen. Für rhythmisiertes Lernen etwa in der Form *„abgestuften, gestaffelten Übens"* werden im Vergleich zu *„geballtem Üben"* sehr deutliche Effekte berichtet. Die Pausen sollten umso länger sein, je komplexer und herausfordernder die Lernaufgabe ist ([31]: 220 f.).[11] Um die geforderte effektive Lernsteuerung zu unterstützen, werden prozessbegleitende kleine Tests befürwortet ([104]: 21). Entsprechend sind neben einer individuellen diagnosegestützten Förderung besondere Entwicklungsschritte bezüglich der eingesetzten Arbeitsaufträge sowohl in Lern- als auch in Leistungsüberprüfungsphasen erforderlich ([69]). Es wird eine Aufgabenkultur erwartet, die kognitiv aktivierende, entwicklungsgemäße und verstehensorientierte Aufgaben betont, wozu ein eigenes Aufgabenklassifikationsschema entwickelt wurde.[12] Insbesondere werden auch Modellierungsprozesse mit einer situationsangemessenen Mathematisierung, der mathematischen Problemlösung und einer kontextgerechten Interpretation der Lösung hervorgehoben. Zu einem erfolgreichen Unterricht gehört eine gelingende Hausaufgabenpraxis, die von Regelmäßigkeit bei einem geringeren als dem bisher üblichen Einzelumfang geprägt ist und bei der die Arbeitsergebnisse besonders unter didaktischen Aspekten kontrolliert werden. Dazu soll ergänzend eine eigenverantwortliche Lösungskontrolle durch die Lernenden eingesetzt werden. Für Leistungskontrollen werden deutliche Anteile verstehensorientierter Aufgaben erwartet und es ist eine situative Anpassung der Anforderungen an den unterrichtlichen Kontext erforderlich, etwa hinsichtlich der besonderen Bedingungen der Lerngruppe und individueller Schülerbedürfnisse (vgl. [12]: 339 f.).[13]

Für die situative Berücksichtigung der Lernvoraussetzungen ist gerade die Qualität der unterrichtlichen Kommunikation von hoher Bedeutung, und daher ist es wichtig, kommunikationsintensives Mathematiklernen konsequent zu fördern. Während sich hierfür Phasen des Erkundens, Sammelns und Vergleichens sowie des Anwendens mathematischer Konzepte sehr gut eignen, bietet das reine Trainieren von Standardverfahren kaum Kommunikationsanlässe. Dazu sollten Aufgaben gewählt werden, die hinreichend anspruchsvoll und komplex sowie in einer Weise herausfordernd sind, dass die Lernenden deren Bearbeitung als sinnvoll erachten. Dabei sollten vielfältige Lösungswege auch auf unterschiedlichem Niveau ermöglicht sowie Vorstellungen und Darstellungen als zentraler Bestandteil mathematischen Denkens betont werden. Unterrichtliche Gespräche sollten daher diskursiv geführt werden, indem alle Beteiligten auf Suggestivfragen verzichten, möglichst genaue Formulierungen verwenden und sich dabei auf die Beiträge der anderen beziehen. Als Kriterien für einen kommunikati-

---

[11] Hattie berichtet jedoch, dass nach den Sommerferien besonders im Fach Mathematik und vor allem in höheren Klassenstufen *„erhebliche Zeit dafür aufgewendet werden muss, den vergangenen Stoff erneut aufzubereiten"* ([31]: 96).

[12] Zu den Dimensionen dieses Klassifikationsschemas gehören beispielsweise der inhaltliche Rahmen mit dem Stoffgebiet und der curricularen Wissensstufe sowie der kognitive Rahmen mit dem Typ mathematischen Arbeitens (vgl. [42]: 2).

[13] Besonders infolge der Umsetzung der Inklusion könnte eine individuell gewährte Verlängerung der Arbeitszeit in schriftlichen Leistungsüberprüfungen sinnvoll sein.

onsintensiven Mathematikunterricht gelten die Quantität der breiten Aktivierung der Lernenden, die Qualität der Gesprächsinhalte im Hinblick auf ihren mathematischen Gehalt und ihre Authentizität sowie die Variation der Kommunikationsformen über die unterschiedlichen Lernsituationen hinweg ([21]).[14]

3.2.1 Ein Leitbild für den Mathematikunterricht

Während beispielsweise die Forschung zur Wirksamkeit der Überzeugungen von Lehrkräften schon sehr umfangreiche Ergebnisse hervorgebracht hat (vgl. [83]), war es lange weitgehend unerforscht, welche Lehrerkompetenzen und welches Lehrerverhalten in welchem Maß situativ günstige Wirkungen entfalten. Es wurde sogar als sehr fraglich bezeichnet, in welcher Genauigkeit es gelingen kann, allgemeingültige Zielvorstellungen von Kompetenzausprägungen und passende Verhaltensregeln für alle Mathematiklehrkräfte zu formulieren (vgl. [35]). Eine gründliche Untersuchung in drei deutschen Bundesländern hat es sich zum Ziel gesetzt, solche Kompetenzen und Verhaltensregeln zu identifizieren, die besonders häufig bei erfolgreichen Lehrkräften beobachtet werden können ([27]).

Das verwendete qualitative Forschungsdesign orientiert sich an dem Schwerpunkt der Nutzung der Expertise ausgewählter Lehrerexperten. Im Zusammenhang mit der Forschung zum Lehrerberuf gilt die Nutzung der Expertenforschung zumindest im Bereich der quantitativen Forschung als etabliert, da deutliche *„Zusammenhänge zwischen der ‚Expertise' der Lehrkräfte und der Qualität des Unterrichts"* nachgewiesen wurden ([77]: 236; [78]: 173 f.). In ausführlichen Experteninterviews vor dem Hintergrund der *„übergeordneten Merkmalsdimensionen für guten Mathematikunterricht"* ([46]: 131) wird die Sichtweise der Expertenlehrer auf wesentliche Merkmale ihres Mathematikunterrichts herausgearbeitet. Nach der Methodik der Leitbildforschung werden anschließend Gemeinsamkeiten und Schwerpunkte für die Gestaltung des Mathematikunterrichts identifiziert. Nach der Diskussion des entstandenen Leitbildes vor dem Hintergrund aktueller Forschungsergebnisse wird ein Weg zur Umsetzung im Unterrichtsalltag als Schwerpunkt der Unterrichtsentwicklung aufgezeigt.

Allerdings können die Ergebnisse nicht als einfaches Rezept für erfolgreichen Mathematikunterricht verstanden werden. Eine genauere Ausprägung einschließlich einer Schwerpunktsetzung muss individuell ausgestaltet werden.

Gestützt durch die beschriebene *„Best Practice"*-Untersuchung[15] ([27]) konnte das Leitbild aus Abb. 3.2 für den Mathematikunterricht entwickelt werden.

---

[14] Insbesondere bietet hier das dialogische Lernen nach Gallin und Ruf ([24]; [25]) die Perspektive, *„Mathematik als lebendiges und kommunikatives Handlungsfeld erfahrbar zu machen"* ([23]: 1; [22]).

[15] In einem *„personzentrierten"* Ansatz werden Lehrkräfte mit erfolgreicher Praxis, also empirisch nachweisbaren besonders guten unterrichtlichen Wirkungen, untersucht, um ihr *„Erfolgsgeheimnis"* zu identifizieren ([35]: 632).

Abb. 3.2 Leitbild für den Mathematikunterricht als Grafik ([27]: 205)

Das Leitbild ist in Planungs-, Durchführungs- und Auswertungsaspekte gegliedert. Wenn auch die Zuordnung nicht eindeutig möglich ist, so wird durch die Einteilung dennoch die wesentliche Bedeutung der Aspekte betont.

Planungsaspekte
1. Kognitive Strukturierung der Inhalte und der Lernprozesse

Die Inhalte und die Lernprozesse sind dann geeignet kognitiv strukturiert, wenn der geplante Erwerb der mathematisch-inhaltlichen Kompetenzen den Lernvoraussetzungen der Schülerinnen und Schüler angemessen ist, die Lernprozesse didaktisch sinnvoll sequenziert und geeignete *individuell adaptive didaktische Maßnahmen* vorbereitet sind.

Indikatoren:

- Die spezifischen Lernvoraussetzungen der Lernenden sind erfasst und mögliche Lernhindernisse sind identifiziert.
- Die Lernprozesse sind schülergerecht vorbereitet und situativ passendes Lernmaterial ist bereitgestellt, das an das Vorwissen sowie die vorhandenen Vorstellungen anknüpft und zentrale Begriffe vorbereitet. Sie dienen damit dem sukzessiven Aufbau von Grundvorstellungen.
- Konkretisierende und strukturierende situative Lernhilfen sind vorbereitet, insbesondere sind *„kognitiv strukturierende"* Lehrerimpulse vorüberlegt, die begriffliche Relationen und Zusammenhangswissen in der Sachstruktur aufzeigen.

- Der gezielte Einsatz des Lernmaterials ist in Bezug auf die Lernphase, mögliche Lernhindernisse und die gewünschte Vertiefungsrichtung geplant.
- Die Aufgaben unterstützen kognitiv anspruchsvolles und vertieftes Denken.
- Grundvorstellungen werden aktiviert, dazu werden auch mathematikhaltige Texte genutzt (dies können auch Zeitungstexte sein).
- Für Phasen der Aneignung neuer Inhalte sind Zusammenfassungen und die Erarbeitung von Wissensspeichern[16] vorgesehen.

2. Angemessenheit der Arbeitsweisen und des Anspruchsniveaus

Die gewählten Aufgaben sind kognitiv ansprechend, verstehens- und problemorientiert sowie herausfordernd. Der Bearbeitungsmodus ist abwechslungsreich und herausfordernd. Das geplante Anspruchsniveau ist angemessen und Lerngerüste[17] sowie zusätzliche Herausforderungen für die situative Anpassung werden bereitgestellt.

Indikatoren:

- Das Inszenierungsmuster ist an die spezifischen Vorkenntnisse der Lernenden angepasst. Je unvollständiger diese sind, desto höher ist der Anteil der direkten Instruktion.
- Die Aufgaben bieten Anregungen zur kognitiven Auseinandersetzung etwa durch Anwendungskontexte. Sie sind hinreichend anspruchsvoll und komplex, sodass die Lernenden einen Sinn in deren Bearbeitung erkennen.
- Die Aufgaben lassen vielfältige Lösungswege auf unterschiedlichem Anforderungsniveau zu und fokussieren gleichzeitig auf Vorstellungen und Darstellungen als zentralem Bestandteil mathematischen Denkens.
- Der Bearbeitungsmodus bietet Anregungen zur kognitiven Auseinandersetzung etwa durch einen kompetitiven Charakter oder durch eine Präsentation als Rollenspiel.
- Die Planung erfolgt auf der Grundlage guter Kenntnisse zum Lernstand der Lerngruppe.
- Es wird differenzierendes Lernmaterial mit gestuften Lernhilfen und „*Expertenaufgaben*" zum Weiterdenken bereitgestellt.
- Die Arbeitsaufträge sind geeignet differenziert, sodass alle Lernenden ansprechende Aufgaben weitgehend selbstständig bearbeiten können.
- Die Arbeitsaufträge sind so verständlich formuliert, dass den Lernenden unmittelbar klar ist, was von ihnen verlangt wird.

---

[16] Wissensspeicher enthalten bereits erarbeitete Inhalte in schriftlicher Form etwa in Form eines Karteikastens, in dem sich Erklärungen für wesentliche mathematische Begriffe befinden ([100]: 48).

[17] Lerngerüste sind gezielte Hilfestellungen zur selbstständigen aktiven Wissenskonstruktion. Ihr Einsatz wird auch als *Scaffolding* bezeichnet, das eine genaue Kenntnis der individuellen Lernbedürfnisse voraussetzt. Auf dieser Basis wird eine adaptive individuelle Unterstützung in Form von strukturierenden oder konkretisierenden Lernhilfen geleistet, die so bald wie möglich reduziert wird („*Fading*") ([20]: 203 f.; [44]: 212 f.).

3. Gezielte Auswahl und funktionale Orchestrierung der Optionen im Rahmen der methodisch-didaktischen Entscheidungen

Phasen von Schüler- und Lehrerzentrierung werden gezielt lernwirksam eingesetzt. Individuelles und gemeinsames Lernen erfolgt in variablen Formen kooperativen Lernens, die situativ ausgewählt werden. Die Methoden werden nach Lernstand, vorhandenen Ressourcen und mathematisch-inhaltlichem Anspruchsniveau gezielt ausgewählt.

Indikatoren:

*   Die Lernumgebungen werden von den Schülerinnen und Schülern als konstruktiv-unterstützend erlebt.[18]
*   Schülerzentrierung wird immer dann eingesetzt, wenn sie situativ möglich erscheint, Lehrerzentrierung unterstützt Phasen mit notwendigen Erklärungen sowie mit Vereinbarungen zum methodischen und organisatorischen Vorgehen.
*   Individuelles Lernen wird durch situativ eingesetzte kooperative Auswertungsphasen unterstützt.
*   Gemeinsames Lernen erfolgt in abwechslungsreichen Formen kooperativen Lernens.
*   Die Methoden werden gezielt nach dem Lernstand in Bezug auf methodische und mathematisch-inhaltliche Kompetenzen ausgewählt.
*   Die eingesetzten Methoden nutzen geschickt die vorhandenen materiellen und personalen Ressourcen.
*   Das methodische Vorgehen ist besonders bezüglich des Grades eigenverantwortlicher Arbeit auf das mathematisch-inhaltliche Anspruchsniveau abgestimmt.
*   Situative Hilfen werden sachlich und dem Lernfortschritt angemessen gewährt.

4. Integration regelmäßiger Übungszeiten

Im Unterricht und im Rahmen von Hausaufgaben oder Lernzeiten in der Schule werden regelmäßige Übungszeiten eingesetzt und dabei werden intelligente Formen sowohl elaborierenden wie auch mechanischen Übens genutzt. Die erforderlichen Arbeitsbedingungen werden insbesondere auch durch verständliche Arbeitsaufträge sichergestellt. Die erforderliche Regelmäßigkeit wird durch eine passende Rhythmisierung des Unterrichts unterstützt.

Indikatoren:

*   Zu jeder zu vermittelnden mathematisch-inhaltlichen oder prozessbezogenen Kompetenz werden passende Übungsanlässe geboten. Der unmittelbare Zusammenhang mit dem schulinternen Fach-Curriculum wird jederzeit deutlich.

---

[18] Lernumgebungen im Mathematikunterricht sind inhaltlich durchdacht aufgebaute und fachlich korrekte Arrangements von Unterrichtsmethoden und -techniken sowie von Lernmaterialien und -medien. Insbesondere sollen sie eigenverantwortliches Arbeiten mit vielfältigen Zugängen und individuell abrufbaren gestuften Hilfen ermöglichen ([91]: 150 f.).

- Zu jeder Unterrichtsstunde werden passende Übungsanlässe geboten, die auch der Sicherung von Basiswissen dienen. Dazu gehören auch regelmäßige intelligente Kopfübungen.
- Die Übungsaufgaben sind motivierend gestaltet, indem sie intelligentes Üben unterstützen. Sie sind also sinnstiftend gestaltet, betonen die Verstehensorientierung, sind entdeckungsoffen, selbstdifferenzierend und reflexiv gestaltet. Notwendige Anteile mechanischen Übens werden durch kognitive oder soziale Aktivierungsmaßnahmen bereichert.
- Die Rhythmisierung des Unterrichts unterstützt die Regelmäßigkeit in der Auseinandersetzung mit den zu erwerbenden mathematisch-inhaltlichen Kompetenzen. Die Unterrichtsstunden und die Lernzeiten in der Schule sind gleichmäßig auf die Unterrichtswoche verteilt, Unterrichtsausfall wird konsequent vermieden. Ersatzweise werden Übungs- und sonstige Lerngelegenheiten mit Studienaufgaben und Hausaufgaben geboten.
- Die Auswertung der Übungen erfolgt unter pädagogischen Gesichtspunkten und mündet in individuelle Empfehlungen für die weiteren Übungsanstrengungen.
- Hausaufgaben können selbstständig auf ihre Richtigkeit überprüft werden.

5. Entlastende Vorbereitungen zu Gunsten situativen Lehrerverhaltens

Im Rahmen der Unterrichtsplanung und -vorbereitung werden für möglichst viele erwartbare Unterrichtssituationen günstige Entscheidungsoptionen bereitgestellt, deren Zahl so gering wie möglich sein sollte, um die Lehrkraft in der Unterrichtssituation zu entlasten und situatives Lehrerhandeln zu ermöglichen. Die kontinuierliche Professionalisierung wird durch metakognitive Aktivitäten zum Lehrerhandeln auch mit kollegialer Unterstützung gefördert.

Indikatoren:

- In die gründliche Planung werden auch alternative Vorgehensweisen aufgenommen, die mögliche Lernhindernisse oder auch überraschende Lösungsideen der Lernenden berücksichtigen.
- Zur Vereinfachung der Unterrichtsgestaltung werden etablierte Rituale eingesetzt und erwünschte weitere Rituale eingeführt. Dabei werden auch fachübergreifende Synergieeffekte in kollegialer Zusammenarbeit genutzt.
- Es besteht ein funktionierendes Arbeitsbündnis, das fortlaufend gepflegt und dazu weiterentwickelt wird.[19]
- Die Lehrkraft nutzt regelmäßige metakognitive Aktivitäten zur Optimierung des Lehrerhandelns, indem Bewährtes gefestigt und erkannte Fehler vermieden werden.
- Kollegiale Unterstützung wird zur Reflexion des eigenen Lehrerhandelns und zur Erweiterung der individuellen Handlungsoptionen genutzt.

---

[19] Ein *Arbeitsbündnis* ist ein *„didaktisch-sozialer Vertrag zwischen den Lehrenden und Lernenden"*, der von allen gemeinsam entwickelt wird. Ein funktionierendes Arbeitsbündnis kann unterschiedlich explizit sein und zeichnet sich durch den respektvollen Umgang der Beteiligten miteinander sowie durch die Verständlichkeit der Absprachen aus (vgl. [66]: 74 f.).

Durchführungsaspekte

6. Konsequente Förderung von Selbstwirksamkeitserfahrungen[20]

Das Selbstvertrauen der Lernenden in die eigene fachspezifische und fächerübergreifende schulische Leistungsfähigkeit wird konsequent gefördert, indem regelmäßige Lernerfolgserlebnisse geboten werden.[21] Dazu werden die Arbeitsaufträge von den Lernenden zugleich als anspruchsvoll wie auch als individuell erfüllbar angesehen. Ihre erfolgreiche Bearbeitung wird von ihnen als lohnend eingeschätzt.

Indikatoren:

- Die Arbeitsaufträge sind so anspruchsvoll, dass sich die Lernenden anstrengen müssen.
- Die Anforderungen sind so passend zu den Lernvoraussetzungen gewählt, dass sich die Lernenden in der Regel die erfolgreiche Bearbeitung zutrauen.
- Die Arbeitsaufträge werden von den Lernenden wegen ihrer Relevanz im Anwendungszusammenhang oder für den mathematisch-inhaltlichen Kompetenzaufbau als lohnend eingeschätzt.
- Die kognitiven Anforderungen werden entsprechend dem Kompetenzaufbau sukzessive gesteigert.
- Die Lehrkraft traut den Lernenden glaubhaft die erfolgreiche Bewältigung der Anforderungen zu. Die gezeigten individuellen Leistungen rechtfertigen regelmäßig dieses Vertrauen und Frustrationen werden vermieden.
- Die Lehrkraft gibt attributionales Feedback.[22]
- Die bereitgestellte Unterstützung im Lernprozess ist konsequent am individuellen Leistungsvermögen ausgerichtet.
- Es gibt ergänzende außerunterrichtliche Angebote, die interessengeleitete individuelle Lernerfolge ermöglichen.
- Das Lernen findet so weit wie möglich in Selbstverantwortung statt.

---

[20] Zu den lernwirksamen *Selbstwirksamkeitserfahrungen* gehört es insbesondere, dass die Lehrkräfte anspruchsvolle Ziele für alle Lernenden verfolgen, dass kontinuierliche Erfolgserfahrungen gemacht und Frustrationen vermieden werden und dass Fragen in eine angemessene Schwierigkeitszone zwischen Unter- und Überforderung fallen. Dazu kommt, dass der richtige Anteil der Antwort gewürdigt wird und hilfreiche Hinweise für Verbesserungen folgen sowie dass relevante Schülerbeiträge auf- und ernst genommen werden ([33]: 63–64; vgl. auch [46]: 142 f.).

[21] *„Das Vertrauen in die eigenen Fähigkeiten, der Glaube daran, etwas erreichen zu können, stellt eine der wichtigsten Voraussetzungen für erfolgreiches Lernen dar."* ([18]: 279).

[22] Attributionalem Feedback, also Feedback mit *„motivationsförderliche[n] Ursachenerklärungen"*, wird eine lernwirksame Bedeutung zugemessen. Dagegen ist etwa die Erfolgsattribution hoher Fähigkeiten bei geringer Aufgabenschwierigkeit oder die Misserfolgsattribution zu geringer Bemühungen trotz vorhandener Anstrengung schädlich für das Fähigkeitsselbstkonzept und die Erfolgserwartung (vgl. [86]: 9, 6, 10).

7. Den Lernprozess begleitende Unterstützungsmaßnahmen

Die Lernprozesse werden durch vielseitige Maßnahmen für die individuelle und teilgruppenspezifische Förderung unterstützt. Insbesondere werden die Motivation und die kognitive Aktivierung über den gesamten Lernprozess beständig und vielseitig durch Lehrerimpulse gefördert. Wertschätzende und zielführende Arbeitsweisen mit Erfolgserlebnissen für alle Lernenden und einem sukzessiven Aufbau von Erfolgserwartungen regen zur ausdauernden kognitiven Auseinandersetzung an.

Indikatoren:

- Teilgruppenspezifische und individuelle Fördermaßnahmen werden in einem spiralförmigen Prozess geplant, durchgeführt und gemeinsam mit den Lernenden evaluiert. Die Ergebnisse werden konsequent für die weitere Förderung genutzt.
- Durch die Lehrkraft werden prozessbegleitend motivierende sowie kognitiv strukturierende und aktivierende Impulse eingesetzt. Die strukturierenden Hilfen werden adaptiv gewährt.
- Die Arbeitsweisen sind konsequent auf die individuelle Leistungsfähigkeit ausgerichtet und ermöglichen so für jedes Leistungsniveau Erfolgserlebnisse.
- Es werden lernstrategische und inhaltsstrategische gestufte Lernhilfen angeboten.
- Es herrscht eine positive Fehlerkultur mit der konsequenten Nutzung von Fehlern als Lerngelegenheit vor, eine regelmäßige Fehleranalyse wird für die Fehlerprävention genutzt.

8. Fachlich angemessene diskursive Kommunikation

Es werden vielfältige Kommunikationsanlässe durch mathematisch-inhaltliche oder methodische Aspekte geboten. Für die unterrichtlichen Gespräche werden Regeln implementiert, die die Diskursivität sicherstellen. Dazu gehört es, dass weder die Lehrkraft noch andere Gesprächsteilnehmer Suggestivfragen stellen, dass sich jeder darum bemüht, die eigenen Gedanken so genau wie möglich zu formulieren und dass jeder sich so gut wie möglich auf die Beiträge der anderen bezieht. Insbesondere werden Äußerungen vermieden, die sich nicht erkennbar auf das Geschehen oder das Gesagte beziehen, und bereits Gesagtes wird nur wiederholt, um darauf aufzubauen oder die eigene Position davon abzugrenzen.

Dazu gehört es auch, eine schülergerechte Fachsprache zu nutzen und den Lernenden als Lehrkraft ein sprachliches und fachsprachliches Vorbild zu bieten (vgl. [21]).

Indikatoren:

- Die Qualität der Instruktion durch die Lehrkraft zeichnet sich durch klare Strukturierung und Verständlichkeit aus.
- Die Lernenden werden beständig in unterrichtliche Gespräche im Plenum, in Gruppen- oder in Partnerarbeit einbezogen.
- Die verwendeten Kommunikationsformen variieren.

- Die unterrichtliche Kommunikation ist sinnstiftend und ihr mathematischer Gehalt ist hoch.
- Die Kommunikation weist einen hohen Grad an Transaktivität auf, indem vorangegangene Beiträge grundsätzlich aufgegriffen werden.
- Der Anteil der mathematischen Argumentationen durch Lernende ist hoch, dazu gehören Aktivitäten des Suchens, Auswählens, Verwendens und Beurteilens von Argumenten und deren Verknüpfung in inner- und außermathematischen Zusammenhängen.
- Die Lehrkraft tritt zurückhaltend als Expertin oder Experte des Faches auf, die ein konkretes Verhaltensmodell und ein (fach-)sprachliches Vorbild bietet. Sie leistet eine individuell abgestimmte instruktionale Hilfestellung und eine angemessene metakognitive Überwachung.

Auswertungsaspekte

9. Anleitung zu retro- und prospektiven metakognitiven Aktivitäten

Die Lernenden werden zu retro- und prospektiven metakognitiven Aktivitäten[23] in Bezug auf individuelle und kooperative Lernphasen angeleitet. Regelmäßige metakognitive Aktivitäten zum Lernprozess sowie zum Lern- und Übungsverhalten dienen der Optimierung der Lernprozesse und damit der Lernerfolge. Dies sorgt für vorausschauende und rückblickende Betrachtungen der Lernprozesse sowie des gezeigten Lern- und insbesondere des Übungsverhaltens. Sowohl individuelle als auch kooperative Lernphasen gewinnen durch die kritische Reflexion der Effektivität und der Effizienz an Wirksamkeit, da sie die Grundlage für Optimierungen bilden. Mathematisch-inhaltlich umfasst dies die vertikale und die horizontale Vernetzung der Inhalte. Im ersten Fall erfolgt eine Klärung der inhaltlichen Voraussetzungen und der Auswirkungen auf das Lernen zukünftig zu behandelnden Stoffes. Im zweiten Fall werden Querbeziehungen zu anderen Stoffgebieten auch aus anderen Fächern betrachtet.

Indikatoren:

- Eine regelmäßige formative Leistungsdiagnostik[24] lenkt die Aufmerksamkeit der Lernenden auf die eigenen Lernfortschritte. Dazu werden realistische Bewertungsstandards gesetzt und entsprechende Bewertungskriterien transparent gemacht. Die eingesetzten Aufgaben bieten genügend diagnostisches Potenzial.

---

[23] Zu den zentralen metakognitiven Aktivitäten gehören *Planen, Monitoring* und *Reflektieren.* Zu Ersterer gehört das *„Nachdenken über noch zu vollziehende Denkaktivitäten"*, zur zweiten das *„Überprüfen vollzogener Denkaktivitäten auf mögliche Fehler* [und] *Fehlvorstellungen"* und zur dritten Art das *„Nachdenken über Strukturen oder Abläufe von Denkaktivitäten"* ([73]: 151).

[24] *Formative Leistungsdiagnostik* dient den im Unterrichtsprozess gegebenen Rückmeldungen an die Lernenden. Sie erfasst dazu den aktuellen Lernstand sowie die Annäherung an Lernziele zu einem bestimmten Zeitpunkt und bildet damit eine wichtige Grundlage für die weitere Unterrichtsplanung im Sinne der individuellen Förderung. Insbesondere werden Wissenslücken, Fehlerarten und mangelndes oder falsches Verständnis bei den Lernenden identifiziert.

- Die Lehrkraft gibt den Lernenden regelmäßig Rückmeldungen zum persönlichen Lernerfolg. Sie gibt insbesondere Feedback zu richtigen Antworten und setzt Lob sorgfältig dosiert ein. Sie gibt hilfreiche Hinweise zur Verbesserung.
- Die Lehrkraft leitet die vertikale und horizontale Vernetzung der mathematisch-inhaltlichen und der methodischen Kompetenzen an. Dazu werden Lernvoraussetzungen und zukünftig zu erwerbende Kompetenzen mit den aktuellen Lernprozessen abgeglichen.
- Die Reflexion zu den Lernprozessen und dem Lern- und Übungsverhalten umfasst den Zugewinn an mathematischen Einsichten, heuristischen Strategien und mathematischen Werkzeugen. Sie mündet in individuellen Vereinbarungen zur Optimierung. Außerdem wird eine individualisierte Lernberatung genutzt.
- Die Lernenden übernehmen Verantwortung für das eigene Lernen. Sie setzen bewusst Lernstrategien und Verfahren der überfachlichen und fachbezogenen Selbsteinschätzung ein. Dazu gehört neben der Betrachtung des Arbeits- und Lernverhaltens insbesondere auch die Einschätzung der mathematisch-inhaltlichen Kompetenzen.

10. Monitoring: Konsequente Nutzung des aktuellen Lernstands zur Unterrichtssteuerung[25]

Die Lehrkraft nutzt beständig den aktuellen Lernstand ihrer Schülerinnen und Schüler zur Unterrichtssteuerung. So gelingt es, die methodisch-didaktischen Entscheidungen im Unterrichtsverlauf bei Bedarf zu revidieren oder auch nur neu zu gewichten. Maßnahmen der Statusdiagnostik zu einem Unterrichtsvorhaben, die vorab und auch nachträglich durchgeführt werden, dienen als Grundlage prognostischer Entscheidungen bezüglich der jeweils folgenden Lernprozesse. Zusätzlich erlauben Maßnahmen der Prozessdiagnostik etwa durch gezielte Beobachtung als Förderdiagnostik eine situative neue Akzentuierung und Ergänzung der geplanten Lehrermaßnahmen. Sie erfassen die individuelle Lernbegabung, vorhandene Lernprobleme sowie das Lernverhalten, um die Effektivität und Effizienz der Lernprozesse sicherzustellen, da so eine jeweils angemessene Reaktion der Lehrkraft erst ermöglicht wird.

Diese Form der Prozessdiagnostik wird auch als formative Leistungsdiagnostik bezeichnet. Sie wird als notwendige Voraussetzung für einen kompetenzorientierten Unterricht gesehen, da sie die regelmäßige Erfassung der Kompetenzentwicklung der Lernenden als Ausgangspunkt für individuelle Förderung zum Ziel hat. Ihr wird eine hohe Effektivität zugesprochen (vgl. [66]: 9; [31]: 216–218).

---

[25] Monitoring dient als Überwachung von Prozessen deren Steuerung. Die konsequente Nutzung des aktuellen Lernstands ist zur Unterrichtssteuerung erforderlich, um die Effektivität und Effizienz der Lernprozesse sicherstellen zu können. Dies ist auch ein Kennzeichen von Expertise der Lehrkraft, so gilt die Selbstüberwachung (*self-monitoring*) von Experten in der Expertiseforschung als akkurater ([78]: 176).

Indikatoren:

- Zu Beginn und am Ende von Unterrichtsreihen werden die spezifischen Kompetenzen der Lernenden erfasst, um die relevanten Lernvoraussetzungen und die Lernerfolge festzustellen.
- Die Einstufung des Lernstands orientiert sich an einem angemessenen Kompetenzstufenmodell.[26]
- Maßnahmen der kompetenzorientierten Diagnose erlauben die Abschätzung des individuellen Lern- und Förderbedarfs und damit die Planung konkreter Fördermaßnahmen. Es werden individuelle Förderpläne oder Förderprogramme für Teilgruppen oder die ganze Lerngruppe formuliert, die von der Lernausgangslage und dem Entwicklungspotenzial ausgehen.
- Eine kriteriengeleitete Beobachtung erlaubt die Wahl eines angemessenen Anspruchsniveaus.
- Kleine formative Tests werden für die gezielte Bereitstellung dosierter Hilfen genutzt.
- Leistungen werden insbesondere verstehensorientiert überprüft. Zur Vorbereitung werden Schreibanlässe gezielt eingesetzt.
- Zu jeder Unterrichtsreihe wird eine abschließende Erfassung und kritische Analyse der Lernergebnisse zur Überprüfung der eigenen pädagogischen Entscheidungen genutzt. Die Lehrkraft verbessert ihre diagnostischen Kompetenzen fortlaufend nach dem Diagnosezyklus, indem sie eigene Prognosen mit den späteren Diagnoseergebnissen abgleicht.[27]

Auf der Basis des vorgestellten Leitbildes werden im Folgenden Aspekte zur Planung, Durchführung und Auswertung des Mathematikunterrichts detaillierter vorgestellt und durch Praxisbeispiele illustriert.

---

[26] In der Praxis ist das Stufungskriterium der „*wachsende*[n] *Selbstregulation der Lernenden*", ergänzt durch fachspezifische Aspekte wie etwa den Grad der Abstraktionsfähigkeit, im Fach Mathematik verbreitet ([63]: 9). Meyer stellt dem ein fächerübergreifendes Strukturmodell für Kompetenzstufen (vgl. [88]: 30 ff.) gegenüber, das von der Stufe 0 (Naiv-ganzheitliches Ausführen einer Handlung) bis zur Stufe 3 (Selbstständige Steuerung des eigenen Lernprozesses) differenziert.

[27] Helmke ([34]: 142 f.) schlägt zur Verbesserung der diagnostischen Fähigkeiten bezüglich der Beurteilung der Aufgabenschwierigkeit ein zyklisches Vorgehen vor: (1) Auswahl eines Satzes von Aufgaben, (2) Erhebung der tatsächlichen Schülerleistungen (Leistungstest), (3) persönliche Ergebnisprognose, (4) Vergleich zwischen der Schätzung und dem empirischen Ergebnis (Testergebnisse als Referenzdaten) und (5) Analyse von Diskrepanzen (Gründe für erwartungswidrige Ergebnisse).

3.2.2 Planungsaspekte

Die Unterrichtsplanung ist ein komplexer Prozess, in dem die vorgesehenen mathematischen Inhalte, die ausgewählten allgemeinen Kompetenzen und die spezifischen Rahmenbedingungen den Ausgangspunkt bilden. In Abb. 3.3 wird ein spiralförmiger Algorithmus angegeben, der in früheren Stufen erneut ansetzt, sobald Prüffragen an den aktuellen Planungsstand nicht positiv beantwortet werden.

Im Rahmen der Planung sind zunächst die mathematisch-inhaltlichen und prozessbezogenen Aspekte unter Berücksichtigung der verpflichtend zu erwerbenden Kompetenzen auszuwählen und es wird eine vorläufige Zielsetzung formuliert. Dazu müssen die bereits erworbenen bereichsspezifischen Kompetenzen ermittelt und das zu erwartende Lernverhalten abgewogen werden. Ebenso müssen die mathematisch-inhaltlichen Anforderungen aus Sicht der Lerngruppe abgeschätzt und mögliche individuelle Lernhindernisse identifiziert werden.

Häufig reicht es in der Sekundarstufe II, den Lernenden rechtzeitig vorab eine Zusammenstellung der zu Beginn des Unterrichtsvorhabens zu erwartenden Kenntnisse, Fähigkeiten und Fertigkeiten zur Verfügung zu stellen und eine eigenverantwortlich zu leistende Aufarbeitung von fehlenden Kompetenzen einzufordern. Dazu ist es sehr sinnvoll, je nach Bedarf passendes Lernmaterial zur Selbstdiagnose sowie zur gezielten Aufarbeitung erkannter Defizite bereitzustellen. Sollte die Eigenständigkeit noch nicht entsprechend ausgeprägt sein, muss eine intensivere individuelle Beratung und Unterstützung erfolgen. Zu den Möglichkeiten gehören Eingangstests, individuelle Lernberatungen und gezielte Nutzungshinweise für das Arbeitsmaterial. Daneben liefert die Prüfung der eigenen Lehr-

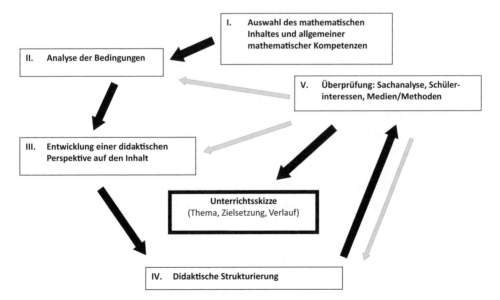

Abb. 3.3 Algorithmus zur Unterrichtsplanung

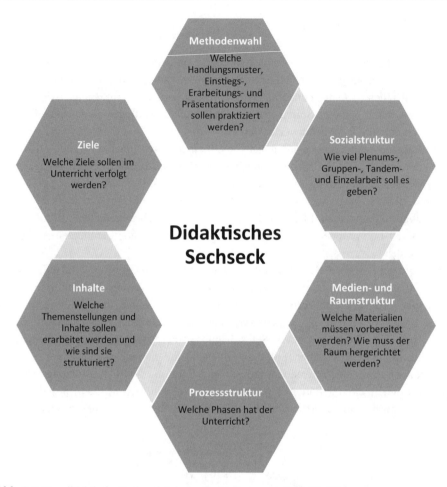

Abb. 3.4 Das didaktische Sechseck (eigene Darstellung, vgl. [66]: 84, 88)

voraussetzungen mit den individuellen spezifischen Vorkenntnissen und Interessen die Grundlage für die authentische Vermittlung der Inhalte, Fähigkeiten und Fertigkeiten. Im Anschluss können erst geeignete Erarbeitungs- oder Übungskontexte gezielt ausgewählt und für die Unterrichtsstunde aufgearbeitet werden.

Die didaktische Strukturierung (vgl. dazu Abb. 3.4) stellt im Anschluss an Meyer et al. ([66]: 89) den wichtigsten Teil der Unterrichtsplanung dar. Dabei geht es um *„möglichst geschickte didaktische Entscheidungen und ihre Begründung"* unter Berücksichtigung aller sechs Aspekte *Ziele, Inhalte, Prozessstruktur, Medien- und Raumstruktur, Sozialstruktur* und *Methodenwahl*.

In diesem Schritt wird neben einer realistischen Zielsetzung ein plausibler Unterrichtsverlauf entwickelt, wobei ein linearer Ablauf des Planungsprozesses weder zu erwarten noch wünschenswert ist. Im Gegenteil werden die Zielsetzung und der Verlauf in einer Abfolge wiederholter Vergleiche und Anpassungen sukzessive erarbeitet. Der Planungsprozess wird dabei von den im didaktischen Sechseck aufgeführten Erschließungsfragen zielführend unterstützt.

Die erste Planungsversion muss anschließend einer gewissenhaften Prüfung unterzogen werden. Im Zuge der detaillierten Betrachtungen hat sich auch ein differenzierterer Blick auf das Thema, die Zielsetzung und den Ablauf ergeben. Sowohl die Komplexität des mathematischen Inhalts als auch der gewählten Medien und Materialien müssen kritisch betrachtet werden. Sehr häufig werden gerade von Berufsanfängern hier wie bezüglich des Zeitbedarfs einzelner Phasen des Unterrichts deutlich zu optimistische Entscheidungen getroffen. Daher muss abschließend überlegt werden, ob alle Entscheidungen im Sinne der Zielsetzung funktional waren und ob gegebenenfalls eine Straffung erfolgen kann oder ein höherer Zeitbedarf berücksichtigt werden muss. Im Regelfall wird hier auch ein optionaler früherer Ausstieg geplant werden und eine entsprechende Anpassung der Zielsetzung erfolgen, indem der optionale Teil der Zielsetzung gesondert ausgewiesen wird. Ist hier auch nur eine der Überprüfungen zum Korrektiv im Planungsalgorithmus (s. Abb. 3.3 „Algorithmus zur Unterrichtsplanung", *V. Überprüfung: Sachanalyse, Schülerinteressen, Medien/Methoden*) negativ verlaufen, muss der Planungsprozess bei der erneuten Analyse der Bedingungen, der Entwicklung einer didaktischen Perspektive oder der didaktischen Strukturierung fortgesetzt werden. Aus pragmatischen Gründen werden die bisherigen Ergebnisse in möglichst großen Teilen übernommen und nur dort angepasst, wo es erforderlich erscheint.

Im Detail sollten die Planungen nach dem Leitbild für den Mathematikunterricht (s. Abschn. 3.2.1 „Ein Leitbild für den Mathematikunterricht") die kognitive Strukturierung der Inhalte und der Lernprozesse, die Angemessenheit der Arbeitsweisen und des Anspruchsniveaus, die gezielte Auswahl und funktionale Orchestrierung der Optionen im Rahmen der methodisch-didaktischen Entscheidungen, die Integration regelmäßiger Übungszeiten und entlastende Vorbereitungen zu Gunsten situativen Lehrerverhaltens umfassen. Zum letztgenannten Aspekt gehört auch die Betrachtung der individuell bereits erreichten Kompetenzen zur zielführenden Gestaltung des Unterrichtsablaufs.

Kognitive Strukturierung der Inhalte und der Lernprozesse

Eine geeignete kognitive Strukturierung der Inhalte und Lernprozesse setzt voraus, dass die Intention passend zu den Lernvoraussetzungen der Schülerinnen und Schüler formuliert wird. Auf dieser Basis können die Lernprozesse didaktisch sinnvoll sequenziert und geeignete „*individuell adaptive didaktische Maßnahmen*" vorbereitet werden. Eine hinreichend genaue Erfassung der spezifischen Lernvoraussetzungen erfordert gute fachliche und fachdidaktische Kenntnisse, Fähigkeiten und Fertigkeiten der Lehrkraft ([31]: 280, 307). Nur diese erlauben einen guten Überblick über die notwendigen Vorkenntnisse der Lernenden sowie über die möglichen Lernschwierigkeiten, und die Lehrkraft kann aus verschiedenen Vermittlungswegen eine sinnvolle Auswahl treffen.

Es müssen kognitiv aktivierende Aufgaben ausgewählt oder neu erstellt werden, die geeignet sind, kognitiv anspruchsvolles und vertieftes Denken anzuregen. Anschließend können die beabsichtigten Lernprozesse so vorbereitet werden, dass sie an die bereits vorhandenen Vorstellungen und Kompetenzen anknüpfen und zum Aufbau der zentralen Begriffe und der intendierten Grundvorstellungen beitragen. Dazu gehört die Vorbereitung konkretisierender und strukturierender situativer Lernhilfen. Diese sind in der Form unterstützenden Lernmaterials als statische Hilfen oder als kognitiv strukturierende Lehrerimpulse möglich. Sie sollen die Aufmerksamkeit der Lernenden auf relevante Begriffe, Größen und Beziehungen richten und deren inhaltliche Beiträge qualitativ verbessern helfen.[28] Die Konkretisierung unterstützt dabei die integrierende Informationsverarbeitung durch Anknüpfung an das Vorwissen und die Vorbereitung zentraler Begriffe. Die Strukturierung soll begriffliche Relationen der behandelten mathematischen Inhalte aufdecken und so zur Entwicklung eines individuellen Zusammenhangswissens der Lernenden beitragen (vgl. [20]: 200 ff.; [98]: 252 f.). Auf diese Weise erfahren die Lernaktivitäten eine produktive kognitive Ausrichtung, die sich insbesondere bei den Leistungsschwächeren in einer erhöhten Motivation und einem verbesserten konzeptuellen Verständnis auszahlt. Diese unterstützenden Maßnahmen werden bei steigendem Leistungsniveau sukzessive reduziert (*Fading*).

Beispiele aus der Praxis

– Der Beweis für die Orthogonalität zweier bestimmter Transversalen in einem Rechteck wird als Puzzle von Beweiselementen (http://lehrerfortbildung-bw.de/faecher/mathematik/gym/fb2/modul5/4_bspl/s_2/2_gestufte_hilfestellung_beweise_schuelermaterial.pdf, letzter Aufruf 17.06.2015) selbstständig rekonstruiert und damit nacherfunden. Damit wird der Lernprozess kognitiv strukturiert.

– Die Lehrkraft verweist zum eigenständigen Nachweis in der Linearen Geometrie darauf, dass ein bestimmtes Viereck eine Raute ist, als individuelle Unterstützung auf die Symmetrieeigenschaften. Sie gibt somit kognitiv strukturierende Lehrerimpulse.

– Die neu erarbeiteten Kenntnisse zur Integralrechnung werden zunächst auf das Wesentliche reduziert und dann in einer individuellen Mind-Map strukturiert und visualisiert. So werden wesentliche Inhalte zusammengefasst und es wird ein Beitrag zur Erarbeitung eines Wissensspeichers geleistet.

Angemessenheit der Arbeitsweisen und des Anspruchsniveaus

Angemessene Arbeitsweisen und ein lernwirksames Anspruchsniveau setzen kognitiv ansprechende Aufgaben voraus, die verstehens- und problemorientiert sowie herausfordernd sind. Dazu sollte der Bearbeitungsmodus abwechslungsreich und herausfordernd sein und das geplante Anspruchsniveau muss passend zu den Lernvoraussetzungen gewählt werden.

---

[28] Solche Unterstützungsmaßnahmen, die es ermöglichen sollen, Aufgaben zu lösen, die ohne Hilfestellung noch nicht zu bewältigen sind, werden unter dem Begriff *Scaffolding* zusammengefasst ([44]: 211). Sie werden genutzt, um einer Überforderung der Lernenden durch einen zu hohen Anteil an Selbststeuerung entgegenzuwirken.

Unterstützend sollen Lerngerüste sowie zusätzliche Herausforderungen für die situative Anpassung bereitgestellt werden.

Das Potenzial der Aufgaben zur kognitiven Anregung bildet die Grundlage für eine qualitativ hochwertige kognitive Auseinandersetzung der Lernenden mit den Problemstellungen vor dem Hintergrund der zu erwerbenden Kompetenzen. Damit die Schülerinnen und Schüler die Bearbeitung für sinnvoll und lohnend erachten, müssen sie für alle hinreichend anspruchsvoll und komplex sein, es müssen also auch entsprechende Differenzierungsmöglichkeiten geboten werden. Ansprechende Kontexte mit einem für die Lerngruppe guten Lebensweltbezug haben sich als sehr förderlich erwiesen. Das Ziel der individuellen Passung oder Angemessenheit der Herausforderungen für die gesamte Lerngruppe bleibt wegen der Heterogenität aller Lerngruppen eine der großen und bedeutenden Aufgaben für die Lehrkräfte.[29] Im Idealfall setzt dies eine detaillierte individuelle Diagnose durch die Lehrkraft voraus, was aber prinzipiell im Schulalltag nicht möglich ist. Einerseits scheitert dies an dem immensen Aufwand der entsprechenden psychometrischen Messverfahren und den fehlenden diagnostischen Kompetenzen der Lehrkräfte. Andererseits sind die Lernenden nicht ohne weiteres bereit, gerade der Lehrkraft den erforderlichen Einblick in ihren persönlichen Lern- und Entwicklungsstand zu gewähren, die ihre Lernleistungen anschließend bewertet.

Da jedoch die sozialen Prozesse eine wichtige Rolle im Aufbau allgemeiner mathematischer, aber auch mathematisch-inhaltlicher Kompetenzen spielen, ist ein vollständig individualisiertes Lernen ohnehin nicht wünschenswert. So müssen pädagogische Maßnahmen zur Differenzierung zunächst auf einer Diagnose des Lernstands der gesamten Gruppe beruhen, die mehrfach auftretende oder sehr deutliche Lernhindernisse identifiziert, die aber nicht – allzu optimistisch – auf ein individuelles Kompetenzprofil der Lernenden abzielt. Eine realistisch differenzierende Gestaltung der Lernprozesse kann sich dann auf die Aufgabenstellungen, das grundsätzliche Inszenierungsmuster und den Bearbeitungsmodus der Arbeitsaufträge beziehen.

Ist eine gemeinsame Aufgabenstellung vorgesehen, so kann die Differenzierung etwa durch gestufte Lernhilfen, möglichst in inhaltsstrategischer oder lernstrategischer statt in inhaltlicher Form, geschehen ([101]: 234).[30] Für Leistungsstärkere sollten zusätzlich „*Expertenaufgaben*" angeboten werden, die etwa die Verallgemeinerung oder eine weiterführende Systematisierung zum Ziel haben. Die Aufgaben können jedoch auch mit gestuften

---

[29] „*Die homogene Lerngruppe ist trotz aller organisatorischen Bemühungen bis heute Fiktion*" und damit ist „*eine innere Differenzierung, d. h. die Anpassung des Unterrichts an die Schüler – auch innerhalb der Lerngruppe –, unabdingbar*" ([17]: 103).

[30] *Gestufte Lernhilfen* werden vor allem in der Chemie-Didaktik diskutiert, sie werden zunehmend auch im Mathematikunterricht eingesetzt. Man unterscheidet lernstrategische, inhaltsstrategische sowie inhaltliche Hilfen von solchen in Form eines Lexikons. Gerade lernstrategische und inhaltsstrategische Hilfen unterstützen die Selbsttätigkeit der Lernenden (vgl. Fach et al. 2007: 234). *Lernstrategische Hilfen* zielen auf die Arbeitsweisen und das Lernverhalten, während es bei *inhaltsstrategischen Hilfen* um Impulse zur Auswahl und Nutzung geeigneter fachlicher Methoden und Wissensbestände geht.

Anforderungsniveaus, als parallele Aufgaben mit reichhaltigen Aufträgen zur Auswahl oder selbstdifferenzierend gestaltet werden ([17]: 102–113).

Forschungsergebnisse aus vergleichenden Videostudien zum Mathematikunterricht mit begleitenden Leistungstests konnten die für die ausgewählten Inszenierungsmuster[31] vermuteten Effekte auf den *„fachlich-kognitiven Lernertrag"* nicht nachweisen ([70]: 128). Bei fehlenden Vorkenntnissen gilt jedoch die direkte Instruktion insbesondere für Leistungsschwächere als günstige Vermittlungsmethode, da so deren Überforderung durch den Anspruch einer möglichst effektiven eigenen Lernsteuerung bei Methoden offeneren Unterrichts vermieden werden kann ([103]). Die Wahl der Inszenierungsmuster sollte daher auf den Lernstand der Lerngruppe ausgerichtet werden und im Verlauf einen unterschiedlichen Grad der Eigenverantwortlichkeit des Lernens bedingen.

Der Bearbeitungsmodus für die Aufgaben kann eine zusätzliche Anregung für die kognitive Aktivierung der Schülerinnen und Schüler bieten. Mündet die selbstständige Erarbeitung in der Erstellung eines Gutachtens, in einer Präsentation etwa als Simulation einer Gerichtsverhandlung oder hat die Erarbeitung einen kompetitiven Charakter als Mannschaftswettbewerb um das beste Ergebnis, so entsteht für viele Lernende ein hoher Anreiz, ein gutes Ergebnis zu erzielen und dazu einen optimalen eigenen Beitrag zu leisten. Von erheblicher Bedeutung ist dabei, dass für jeden ein attraktiver individueller Teilauftrag möglich ist und dass die erwartete entsprechende Leistung einerseits lohnend erscheint, andererseits aber auch die erfolgreiche Bearbeitung erreichbar wirkt.

Beispiele aus der Praxis

– Im Bereich der Analysis soll in einem kleinen Projekt die Modellierung einer Straßenführung für eine Ortsumgehung im lokalen Umfeld der Schule mit originalen Daten einschließlich aktuellem Kartenmaterial geleistet werden. Die Koordinatisierung des Kartenausschnitts und der Typ der Modellfunktion müssen selbst festgelegt, die wesentlichen Daten aus dem gesamten Material ausgewählt, vereinfachende Modellannahmen getroffen werden und die Straßenführung muss in die Karte eingetragen werden. Die Ergebnisse werden für eine Präsentation in einer Anwohnerversammlung aufbereitet, die auch simuliert wird. So wird ein anspruchsvoller komplexer Anwendungskontext geboten, die Fokussierung mathematischer Darstellungen wird genutzt und es werden vielfältige Lösungsmöglichkeiten auf unterschiedlichem Anforderungsniveau ermöglicht. Die Präsentation im Rollenspiel leistet einen erheblichen Beitrag zur Motivation im Lernprozess.

---

[31] Die Kombination der verwendeten Sozialformen, der unterschiedlichen inhaltsbezogenen Aktivitäten der Lehrkraft und der Lernenden kennzeichnet das *Artikulationsmuster* des Unterrichts. Gemeinsam mit deren Funktion im Lernprozess in ihrer Anordnung und Sequenzierung im zeitlichen Verlauf wird diese Kombination als *Inszenierungsmuster* bezeichnet. Besondere Aufmerksamkeit erfährt in aktuellen videobasierten Unterrichtsstudien die Frage, welche Formen der Inszenierung auf der Ebene der Sichtstruktur in besonderer Weise lernwirksam sind ([40]: 110 f.).

– Im Bereich der Stochastik soll bezüglich des medizinischen Mammografie-Tests die Spezifität – also die Fähigkeit, tatsächlich Gesunde als gesund zu identifizieren – und die Sensitivität – also die Fähigkeit, tatsächlich Kranke als krank zu erkennen – untersucht werden. Anschließend soll der prädiktive Wert des Tests vor dem Hintergrund der Prävalenz, also der Krankheitshäufigkeit, beurteilt werden (Mammografie-Screening: Prävalenz Brustkrebs 1 %, Sensitivität Mammografie 90 %, Spezifität 90 %). Die Patientin hat aber nur mit knapp 10 % Wahrscheinlichkeit (positiver Vorhersagewert, ppV) tatsächlich Brustkrebs (http://www.brustkrebs-info.de/patienten-info/index.php?datei=patienten-info/mammographie-screening/gigerenzer_tsp6-05.htm#oben; letzter Aufruf 6.08.2015). Die Untersuchung mündet in einer simulierten Verhandlung des Bundesausschusses für Gesundheit zur Finanzierung des Screenings durch die Krankenkassen.[32] Hier wird ebenso ein anspruchsvoller komplexer Anwendungskontext geboten, die Fokussierung mathematischer Darstellungen wird genutzt und es werden vielfältige Lösungsmöglichkeiten auf unterschiedlichem Anforderungsniveau ermöglicht. Die Präsentation im Rollenspiel leistet auch hier einen erheblichen Beitrag zur Motivation im Lernprozess.

Gezielte Auswahl und funktionale Orchestrierung der Optionen im Rahmen der methodisch-didaktischen Entscheidungen

Methodisch-didaktische Entscheidungen sollten sehr differenziert vor dem Hintergrund der erforderlichen und der tatsächlichen Lernvoraussetzungen, möglicher Lernhindernisse sowie inhaltlicher Schwierigkeiten getroffen werden. Der entscheidende Maßstab ist die Lernwirksamkeit. Entsprechend müssen schülerorientierte und lehrerzentrierte Phasen gezielt genutzt werden. Ebenso müssen individuelles und gemeinsames Lernen gezielt eingesetzt werden, indem variable Formen kooperativen Lernens situativ ausgewählt werden. Alle verwendeten Methoden müssen dem Lernstand, den vorhandenen Ressourcen und dem mathematisch-inhaltlichen Anspruchsniveau angemessen sein.

Insgesamt sollte die Planung des Unterrichts darauf ausgerichtet sein, dass die Lernenden die bereitgestellten Lernumgebungen als konstruktiv unterstützend erleben.

Für die grundsätzlichen Entscheidungen bezüglich des methodischen Vorgehens in einer Unterrichtsstunde sind im Detail auch Fragen nach seiner Effizienz zu klären. So kann der günstigste Anteil eigenverantwortlicher Arbeit nicht generell, sondern muss in Abhängigkeit von den Lernbedingungen im Einzelfall neu festgelegt werden. Beispielsweise sind bei anspruchsvollen mathematischen Inhalten Instruktionsphasen zur Unterstützung gerade der Leistungsschwächeren erforderlich. Obwohl es bereits bekannt sein sollte, kann das dem Lernprozess zugrunde liegende reine Faktenwissen den Lernenden einfach mitgeteilt werden, wenn eine eigenständige Recherche der Schülerinnen und Schüler wenig Erfolg versprechend ist. Grundsätzlich sollte eine Schülerzentrierung konsequent dann eingesetzt werden, wenn sie bezüglich der zu erwerbenden Kompetenzen und der Lernausgangslage möglich erscheint. Dazu tritt eine besondere Lehrerunterstützung immer erst dann, wenn es

---

[32] Entsprechend ist auch eine Betrachtung von Dopingtests möglich.

erforderlich ist. Die Vereinbarung organisatorischer und methodischer Rahmenbedingungen bedarf der Anleitung oder auch der Vorgabe durch die Lehrkraft. Außerdem muss die Lehrkraft die erforderlichen Erklärungen, welche Lernhindernisse beseitigen helfen, für die gesamte Gruppe oder auch nur einen Teil bereitstellen. Dabei sollte sie an die vorhandenen Kenntnisse, Fähigkeiten und Fertigkeiten anknüpfen und so die persönlichen Ressourcen der Schülerinnen und Schüler nutzen. Dies zeigt sich auch darin, dass situative Hilfen an die mathematisch-inhaltlichen Erfordernisse und an den jeweiligen Lernstand angepasst werden, wozu natürlich gründliches Fachwissen und fachdidaktisches Wissen sowie gute Kenntnisse über die einzelnen Schülerinnen und Schüler erforderlich sind.

Die Lernumgebungen profitieren von guten materiellen Ressourcen. So ist die Anschaulichkeit verwendeter Modelle und anderer Lernmaterialien sehr hilfreich. Zu den statischen Materialien wie Graphen gehören dabei zunehmend Werkzeuge, die Aspekte der dynamischen Mathematik integrieren. Mit einem Dynamischen Geometriesystem können Konstruktionen als Ausgangspunkt für eigenständiges Experimentieren, Forschen und Entdecken dienen und durch bewegliche Konstruktionen werden neue Visualisierungsmöglichkeiten geboten, die gezielte Variationen von Daten ermöglichen und es etwa erlauben, die resultierenden Spuren von gezielt ausgewählten Objekten zu untersuchen. So wird auch die Vernetzung von Algebra, Geometrie und Analysis unterstützt, indem etwa Funktionsgraphen in dynamische Konstruktionen integriert werden oder eine quantitative Auswertung von Konstruktionen durch automatische Messungen von Längen, Winkelmaßen und Koordinaten erfolgt.

Die abwechslungsreiche Nutzung unterschiedlicher Formen kooperativen Lernens schafft eine Grundlage für eigenständiges Lernen und Arbeiten, indem ein wesentlicher Beitrag zur Motivation geleistet und die Entwicklung der Arbeitshaltung und der sozialen, wertorientierten Einstellungen unterstützt wird. So entstehen eine erhöhte Anstrengungsbereitschaft und ein gesteigertes Selbstwertgefühl, was sich in gesteigerter Konzentration und Ausdauer, aber auch in Rücksichtnahme und Hilfsbereitschaft in der Lerngruppe auszahlt. Wesentlich für den Einsatz kooperativer Lernformen sind jedoch insbesondere die sich ergebende Förderung der allgemeinen mathematischen Kompetenzen[33] und die Möglichkeit der gegenseitigen Hilfe der Lernenden zur Behebung von Lernproblemen. Speziell kann auch die Unterstützung individueller Lernformen durch Partner- oder Gruppenkontrolle sehr sinnvoll eingesetzt werden.

Eine ausreichende, situativ angemessene Variation der Methoden kooperativen Lernens sichert die Passung für die Lernausgangslage und die inhaltliche Komplexität der zu erwerbenden Kompetenzen. Hierzu sind die Gruppengrößen, die individuelle Verantwortlichkeit für die Teil- und Gesamtergebnisse sowie die Zusammensetzung der Gruppen zu beachten. Dabei sind auch langfristige Lernfortschritte bezüglich der methodischen Kompetenzen sukzessive durch die Steigerung der Gruppengrößen, die Komplexität der zu erwerbenden Kompetenzen und des betrachteten Kontextes sowie der dann erforderlichen Dauer der Erarbeitungsphase anzuleiten.

---

[33] Allgemeine Kompetenzen werden auch als prozessbezogene Kompetenzen bezeichnet (s. Abschn. 2.3).

Beispiele aus der Praxis

- Ein Leistungskurs der Qualifikationsphase in der Abiturvorbereitung erarbeitet anhand zweier Aufgaben im Abiturformat die Untersuchung von Exponentialkurvenscharen im Sachkontext der Pharmakokinetik und einer Pflanzenwachstumskurve. Die Arbeit ist als Gruppenpuzzle (s. Abschn. 5.5)[34] organisiert und zielt auf die Erarbeitung eines Leitfadens für Modellierungsaufgaben. Probleme einer Minderheit mit der Differenzial- und Integralrechnung werden mit Hilfe der eigenen Aufzeichnungen und durch ein etabliertes Tutorensystem gelöst, welches vorsieht, dass schnell arbeitende Lernende in anderen Paaren mit einem Rat aushelfen, wenn sie um Hilfe gebeten werden. Im Bedarfsfall hilft die Lehrkraft mit einem gezielten Impuls zur Problematik der Identifikation der Funktionen, zur Anwendung der Kettenregel oder zum kurseigenen Wissensspeicher für die Analysis. Es werden also situative Hilfestellungen gewährt, die von Schülerzentrierung geprägt sind. Die Lehrerunterstützung erfolgt gezielt und der Grad eigenverantwortlicher Arbeit wird auf das mathematisch-inhaltliche Anspruchsniveau abgestimmt.

- Ein Grundkurs der Qualifikationsphase erarbeitet anhand von unterschiedlichen Kontexten arbeitsteilig den Wirkungsaspekt des Integrals in Kleingruppen mit einer einleitenden Einzelarbeitsphase. Die Gruppenbildung erfolgt nach Zufall, wird jedoch bei der Entstehung von besonders leistungsstarken oder leistungsschwachen Gruppen durch gezielten Tausch ausgeglichen. Die Kontexte werden nach persönlichen Vorlieben ausgewählt und so auf alle Gruppen verteilt. Die Erarbeitung wird nach Auftreten von Problemen mit den Modellierungsannahmen für die Gruppe Interessierter durch eine Instruktion der Lehrkraft zum Modellbildungskreislauf unterbrochen und unterstützt. Die Ergebnisse werden auf Plakaten zusammengefasst. In einem Museumsrundgang haben alle Lernenden Gelegenheit, sich die Poster wie in einem Museum anzuschauen, dabei werden die Ergebnisse von jeweils einem Gruppenmitglied vorgestellt (vgl. [3]: 165). Anschließend wird die Systematisierung im Plenum durch die Lehrkraft angeleitet. Dazu werden die schriftlichen Rückmeldungen der Zuhörer für jeden Kontext gezielt aufgegriffen. Die Erarbeitung führt durch Abgrenzung zu anderen Näherungen auf die Entwicklung des Trapezverfahrens als Näherungsverfahren der Integralrechnung (http://www.standardsicherung.schulministerium.nrw.de/materialdaten-bank/nutzersicht/materialeintrag.php?matId=2033; letzter Aufruf 17.06.2015). Im Lernprozess werden situative gezielte Hilfestellungen gewährt und das individuelle Lernen wird durch situativ eingesetzte kooperative Auswertungsphasen unterstützt.

---

[34] Das *Gruppenpuzzle* gehört zu den Methoden kooperativen Lernens, mit denen arbeitsteilig verschiedene Aufgaben oder Teilaspekte einer gemeinsamen Aufgabe bearbeitet werden. In einer ersten Runde werden die Lernenden durch die Arbeit an ihrem Teil des Auftrags in Expertengruppen zu Experten für diesen Teilaspekt. In einer *Unterrichtsrunde* vertritt jeder möglichst alleine seine Expertengruppe in einer neuen Gruppe, in der jeder Teilauftrag durch Experten vertreten ist. Abschließend werden offene Fragen im Plenum geklärt ([3]: 96 f.).

Integration regelmäßiger Übungszeiten

Zur Festigung der erworbenen Fertigkeiten und Fähigkeiten sowie des zugrunde liegenden Wissens müssen regelmäßige Übungszeiten eingeplant werden. Diese werden zunehmend im Unterricht, aber auch im Rahmen von Hausaufgaben oder Lernzeiten in der Schule realisiert, wobei intelligente Formen elaborierenden und mechanischen Übens genutzt werden sollten. Die erforderliche Regelmäßigkeit ist durch eine passende Rhythmisierung des Unterrichts zu unterstützen. Generell müssen geeignete Lernumgebungen angeboten und verständliche Arbeitsaufträge gestellt werden.

Da besonders in der Mathematik die Routine im Umgang mit Begriffen und grundlegenden Verfahren – gerade auch für das Erlernen neuer mathematischer Begriffe und Verfahren – sehr wichtig ist, sind regelmäßige Übungen von hoher Bedeutung. Insgesamt hat sich verteiltes Lernen als deutlich lernwirksamer im Vergleich zu massiertem Lernen erwiesen (vgl. [103]), eine gleichmäßige Verteilung der Lern- und Übungsangebote für das Fach Mathematik über die ganze Schulwoche ist also empfehlenswert. Insbesondere profitiert die Sicherung des Basiswissens von der Regelmäßigkeit.

Bei der Schwerpunktsetzung müssen die fachsystematischen Erfordernisse gemäß den Vorgaben aus den Richtlinien und Lehrplänen sowie den schulinternen Curricula leitend sein. Jede zu vermittelnde mathematisch-inhaltliche oder allgemeine mathematische Kompetenz muss entsprechend den Lernfortschritten zunächst in einer ersten Version, später mit Variationen erworben und dann variabel für unterschiedliche Kontexte verfügbar gemacht werden. Dies bedingt auf die erreichte Kompetenzstufe angepasste Variationen der Aufgabenstellungen sowie der verwendeten inner- und außermathematischen Kontexte. Eine konsequente Verstehensorientierung und ein hoher Anteil eigenverantwortlicher Erarbeitung in der Phase des Erwerbs neuer Begriffe und Verfahren sind einem reinen Trainieren im Sinne von *„Drill and Practice"* vorzuziehen. Vielfach liegt diesem Drill eine *„unreflektierte Alltagstheorie des ‚Viel hilft viel'"* zugrunde, die sich als nicht tragfähig herausgestellt hat (vgl. [102]). Stattdessen müssen die Lernangebote auf intelligentes Üben abzielen, was nicht zuletzt der Motivation der Lernenden dient. Aus allgemein-pädagogischer Sicht erfordert dies, Lernstrategien bewusst zu machen, *„passgenaue Übungsaufträge"* zu geben, gezielte abgestufte Hilfestellungen zu gewähren und *„überfreundliche"* Rahmenbedingungen zu bieten. Es muss oft, dafür aber nur kurz ohne Zeitdruck geübt werden, das *„Könnensbewusstsein"* soll durch die Übungen gezielt verstärkt werden (vgl. Abschn. 3.1 „Allgemeine Kriterien für guten Unterricht"; siehe auch [57]).

Aus fachdidaktischer Sicht müssen zusätzlich die Eigenheiten des Faches Mathematik beachtet werden, die besondere Formate für produktives und intelligentes Üben bedingen. Zur Produktivität von Übungen tragen demnach solche Anforderungen bei, die zum Nachdenken über den Aufgabeninhalt anregen (Reflexion), mathematische Entdeckungen durch Strukturen ermöglichen (Struktur) und starken Schülern etwas bieten, ohne schwache „abzuhängen" (Differenzierungsvermögen). Da sich die durch kleinschrittige Übungsaufgaben erreichbaren automatisierten Fertigkeiten als langfristig nicht annähernd so stabil wie erhofft erwiesen haben, müssen in einem intelligenten Üben unterschiedliche Kompetenzfacetten verzahnt angesprochen werden. So dürfen sich die Übungen nicht auf das Sichern von Faktenwissen und das Automatisieren von Fertigkeiten beschränken, gleichzeitig müssen auch der Aufbau und das Vertiefen von Vorstellungen, die Reflexion von Konzepten und deren Anwendung, die Anwendung im Rahmen des Problemlösens und der Aufbau eines angemessenen Mathematikbildes angestrebt werden. Diese zusätzlichen Aspekte müssen in einem situativ ausgewogenen Verhältnis berücksichtigt werden, das auch Schwerpunktsetzungen erfordert (vgl. [65]: 252 f.). Solche Übungsaufgaben sind motivierend gestaltet, da sie intelligentes Üben unterstützen. Besonders wichtige Aspekte sind ihre sinnstiftende Gestaltung und die Betonung der Verstehensorientierung. Die Aufgaben entfalten ihr Potenzial, indem sie entdeckungsoffen, selbstdifferenzierend und reflexiv ausgearbeitet werden. Auch das unverzichtbare mechanische Üben wird durch kognitive oder soziale Aktivierungsmaßnahmen bereichert.

Sprachliche und eher organisatorische Aspekte unterstützen die Wirksamkeit der Übungen zusätzlich. Für die Effektivität und Effizienz solcher Phasen ist es sehr wichtig, dass die Arbeitsaufträge klar und verständlich formuliert sind und dass deren anschließende Auswertung auf den weiteren Lernprozess vorbereitet. Dazu sind pädagogische Gesichtspunkte zu betonen und individuelle Rückmeldungen anzustreben. Neben die unmittelbare Betreuung durch die Lehrkraft tritt hierbei ergänzend auch die eigenverantwortliche, aber durch Material unterstützte Selbst- und Partnerkontrolle.

Beispiele aus der Praxis

- Durch Wochenaufgaben werden auf die aktuell fokussierte Kompetenz bezogene Übungsanlässe angeboten. Die Erledigung wird in eigenen Auswertungsphasen durch die Lehrkraft und unterstützt durch alle Lernenden in Partnerkontrollen wöchentlich durchgeführt. So wird das Prinzip der Regelmäßigkeit verfolgt und die Auswertung geschieht unter pädagogischen Gesichtspunkten.

- Die Auswertung der Einzelarbeit mit Übungsaufgaben erfolgt aufgabenbezogen als Lerntempoduett.[35] Dabei ist die selbstständige Auswertung zentral.

- Die Übungsaufgaben werden durch unterschiedliche schwierigkeitsgenerierende Merkmale wie etwa den Berechnungsaufwand, den Grad der Vertrautheit, die Mehrschrittigkeit der verwendeten Verfahren oder die Offenheit der Aufgabenstellung differenzierend gestaltet (vgl. [17]: 106). Durch die differenzierende Gestaltung wird auch ein Beitrag zur Sicherung von Basiswissen geleistet.

Entlastende Vorbereitungen zugunsten situativen Lehrerverhaltens

Eine lernwirksame Unterrichtssteuerung stellt hohe Anforderungen an die Lehrkraft. Da viele Entscheidungen auf der Grundlage komplexer Bedingungen und unter Zeitdruck zu treffen sind, müssen schon in der Planungsphase entlastende Vorbereitungen geleistet

---

[35] Das *Lerntempoduett* ist eine Methode zur Differenzierung über das Arbeitstempo. Nach der Bearbeitung einer Aufgabe in Einzelarbeit vergleichen solche Lernende paarweise ihren Lösungsweg, die etwa gleichzeitig zur Lösung gelangt sind. Anschließend setzen sie ihre Einzelarbeit fort ([59]: 181 f.).

werden. Im Idealfall werden für möglichst viele erwartbare Unterrichtssituationen günstige Entscheidungsoptionen mit entsprechenden *„auslösenden"* Indikatoren bereitgestellt. Die Zahl der Optionen sollte jedoch nicht zu groß sein, um die Lehrkraft in der unterrichtlichen Entscheidungssituation zu entlasten und situatives Lehrerhandeln zu ermöglichen. Konsequente und regelmäßige metakognitive Aktivitäten zum Lehrerhandeln auch mit kollegialer Unterstützung helfen diese komplexen Prozesse sukzessive immer sicherer zu bewältigen. Da viele unterrichtliche Entscheidungssituationen ähnliche Merkmale aufweisen, wird auf diese Weise eine kontinuierliche Professionalisierung erreicht.

Ein entscheidendes Basiselement für erfolgreiches unterrichtliches Lehrerhandeln ist ein belastbares Arbeitsbündnis mit der Lerngruppe ([27]: 288–304, 353–355). Dieser didaktisch-soziale Vertrag ist vorab so ausführlich zu vereinbaren, wie es im Kontext erforderlich erscheint. Je intensiver die positiven Erfahrungen mit einem solchen Bündnis sind und je kompetenter und freundlicher die Lehrkraft für die Lernenden wirkt, desto weniger explizit kann es ausgeführt werden. Auf Seiten der Schülerinnen und Schüler müssen Respekt und Vertrauen gegenüber der Lehrkraft sowie den übrigen Lernenden, die Bereitschaft, Vereinbarungen einzuhalten, sowie eine gewisse didaktische Kompetenz[36] vorausgesetzt werden. Die Lehrkraft muss sich dieses Vertrauen und den Respekt jedoch fortlaufend neu *„verdienen"*, indem sie selbst einen respektvollen Umgang pflegt, sich als verlässlich erweist und in ihrem Verhalten berechenbar erscheint. Nicht zuletzt müssen die getroffenen Absprachen klar und verständlich formuliert werden und sollten auch so wichtig sein, dass sich ihre Durchsetzung als lohnend erweist (vgl. [66]: 74 ff.). Damit das Bündnis auch auf Dauer hilfreich wirken kann, ist eine prozessbegleitende Evaluation unerlässlich, die im Bedarfsfall auch zu einer neuen Ausgestaltung des Vertrags führen muss. Insbesondere sind Redundanzen und nach den ersten Erfahrungen schwer durchsetzbare, aber wenig lohnende Vereinbarungen zu beseitigen.

Zu jeder Planung gehört die Betrachtung eventueller kritischer Ereignisse unter besonderer Berücksichtigung ihrer vermuteten Wahrscheinlichkeit. Dazu gehören überraschende Lösungsideen aus der Lerngruppe ebenso wie unerwartete Lernhindernisse. Die Betrachtung passender alternativer Vorgehensweisen, aber auch die Pflege und Nutzung von Ritualen zum wertschätzenden Umgang mit wenig zielführenden Ideen oder Fehlern erleichtern den spontanen Umgang mit solchen Ereignissen. Im Idealfall entsteht vorab sogar für jedes der denkbaren Ereignisse eine Entscheidungsregel für die Wahl von Alternativen. Die unterrichtlichen Rituale etwa zum Umgang mit Fehlern, zur individuellen Recherche bei Kenntnislücken oder zur Hilfestellung durch gestufte Lernhilfen, Tutoren oder die Lehrkraft sind besonders dann wirksam, wenn sie fächerübergreifend zur Unterrichtskultur gehören, da hier Synergieeffekte durch kollegiale Zusammenarbeit den eigenen Aufwand eingrenzen und gleichzeitig den *„Erinnerungswert"* für die Lernenden erhöhen.

---

[36] Didaktische Kompetenz meint hier die Fähigkeit und Bereitschaft, sowohl *„den persönlichen Lernweg bewusst zu gestalten"* als auch den Lern- und Arbeitsprozess der gesamten Lerngruppe *„in den Blick zu nehmen, Inhalts- und Methodenvorschläge zu machen, Teile der Lehre zu übernehmen und den Lernfortschritt der gesamten Klasse zu reflektieren"* ([66]: 75).

Die eigenen unterrichtlichen Erfahrungen werden durch gezielte Reflexion für die eigene Professionalisierung genutzt, indem die bisher erlebten kritischen Ereignisse systematisiert werden, um erfolgreiches Lehrerverhalten verstärken und weniger erfolgreiches vermeiden zu können. Metakognitive Aktivitäten in der nachgelagerten Planung, also prozessbegleitend oder in der Auswertungsphase, müssen konsequent für die Optimierung des unterrichtlichen Lehrerverhaltens genutzt werden. Eine regelmäßige kurze Reflexion der Unterrichtssituationen dient der Vergewisserung von Bewährtem, aber auch der Identifikation von eigenen Fehlern, die dann in der Folge auch konsequent vermieden werden.

Beispiele aus der Praxis

– Das Arbeitsbündnis enthält eine Selbstverpflichtung zum Gesprächsverhalten, das einen respektvollen Umgang und die Diskursivität sicherstellen soll. So kann sich ein funktionierendes, also lernwirksames Arbeitsbündnis ergeben.

– Die Lehrkraft überlegt sich vorab einen wertschätzenden Umgang mit einem nicht auszuschließenden Beitrag einer besonders begabten Schülerin, der bereits die gesamte Lösungsidee für einen Problemlöseprozess vorwegnimmt. Sie verhindert so eine Überforderung der Übrigen. Die Planung alternativer Vorgehensweisen bedeutet eine Entlastung für situative unterrichtliche Entscheidungssituationen.

– Die Lehrkraft legt ein Glossar oder anderes Lernmaterial bereit, das bei unerwarteten Lernblockaden durch „*Vergessenes*" zur kurzfristigen individuellen Förderung eingesetzt werden kann. Diese Planung alternativer Vorgehensweisen bedeutet ebenso eine Entlastung für situative unterrichtliche Entscheidungssituationen.

– Die Lehrkraft etabliert ein Tutorensystem, das in Phasen eigenverantwortlicher Arbeit ohne organisatorischen Aufwand „*unaufgeregt*", bedarfsgerecht und selbstständig wirksam werden kann. Die gezielte Nutzung von Ritualen bedeutet eine Entlastung für situative unterrichtliche Entscheidungssituationen.

3.2.3   Durchführungsaspekte

Der Erfolg selbst von sorgfältig vorbereitetem Unterricht hängt auch von Parametern ab, die nicht immer bereits in der Vorbereitung gründlich berücksichtigt werden können. Eine treffsichere kognitive Strukturierung der Inhalte, vorbereitete, dem Lernstand der Schülerinnen und Schüler angemessene Aufgaben, ein geeignetes methodisches Vorgehen, ein bereits etabliertes Arbeitsbündnis und auch nicht die entlastenden Vorbereitungen zugunsten situativen Lehrerverhaltens garantieren alleine schon einen guten Verlauf einer Unterrichtsstunde. Einerseits haben Persönlichkeitsmerkmale und die fachliche Expertise der Lehrkraft eine grundlegende Bedeutung (vgl. Abschn. 3.3). Andererseits spielen eine konsequente Förderung von Selbstwirksamkeitserfahrungen, den Lernprozess begleitende Unterstützungsmaßnahmen und eine fachlich angemessene diskursive Kommunikation eine wichtige Rolle.

Konsequente Förderung von Selbstwirksamkeitserfahrungen

Da das Selbstvertrauen der Lernenden in die eigene fachspezifische und fächerübergreifende schulische Leistungsfähigkeit eine herausragende Bedeutung für die Lernwirksamkeit des Unterrichts hat, müssen regelmäßige Lernerfolgserlebnisse geboten werden. Daher müssen die Arbeitsaufträge von den Lernenden als anspruchsvoll, gleichzeitig aber auch als individuell erfüllbar und ihre erfolgreiche Bearbeitung als lohnend angesehen werden.

Bezogen auf die Mathematik gilt die *Selbstwirksamkeitserwartung* vor allem bei schwierigen, komplexen oder neuen Aufgaben als wichtig (vgl. [87]). Ein entsprechend gutes fachbezogenes Selbstvertrauen entsteht auch in Folge eines Unterrichts, der Erfahrungen der *Selbstwirksamkeit* vermittelt und so die auf eigene Wirksamkeit gerichtete Erwartung bis hin zu einer situativen *Selbstwirksamkeitsüberzeugung* entwickeln hilft und damit auch die Leistungsentwicklung in den Lerngruppen zu unterstützen vermag ([34]: 247; [89]). *„Das Vertrauen in die eigenen Fähigkeiten, der Glaube daran, etwas erreichen zu können, stellt eine der wichtigsten Voraussetzungen für erfolgreiches Lernen dar."* ([18]: 279) Ein Mathematikunterricht, der aus Sicht der Lernenden durch Schülerorientierung, angemessene Handlungsspielräume und kognitive Aktivierung gekennzeichnet ist, trägt dazu bei, dass die Lernenden mehr Selbstbestimmung und Eigenverantwortung erleben, sich in der Folge an den Lernprozessen aktiver und reflektierter beteiligt fühlen und den Unterricht als ihren Fähigkeiten angemessener erleben. Auf diese Weise werden ein realistisches Selbstvertrauen und die Motivation der Lernenden bestärkt, was sich in einem leistungsbezogeneren Verhalten auszahlt ([18]: 290, 302 f.; [31]: 56 f., 196 f.).

Also müssen die Anforderungen passend zu den Lernvoraussetzungen gesetzt werden, damit sich die Lernenden eine erfolgreiche Bearbeitung zutrauen. Dazu muss sich die bereitgestellte Unterstützung im Lernprozess konsequent am aktuellen individuellen Leistungsvermögen ausrichten. Da die Kompetenzen sukzessive aufgebaut und zu allen bereits erworbenen Kompetenzen immer weitere Kompetenzstufenniveaus erreicht werden, müssen die kognitiven Anforderungen entsprechend diesem Kompetenzaufbau auch schrittweise gesteigert werden. Erst durch diese Steigerung der Anforderungen sind die Arbeitsaufträge so anspruchsvoll, dass sich die Lernenden anstrengen und Leistungen entsprechend ihren Fähigkeiten erbringen müssen. Dies ist dann auch neben ihrer Relevanz im Anwendungszusammenhang ein Grund dafür, dass die Arbeitsaufträge als lohnend eingestuft werden.

Unterstützend muss die Lehrkraft den Lernenden glaubhaft das Gefühl vermitteln, dass sie ihnen die erfolgreiche Bewältigung der Anforderungen zutraut. Für eine solche Glaubwürdigkeit ist es allerdings erforderlich, dass die gezeigten individuellen Leistungen regelmäßig dieses Vertrauen rechtfertigen und Frustrationen vermieden werden. Die Lehrkraft gibt dazu ein regelmäßiges Feedback mit motivationsförderlichen Ursachenbeschreibungen. Im Bedarfsfall muss sie ergänzende außerunterrichtliche – möglichst schulische – Angebote vermitteln, die interessengeleitete individuelle Lernerfolge ermöglichen.

Maßnahmen der Lehrkraft zum Aufbau einer positiven Fehlerkultur wirken sich günstig aus, da die Lernenden eine vermehrte affektive Unterstützung durch die Lehrkraft wahrnehmen und ihre Angst vor Fehlersituationen reduziert wird. Allerdings zeigte sich auch, dass dies alleine für eine Lernwirksamkeit der Erfahrungen mit Fehlern nicht ausreicht. Typische Vorgehensweisen zur Nutzung von Fehlern als Lerngelegenheiten können pragmatisch-ergebnisorientiert oder analysierend-prozessorientiert sein. Der erste Weg eignet sich wegen der Betonung des Performanzaspekts für einen kalkülorientierten Mathematikunterricht, sollte aber in einem eher problemorientierten Unterricht wegen seiner Verstehensorientierung überwiegend durch den zweiten Weg ersetzt werden ([76]: 231).

Beispiele aus der Praxis

- Die Lehrkraft bietet im Bereich der Linearen Geometrie zur Berechnung des Abstands zweier windschiefer Geraden situativ für drei Stufen der Leistungsfähigkeit in der Lerngruppe eigene Teilaufgaben und Arbeitsaufträge. Deren passgenaue Zuordnung zu den Lernenden wird angeleitet und überprüft. Für die Leistungsstarken wird dabei die Systematisierungsaufgabe zusätzlich gestellt, für Berechnungen mit dem Lotfußpunktverfahren einen Leitfaden zu erstellen, während die Leistungsschwächeren gestufte Lernhilfen mit allgemeineren Hinweisen zum Lotfußpunktverfahren und lernstrategische Hilfen nutzen dürfen. Diese knüpfen an die vorhandenen Kenntnisse zum Lotfußpunktverfahren für die Berechnung des Abstands eines Punktes von einer Geraden an. Das Angebot einer anspruchsvollen Aufgabe erlaubt es erst, dass die Lernenden ihre Lösung als lohnend betrachten, und die Erfolgserlebnisse werden durch eine am individuellen Leistungsvermögen ausgerichtete Unterstützung ermöglicht.
- Als individueller Erfolg anzusehende Ergebnisse werden durch die Gelegenheit, sie abschließend präsentieren zu dürfen, oder durch die genaue Korrektur und Leistungsbewertung gewürdigt. Die Lehrkraft leistet so ein attributionales Feedback, indem auf motivationsförderliche Ursachen hingewiesen wird. Die durch die Präsentation in der Gruppe oder die differenzierte Korrektur ermöglichten Erfolgserlebnisse leisten einen Beitrag zur Entwicklung einer Selbstwirksamkeitsüberzeugung.

Den Lernprozess begleitende Unterstützungsmaßnahmen

Gerade auch um die erforderlichen Selbstwirksamkeitserfahrungen zu ermöglichen, müssen die Lernprozesse durch vielseitige Maßnahmen für die individuelle und teilgruppenspezifische Förderung unterstützt werden. Insbesondere müssen gezielte Lehrerimpulse eingesetzt werden, um die Motivation und die kognitive Aktivierung über den gesamten Lernprozess beständig und vielseitig zu fördern. Um zu einer ausdauernden kognitiven Auseinandersetzung anzuregen, sollten Arbeitsweisen eingesetzt werden, die Erfolgserlebnisse für alle Lernenden und somit den sukzessiven Aufbau von Erfolgserwartungen ermöglichen.

Indem neben den Aufgabenstellungen auch die Arbeitsweisen konsequent auf die individuelle Leistungsfähigkeit ausgerichtet sind, werden für jedes Leistungsniveau Erfolgserlebnisse ermöglicht. Geplante teilgruppenspezifische und individuelle Fördermaßnahmen müssen in einem spiralförmigen Prozess durchgeführt und gemeinsam mit den Lernenden evaluiert werden. Die Evaluationsergebnisse werden dabei konsequent für die weitere Förderung genutzt. Zusätzlich muss die Lehrkraft prozessbegleitend sowohl situativ motivierende als auch kognitiv strukturierende und aktivierende Impulse einsetzen. Entscheidend für deren Wirksamkeit ist jedoch, dass insbesondere die strukturierenden Hilfen adaptiv gewährt werden. Der Einsatz vorbereiteter lernstrategischer und inhaltsstrategischer gestufter Lernhilfen sollte entsprechend so angeleitet werden, dass die Eigenständigkeit in der Erarbeitung nicht unnötig eingeschränkt wird.

Ein funktionierendes Arbeitsbündnis trägt auch zu einem positiven Unterrichtsklima bei, das sich besonders durch eine positive Fehlerkultur mit der konsequenten Nutzung von Fehlern als Lerngelegenheit auszeichnet. So wird eine regelmäßige Fehleranalyse für die Fehlerprävention genutzt. Die gewählten Arbeitsweisen sollen sowohl zielführend sein als auch Erfolgserlebnisse für alle Lernenden ermöglichen. Die differenzierenden Aufgabenstellungen müssen also so angelegt sein, dass auch die Ergebnisse der Leistungsschwächeren zum Gesamtergebnis beitragen, entsprechend in Präsentationen eine wichtige Rolle einnehmen und damit die erforderliche Wertschätzung erfahren. Eine solche Grundhaltung in der Unterrichtsdurchführung ermöglicht nicht nur den sukzessiven Aufbau von Selbstwirksamkeitserwartungen in der gesamten Lerngruppe, sie schafft auch die Basis für die gewünschte ausdauernde kognitive Auseinandersetzung aller Lernenden mit den vereinbarten Arbeitsaufträgen.

Beispiele aus der Praxis

– Die vorbereiteten lernstrategischen und inhaltsstrategischen gestuften Lernhilfen werden gemäß den bisherigen Erfahrungen in der Lerngruppe unterschiedlich „offensiv" angeboten. Bei eher zurückhaltender Nutzung sollten sie auf dem Gruppentisch in einem Briefumschlag direkt zugänglich sein; bei einem häufiger unnötig vorzeitigen Rückgriff auf die Hilfen sollten sie an einem gesonderten Platz, eventuell nur nach vorheriger Rücksprache mit der Lehrkraft, zur Verfügung stehen. Die Nutzung gestufter Lernhilfen, die adaptive Hilfestellung und die Ermöglichung von Lernerfolgserlebnissen für jedes Leistungsniveau stehen hier im Mittelpunkt.

– Die Lehrkraft zeigt Interesse an den Überlegungen und Zwischenergebnissen der Lerngruppen, ohne unnötig Hilfe anzubieten. Anfragen aus diesen Gruppen werden mit heuristischen Impulsen statt mit der Angabe konkreter Lösungsschritte beantwortet. Die Lehrkraft initiiert die exemplarische Analyse aufgetretener Fehler in der anschließenden Zusammenfassung im Plenum. Hier werden strukturierende Hilfen als prozessbegleitende Impulse gegeben. Die selbstverständliche Thematisierung von möglichen Fehlern trägt zu einer positiven Fehlerkultur bei.

Fachlich angemessene diskursive Kommunikation

Ein erfolgreicher Aufbau konzeptuellen Verständnisses profitiert insbesondere auch von kommunikativen Situationen – Kommunikation wird auch als „*Medium des Lernens*" bezeichnet ([41]: 5). Daher sollten vielfältige Kommunikationsanlässe durch mathematisch-inhaltliche oder methodische Aspekte geboten werden. Um gehaltvolle unterrichtliche

Gespräche sicherzustellen, müssen Regeln implementiert werden, die die Diskursivität gewährleisten. Insbesondere sollte eine schülergerechte Fachsprache genutzt werden und die Lehrkraft sollte den Lernenden ein sprachliches und fachsprachliches Vorbild bieten.

Neben Phasen der Instruktion durch die Lehrkraft ist die Kommunikation in Plenumsphasen oder in Phasen kooperativer Arbeit von sehr hoher Bedeutung für die klärende und vertiefende Erarbeitung von neuen Inhalten. Das aktuelle Verständnis eines Sachverhalts wird ausgetauscht und auf Basis der gegenseitigen Kenntnisnahme gemeinsam fortentwickelt. Die Qualität einer gelungenen Instruktion durch die Lehrkraft zeichnet sich durch klare Strukturierung und Verständlichkeit aus und bietet gerade so die notwendigen mathematisch-inhaltlichen Orientierungspunkte für die Leistungsschwächeren. Dies ist wegen der erforderlichen pädagogischen, fachlichen und fachdidaktischen Kompetenzen selbst von den leistungsstärksten Schülerinnen und Schülern nicht in gleicher Weise zu erwarten. Dennoch bieten Erläuterungen aus Schülersicht erhebliches Potenzial für den Verstehensprozess. Besondere Lernerfolge, aber auch Lernblockaden können aufgedeckt werden und bieten Anlass für eine vertiefende und vernetzende Erklärung. Die Lerngruppe erfährt so auch, wer von ihnen für eine aus persönlicher Sicht erfolgsträchtige Tutorentätigkeit in Frage kommt. Also müssen alle Lernenden beständig in unterrichtliche Gespräche im Plenum, in Gruppen- oder in Partnerarbeit einbezogen werden. Diese Kommunikation muss einen hohen Grad an Transaktivität aufweisen, indem vorangegangene Beiträge grundsätzlich aufgegriffen werden. Die unterrichtliche Kommunikation muss auch aus Schülersicht als sinnstiftend erfahren werden und ihr mathematischer Gehalt muss hoch sein. Insbesondere gewinnt die Qualität der Kommunikation, wenn der Anteil der mathematischen Argumentationen durch Lernende hoch ist. Dazu gehören Aktivitäten des Suchens, Auswählens, Verwendens und Beurteilens von Argumenten und deren Verknüpfung in inner- und außermathematischen Zusammenhängen ([16]: 2 f.).[37] Die kognitive Aktivierung wird dabei unterstützt, wenn auch die verwendeten Kommunikationsformen variieren.

Die verbale Beteiligung am Unterricht alleine hilft jedoch nicht, den Lernerfolg vorherzusagen, und selbst „*Lernen durch Lehren*" ist gegebenenfalls mit einem größeren Lernerfolg für die passiv Zuhörenden verbunden (vgl. [71]: 120). Daher wird eine konsequent „*mentale stoffbezogene Aktivität*" gefordert. Lernen ist demnach dann am effektivsten, „*wenn das fokussiert wurde (...), was im ‚Kern' gelernt werden sollte*", und sichergestellt wird, dass die zentralen Konzepte und Prinzipien in „*korrekter Weise*" gelernt werden. Die Lernenden sollen angehalten werden, „*sich eingehend mit dem Wichtigsten zu beschäftigen*" – dazu können auch Lernbedingungen gehören, die es „*für die Lernenden zunächst ‚schwerer' machen*" (vgl. [81]: 24, 29).

Generell sollte die Lehrkraft als Expertin oder Experte des Faches zwar zurückhaltend auftreten, dabei jedoch in der Kommunikation ein konkretes Verhaltensmodell und ein sprachliches und fachsprachliches Vorbild bieten. Dazu muss sie eine individuell abge-

---

[37] Zur Qualität von Argumentationen geben Stegmann et al. ([13]) ein Modell der argumentativen Wissenskonstruktion an, das als Orientierungshilfe dienen kann. Sie geben auch ein fünfstufiges Modell für den Grad der Transaktivität an.

stimmte instruktionale Hilfestellung und eine angemessene metakognitive Überwachung leisten.

Beispiele aus der Praxis

- Es werden Regeln für die Diskursivität in der Lerngruppe etabliert. Insbesondere ist es üblich, einander zuzuhören, auf die Argumente aller Beteiligten explizit einzugehen und in zusammenhängenden Sätzen zu sprechen. Der Anteil an Schüleräußerungen, die vorangegangene Beiträge aufgreifen, ist hoch und konsequent wird eine schülergerechte Fachsprache genutzt. Dabei dominiert der Redeanteil der Lernenden und die Lehrkraft moderiert das Gespräch, fokussiert aber dort, wo es erforderlich ist, besonders sobald die Ergebnisse zusammengefasst werden. So wird eine sinnstiftende Kommunikation mit hohem mathematischem Gehalt erreichbar. Ihr Gelingen hängt unmittelbar von der Qualität der Instruktion, der beständigen Einbeziehung der Lernenden in die Kommunikation und dem zurückhaltenden Auftreten der Lehrkraft als Experte ab.
- Die Lehrkraft achtet besonders bei schriftlichen Beiträgen auf sprachliche und fachsprachliche Korrektheit. Ihre eigenen Beiträge sind präzise und sprachlich fehlerfrei. Sprachliche Nachlässigkeiten werden ohne direkte Störungen der Schülerbeiträge korrigiert. So bietet die Lehrkraft ein sprachliches und fachsprachliches Vorbild, das umso wirksamer ist, je mehr es gelingt, zurückhaltend als Experte aufzutreten.
- Einzelne Argumente enthalten in der Regel die Komponenten Behauptung, Beleg, Schlussregel und Quantifizierer. Argumentationssequenzen nutzen das *Argument-Gegenargument-Synthese-Schema* und bringen multiple Perspektiven ein. So wird eine hohe Qualität der Argumentationen erreicht, wenn auch der Anteil mathematischer Argumentationen durch Lernende bedeutend ist.
- Die Lernenden erwerben in einem gezielten Aufbauprozess allgemeine logische Fähigkeiten, nach anerkannten Schlussregeln zu folgern, die Korrektheit von Argumentationsketten zu prüfen und die jeweilige Argumentationsbasis zu klären. Dabei eignen sie sich unterschiedliche Typen der mathematischen Begründung an. Dazu gehören die Begründungen durch Bezug auf eine Definition oder auf einen Satz, durch Anwenden eines Verfahrens, in Form eines Widerspruchsbeweises und als Widerlegung durch ein Gegenbeispiel (vgl. [16]). So wird ebenfalls eine hohe Qualität der Argumentationen erreicht, wenn auch der Anteil mathematischer Argumentationen durch Lernende bedeutend ist.

3.2.4 Auswertungsaspekte/Reflexion

Die Unterrichtsentwicklung wird als beständiger Auftrag für Lehrkräfte gesehen und gilt als Kernaufgabe für die Schule (vgl. [85]). Dem Mathematikunterricht kommt dabei eine herausragende Rolle zu, da er besondere Aufmerksamkeit in der Öffentlichkeit, aber auch in der Forschung genießt. Die konsequente Umsetzung dieses Entwicklungsanspruchs setzt eine regelmäßige individuelle Evaluation der Unterrichtspraxis durch alle Lehrkräfte voraus. Diese liefert die Basis für den geforderten Handlungsbezug bei der Professionalisierung der Lehrkräfte, die möglichst an die individuell bestehenden Unterrichtsskripts und Überzeugungen anschließen soll (vgl. [15]). Das Bild professionellen Lernens der Lehrkräfte, das in der Schulentwicklungsforschung vertreten wird, muss auf der individuellen Ebene durch die Beteiligung der Lernenden ergänzt werden, da diese ein sehr gutes Wissen über ihre Lernbedürfnisse und die Unterrichtsqualität einbringen können, wenn ihre Rückmeldungen durch strukturierende Hilfen unterstützt werden ([26]: 19, 26). So sind einerseits retro- und prospektive metakognitive Aktivitäten anzuleiten und andererseits ein regelmäßiges Monitoring anzustreben, das auf die konsequente Nutzung des aktuellen Lernstands zur Unterrichtssteuerung abzielt.

Anleitung zu retro- und prospektiven metakognitiven Aktivitäten

Metakognitive Aktivitäten als „*Denken höherer Ordnung*" betreffen die Auswahl und Kontrolle von Lösungsstrategien. Sie umfassen unter anderem die Planung eines Lernprozesses, die Bewertung der Lernfortschritte und die Überprüfung des erreichten Verständnisses. Zu den effektivsten metakognitiven Strategien gehört das laute Denken. Aber auch die Organisation und Transformation des Lehrmaterials, die Selbstbelohnung, der Selbstunterricht, die Selbstbewertung und das Suchen von Hilfe im Bedarfsfall sind sehr lernwirksam. Die Nutzung von *Advance Organizers* als Hilfsmittel für die Organisation des bevorstehenden Unterrichts hat sich besonders für langfristige verstehensorientierte Lernziele als wirksam erwiesen.[38] Allerdings sollte eine gute Zieltransparenz geschaffen und in Form von klaren Erfolgsvorstellungen konkretisiert werden. Nach dem Erwerb des nötigen Oberflächenwissens sollte im fortgeschrittenen Lernprozess das *Concept Mapping*, insbesondere individuell durch die Schülerinnen und Schüler, eingesetzt werden (vgl. [31]: 199, 201, 224, 226, 228 f.; [107]).[39]

Neben der individualisierenden Steuerung der Lernprozesse dienen metakognitive Aktivitäten auch der Vorbereitung der Schülerinnen und Schüler auf ihre Mitwirkung bei der Unterrichtsentwicklung, indem sie befähigt werden, Steuerungswissen der Lehrkraft

---

[38] *Advance Organizer* werden zu Beginn eines Lernprozesses als Strukturierungshilfe verwendet, etwa um das Vorwissen der Lernenden zu aktivieren. Sie werden besonders für langfristige verstehensorientierte Lernziele und zur Vermittlung von Orientierungswissen als wirksam angesehen, sofern eine gute Zieltransparenz geschaffen und in Form von klaren Erfolgsvorstellungen konkretisiert wird ([31]: 199; [106]: 32).

[39] Eine *Concept Map* ist ein unterschiedlich differenziertes Begriffsnetz zu einem zentralen Begriff, in dem die Assoziationen mit relevanten weiteren Begriffen als zu benennende Relationen abgebildet werden. Im fortgeschrittenen Lernprozess, nach dem Erwerb des nötigen Oberflächenwissens, wirkt das *Concept Mapping* erfolgreich als Ergebnis eines „*heuristische*[n] *Prozess*[es] *der Organisation und Zusammenfassung*", besonders dann, wenn die Lernenden die *Concept Map* selbst erstellen. Das Verständnis kann etwa durch den Auftrag, *Concept Maps* vollständig oder auch nur teilweise zu erstellen, gut erfasst werden (vgl. [31]: 201; [92]: 88 ff.).

für deren Unterrichtsentwicklung zu ergänzen. Die Lernenden müssen unter Anleitung sukzessive mehr Verantwortung für das eigene Lernen übernehmen. Zu diesem Zweck sollen sie zunehmend und bewusst Lernstrategien und Verfahren der überfachlichen und fachbezogenen Selbsteinschätzung einsetzen. Neben die Betrachtung des eigenen Arbeits- und Lernverhaltens tritt dazu insbesondere auch die Einschätzung der mathematisch-inhaltlichen Kompetenzen. Eine zielführende Reflexion zu den Lernprozessen und dem Lern- und Übungsverhalten umfasst den Zugewinn an mathematischen Einsichten, heuristischen Strategien und mathematischen Werkzeugen. Im Idealfall mündet sie in individuellen Vereinbarungen zur Optimierung des Lernverhaltens auf der Basis einer individualisierten Lernberatung. Gleichzeitig und ergänzend werden diese Überlegungen auch auf die Betrachtung der gesamten Lerngruppe ausgedehnt. Der Fokus liegt aber sinnvollerweise auf der individuellen Betrachtung, da es die durchaus rudimentär vorhandenen didaktisch-methodischen Kompetenzen der Schülerinnen und Schüler leicht überfordert, andere Lernende einschätzen zu müssen. Durch eine regelmäßige formative Leistungsdiagnostik sollte die Lehrkraft die Aufmerksamkeit der Lernenden jeweils auf deren eigene Lernfortschritte lenken. Dazu sollte sie realistische Bewertungsstandards setzen und entsprechende Bewertungskriterien transparent machen. Die Umsetzung muss dabei durch Aufgaben mit ausreichend diagnostischem Potenzial unterstützt werden. Eine Orientierung an den strengen Maßstäben der Testgütekriterien ist aber weder erforderlich noch im Unterrichtsalltag leistbar. Die formative Leistungsdiagnostik unterstützt die internale Kausalattribution von Lernergebnissen[40], stärkt so das Fähigkeitsselbstkonzept und trägt zur Leistungssteigerung bei, wenn die Lehrkraft den Lernenden regelmäßig Rückmeldungen zum persönlichen Lernerfolg und zur Effizienz ihrer Anstrengungen gibt. Besonders wichtig sind dabei ihr Feedback zu richtigen Antworten, sorgfältig dosiertes Lob und hilfreiche Hinweise zur Verbesserung. Klares, zweckgerichtetes, sinnvolles und mit dem Vorwissen der Lernenden kompatibles Feedback gehört zu den „*wirksamsten Einflüsse*[n] *auf das Lernen*", wenn es ein vorheriges Lernen begleitet. Es trägt dann auch zur Ausprägung guter Selbstwirksamkeitsüberzeugungen und guter Selbstregulationsfähigkeiten bei (vgl. [31]: 208, 211).

Zur Intensivierung der Lernprozesse und zur Vertiefung des Verständnisses sollte die Lehrkraft die vertikale und horizontale Vernetzung der mathematisch-inhaltlichen und der methodischen Kompetenzen anleiten. Sie muss diesen Prozess durch den Abgleich der Lernvoraussetzungen und der zukünftig zu erwerbenden Kompetenzen mit den aktuellen Lernprozessen unterstützen.

---

[40] Eine *Kausalattribution* ist die Zuschreibung bestimmter Ursachen von Ereignissen und Sachverhalten, um Handlungen zu erklären. Sie wird als internal bezeichnet, wenn eine Person die Ursache eines Ereignisses, wie den Erfolg oder Misserfolg in Leistungssituationen, bei sich selbst sieht. Dagegen heißt eine Kausalattribution *external*, wenn die Ursachen der Umwelt zugeschrieben werden. Dies wird bei Misserfolgen bevorzugt und stellt gegebenenfalls einen Schutz des eigenen Selbstwertgefühls dar, während Erfolge gerne *internal* attribuiert werden, indem die Ursachen in eigenen Leistungen, Fähigkeiten oder der eigenen Intelligenz gesehen werden (vgl. [67]: 227).

Beispiele aus der Praxis

– Die Selbsteinschätzung der Lernenden wird zur Selbstdiagnose unter Anleitung mit dem Maßstab einer konkreten geforderten Leistung genutzt. Sie zielt im überfachlichen Bereich auf das Lern- und Übungsverhalten und im fachbezogenen Bereich auf das fachbezogene Arbeitsverhalten und konkrete mathematische Inhalte. Durch eine solche Form der formativen Leistungsdiagnostik wird eine Reflexion der Lernprozesse und des Lernverhaltens eingefordert und die Lernenden übernehmen zunehmend Verantwortung für das eigene Lernen.

– Metakognitives Wissen der Lernenden wird konsequent für die Vorbereitung von Leistungsüberprüfungen und zur Regulation der Lernprozesse genutzt. Diese Anwendung der Reflexion der Lernprozesse und des Lernverhaltens ist motivationsfördernd, insbesondere wenn sie sogar in Vereinbarungen zur Optimierung der Lernprozesse mündet.

– Zum Abschluss der Erarbeitung eines neuen Begriffs werden die individuellen Begriffsnetze durch selbst erstellte Mind-Maps veranschaulicht. Dies trägt zur vertikalen und horizontalen Vernetzung der neu erworbenen mathematischen Inhalte bei.

Monitoring: Konsequente Nutzung des aktuellen Lernstands zur Unterrichtssteuerung

Das Monitoring im Sinne der konsequenten Nutzung des aktuellen Lernstands zur Unterrichtssteuerung gilt als entscheidende Grundlage adaptiven Unterrichts.[41] Als Konzept des Umgangs mit Heterogenität dient ein solcher Unterricht der gezielten Förderung der Lernenden, der Kompensation defizitärer Lernvoraussetzungen sowie der Nutzung individueller Stärken. Dazu werden etwa Variationen der Zielsetzung, der Lehrmethode und der zur Verfügung gestellten Lernzeit genutzt ([34]: 246 ff.). Eine Statusdiagnostik als Planungshilfsmittel sowohl zu Beginn als auch zum Ende eines komplexen Lernprozesses liefert die Grundlage prognostischer Entscheidungen. Dazu müssen die Lernvoraussetzungen, individuelle Lernbegabungen und Lernprobleme erfasst werden. Das nötige Steuerungswissen wird durch eine konsequente Prozessdiagnostik als Förderdiagnostik ergänzt, um die Effektivität und Effizienz der Lernprozesse prozessbegleitend sicherzustellen. Eine solche formative Evaluation der Lehr- und Lernaktivitäten gilt als sehr lernwirksam, Hattie et al. sehen sie sogar als Kennzeichen für die *„Exzellenz des Lehrens"*. Sie erhöht zudem den Anteil aktiver, produktiver Lernzeit und bietet die Basis für erfolgreiches Feedback

---

[41] *Adaptiver Unterricht* dient als Konzept des Umgangs mit Heterogenität der gezielten Förderung der Lernenden und der Kompensation defizitärer Lernvoraussetzungen, aber auch der Nutzung individueller Stärken. Dazu werden Variationen der Zielsetzung, der Lehrmethode und der zur Verfügung gestellten Lernzeit genutzt ([34]: 246 ff.). Ein solcher Unterricht erfordert *adaptive Lehrkompetenz*, die es erlaubt, *„Unterrichtsvorbereitung und -handeln so auf die individuellen Voraussetzungen der Lernenden auszurichten, dass für jeden Lernenden möglichst günstige Voraussetzungen für verstehensorientiertes Lernen entstehen"* ([7]: 12). Dazu gehören Sach- und Klassenführungskompetenz sowie diagnostische und didaktische Kompetenz (vgl. [54]: 10 f.; [8]: 198).

und die situative Bereitstellung angemessener Hilfen sowie Lerngelegenheiten (vgl. ([31]: 215; 218 f., 245)).

Zu Beginn und am Ende von Unterrichtsreihen müssen die spezifischen Kompetenzen der Lernenden erfasst werden, um die relevanten individuellen Lernvoraussetzungen und Lernerfolge festzustellen. Dabei orientiert sich die Einstufung des Lernstands jeweils an einem angemessenen Kompetenzstufenmodell. Da die kompetenzorientierte Diagnose die Abschätzung des individuellen Lern- und Förderbedarfs erlaubt, können auf dieser Grundlage konkrete Fördermaßnahmen geplant werden. Für Teilgruppen oder die ganze Lerngruppe werden individuelle Förderpläne oder Förderprogramme formuliert, die von der Lernausgangslage und dem Entwicklungspotenzial ausgehen. Die Leistungen werden insbesondere verstehensorientiert überprüft, zur passenden Vorbereitung werden Schreibanlässe gezielt genutzt.

Die abschließende Erfassung und kritische Analyse der Lernergebnisse wird aber auch zur Überprüfung der eigenen pädagogischen Entscheidungen genutzt. Dabei verbessert die Lehrkraft ihre diagnostischen Kompetenzen fortlaufend, indem sie eigene Prognosen mit den späteren Diagnoseergebnissen abgleicht.[42] Eine kriteriengeleitete Beobachtung dient den Lernprozess begleitend der Wahl eines angemessenen Anspruchsniveaus und kleine formative Tests werden für die gezielte Bereitstellung dosierter Hilfen genutzt.

Beispiele aus der Praxis

– Zur Unterrichtssteuerung werden kleine Tests zur Überprüfung der Beherrschung von Rechenverfahren wie der Lösung linearer Gleichungssysteme eingesetzt. Die Ergebnisse werden als Anlass für konkrete individuelle Fördermaßnahmen genutzt. Solche formativen Tests eignen sich gut, Fördermaßnahmen gezielter einzusetzen und auch das Anspruchsniveau passender zu wählen.

– Die Umsetzung der aus den Bildungsstandards abgeleiteten Zielsetzungen für Unterrichtsreihen wird jeweils mit Hilfe einer kompetenzorientierten schriftlichen Leistungsüberprüfung evaluiert. Mit den Lerngruppen werden individuelle Fördermaßnahmen und gemeinsame Schwerpunktsetzungen sowie Konsequenzen für die weitere Unterrichtsgestaltung vereinbart. Die Orientierung an Kompetenzstufenmodellen für die Statusdiagnostik erleichtert die differenzierte Diagnose von Lernbedürfnissen, um schon zu Beginn von Unterrichtsreihen Fördermaßnahmen bedarfsgerecht planen zu können. Die dabei erreichte konsequente Förderung der Diagnosekompetenz der Lehrkraft bildet so einen Schwerpunkt der Professionalisierung der Lehrkraft.

---

[42] Der Prozess kann mit dem Zyklus zur Erfassung und Verbesserung der Diagnosefähigkeit nach Helmke beschrieben werden ([34]: 142 f.).

3.3   Kompetenzen erfolgreicher Mathematiklehrkräfte

Die beschriebenen Kriterien für guten Unterricht insbesondere im Fach Mathematik weisen auf sehr hohe Ansprüche an die Kompetenzen der Lehrkräfte hin. Es ist sogar auf den ersten Blick scheinbar unmöglich, diesen Anforderungen gerecht zu werden. Im Anschluss an Baumert und Kunter ([5]: 473, 476 ff.) gehen wir jedoch davon aus, dass erfolgreicher Unterricht der Normalfall ist, wenn auch das Lehrerhandeln nicht standardisierbar und eine Erfolgsunsicherheit unvermeidbar ist. Die erforderlichen methodischen, fachdidaktischen und fachwissenschaftlichen Kompetenzen sollen im Folgenden kurz beschrieben werden, ihre Zusammenhänge können im hierarchischen Strukturmodell von Handlungskompetenz (vgl. Abb. 3.5) dargestellt werden.

Zu den Voraussetzungen für erfolgreiches Lehrerhandeln gehören neben konstruktivistischen und dynamischen Überzeugungen[43], motivationalen und selbstregulativen Merkmalen auch gute Fertigkeiten zur Instruktion sowie umfangreiches pädagogisches, fachbezogenes und fachdidaktisches Wissen[44]. Speziell muss die Bedeutung des Wissens um zentrale

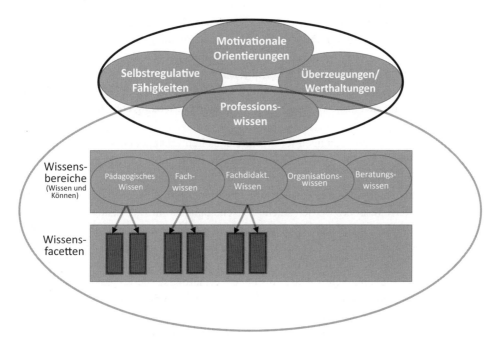

Abb. 3.5 Modell professioneller Handlungskompetenz – Professionswissen (vgl. [5]: 482)

---

[43] Solchen werden im Gegensatz zu transmissiven Überzeugungen tendenziell positive Wirkungen auf lern- und motivationsrelevante Merkmale der Unterrichtsgestaltung zugeschrieben ([83]: 488; [10]: 422, 424).

[44] Kerndimensionen des professionellen Wissens von Lehrkräften sind: PK: generic pedagogical knowledge (allgemeines pädagogisches Wissen); CK: content knowledge (Fachwissen), PCK: pedagogical content knowledge (fachdidaktisches Wissen) ([6]: 163).

Bildungsstandards im Bereich *Modellieren* und *Argumentieren* sowie die Bedeutung der Motivation und des problemorientierten Lernens hervorgehoben werden.

Die erfolgreiche Umsetzung in ein lernwirksames Lehrerverhalten hängt zwar deutlich von den Lernvoraussetzungen der Schülerinnen und Schüler ab, dennoch ist die Bedeutung des Beitrags der Lehrkraft für deren Lernerfolge nicht zu unterschätzen (vgl. Abb. 3.6). Sie sollte daher eine genaue Kenntnis von den zentralen Kompetenzentwicklungszielen bezüglich der Typen mathematischen Arbeitens, der mathematischen Grundvorstellungen und spezieller Aspekte des Lösungsprozesses besitzen. Die zu behandelnden mathematischen Inhalte müssen der Lehrkraft einschließlich möglicher, auch beruflicher Verwendungsoptionen durch die Lernenden geläufig sein. Dazu sollte sie fundierte Kenntnisse über die Bedeutung der Motivation und das Potenzial problemorientierten Lernens besitzen, um insbesondere die Entwicklung einer Selbstwirksamkeitsüberzeugung bei den Lernenden unterstützen zu können.

Ein breites und tiefes konzeptuelles Fachverständnis der Lehrkraft wirkt sich in ihren im Unterricht verfügbaren fachdidaktischen Handlungsmöglichkeiten aus. Dazu gehört insbesondere ein variantenreicheres Repräsentations- und Erklärungsrepertoire, das geeignet ist, einprägsame und sinnstiftende mathematische Erfahrungen zu vermitteln. Dem Fachwissen wird daher eine wichtige Bedeutung für die Ausprägung des fachdidaktischen Wissens im Sinne einer notwendigen, aber nicht hinreichenden Bedingung zugeschrieben, eine direkte Auswirkung auf die Lernfortschritte konnte jedoch nicht nachgewiesen werden ([6]: 182 ff.). Die hohe Bedeutung des fachdidaktischen und fachlichen Wissens und Könnens zeigt sich insbesondere bei der konkreten Umsetzung von Differenzierungsmaßnahmen ([58]).

Bisher wurden Voraussetzungen für erfolgreiches Lehrerhandeln beschrieben, die sich jedoch lediglich als Handlungsdispositionen zeigen, denn ihre lernwirksame Umsetzung erfordert jeweils situative Entscheidungen. Diese fallen erst nach der Abwägung entscheidungsrelevanter Faktoren und es entsteht eine Intention, bevor die eigentliche Realisierung folgt.[45] Im Unterrichtsalltag werden solche Entscheidungen mit wachsender Erfahrung in Vorsätzen antizipiert, die genaue Bedingungen und mögliche Zeitpunkte für die Ausführung der jeweiligen Handlung festlegen. Im Sinne einer Programmierung auf eine Auslösesituation spart die Lehrkraft auf diese Weise Kapazität für die eigentliche Realisierung und deren Überwachung. Schrittweise entsteht ein erfahrungsbasiertes praktisches Wissen und Können und das unterrichtliche Entscheidungsverhalten profitiert von *„kategorialer Wahrnehmung"* und entwickelten Routinen. Ein solches professionelles Erfahrungswissen und Können entsteht als Ergebnis fortlaufender Reflexion des Könnens besonders gut aus sozial geteiltem Wissen, etwa durch *„Lernen am Fall"* ([19]: 865–868).

---

[45] Die beschriebene „handlungspsychologische Phasen-Abfolge" entspricht dem Rubikonmodell nach Heckhausen: *„Den Namen bezieht das Modell von dem Fluss, den Cäsar 49 v. Chr. nach langem Abwägen überschritt, womit unwiderruflich der Bürgerkrieg eröffnet war. Die Würfel waren gefallen, und ab jetzt ging es nur noch um die bestmögliche Realisation des gefassten Entschlusses."* ([36]: 185).

Abb. 3.6 Wirkungen des Professionswissens von Lehrkräften und der zentralen Unterrichtsdimensionen ([49]: 10)

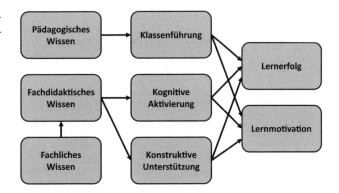

Dem *Inszenierungsmuster* als wesentlichem Merkmal der Sichtstruktur des Unterrichts wird in der neueren Unterrichtsforschung eine deutliche Beachtung zuteil. Als *„Orientierungsrahmen unterrichtlichen Handelns"* ([5]: 487) spiegelt es auch die impliziten Theorien des Lehrens und Lernens der Lehrkraft wider und beeinflusst die Wahl der Methoden. Die Lernwirksamkeit unterschiedlicher Einführungsmuster wurde in einer schweizerisch-deutschen Videostudie [36] verglichen. Die identifizierten drei Muster, das problemlösend-entwickelnde, das problemlösend-entdeckende und das darstellende, zeigten hinsichtlich des unterrichtlichen Erfolgs keine relevanten Unterschiede. Dennoch wird die Beherrschung unterschiedlicher Inszenierungsmuster gefordert, damit die Lehrkraft eine situative Auswahl passend zur Zielsetzung, zu den Lerninhalten und zu den bereichsspezifischen Vorkenntnissen der Lernenden treffen kann. Diese Entscheidung zielt konsequent auf eine optimale Prozessqualität des Unterrichts ([40]: 115–119).

Eine effektive und effiziente Klassenführung hat sich als besonders lernwirksames Element des Lehrerhandelns erwiesen, sie steht in einer engen Wechselbeziehung mit der Unterrichtsqualität. Gerade wegen ihres unmittelbaren Effekts auf die aktive Lernzeit hat sie sich gemeinsam mit einer klaren Strukturierung des Unterrichts gerade für Lernende mit ungünstigen Lernvoraussetzungen als besonders wichtig gezeigt. Ein prospektiv-vorausschauendes und proaktives ist dabei einem intervenierenden und reaktiven Lehrerverhalten vorzuziehen. So hat es sich als besonders wirksam für die Motivation der Lernenden erwiesen, die eigene *„Begeisterung für das Fach Mathematik* [zu] *zeigen,* […] *auf die Bedeutung der Mathematik aufmerksam* [zu] *machen, und zwar in kultureller, technischer und wirtschaftlicher Hinsicht* [… und] *durch den Unterricht* [zu] *vermitteln, dass Mathematik eine lebendige, sich ständig weiterentwickelnde Disziplin ist"* ([1]: 156). Daneben sollten Rituale und Routinen etwa in den sensiblen Phasen des Einstiegs oder der Phasenübergänge genutzt werden. Relevanten auftretenden Störungen sollte unverzüglich, unaufgeregt und möglichst diskret begegnet werden ([34]; [35]). Ergänzend ist es erforderlich, den Schülerinnen und Schülern Lernumgebungen zu bieten, die von ihnen *„als konstruktiv-unterstützend erlebt werden"*. Hierzu sind gerade für den Umgang mit Fehlern kommunikative und soziale Kompetenzen erforderlich, es werden aber auch sehr gut ausgebildete fachliche und fachdidaktische Kompetenzen benötigt, um angemessene Hilfen bieten zu können ([5]).

Tab. 3.5 Adaptive Lehrkompetenzen ([27]: 48, in Anlehnung an [7]: 12)

Sachkompetenz	reichhaltiges, flexibel nutzbares eigenes Sachwissen, in dem sich die Lehrkraft leicht und rasch geistig bewegen kann
Diagnostische Kompetenz	die Fähigkeit, bezogen auf den jeweiligen Unterrichtsgegenstand, die Lernenden bezüglich ihrer Lernvoraussetzungen und -bedingungen (Vorwissen, Lernweisen, Lerntempo, Lernschwächen usw.) sowie ihrer Lernergebnisse zutreffend einschätzen zu können
Didaktische Kompetenz	reichhaltiges methodisch-didaktisches Wissen und Können, einschließlich gründlicher Kenntnisse zu Vor- und Nachteilen der einsetzbaren didaktischen Möglichkeiten und der Bedingungen für ihren Erfolg versprechenden Einsatz
Klassenführungskompetenz	Fähigkeit, eine Klasse so zu führen, dass sich die Lernenden möglichst aktiv, anhaltend und ohne störende Nebenaktivitäten mit dem Lerngegenstand auseinandersetzen (hohe *time on task*-Werte)

Zur gezielten individuellen Förderung der Lernenden steht ein *adaptiver Unterricht* im Fokus, es sind also adaptive Lehrkompetenzen (siehe Tab. 3.5) gefragt.

Der angemessene Umgang mit der Heterogenität der Lerngruppen erfordert sowohl die Kompensation defizitärer Lernvoraussetzungen als auch die Entwicklung individueller Potenziale, individuelle Stärken müssen also ausgebaut werden. Auf der Basis einer von guten fachdidaktischen Kenntnissen und Fähigkeiten gestützten diagnostischen Kompetenz können passende Strukturierungshilfen gewählt und weitere methodische Entscheidungen situativ angemessen gefällt werden. Dazu zählen etwa Lernimpulse zur effektiven Begegnung von Lernhindernissen und lernwirksames Feedback ([34]: 132, 253). So werden möglichst alle zur Verfügung stehenden Informationen zur Optimierung der Lernprozesse genutzt.

Die dargestellte adaptive Lehrkompetenz hat sich in Studien als lernwirksam insbesondere für leistungsstärkere Schülerinnen und Schüler erwiesen ([7]), wenn auch die Wirkungszusammenhänge bisher noch nicht im Detail geklärt werden konnten. Die erforderlichen Fähigkeiten umfassen die Beherrschung folgender Methoden ([105]):

1. Methoden zur Vermeidung der Überlastung des Arbeitsgedächtnisses,
2. Spezifische Fördermethoden,
3. Methoden zur Nutzung von Leistungsmessungen für die Gestaltung von Lernprozessen,
4. Methoden effektiven und effizienten Klassenmanagements.

Die professionelle Kompetenz von Mathematiklehrkräften hat sich also als „multidimensionales Konstrukt" gezeigt und es sind dabei unterschiedliche erfolgsträchtige Ausprägungsformen möglich. Sind beispielsweise zwei unterschiedliche Mustertypen von Lehrkräften in ihrer Lernwirksamkeit vergleichbar, so sind ein hohes Wissen, günstige Überzeugungen und überdurchschnittlicher Enthusiasmus ebenso gut wirksam wie gute selbstregulative Fähigkeiten, ein hoher Enthusiasmus und durchschnittliches Wissen sowie durchschnittliche Überzeugungen. Die nach den bisherigen Ergebnissen günstigsten Voraussetzungen bieten Lehrkräfte mit tiefem fachdidaktischem Wissen, konstruktivistischen Überzeugungen, Begeisterung für das Unterrichten und guten Selbstregulationsfähigkeiten ([52]: 360 ff.; [10]: 424).

Die beschriebenen Kompetenzen bilden die Basis für Elemente erfolgreichen Lehrerverhaltens im Mathematikunterricht. Die Lehreraktivitäten im Mathematikunterricht müssen sich insbesondere an den Lernerfolgen im Sinne konzeptuellen Verstehens messen lassen, wobei sich die klare Strukturierung der Lernprozesse und die kognitive Aktivierung der Schülerinnen und Schüler als besonders wichtige Unterrichtsmerkmale erwiesen haben ([46]: 132). Klieme et al. unterscheiden für die Aufgaben der Lehrkraft drei Rollen (siehe Tab. 3.6), die als Organisator/Moderator des institutionalisierten Lernens, als Erzieher in einer sozialen Leitungsrolle und die des Instrukteurs als Vertreter des Faches.

Aufbauend auf der ausführlichen Schilderung der Inhalte und Ziele sowie der Rahmenbedingungen für erfolgreichen Mathematikunterricht befasst sich der folgende Abschnitt mit der Planung und Gestaltung des Mathematikunterrichts. Hier werden zunächst ausgewählte Prinzipien der Unterrichtsplanung und drei aktuelle Unterrichtsmodelle vorgestellt, bevor die längerfristige Planung und die Planung einer Unterrichtseinheit beschrieben werden. Abschließend folgen wichtige Anforderungen an die schriftlichen Entwürfe.

Tab. 3.6 Rollenspezifische Aufgaben der Lehrkraft ([27]: 51)

Lehrerrolle	Spezifische Aufgaben	Beispiele
Organisator/ Moderator des institutionalisierten Lernens	strukturierte Unterrichtssituationen bereitstellen aktive Beteiligung der Schülerinnen und Schüler Unterstützung der Schülerinnen und Schüler kumulatives Lernen fördern	mitdenken, Neues durchdringen, elaborieren bewusstes Wahrnehmen der Lernfortschritte und -lücken, unterstützende Rückmeldungen, Förderung einer realistischen Selbsteinschätzung der Schülerinnen und Schüler ([96]: 52, 55) Kompetenzzuwachs besonders im Sinne eines vertieften Verständnisses erfahrbar machen: Verständnis-/Problemorientierung, Kohärenz, Vernetzung, Orientierung an den Bildungsstandards mit den Leitideen, unterstützende Rückmeldungen ([94]: 35 ff.; [93]: 55 ff.)

Tab. 3.6 (*Fortsetzung*)

Lehrerrolle	Spezifische Aufgaben	Beispiele
Erzieher in einer sozialen Leitungsrolle	Verantwortung für das eigene Lernen stärken soziales und fachliches Lernen verschränken Entscheidungsspielräume für die Schülerinnen und Schüler gewähren	kooperatives Arbeiten fördern, individuelle und gegenseitige Verantwortlichkeit verknüpfen ([95]: 47)
Instrukteur als Vertreter des Faches	Lernumgebungen für verständnisvolles Lernen Lernumgebungen für die aktive kognitive Auseinandersetzung SINUS-Leitideen beachten	Lernen in angemessenen/ansprechenden Kontexten, Verknüpfung des mathematischen Wissens mit Alltagswissen, Beschränkung auf grundlegende Inhalte, Reduktion der Kalkül-Orientierung, Entdecken/Herausarbeiten inhaltlicher/struktureller Zusammenhänge ([2]: 10 f.) Aktives und produktives Arbeiten mit Aufgaben: Aufgaben öffnen und variieren, Muster erkennen, Lösungsstrategien erarbeiten, Möglichkeit für multiple Lösungen: unterschiedliche Lösungswege finden und gehen ([2]: 10 f.; [52]) Begeisterung für das Fach Mathematik zeigen, auf kulturelle/technische und wirtschaftliche Bedeutung der Mathematik aufmerksam machen (vgl. [1]: 156 ff.)

Zur Planung und Gestaltung von Mathematikunterricht

4

Da Unterrichtsplanung unbestritten eine Kernaufgabe von Lehrerinnen und Lehrern ist, wird dies auch von der Kultusministerkonferenz in den „Standards für die Lehrerbildung" folgendermaßen betont.

Lehrerinnen und Lehrer sind Fachleute für das Lehren und Lernen. Ihre Kernaufgabe ist die gezielte und nach wissenschaftlichen Erkenntnissen gestaltete Planung, Organisation und Reflexion von Lehr- und Lernprozessen sowie ihre individuelle Bewertung und systemische Evaluation ([51]: 3).

Damit ist aber nicht gemeint, dass Unterricht immer und bis ins letzte Detail planbar ist. Dies zeigt sehr pointiert die Aussage von Sjuts: „*Unterricht ist die Bewältigung des Unvorhersehbaren*" ([91]: 219). „*Damit Unterricht seinen Zweck, seine umfassend begründete Funktion so gut wie möglich erfüllen kann, ist Planung nötig. Das bedeutet jedoch nicht, dass Zufälle völlig aus dem realen Unterrichtsgeschehen ausgeschlossen würden.*" ([72]:18) Eine gute Planung sollte somit Flexibilität erlauben und auf Alternativen vorbereiten. Diese Erkenntnis ist nicht neu, und so zitiert Peterßen hierzu Bromme und Seeger: „*Nur ein Höchstmaß an realistischer Planung ermöglicht auch ein Höchstmaß an Spontaneität im Verhalten des Lehrers und ein Höchstmaß von Spontaneität und Eigenständigkeit des Schülers.*" ([72]: 20)

4.1 Prinzipien der Unterrichtsplanung

Die Anforderungen an eine Planung, die einen die Individualität der Schülerinnen und Schüler berücksichtigenden Lernprozess möglichst gut plant, vorbereitet und zugleich Alternativen in den Blick nimmt und Flexibilität erlaubt, sind somit gewaltig. Eine Richtschnur bei der Unterrichtsplanung können vielleicht grundlegende Prinzipien ergeben. Peterßen ([72]: 32 ff.) geht davon aus, dass es mindestens fünf Prinzipien der Unterrichts-

© Springer-Verlag Berlin Heidelberg 2016
C. Geldermann et al., *Unterrichtsentwürfe Mathematik Sekundarstufe II*,
Mathematik Primarstufe und Sekundarstufe I + II, DOI 10.1007/978-3-662-48388-6_4

planung gibt, die eine Lehrkraft bei allen Entscheidungen auf allen Dimensionen unbedingt berücksichtigen sollte. Die von Peterßen eher lehrerzentriert verwendeten Begriffe der Lehrentscheidungen und Lehraktivitäten können dabei ohne Weiteres auch auf schülerorientiertere und offenere Lernsituationen und Lernarrangements übertragen werden, denn auch solche Lernumgebungen müssen durch Entscheidungen der Lehrkraft und Aktivitäten der Lehrkraft geplant, gestaltet und beeinflusst werden.

Das **Prinzip der Kontinuität** meint, *„eine einmal gefällte Lehrentscheidung konsequent weiterzuverfolgen. Dieser Grundsatz bedeutet aber nicht, Entscheidungen unter allen Umständen – auch solchen, die sich nachweisbar negativ auswirken werden – aufrechtzuerhalten."* ([72]: 33) Das Prinzip der Kontinuität soll vielmehr Brüche zwischen den unterschiedlichen chronologischen Planungsentscheidungen und zwischen zusammengehörigen Unterrichtseinheiten vermeiden. Alle Planungsentscheidungen müssen sich nach dem Grundsatz der Interdependenz wechselseitig aufeinander beziehen ([32]: 60).

Das **Prinzip der Reversibilität** aller Lehrentscheidungen bedeutet, dass alle Entscheidungen *„einer ständigen Revision unterzogen werden und unter bestimmten Umständen zugunsten neuer Entscheidungen verändert oder sogar aufgehoben werden können"* ([72]: 35). So können sich während der Lernsituation die Lernvoraussetzungen oder die zugrunde liegenden Planungsannahmen verändern oder überraschend offenbaren, sodass reversible Entscheidungen erforderlich sind. Dieses Prinzip der Reversibilität steht dabei nicht im Widerspruch zum Prinzip der Kontinuität, denn die Forderung nach Reversibilität bedeutet nicht, Vorentscheidungen zu ignorieren, sondern Entscheidungen im Sinne eines produktiven Unterrichts gegebenenfalls so zu verändern, dass eine sinnvolle Kontinuität vor dem Hintergrund der aktuellen Situation und Rahmenbedingungen so weit wie möglich sichergestellt werden kann. Eine konsequente Umsetzung des Prinzips der Reversibilität kann damit zu einem zyklischen Planungsmodell (vgl. Abschn. 4.3) führen, bei dem nach dem ersten Durchlauf durch die einzelnen Phasen und Schritte der Planung diese in der gleichen Abfolge noch öfter durchlaufen werden.

Das **Prinzip der Eindeutigkeit** verlangt, dass alle Entscheidungen unmissverständlich auf die geplante Zielsetzung ausgerichtet werden sollten. Damit bezieht sich dieses Prinzip auf größere Entscheidungen wie die Zielsetzung einer Reihe, eines Vorhabens oder einer Stunde, aber auch auf kleinere Entscheidungen innerhalb einer Stunde. *„Nur wer sich klar und eindeutig für ein ganz bestimmtes Lernziel entscheidet, wird dieses durch seine Lehraktivitäten auch verwirklichen können."* ([72]: 38) Handlungsalternativen werden durch das Prinzip der Eindeutigkeit nicht ausgeschlossen, vielmehr gilt dieses Prinzip für jede Handlungsalternative, die somit jeweils eindeutig auf ihre Zielsetzung ausgerichtet sein sollte. Das Prinzip der Eindeutigkeit ist auch eine wichtige Grundlage, um eine gute Zieltransparenz sicherzustellen, die den Lernprozess der Schülerinnen und Schüler sehr sinnvoll unterstützen kann.

Das **Prinzip der Widerspruchsfreiheit** erfordert eine Unterrichtsplanung, bei der alle Entscheidungen so getroffen werden, dass sie in sich stimmig sind. Damit greift dieser Grundsatz die im Prinzip der Kontinuität geforderte Passung aller Entscheidungen im Sinne der Interdependenz, also im Sinne der wechselseitigen Abhängigkeit aller Entscheidungen voneinander, wieder auf und weitet diese explizit auch auf Entscheidungen aus, die parallel zueinander stehen und damit eventuell nicht unter den Begriff der Kontinuität gefasst werden. Die Entscheidungen der Unterrichtsplanung, wie zum Beispiel Entscheidungen zur Interaktion, zu den Medien, zu Formulierungen, zu organisatorischen Aspekten wie der Raumgestaltung oder zu Methoden und Sozialformen, müssen zueinander passen und sollten nicht im Widerspruch zueinander stehen.

Das **Prinzip der Angemessenheit** bezieht sich zum einen auf eine Angemessenheit in Bezug auf wissenschaftliche Erkenntnisse und zum anderen auf ein angemessenes Verhältnis von Aufwand und Erfordernissen. Die Angemessenheit in Bezug auf wissenschaftliche Erkenntnisse verlangt, dass alle Entscheidungen in Bezug zu aktuellen wissenschaftlichen Erkenntnissen und Aussagen, zum Beispiel der Didaktik, der Lehr- und Lernforschung oder auch des Faches, gesetzt und reflektiert werden. *„Das schließt phantasievolle Aktivitäten keinesfalls aus, doch sollten diese in Bezug zu theoretisch abgeklärten Aussagen gesetzt und reflektiert werden."* ([72]: 42) Die Angemessenheit im Verhältnis von Aufwand und Erfordernissen meint, dass die Maßnahmen und Mittel in Bezug auf den Aufwand in einem angemessenen Verhältnis zueinander und zum jeweils verfolgten Ziel stehen. Der Aufwand sollte nicht zu groß, aber auch nicht zu gering sein und im geeigneten Verhältnis zur Bedeutung der Zielsetzung stehen. Wichtig ist das Prinzip der Angemessenheit insbesondere, wenn dem Prinzip der Reversibilität entsprechend nach einem zyklischen Planungsmodell gearbeitet wird. In diesem Fall begrenzt das Prinzip der Angemessenheit den Aufwand für die mehrfache und vielfache Bearbeitung der Planungsschritte im zyklischen Planungsmodell. Die Frage, wann eine Unterrichtsplanung abgeschlossen ist, kann im zyklischen Planungsmodell ohne das Prinzip des Aufwands kaum beantwortet werden, da quasi jeder Planungsstand und jedes Material weiter optimiert und ergänzt werden kann. In der Praxis muss die Lehrkraft somit den für die Optimierung erforderlichen Aufwand in Relation zur Bedeutung der Optimierung für die zu erwartende Verbesserung des Lernprozesses setzen, um die Angemessenheit dieser Planungs- und Optimierungsschritte zu beurteilen.

Aus der Beobachtung vieler Unterrichtsstunden und Planungen möchten wir die fünf Prinzipien von Peterßen um ein sechstes **Prinzip der Funktionalität** ergänzen. Dieses Prinzip besagt, dass alle Entscheidungen, Methoden, Medien, Aufgaben und Formulierungen direkt oder indirekt funktional in Bezug zur Zielsetzung der Stunde sein sollten. Es ist immer wieder zu beobachten, dass „schöne Abbildungen", „schöne Aufgaben" oder Ähnliches quasi zum Selbstzweck in die Unterrichtsplanung integriert werden, weil sie eben „schön" sind und der planenden Lehrkraft so gefallen. Wenn solche Elemente keine Funktion für die Zielsetzung besitzen, so kann der Raum, den sie in der Planung einnehmen, sinnvoller durch funktionalere Elemente genutzt werden. Das Prinzip der Funktionalität zu befolgen meint somit, dass bei jeder Entscheidung und allen Elementen – dazu gehören auch Teilaufgaben auf Arbeitsblättern – zunächst gefragt wird, welche Funktion diese für die Zielsetzung haben. Wenn diese Frage nicht wenigstens indirekt positiv zu beantworten ist in dem Sinne, dass die Entscheidungen und Elemente etwas Zielführendes bewirken, dann sollte sehr kritisch geprüft werden, ob der zeitliche Raum in dieser Unterrichtsstunde oder in diesem Vorhaben nicht sinnvoller anders genutzt werden kann. Sicherlich fällt es den Lehrkräften oft schwer, auf ein „sehr schönes" Element in der Stunde zu verzichten, aber auch solch „schöne Elemente", wie Darstellungen oder Aufgaben, können ihr Potenzial nur entfalten, wenn sie in eine Planung eingebunden sind, zu deren Zielsetzung sie funktional beitragen können.

Im Rahmen dieser Zusammenstellung von Prinzipien zur Unterrichtsplanung kann zudem diskutiert werden, ob der Liste auch ein *Prinzip der Kompetenzorientierung* als eigenständiges Prinzip zugefügt werden sollte. Für dieses Prinzip spricht dabei die Bedeutung der Kompetenzorientierung in der Unterrichtsplanung und -durchführung. Wenn jedoch die Kompetenzorientierung und der Kompetenzzuwachs in der Zielsetzung der Unterrichtsvorhaben und -einheiten klar angelegt sind, so implizieren die obigen Prinzipien und insbesondere das Prinzip der Funktionalität eine hinreichende Verwirklichung der Kompetenzorientierung in Planung und Durchführung. Gegen ein Prinzip der Kompetenzorientierung spricht, dass diese im Rahmen eines Prinzips der Unterrichtsplanung immer nur sehr allgemein und oberflächlich formuliert werden kann, während eine in der Zielsetzung der konkreten Unterrichtseinheit verankerte Kompetenzorientierung, die sich über die Zielsetzung konsequent durch den Planungsprozess zieht, wesentlich konkreter und spezifischer ausfallen kann. Somit erscheint es sinnvoller, die Kompetenzorientierung jeweils in der Zielsetzung und nicht in einem gesonderten Prinzip zu verankern.

4.2   Unterrichtsmodelle

Alle Lehrkräfte arbeiten bewusst oder unbewusst mit einem Modell des Unterrichts, niemand unterrichtet „*modelllos*", wie Leisen es nennt ([56]). Da diese Modelle die Planung und Durchführung von Unterricht beeinflussen, sollten sich Lehrende ihres persönlichen Modells von Unterricht und Lernprozessen bewusst werden und dieses gegebenenfalls an die aktuellen Erkenntnisse aus Forschung und Wissenschaft anpassen.

Es gibt viele Modelle und Schematisierungen zur Planung und Analyse von Unterricht, die bei der Konstruktion eines individuellen Modells genutzt werden können. Dabei gibt es komplexe und umfangreiche Modelle wie das in Abschn. 3.1 vorgestellte *systemische Rahmenmodell von Unterrichtsqualität und -wirksamkeit* von Reusser und Pauli, die die Komplexität des Systems treffend beschreiben und viele Faktoren berücksichtigen. Für die konkreten Unterrichtsplanungen – insbesondere für Berufsanfänger – sind allerdings überschaubarere Modelle, die sich auf einige Faktoren und Aspekte beschränken und weniger Zusammenhänge berücksichtigen, aus unserer Sicht hilfreicher, damit Lehrkräfte schnell und transparent Entscheidungen im Hinblick auf die dargestellten Aspekte treffen können.

> *Modelle haben den Vorzug, dass sie auch komplizierte Prozesse anschaulich und verständlich machen. Deshalb greift man auch für das Lehren und Lernen gern auf entsprechende Modelle zurück.* ([55]: 73)

Daher werden in diesem Kapitel zur Planung und Gestaltung von Unterricht mit dem Lehr-Lern-Modell von Leisen, dem Drei-Säulen-Modell von Meyer und einer konstruktivistischen Unterrichtsplanung nach Reich exemplarisch drei überschaubare Modelle kurz vorgestellt, die nach unserer Erfahrung zur Unterrichtsplanung – insbesondere für Berufseinsteiger – hilfreich sein können. Für eine intensivere Auseinandersetzung mit anderen Modellen wie dem bildungstheoretischen Modell von Klafki, dem lerntheoretischen Modell von Heimann und Schulz oder weiteren sei auf die Literatur verwiesen ([72]).

4.2.1 Das Lehr-Lern-Modell von Josef Leisen

Das Lehr-Lern-Modell von Josef Leisen zeichnet sich dadurch aus, dass es in besonderem Maße die Perspektive der Lerner berücksichtigt und dabei auf das wechselseitige Wirkungsverhältnis von Lehrkräften und Lernern fokussiert. Nach Leisen ist das Lernen ein *„fraktaler (selbstähnlicher) Prozess"*, der in einer psychologisch abgesicherten Folge von Schritten erfolgt. Die Selbstähnlichkeit bezieht sich dabei darauf, dass der Lernprozess in kleinen und großen Lernsituationen in ähnlichen, nicht notwendig identischen Schrittfolgen abläuft und dass diese Schrittfolgen in ähnlicher Form sowohl innerhalb eines Schrittes im Kleinen als auch in übergeordneten Lerneinheiten zu erkennen sind, sodass eine fraktale Struktur erkennbar ist ([55]: 75). In seinem Lehr-Lern-Modell (siehe Abb. 4.1) identifiziert Leisen sechs typische und lernpsychologisch abgesicherte Lernschritte beziehungsweise Muster im Verlauf eines Lernprozesses. Die Folge der Lernschritte muss dabei nicht unbedingt linear und schon gar nicht auf eine Unterrichtsstunde beschränkt sein, sodass auch Schritte wiederholt und übersprungen werden können ([55]; [56]).

Im ersten Lernschritt, den Leisen *Problemstellung entdecken* nennt, wird der Lernprozess initiiert, indem das Problem, die Frage oder das Thema entfaltet wird. Dabei wird das kognitive System des Lerners durch eine gezielte Störung ins Ungleichgewicht gebracht. Im Idealfall ist die Störung so dosiert, dass die Lerner weder über- noch unterfordert, sondern möglichst individuell passgenau herausgefordert werden.

Im zweiten Lernschritt werden die Vorerfahrungen und das Vorwissen der Schülerinnen und Schüler individuell eingebracht und diskutiert; dabei können sich erste Vorstellungen, Ideen und Hypothesen als Ausgangslage der weiteren Betrachtung herauskristallisieren. Diese Phase nennt Leisen *Vorstellungen entwickeln*.

Mit der Bezeichnung *Lernmaterial bearbeiten, Lernprodukte erstellen* beschreibt Leisen den dritten Lernschritt. Bei den Schülerinnen und Schülern findet in diesem Lernschritt eine Kompetenzerweiterung beziehungsweise ein Lernzuwachs statt, indem sie mit Unterstützung durch Informationen, Materialien und Impulse von außen materielle oder immaterielle Lernprodukte erstellen. Typische Lernprodukte materieller Art können dabei zum Beispiel Lernplakate, Skizzen, Diagramme, Tabellen oder Texte sein, während immaterielle Lernprodukte unter anderem Ideen, Erkenntnisse oder Strategien sein können. Der Lernprozess ist mit der Erstellung der Lernprodukte allerdings noch lange nicht am Ende, da die neuen Vorstellungen noch labil und eventuell fehlerbehaftet sind, sodass der Lernzuwachs nach dieser Phase in weiteren Lernschritten gesichert, gefestigt und stabilisiert werden muss.

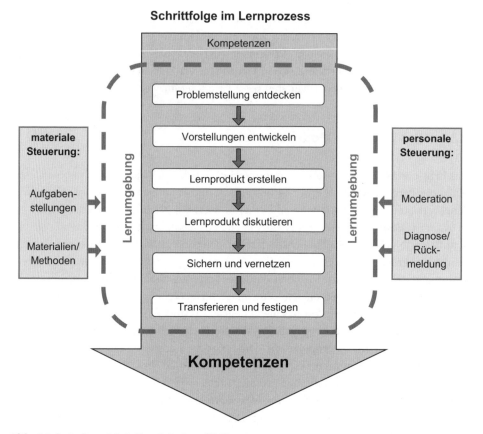

Abb. 4.1 Lehr-Lern-Modell nach Leisen ([56])

Lernprodukte diskutieren heißt bei Leisen der vierte Lernschritt. In dieser Phase werden die Vorstellungen, Erkenntnisse und Ergebnisse des vorherigen Lernschrittes vorgestellt, artikuliert, abgeglichen und verhandelt, sodass ein „gemeinsamer Kern" als Lernprodukt der Gruppe entsteht. In der Formulierung von Leisen *„gerinnen die individuellen Erkenntnisse und Lernzuwächse zu einem Konzentrat"* ([55]: 71). Dabei kommt der diskursiven Auseinandersetzung mit den Lernprodukten eine besondere Bedeutung zu, um das Potenzial der Lernprodukte zu nutzen.

Im fünften Lernschritt, den Leisen mit *Sichern und vernetzen* überschreibt, werden die gemeinsamen Vorstellungen und Erkenntnisse festgehalten und mit vorhandenem Wissen vernetzt. *„Das neue Wissen wird dazu dekontextualisiert und in einem erweiterten und ausgebauten Wissensnetz verankert."* ([56]: 75) Darüber hinaus dient dieser Lernschritt auch dazu, dass den Schülerinnen und Schülern der Lern- und Kompetenzzuwachs bewusst wird. Hierzu können die gemeinsamen Vorstellungen und Erkenntnisse der Lernprodukte mit Anfangsvorstellungen eines früheren Lernschrittes verglichen werden. Wegen dieser Bedeutung der Bewusstheit des Lernzugewinns hat Leisen diesen fünften Lernschritt teilweise auch mit *Lernzugewinn definieren* überschrieben ([55]).

Damit sich der Lernzuwachs auch als „Kompetenz im handelnden Umgang" manifestieren kann, muss der Lernzuwachs beziehungsweise das neue Wissen aus dem bisherigen Kontext gelöst (Dekontextualisierung) und auf einen neuen Kontext übertragen und angewendet werden. Dies geschieht im sechsten Lernschritt, den Leisen mit *Transferieren und festigen* ([56]) bezeichnet. In einigen Veröffentlichungen ([55]) überschreibt Leisen diesen Lernschritt auch mit *Sicher werden und üben*, um zu verdeutlichen, dass dieser Schritt dazu dient, das Gelernte durch Übung verfügbar zu machen. Dabei weist Leisen darauf hin, dass das Üben nicht vom Lernprozess losgelöst oder im Nachgang; sondern in den Lernprozess integriert erfolgen muss. Die damit implizit gemeinte Dekontextualisierung und Übertragung als (letzter) Teil des Lernprozesses wird durch die Formulierung „Transferieren und festigen" besser ausgedrückt.

Der Lehrkraft kommt im Lehr-Lern-Modell die Aufgabe zu, den Lernprozess der Lernenden zu steuern. Eine professionelle Lehrkraft berücksichtigt dabei jeweils die aktuelle Lernsituation der Schülerinnen und Schüler, um lernschritt- beziehungsweise phasengerecht den Lernprozess „material" oder „personal" zu steuern. Leisen unterscheidet nämlich in seinem Lehr-Lern-Modell zwischen den materialen Steuerungen wie Aufgaben, Materialien, Medien und Methoden und den personalen Steuerungen durch Moderation, Diagnose und Rückmeldung ([55]; [56]).

Die *materiale Steuerung*, die im Wesentlichen im Rahmen der Unterrichtsplanung im Vorfeld vorbereitet und zusammengestellt wird, bildet mit den formulierten Arbeitsaufträgen und Aufgabenstellungen sowie den Methoden und Medien den Kern der vorbereiteten Lernumgebung. Durch eine umfangreich vorbereitete materiale Steuerung im Vorfeld, die auch Alternativen und Eventualitäten berücksichtigt, kann sich die Lehrkraft innerhalb des Lernprozesses entlasten, da sie auf vorbereitete materiale Steuerungselemente zurückgreifen kann.

Im Rahmen der *personalen Steuerung* kann die Lehrkraft moderierend Lernmaterialien in den Lernprozess einbringen und den Lernprozess durch Impulse und Moderationen begleiten und unterstützen. Eine besondere Bedeutung haben auch qualifizierte und insbesondere formative[1] Rückmeldungen, die im Rahmen der personalen Steuerung auf der Grundlage einer aktuellen Diagnose der Lernsituation gegeben werden können. Zur personalen Steuerung gehören darüber hinaus auch angeleitete Reflexionen über den Lernweg und den Lernprozess. Für eine intensivere Auseinandersetzung mit den Anforderungen an eine lernschritt- und phasengerechte Steuerung und zugehörige Qualitätsmerkmale sei hier auf die weiterführende Literatur verwiesen.

Nach der Studie von Hattie aus dem Jahre 2009 [30] hat Leisen das Lehr-Lern-Modell auch für eine Form der *direkten Instruktion* adaptiert. Dabei unterscheidet er zwischen *Steilphasen* beziehungsweise *Inputphasen* der *direkten Instruktion* und *Plateauphasen* der

---

[1]   Eine formative (= gestaltende) Rückmeldung in Abgrenzung von einer summativen (= abschließenden/bewertenden) Rückmeldung liefert den Schülerinnen und Schülern Informationen, die ihnen helfen können, ihre Leistungen zu verbessern. Eine formative Rückmeldung ist nach vorne auf das weitere Lernen gerichtet.

intensiven Auseinandersetzung und Erstellung von Lernprodukten. Im Lernprozess muss dabei auf eine *Inputphase*, in der neues Wissen als Basis zur weiteren Auseinandersetzung eingespeist wird, immer eine *Plateauphase* folgen, in der sich die Lernenden intensiv handelnd, oft auch kooperativ mit dem neuen Wissen auseinandersetzen. Der Phase der *Instruktion* folgt damit eine Phase der *Konstruktion*. Diese *Plateauphase* der *Konstruktion* kann im Lehr-Lern-Modell mit dem dritten Lernschritt „Lernmaterial bearbeiten, Lernprodukte erstellen" identifiziert werden. Die *Inputphase* der *direkten Instruktion* erfolgt im Lehr-Lern-Modell folglich zwischen dem zweiten Lernschritt, in dem das Vorwissen aktiviert wird, und dem oben erwähnten dritten Lernschritt, der die *Plateauphase* darstellt. Im fünften Lernschritt *Sichern und vernetzen* kann das neue Wissen eventuell wieder im Rahmen einer Instruktion und damit im Rahmen einer *Input-* oder *Steilphase* gesichert, festgehalten, vernetzt und in einem erweiterten und ausgebauten Wissensnetz verankert werden. Auch dieser *Inputphase* folgt dann mit dem „Transferieren und Festigen", dem sechsten Lernschritt, wieder eine *Plateauphase,* in der Lernende die Dekontextualisierung und Festigung aktiv vornehmen. Insgesamt ergibt sich ein passender Wechsel von *Steil-* und *Plateauphasen* beziehungsweise ein Wechsel von *Instruktion* und *Konstruktion*.

4.2.2   Konstruktivistische Unterrichtsplanung nach Kersten Reich

Hinter dem Konzept der konstruktivistischen Didaktik nach Reich steht die Grundannahme, dass jeder Lerner im Lernprozess sich selbst seine subjektive und relative Wirklichkeit konstruiert.

Drei Perspektiven

Reich beschreibt mit der **Konstruktion**, der **Rekonstruktion** und der **Dekonstruktion** drei unterschiedliche Perspektiven seiner konstruktivistischen Didaktik.

> *Eine konstruktivistische Didaktik sollte sowohl ihre Inhalte als auch die zwischenmenschlichen Beziehungen im Unterricht, in Arbeitsgemeinschaften und allen möglichen Unterrichtsformen grundsätzlich konstruktiv ausrichten: selbst erfahren, ausprobieren, untersuchen, experimentieren, immer in eigene Konstruktionen idealer oder materieller Art überführen und in den Bedeutungen für die individuellen Interessen-, Motivations- und Gefühlslagen thematisieren* ([78]: 138).

In der konstruktivistischen Didaktik wird Lernen vorrangig in der Perspektive der **Konstruktion** gesehen. Die Lernenden entdecken und entwickeln in der aktiven Auseinandersetzung ihr ganz subjektives Verständnis oder Bild des Lerngegenstands. Lernen als *Konstruktion* erfordert eine Offenheit für unterschiedliche Lernwege, es erlaubt Veränderungen, Neuanpassungen und Brüche. *Konstruktive* Methoden ermöglichen eigene Entdeckungen, Darstellungen und Lösungen auf eigenen Wegen. Im Rahmen der *konstruktiven* Didaktik sollen die Lernenden möglichst selbstbestimmt handeln, denn es ist eine Grundlage für nachhaltige Lernzuwächse, wenn die Lerner mitentscheiden und Tätigkeiten selbst regulieren können. Unterstützend im Sinne der Lernzuwächse in *konstruktiven* Prozessen ist ein möglichst hohes Selbstwertgefühl der Lernenden ([78]: 138 f., 192 ff.).

> *Lernen als Konstruktion zeigt uns, dass wir didaktisch jeden Lerner in seinen Ressourcen und Lösungen anerkennen müssen, dass wir mit einer kreativen Vielfalt rechnen können und Vorsicht walten lassen müssen, alle Lerner bloß aus der Sicht eines wissenschaftlichen Lernansatzes zu beurteilen; es erhebt sich didaktisch immer die kritische Frage, wie wir möglichst viele unterschiedliche Lerner zu konstruktiven Lösungen bei unterschiedlichen Ressourcen bringen können; unsere Lösungen müssen individuell, singulär, situativ angepasst sein ([78]: 194).*

Als **Rekonstruktion** werden in der konstruktivistischen Didaktik Prozesse verstanden, bei denen Lerner eine vorhandene Wirklichkeit zum Beispiel in Form von Wissen, Erkenntnissen oder Formeln nicht neu, sondern nach-erfinden. Bei der Rekonstruktion erarbeiten die Lerner handelnd oder teilnehmend ihre Wirklichkeit der vorhandenen Eindrücke und Erkenntnisse. Dabei kann eine angestrebte möglichst hohe Selbsttätigkeit der Lernenden die im Rahmen der Rekonstruktion eingeschränkten Selbstbestimmungsmöglichkeiten teilweise kompensieren.

> *Lernen als Rekonstruktion ist kein Prozess bloßer Nachahmung oder Wiedergabe, sondern ein aktiver Aneignungsvorgang, der das Angeeignete immer aus Sicht des Lerners modifiziert, bricht, verändert – insgesamt re-konstruiert, aber dabei auch im Blick auf das Individuum notwendig neu konstruiert ([78]: 195).*

Rekonstruktive Methoden, die teilweise auch instruktive Anteile enthalten, können auch nachahmend und variierend übend angelegt sein. Besonders lernwirksam sind rekonstruktive Methoden allerdings, *„wenn sie mit konstruktiven Einsichten zusammenfallen"* ([78]: 196).

Die Perspektive der **Dekonstruktion** verlangt, dass die (nach-)erfundene Wirklichkeit kritisch hinterfragt wird. Die Suche nach Alternativen, Auslassungen und anderen Blickwinkeln und Perspektiven kann die individuell gebildete eigene Wirklichkeit mit ihren blinden Flecken *„enttarnen"* und erweitern. Dekonstruktives Lernen kann dazu führen, bisher Gelerntes zu verwerfen, zu differenzieren, zu vertiefen oder neu zu verstehen.

Elementare Planung

In seiner *elementaren Planung* beschreibt Reich eine grundsätzliche Struktur und Handlungsstufenfolge (siehe Tab. 4.1), die sowohl für den eher instruktiv orientierten als auch für den konstruktiv orientierten Unterricht gilt. Diese elementare Planung ist besonders für zeitlich engere und abgeschlossene Planungen und damit für Unterrichtsentwürfe und insbesondere für Anfänger geeignet, sodass diese im Folgenden kurz vorgestellt wird. Umfangreichere Reflexionen und eine Planung in einem größeren Zusammenhang beschreibt Reich in seinem umfassenderen Modell der *ganzheitlichen Planung*, für das hier auf die Literatur ([78]) verwiesen wird.

Alle Wissens-, Handlungs- und Anwendungsbezüge, die im Lernprozess angeeignet werden, werden immer durch konstruktive Lernleistungen des Individuums geschaffen.

Tab. 4.1 Handlungsstufen der elementaren Unterrichtsplanung nach Reich (vgl. [77]: 114)

Handlungsstufe	Zielsetzung	Mögliche Grundlagen
emotionale Reaktion, Problem, Ereignis	Einstieg, Motivation	Fall, Impuls, Fragen, Bilder, Auftrag, Situation, Realitätsbezug, Experiment …
Anschlussfähigkeit	Verknüpfung, Aktivierung von Vorwissen und Vorerfahrungen	Wiederholen, Erinnern, Vermuten, Assoziieren, Erweitern …
Hypothesen, Untersuchungen, Experimente	*Inquiry and Experience*, Konzept- und Verständnisbildung	Gegenstände, Material, Texte, Bilder, Hilfestellungen …
Lösungen	Präsentation, Vergleich, Diskussion	Vortrag, Referat, Visualisierung, Portfolio, Bilder …
Anwendungen, Übungen, Transfer	Langzeit, nachhaltiger Kompetenzerwerb, kognitive Verankerung	Anwendungen, Vernetzungen, Diagnosen, Transfermöglichkeiten, Übungen, Test, Reflexionen …

Um dies zu ermöglichen, wird ein *„vielgestaltiger Unterricht"* benötigt, *„der insbesondere Handlungsbezüge für die Lerner aufweist"*. Für die Unterrichtsplanung und Gestaltung bedeutet dies, dass neben den Sichtweisen von Experten und Fachstrukturen auch die *„Sicht der Lerner mit ihren Lernvoraussetzungen und -bedürfnissen berücksichtigt werden muss"* ([77]: 18 f.).

Die elementare Planung gliedert den Lehr- und Lernprozess in fünf grundsätzliche Schritte, die Reich in Bezug auf die Handlungsstufen betrachtet. Die fünf Schritte, die in der Regel beachtet werden müssen, können dabei in einer einzelnen Schulstunde oder auch in einem längeren Zeitraum durchlaufen werden. Sie lassen hinreichend viele Freiräume, um Lernarrangements und Handlungsbezüge einbinden und die Lernvoraussetzungen und -bedürfnisse der Lerner berücksichtigen zu können ([78]: 239 ff.).

1. **Emotionale Reaktion, Problem, Ereignis**: In der ersten Handlungsstufe sollen die Lerner eine emotionale Beteiligung für das Thema oder die Fragestellung entwickeln, damit sie sich im Folgenden motiviert damit auseinandersetzen. Diese Motivation kann als Neugierde aus einem Problem oder Ereignis, aber auch aus einer emotionalen Beziehung zur Lehrperson resultieren. Ein Verzicht auf diese Handlungsstufe führt unter Umständen im Verlauf des Lernprozesses später zu Zeitverlusten, wenn die Lerner weniger motiviert und engagiert arbeiten.

2. **Anschlussfähigkeit**: Die zweite Handlungsstufe dient dazu, das Vorwissen zu aktivieren und einen Anschluss an vorherige Erfahrungen und vorheriges Wissen herzustellen. In einigen Fällen kann diese zweite Handlungsstufe in der zeitlichen Abfolge auch mit der ersten vertauscht werden.

3. **Hypothesen, Untersuchungen, Experimente**: Im Sinne einer Konstruktion ist diese Phase durch eigenständige Aktivitäten geprägt, bei denen zunächst Hypothesen gebildet werden, die anschließend durch Untersuchungen oder (Gedanken-)Experimente zu verifizieren sind. Diese Phase kann, auch wenn dies im Sinne der konstruktivistischen Didaktik nicht so ideal ist, auch als Rekonstruktion angelegt werden, wenn mit vorgegebenen Materialien und Hypothesen gearbeitet wird.

4. **Lösungen**: Als Lösung wird in der vierten Handlungsstufe meistens ein *verwertbares Lernprodukt* verstanden, das eine Lösung in Bezug auf die Fragen, Probleme und emotionale Beteiligung aus der ersten Handlungsstufe darstellt. Dabei haben Lösungen, die die Lerner selbst konstruiert haben, eine höhere persönliche Bedeutsamkeit als stärker instruktiv vorgegebene Lösungen. „*Lösungen sind aber meist weniger direkte und eindeutige Ergebnisse als vielmehr Verfahren und Prozeduren, dabei kognitive Modelle, wie man zu Ergebnissen im Blick auf bestimmte Probleme und Aufgaben kommt.*" ([78]: 243)

5. **Anwendungen, Übungen, Transfer**: In dieser Handlungsstufe wird dem Vergessen durch kontinuierliche Anwendungen, Übungen und Transferleistungen entgegengewirkt. In dieser Handlungsstufe werden die Lösungen aus der vierten Handlungsstufe kognitiv verankert, sodass der nachhaltige Kompetenzerwerb unterstützt wird.

Die fünf Handlungsstufen bezieht Reich in seiner elementaren Planung auf die drei Handlungsebenen der *Realbegegnung*, der *Repräsentationen* und der *Reflexionen*, die er in seiner konstruktivistischen Didaktik näher beschreibt. So können die fünf Handlungsstufen jeweils auf diesen drei Ebenen vollzogen werden. Für eine „*lebendige didaktische Kultur*" sollten die Handlungsebenen auf jeder Handlungsstufe nach Reich stets wechseln ([78]: 245).

Realbegegnungen auf den fünf Stufen sind Auseinandersetzungen mit der unmittelbaren, tatsächlich erlebten und konkreten Wirklichkeit. Bei diesen Begegnungen sind die Lerner aktuelle Beteiligte vor Ort. Im Mathematikunterricht können dies zum Beispiel Exkursionen, (Ver-)Messungen in der Umgebung, reale Zufallsexperimente oder Arbeiten mit realen Produkten sein. Realbegegnungen bieten prinzipiell besonders wirksame Lernerfahrungen. Sie sind aber mitunter nur schwer oder gar nicht zu realisieren und können in einigen Fällen durch ihre hohe Komplexität und ablenkende Aspekte den Lernprozess auch stören. Bei der Entscheidung für oder gegen Realbegegnungen müssen somit wirksame Lernerfahrungen und die genannten Nachteile abgewogen werden.

Die Ebene der *Repräsentationen* umfasst hingegen die vermittelte, imaginäre oder symbolische Realität. Bei Repräsentationen wird das direkte Erleben als indirektes Erfahren durch aufbereitete und teilweise didaktisierte Materialien in den Unterricht versetzt. Damit können Repräsentationen in kontrollierter Form die Lernimpulse auf die im Sinne der Zielsetzung wichtigen Aspekte lenken, weshalb Repräsentationen in der Didaktik bevorzugt werden. Repräsentationen sind im Mathematikunterricht insbesondere in Schulbüchern, Arbeitsblättern und didaktischen Modellen zu finden.

Auf der Ebene der *Reflexionen* reflektieren die Lerner auf der jeweiligen Handlungsstufe, was in welcher Form jeweils zu ihnen und ihrer Lebenswelt passt. Bei Reflexionen, die eine Metaperspektive zu den Repräsentationen erfordern, bilden sich die Lerner zum Beispiel in Diskursen individuell eigene Meinungen. Im Mathematikunterricht sind Reflexionen über individuelle Lernwege im offenen erkundenden Unterricht, zu dem auch Um- und Irrwege zählen, typische Auseinandersetzungen auf der Ebene der Reflexionen. Zu dieser Ebene zählt aber auch die Frage nach dem Lernzuwachs, dessen Bedeutung und Vernetzung dieser Ebene zugeordnet werden kann ([78]: 144–164).

Drei Rollen im Lernprozess

In der konstruktivistischen Didaktik unterscheidet Reich darüber hinaus auch die drei Rollen des *Beobachters*, des *Teilnehmers* und des *Akteurs*, die Lehrkräfte und Lernende im Lernprozess einnehmen können. Für die Gestaltung des Lernprozesses kann es hilfreich sein, sich dieser Rollen bewusst zu werden und zu reflektieren, welche Rolle die Lehrkraft und die Lernenden jeweils einnehmen. Als **Beobachter** betrachtet und reflektiert die beobachtende Person sich selbst, ihre eigenen Gedanken und Handlungen, aber auch die Handlungen und Äußerungen der übrigen Teilnehmerinnen und Teilnehmer im Lehr-Lern-Prozess. In der beobachtenden Rolle reflektiert die Lehrkraft beispielsweise die Handlungen und Äußerungen aller Teilnehmenden im Lehr- und Lernprozess inklusive ihrer eigenen. Dabei nimmt sie dazugehörige Erwartungen, Normen und Ansprüche wahr und reflektiert diese kritisch ([78]: 164 ff.). So kann eine wahrgenommene Unruhe der Schülerinnen und Schüler zum Beispiel ursächlich in einer unklaren Unterrichtsstruktur, einer Störung der Lehrer-Schüler-Beziehung, der nachfolgenden Klassenarbeit in einem anderen Fach oder auch in Ereignissen der vorherigen Pause begründet liegen. Die Intention dieser Unruhe kann zum Beispiel eine Verunsicherung und damit der Wunsch nach mehr Struktur und Sicherheit, ein Ausdruck der Unzufriedenheit, ein Ausdruck emotionaler Erregung und Aufregung, die die momentane Konzentration stört, oder auch der Wunsch nach einer Aufarbeitung der Ereignisse in der Pause sein.

In vielen Fällen sind die Lehrkraft und die Lernenden nicht nur außenstehende Beobachter, sondern auch **Teilnehmer** des Lehr- und Lernprozesses. Dies drückt sich dadurch aus, dass Beobachtungen und Reflexionen durch eigene Anschauungen und Vorverständnisse geprägt werden, die sich aus der Teilnahme ergeben. Wahrnehmungen und Interpretationen sind für einen Teilnehmer somit abhängig von Einflüssen, die sich aus der Teilnahme ergeben ([78]: 168). Dies kann sehr hilfreich sein, da teilnehmend auf bekannte Muster und Absprachen zurückgegriffen werden kann. Als Teilnehmerin des Systems Schule kann eine Lehrkraft zum Beispiel auf Absprachen und Vereinbarungen in der Schulordnung als gemeinsames Grundverständnis zurückgreifen. Gleichzeitig kann die teilnehmende Rolle auch störend sein, wenn Vorverständnisse, Erwartungen und Intentionen, die sich aus der Teilnahme am System ergeben, den unvoreingenommenen Blick des Beobachtens trüben. Als Teilnehmerin sollte die Lehrkraft eine moderierende Rolle einnehmen, und sich auf den Lernprozess und die Positionen der Schülerinnen und Schüler einlassen ([78]: 179 ff.). Dazu gehört auch, sich auf Gedankengänge, Rechenwege und Argumentationen der Schülerinnen und Schüler einzulassen, diese zunächst beobachtend mitzugehen und mit dem eigenen Vorverständnis der Teilnahme abzugleichen, ohne die Beobachtung durch das Vorverständnis zu dominieren. Dieses Vorgehen kann das Verständnis oder auch die Verständnisprobleme der Schülerinnen und Schüler offenbaren.

Akteure sind handelnde Lehrkräfte und Lernende. Dabei ist die Aktion selbst oft ein blinder Fleck, der aber aus den Rollen der *Beobachtung* und *Teilnahme* betrachtet und reflektiert werden kann ([78]: 181). Gleichzeitig unterliegen die Handlungen der Akteure über Planungen und Antizipationen dem Einfluss von Beobachtung und Teilnahme, sodass die drei Perspektiven sich gegenseitig ergänzen. Eine Herausforderung in der Rolle des Agierens, insbesondere im System Schule, ist es dabei, die äußeren Anforderungen mit dem eigenen Streben und den eigenen Zielen zu vereinbaren. Im Sinne der konstruktivistischen Didaktik sollten Lehrpersonen sich bewusst als *Akteure* verstehen und „*den Aktionsradius so weit gestalten, wie sie es in ihrer Zeit, ihrem Raum, ihren Möglichkeiten schaffen*" ([78]: 172). Für eine Lehrkraft ist es wichtig, als Akteur im Lernprozess ihre Handlungen *beobachtend* und *teilnehmend* durchzuführen, denn Beobachtung und Teilnahme lenken auch während der Aktion den Blick auf den Lernprozess der Schülerinnen und Schüler und bewahren davor, dass der Unterricht in einen Aktionismus verfällt, bei dem der Lernprozess der Schülerinnen und Schüler nicht mehr wahrgenommen wird.

4.2.3   Hilbert Meyers Drei-Säulen-Modell

Hilbert Meyer plädiert, durch theoretische Überlegungen und empirische Befunde gestützt, für ein Unterrichtsmodell, in dem wie in einem Mischwald „*alle durch theoretische Analyse gefundenen Grundformen in ausgewogener Mischung angeboten werden*" ([65]: 39). In seinem Drei-Säulen-Modell (siehe Abb. 4.2) identifiziert Meyer vier Grundformen (= drei Säulen und ein verbindendes Dach) des Unterrichts, die sich in Bezug auf die bevorzugten Sozialformen, die Ausprägung der Selbststeuerung der Lerner und die jeweiligen Rollen der Lehrkräfte und Schüler einigermaßen voneinander abgrenzen lassen.

Die Unterscheidung und Identifizierung dieser Grundformen kann für die Unterrichtsplanung sehr hilfreich sein, obwohl sie im alltäglichen und insbesondere im guten Unterricht fast nie in Reinform zu beobachten sind, da meistens Mischformen und Hybride, also Zwischenformen, die die Aspekte mehrerer Reinformen kombinieren, zum Einsatz kommen. Die Identifizierung der Anteile der verschiedenen Grundformen in einer geplanten Stunde kann Aufschluss über zugehörige Lehrer- und Schülerrollen und die Selbststeuerung geben. Somit ist die halbwegs trennscharfe Unterscheidung im Drei-Säulen-Modell sehr sinnvoll, obwohl oder gerade weil im alltäglichen Unterricht Mischformen und Hybride dieser vier Grundformen in einer produktiven Rhythmisierung der Aktivitäten und Methoden innerhalb der jeweiligen Unterrichtsform wie auch zwischen den Unterrichtsformen genutzt werden sollten ([65]).

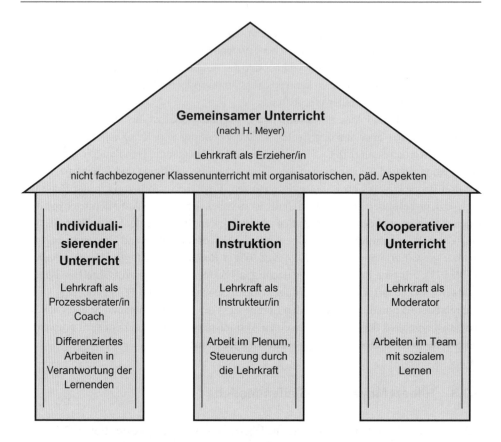

Abwechslung, Mischformen und Hybride in der Praxis

Abb. 4.2 Drei-Säulen-Modell der Grundformen des Unterrichts nach Meyer ([65])

Gemeinsamer Unterricht

Mit der ersten Grundform, die Hilbert Meyer als *gemeinsamer Unterricht* bezeichnet, bezieht er sich auf einen nicht differenzierenden und nicht fachbezogenen Klassenunterricht, der im Wesentlichen organisatorische, erzieherische, pädagogische, reflexive und gemeinschaftsbildende Aspekte beinhaltet. Damit meint Meyer nicht die ebenfalls häufig mit diesem Begriff bezeichnete Inklusion im Unterricht. Der gemeinsame Unterricht im Sinne des Drei-Säulen-Modells, in dem die Lehrkraft hauptsächlich in der Rolle einer Erzieherin beziehungsweise eines Erziehers auftritt, kann in speziell ausgewiesenen Stunden wie Klassenleitungsstunden, aber auch an speziellen Tagen oder in Teilen von Stunden stattfinden. In dieser Unterrichtsform werden insbesondere vorwiegend erzieherisch wirksame Verfahren wie „Klassenrat", „runder Tisch", „Streitschlichter" oder Sozialtrainingsprogramme eingesetzt. Mit seiner Anlage kann und soll der gemeinsame Unterricht im Sinne des Drei-Säulen-Modells einen wichtigen Beitrag zum Aufbau demokratischer Handlungskompetenz leisten ([65]).

Direkte Instruktion

Unter der zweiten Grundform, die Hilbert Meyer als *direkte Instruktion* bezeichnet, versteht er einen eher lehrerzentrierten oder auch lehrgangsförmigen (Fach-)Unterricht, der nach seiner Aussage den größten Teil des Fachunterrichts in den Sekundarstufen I und II ausmacht. Laut Meyer dominiert bei dieser Grundform der Plenumsunterricht, in dem die Schülerinnen und Schüler nach vorne zum Lehrer beziehungsweise zur Tafel schauen. Dies muss aber nicht bedeuten, dass diese Unterrichtsform mit einer niedrigen Aktivierung der Schülerinnen und Schüler einhergeht, denn auch diese Unterrichtsform kann vielfältige Gelegenheiten zur intensiven (kognitiven) Auseinandersetzung bieten. Der Unterricht in der Grundform der direkten Instruktion folgt dem Ablaufschema *Einstieg, Erarbeitung* und *Ergebnissicherung*. In der Reinform dieser Grundform findet der Unterricht dabei in allen Phasen überwiegend im Plenum statt. In der Erarbeitungsphase kann er aber sehr sinnvoll durch Phasen der Gruppen-, Partner- oder Einzelarbeit aufgelockert werden. Die Steuerung des Unterrichts wird meistens von der Lehrkraft wahrgenommen, die in diesem Unterricht im Wesentlichen in der Rolle einer Instrukteurin bzw. eines Instrukteurs agiert. Der Anteil an Selbststeuerung seitens der Schülerinnen und Schüler ist insgesamt eher gering; er kann in Phasen mit kognitiv aktivierenden Aufgaben und Partner-, Gruppen- oder Einzelarbeit aber auch größer ausfallen. Zur Unterstützung des Lernprozesses in der Grundform der direkten Instruktion stehen sowohl verschiedene Lerngerüste, Methodenarrangements und Vorgehensweisen, wie Advanced Organizer, aktivierende Aufgaben, Lern- und Feedback-Strategien und -Verfahren, als auch der Metaunterricht, bei dem über das Lernen nachgedacht und reflektiert wird, zur Verfügung. Zum Entwicklungsbedarf dieser Grundform stellt Meyer mit Bezügen zu verschiedenen Untersuchungen fest, dass der Redeanteil der Lehrperson und der Anteil des gelenkten Unterrichtsgesprächs in dieser Grundform oft zu hoch ausfallen. Die bereits erwähnten Einschübe von Phasen der Einzel-, Partner- oder Gruppenarbeit, die einen Übergang zu Mischformen mit den Grundformen des *individualisierten* und *kooperativen* Unterrichts darstellen, liefern hier eine produktive Alternative, die stärker genutzt werden sollte ([65]).

Individualisierender Unterricht

Die dritte Grundform im Drei-Säulen-Modell bezeichnet Meyer als *individualisierenden Unterricht*. In dieser Unterrichtsform nimmt die Lehrperson im Wesentlichen eine Rolle als Coach beziehungsweise Prozessberaterin oder -berater ein, während die Schülerinnen und Schüler weitgehend individualisiert arbeiten. Der Grad der Individualisierung kann bei dieser Grundform stark variieren, sodass Meyer zwischen einem *radikal* und einem *moderat individualisierenden Unterricht* unterscheidet. Im radikal individualisierenden Unterricht gibt es für jede Schülerin und jeden Schüler ein jeweils individuell angepasstes Curriculum, während bei der moderaten Individualisierung für alle Lerner dieselbe Zielsetzung gilt. Darüber hinaus kann die Individualisierung, die bei der moderaten Form teilweise auch nur eine Differenzierung darstellt, sich abhängig von der Ausprägung in unterschiedlicher Intensität über verschiedene Dimensionen erstrecken, wie individuelle oder differenzierte Lerngeschwindigkeiten, Interessen beziehungsweise Themen, Methoden, Sozialformen, Schwierigkeitsgrade,

Arbeitsmaterialien oder Hilfestellungen. An dieser Darstellung wird ersichtlich, dass beim individualisierenden Unterricht der vorbereiteten Lernumgebung eine besondere Bedeutung zukommt, da diese entsprechende Individualisierungs- beziehungsweise Differenzierungsmöglichkeiten bieten muss. Dem in dieser Grundform wachsenden Anteil an selbstgesteuertem Lernen entsprechend sollte die vorbereitete Lernumgebung auch zunehmend Instrumente zur Selbstkontrolle und Diagnose enthalten, die natürlich anfangs entsprechend einzuführen und anzuleiten sind. Denn auch Selbststeuerung und Eigenverantwortung müssen die Schülerinnen und Schüler in ihrer individuellen Lernbiografie[2] in angemessener Geschwindigkeit mit entsprechender Unterstützung erlernen. Ein wichtiges Qualitätsmerkmal für eine vorbereitete Lernumgebung oder auch für Arbeitsaufträge und Aufgaben ist die *Zone der nächsten Entwicklung*, für die Meyer auf den Hauptautor der Tätigkeitstheorie Lew S. Vygotski ([99]) verweist. Die Zone der nächsten Entwicklung in diesem Denkmodell wird für jede Schülerin und jeden Schüler individuell gesehen, sie liegt zwischen der *Zone der Überforderung* und der *Zone der Unterforderung*. Eine Lernumgebung ist geeignet, wenn die Anforderungen beziehungsweise die Zielsetzungen für die Lerner individuell angemessen sind und somit in der Zone der nächsten Entwicklung liegen. Da diese Zone für jeden Lerner unterschiedlich ausfallen kann, ist dies natürlich ein Ansatzpunkt für die Individualisierung, die zwischen radikal und moderat unterschiedlich ausfallen kann. Es gibt viele verschiedene Arbeitsformen, die eher der *radikalen Individualisierung* zugeordnet werden können, wie Facharbeiten, Planarbeit oder Freiarbeit[3]. Andere Arbeitsformen wie Tandemarbeit oder Helfersysteme werden eher im *moderat individualisierenden* Unterricht eingesetzt. Bei Helfersystemen, die auch „Peer Tutoring" genannt werden, helfen Lernende ihren Mitschülerinnen und Mitschülern individuell durch Erklärungen und Unterstützungen auf Augenhöhe aus ihrer Sichtweise der ebenfalls Lernenden. Meyer weist darauf hin, dass Helfersysteme nicht als Ersatz, sondern ergänzend zur Lehrerarbeit eingesetzt werden sollten ([65]: 62). Beim individualisierenden Unterricht ist es im Sinne der wachsenden Selbststeuerung wichtig, dass der Lernprozess auch reflektierend begleitet und unterstützt wird. Hierzu bieten sich verschiedene Konzepte wie Lernlandkarten, Selbst- oder Partnereinschätzungsbögen, Lerntagebücher, Portfolios[4], aber auch Lernentwicklungsgespräche an ([65]).

Kooperativer Unterricht

Den kooperativen Unterricht „*in einer Mischung aus selbst- und fremdgesteuertem Lernen in Kleingruppen und Teams*", bei dem die Lehrkraft schwerpunktmäßig als Moderator auftritt, bezeichnet Hilbert Meyer als vierte Grundform des Unterrichts im Drei-Säulen-Modell. Diese Grundform zeichnet sich dadurch aus, dass soziales Lernen gezielt intendiert und thematisiert

---

[2] Unter Lernbiografie werden dabei die Erfahrungen der Schülerinnen und Schüler in Bezug auf ihren bisherigen und aktuellen Lern- und Bildungsweg verstanden. Zur Lernbiografie gehören damit sämtliche Lernerfahrungen des Individuums.

[3] Weitere Erläuterungen zu den Arbeitsformen und Methoden gibt es in verschiedenen Handbüchern zu diesem Thema (z. B. [3]).

[4] Vgl. dazu [79].

wird und dass die Lernenden selbst Verantwortung für den eigenen Lernfortschritt und den der Gesamtgruppe übernehmen. Das Niveau der Selbststeuerung, die stark in Teamprozesse eingebunden ist, ist bei dieser Grundform im Allgemeinen hoch. Innerhalb dieser Grundform differenziert Meyer ähnlich wie beim individualisierenden Unterricht wieder zwischen zwei Unterformen dieser Grundform. Als *kooperativen Unterricht im engeren Sinne* bezeichnet er einen Unterricht, der sich an den Basiselementen und Anweisungen für kooperatives Lernen nach Johnson und Johnson orientiert, während er einen handlungsorientiert oder projektartig angelegten Unterricht als *kooperativen Unterricht im weiteren Sinne* auffasst. Der kooperative Unterricht im engeren Sinne folgt meistens einem dreischrittigen Ablaufschema „*Think-Pair-Share*", bei dem eine Kleingruppen- oder Partnerarbeit, die einer Einzelarbeitsphase folgt, in eine Plenums- oder Großgruppenarbeit mündet. Typisch für diese Grundform ist, dass die Schülerinnen und Schüler in den Kleingruppen auch als Lehrende ihr erworbenes Wissen weitergeben ([65]). Die Basiselemente eines kooperativen Unterrichts im engeren Sinne, angelehnt an Johnson und Johnson (zitiert nach [28]: 76), sind:

Positive Abhängigkeit

Die positive Abhängigkeit der Teammitglieder voneinander besagt, dass alle zusammenarbeiten, sich unterstützen und Ressourcen und Erfolge gemeinsam teilen, da jeder Einzelne erfolgreich sein muss, damit die Gruppe die gemeinsamen Ziele erfolgreich erreichen kann.

Individuelle Verantwortlichkeit

Dieses Basiselement besagt, dass jedes Teammitglied für seinen spezifischen Anteil (alleine) verantwortlich ist. Kein Teammitglied kann sich vollständig hinter den Leistungen der anderen Teammitglieder verstecken.

Interaktion von Angesicht zu Angesicht

Die Interaktion von Angesicht zu Angesicht ist förderlich für eine engagierte und persönliche Beteiligung aller Teammitglieder. Daher ist es wichtig, dass diese direkt und unvermittelt miteinander kommunizieren.

Sozial- und Teamkompetenzen

Dies sind wichtige Interaktionsfertigkeiten (sich abwechseln, ermutigen, unterstützen, prüfen) in den Bereichen Kommunikation, Entscheidung, Vertrauen und Konfliktmanagement, die im kooperativen Lernen angewendet und erworben werden.

Gruppenstrategien und Reflexionen

Gruppenstrategien und Reflexionen während des Teamprozesses unterstützen die Teamfähigkeit und den Erwerb von Sozial- und Teamkompetenzen. Durch diese Aspekte des sozialen Lernens wird die Basis für künftige kooperative Lernprozesse verbessert.

Der *kooperative Unterricht im weiteren Sinne* folgt nach Meyer dem von Dewey vorgeschlagenen Ablaufschema für Projektarbeit „*purposing – planning – executing – evalua-*

ting" ([65]: 65), bei dem nach einer Zielklärung im Plenum zunächst die Arbeit in Gruppen geplant wird, bevor in Teams kooperativ Ergebnisse erarbeitet werden, die anschließend präsentiert und ausgewertet werden. In dieser handlungsorientiert und ganzheitlich angelegten Grundform werden in teilweise projektartigen Arbeitsphasen, in denen Kopf- und Handarbeit ein einigermaßen ausgewogenes Verhältnis bilden sollten, Handlungsprodukte materieller (z. B. Plakate, Gutachten, Berichte) oder immaterieller Art erstellt, die anschließend präsentiert und diskutiert werden. Zu dieser Grundform zählen typischerweise der Projektunterricht und Exkursionen.

Die drei Säulen im Unterricht

Für Meyer haben, belegt durch Befunde empirischer Studien, alle drei Grundformen, die *direkte Instruktion* als *Plenumsunterricht* ebenso wie der *individualisierte* und der *kooperative Unterricht,* ihre Berechtigung. Dabei ist insbesondere in den offeneren, individualisierten und kooperativen Unterrichtsphasen eine klare, für die Schülerinnen und Schüler erkennbare Strukturierung sehr wichtig, damit diese nicht die Orientierung verlieren. In Bezug auf die direkte Instruktion weist Meyer sehr deutlich darauf hin, dass der Anteil des gelenkten Unterrichtsgesprächs und insbesondere auch der Redeanteil der Lehrpersonen im fachlichen Unterricht nicht zu hoch sein und ausgehend von aktuellen Studien unbedingt deutlich gesenkt werden sollten. Dies kann geschehen, indem fachliches Lernen nicht auf den Plenumsunterricht und die direkte Instruktion beschränkt wird, sondern auch im individualisierenden und kooperativen Unterricht stattfindet. Sinnvoll in diesem Sinne sind produktive Rhythmisierungen innerhalb und zwischen den Unterrichtsformen wie auch Mischformen und Hybride. Meyer fordert in diesem Rahmen eine *„Drittelparität zwischen den drei Säulen"* ([65]: 74).

4.3   Unterrichtsplanung

Der Lernprozess der Schülerinnen und Schüler ist niemals auf eine einzelne Unterrichtseinheit begrenzt. Er hängt vielmehr von den vorherigen Unterrichtseinheiten, die in Form von Vorerfahrungen, Vorkenntnissen und erreichten Kompetenzständen den Lernprozess beeinflussen, aber auch von den nachfolgenden Unterrichtseinheiten ab, die die angebahnten Kompetenzen aufgreifen, vertiefen, vernetzen und damit durch eine wiederholte Auseinandersetzung einen nachhaltigen Lernprozess ermöglichen. Somit sollten auch bei der Unterrichtsplanung zunächst größere Zeiteinheiten, die mehrere Unterrichtseinheiten umfassen, geplant und strukturiert werden. Die sich ergebende längerfristige Planung beeinflusst dabei nicht nur die detaillierten Entscheidungen zu einzelnen Unterrichtseinheiten, sondern sie ist ihrerseits auch von diesen Detailplanungen abhängig. Diese wechselseitige Abhängigkeit (siehe Abb. 4.3) von längerfristiger Planung und der Planung einzelner Unterrichtseinheiten trägt wesentlich zur Komplexität der Unterrichtsplanung bei.

Als Konsequenz dieser wechselseitigen Abhängigkeit ist es im Rahmen einer Unterrichtsplanung sinnvoll, zunächst eine erste vorläufige und gleichzeitig längerfristige Pla-

Abb. 4.3 Wechselseitige Abhängigkeit von längerfristiger und konkreter Planung einer Einheit

nung zu erstellen und diese im Verlauf der fortschreitenden Planung der einzelnen Unterrichtseinheiten immer wieder zu überarbeiten und anzupassen. Schwer zu entscheiden ist auch die Frage nach dem optimalen Zeitpunkt für die Planung einer konkreten Unterrichtseinheit. Die wechselseitige Abhängigkeit von längerfristiger und konkreter Planung spricht dafür, mehrere Unterrichtseinheiten im Vorfeld zu planen, um bei der Planung einer Unterrichtseinheit auch Einflüsse berücksichtigen zu können, die sich aus der Planung nachfolgender Unterrichtseinheiten ergeben. Andererseits können auch bei einer gründlichen Planung während der Durchführung einer Unterrichtseinheit nicht vorhergesehene Ereignisse wie zum Beispiel unerwartete Verständnisprobleme, besondere Ideen oder Störungen auftreten, die bei den folgenden Planungen berücksichtigt werden sollten. Dies spricht für eine kurzfristige Planung einer Unterrichtseinheit nach Durchführung der vorherigen. Eine Möglichkeit, diese Problematik aufzulösen, besteht darin, frühzeitig mehrere Unterrichtseinheiten relativ detailliert vorzubereiten und diese Planungen jeweils nach der Durchführung einer Unterrichtseinheit anzupassen und zu überarbeiten. Die kurzfristigen Überarbeitungen sind dabei im Idealfall überflüssig oder nur sehr minimal, sodass diese nur wenig Zeit in Anspruch nehmen. In der Praxis sind der Zeitpunkt und Rahmen der Planung zudem oft von den zeitlichen Ressourcen der planenden Lehrkraft abhängig, die nicht immer gleichmäßig zur Verfügung stehen und somit teilweise vorausschauende oder auch kurzfristige Planungen erfordern.

4.3.1 Längerfristige Unterrichtsplanung

Bei der längerfristigen Planung sollten im Grunde dieselben Prinzipien und Grundsätze beachtet werden wie bei der Planung einer konkreten Unterrichtseinheit (vgl. Abschn. 4.3.2). Hierzu zählen die Prinzipien der Kontinuität, Reversibilität, Eindeutigkeit, Widerspruchsfreiheit, Angemessenheit und Funktionalität aus Abschn. 4.1, aber auch die Kriterien für guten Mathematikunterricht aus Abschn. 3.2, sofern sie auf längerfristige Planungen übertragbar sind. In der Folge kann der Planungsalgorithmus aus Abschn. 4.3.2 in weiten Teilen auch auf die längerfristige Planung übertragen werden.

Im zentralen Fokus der längerfristigen Planung steht zunächst die Auswahl, Konkretisierung und kognitive Strukturierung (vgl. Abschn. 3.2.1) der mathematischen Inhalte und allgemeinen Kompetenzen vor dem Hintergrund der spezifischen Rahmenbedingungen, zu denen auch verschiedene Vorgaben aus Bildungsstandards und Lehrplänen (vgl. Kap. 2) zählen. Bei der längerfristigen Planung wird in der Regel zunächst eine für die Lerngruppe und die Rahmenbedingungen angemessene Reihenplanung erstellt, in der die Inhalte, Kompetenzen, kompetenzorientierten Zielsetzungen, methodischen Schwerpunkte und Zugänge der einzelnen Unterrichtseinheiten in einer sinnvollen Strukturierung vorläufig entschieden werden. Bei der Entscheidung für Kompetenzen und Zielsetzungen für die einzelnen Unterrichtseinheiten sollte dabei unbedingt auf eine realistische Erreichbarkeit dieser Ziele vor dem Hintergrund der aktuellen Rahmenbedingungen geachtet werden. Eine Beschränkung auf ein Ziel oder nur wenige Ziele ist daher oft sinnvoll.

Eine sinnvolle kognitive Strukturierung der Inhalte, Kompetenzen und Zielsetzungen setzt dabei voraus, dass die planende Lehrkraft die Inhalte und Kompetenzen mit ihren fachlichen Hintergründen, Zusammenhängen, Bedeutungen, Ausnahmen, Grenzen und exemplarischen Fällen durchdrungen und verstanden hat. Daher kann eine Unterrichtsplanung, insbesondere wenn die Lehrkraft nur wenig Erfahrung mit dem Thema hat, auch eine fachliche Auseinandersetzung, Einarbeitung und Vorbereitung erfordern. In diesem Rahmen kann eine Sachanalyse (vgl. Abschn. 4.4.5) sinnvoll sein. Auch wenn das fachliche Verständnis eine wichtige Grundlage bildet, sollte die kognitive Strukturierung vorrangig mit einer didaktischen Perspektive mit Blick auf die jeweilige Lerngruppe und die spezifischen Rahmenbedingungen erfolgen (vgl. Abschn. 3.2.1).

Aufgabe der längerfristigen Planung ist auch eine sinnvolle Rhythmisierung des Lernprozesses, wozu die Integration von Übungszeiten, Wiederholungen, Diagnosen und Tests (vgl. Abschn. 3.2.1), aber auch Überlegungen zur Strukturierung und Angemessenheit der Arbeitsweisen, des Anspruchsniveaus und des Einsatzes von Werkzeugen und Medien gehören. In vielen Fällen sind verschiedene Reihenfolgen und Zugänge denkbar, die vor dem Hintergrund der aktuellen Rahmenbedingungen gegeneinander abgewogen werden müssen. Dabei ist es wichtig, dass die längerfristige Planung auch aus der Perspektive der Schülerinnen und Schüler nachvollziehbar und im Sinne eines „roten Fadens" sinnvoll ist. In der Regel ist es daher vorteilhaft, wenn den Schülerinnen und Schülern auch die längerfristigen Zielsetzungen transparent und klar sind, sodass sie die Zielsetzungen der einzelnen Unterrichtseinheiten vor diesem Hintergrund einordnen und verknüpfen können.

4.3.2   Planung einer Unterrichtseinheit

Wie bereits oben erwähnt, sollten die Prinzipien der Unterrichtsplanung (vgl. Abschn. 4.1) und die Kriterien für guten Mathematikunterricht (vgl. Abschn. 3.2) bei der Planung einer konkreten Unterrichtseinheit beachtet werden. Darüber hinaus können auch Unterrichtsmodelle, wie sie zum Beispiel in Abschn. 4.2 vorgestellt wurden, Hinweise und Hilfestellungen bei der Unterrichtsplanung geben. So kann das Drei-Säulen-Modell von Meyer (vgl. Abschn. 4.2.3) helfen, sich die verschiedenen Grundformen von Unterricht mit ihren jeweiligen Spezifika in Lehrerrolle, Steuerung und Strukturierung bewusst zu machen und

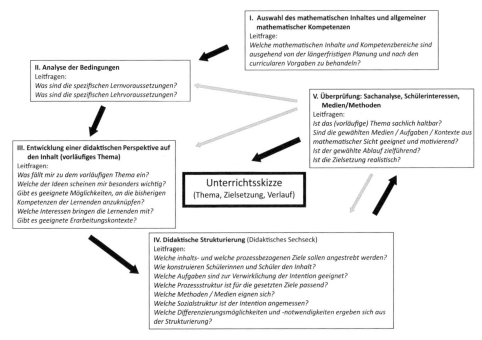

Abb. 4.4 Algorithmus zur Unterrichtsplanung

diese in der Planung sinnvoll und bewusst einzusetzen, zu variieren und zu kombinieren. Die Modelle von Leisen (vgl. Abschn. 4.2.1) und Reich (vgl. Abschn. 4.2.2) eröffnen eine jeweils spezifische Planungs- und Durchführungsperspektive und geben auch Hinweise für eine jeweils spezifische Strukturierung des Lernprozesses in einer oder mehreren Unterrichtseinheiten.

Unter Berücksichtigung der längerfristigen Planung (vgl. Abschn. 4.3.1) mit ihrer wechselseitigen Abhängigkeit ergibt sich die Planung einer Unterrichtseinheit als komplexer Prozess, dessen Ausgangspunkt die für die jeweilige Unterrichtseinheit ausgewählten Inhalte und Kompetenzen sowie die daraus resultierende vorläufige Zielperspektive bilden. Wegen der wechselseitigen Abhängigkeit der verschiedenen Planungsentscheidungen und unter Berücksichtigung des Prinzips der Reversibilität (vgl. Abschn. 4.1) bietet sich ein zyklisches Planungsmodell an, bei dem die Planungsschritte abhängig von verschiedenen Prüffragen und dem Prinzip der Angemessenheit (vgl. Abschn. 4.1) mehrfach zyklisch durchlaufen werden. Eine Möglichkeit eines zyklischen Planungsmodells, das in Kurzform schon in Kap. 3 aufgeführt wurde, ist in Abb. 4.4 dargestellt.

Hierbei handelt es sich um einen spiralförmigen Algorithmus, der in früheren Stufen erneut ansetzt, sobald Prüffragen an den aktuellen Planungsstand nicht positiv beantwortet werden und sofern dies angemessen erscheint. Bei diesem Algorithmus werden ausgehend von der längerfristigen Planung mit der vorläufigen Zielperspektive zunächst die Rahmenbedingungen des Lernprozesses analysiert. Hierzu gehören die Lerngruppe mit ihren Kompetenzen, Fähigkeiten, Fertigkeiten, Vorerfahrungen und Besonderheiten, aber auch zeitliche, räumliche und die Ausstattung sowie schulinterne Absprachen und Besonderheiten betreffende Rahmenbedingungen. Bei der Einschätzung der Kompetenzen der Lerngruppe können auch Ergebnisse vorheriger (Selbst-)Diagnosen und Leistungskontrollen berücksichtigt werden.

Auf Grundlage der analysierten Rahmenbedingungen wird in diesem Planungsmodell eine vorläufige didaktische Perspektive mit einer eventuell überarbeiteten und angepassten Zielperspektive entwickelt. Für diese aktualisierte Zielperspektive müssen die bereits erworbenen bereichsspezifischen Kompetenzen ermittelt und das zu erwartende Lernverhalten abgewogen werden. Ebenso müssen die mathematisch-inhaltlichen Anforderungen aus Sicht der Lerngruppe abgeschätzt und mögliche individuelle Lernhindernisse identifiziert werden. Weiterhin können auch in dieser Phase schon didaktische Überlegungen zu Zugängen, Vorgehensweisen und Kontexten mit einfließen. Dabei sollte ein besonderes Augenmerk auf eine realistische Erreichbarkeit der Zielsetzung gelegt werden. Meistens ist eine Beschränkung auf nur ein oder wenige Ziele für eine Unterrichtseinheit sinnvoll.

Die im Planungsmodell folgende didaktische Strukturierung stellt den Kern der Planung einer Unterrichtseinheit dar. Im Rahmen dieser Strukturierungen werden die vielen bei der Planung relevanten und voneinander abhängigen Entscheidungsaspekte gewichtet und unter Berücksichtigung der wechselseitigen Abhängigkeiten begründet entschieden. Zu den Planungsaspekten gehören neben den sechs Aspekten des *didaktischen Sechsecks* (vgl. Abschn. 3.2.2) auch die in Abschn. 4.4.6 aufgelisteten Planungsentscheidungen. Der Planungsprozess ist dabei wegen der vielen wechselseitigen Abhängigkeiten in der Regel nicht linear. Die Planungsentscheidungen zum Verlauf, zur Methode, zur Zielsetzung, zur Prozessstruktur etc. werden mehrfach überdacht, aneinander angepasst und sukzessive erarbeitet. Erschließungsfragen zum didaktischen Sechseck sind in Abschn. 3.2.2 ausführlicher dargestellt.

Eine hilfreiche Perspektive bei der didaktischen Strukturierung ist die Betrachtung der Planungen und Entscheidungen aus Sicht der Schülerinnen und Schüler. Hierzu kann gehören, dass Schülerfragen, Antworten und Bearbeitungen für unterschiedlich leistungsstarke Schülerinnen und Schüler antizipiert werden. Sinnvoll im Rahmen der Schülerperspektive ist auch die Frage nach der (individuell) jeweils nächsten Stufe der Entwicklung: Welches ist der nächste Schritt, das nächste Verständnis, die nächste Teilkompetenz oder die nächste Entwicklung, die angestrebt wird, sodass die Schülerinnen und Schüler auf dem jeweiligen Leistungsniveau passend gefordert und damit weder unter- noch überfordert werden? Eine wichtige Frage aus Sicht der Schülerperspektive ist auch die nach der Transparenz. Wissen die Schülerinnen und Schüler, warum sie etwas machen beziehungsweise wohin der Unterricht führen soll? In den meisten Fällen ist es vorteilhaft für den Lernprozess, wenn diese Transparenz hergestellt ist, damit die Schülerinnen und Schüler neue Aspekte und Fragen direkt einordnen und verknüpfen können. Auch die Formulierungen von Arbeitsaufträgen und -materialien, die meistens schriftlich erfolgen sollten, sind aus der Perspektive der Schülerinnen und Schüler auf Verständlichkeit, Eindeutigkeit, die Realisierbarkeit in Bezug auf Anspruch und Umfang und gegebenenfalls einen roten Faden zu untersuchen.

Mögliche Tafelbilder, sonstige Visualisierungen und auch eine Auswertung und Sicherung sollten im Rahmen der didaktischen Strukturierung geplant oder antizipiert werden, damit diese eventuell in Arbeitsaufträgen vorbereitet und damit die vielfältigen Abhängigkeiten dieser Aspekte mit den anderen Planungsentscheidungen hinreichend durchdacht werden können. Dabei engt diese Planung die Durchführung nicht ein, sondern öffnet sie. Gerade weil eine Auswertung oder Visualisierung gut durchdacht und geplant wurde, kann in der Durchführung begründet und flexibel von der Planung abgewichen werden, da der Lehrperson die Zusammenhänge und wichtigen Aspekte bewusst sind. Gleiches gilt auch für wichtige Impulse und zentrale Fragen in einer Unterrichtseinheit. Um einen Eindruck von der Realisierbarkeit der Planungen vor dem Hintergrund der zeitlichen Rahmenbedingungen zu bekommen, ist es sinnvoll, die geplanten Phasen einer Unterrichtseinheit übersichtlich zum Beispiel in einem Verlaufsplan (vgl. Abschn. 4.4.7) darzustellen und dann für jede Phase den zeitlichen Bedarf einzuschätzen.

Eine vorläufige Planung der Unterrichtseinheit als Ergebnis der didaktischen Strukturierung sollte anschließend verschiedenen Prüffragen unterzogen werden, um Optimierungsnotwendigkeiten und Möglichkeiten zu identifizieren. Im Rahmen dieser Prüfung können die getroffenen Planungsentscheidungen in Bezug auf die Funktionalität (vgl. Abschn. 4.1) untersucht werden. Wenn die Zielsetzung einer Stunde im Wesentlichen Vernetzungen oder Begründungen enthält, ist es eventuell nur bedingt funktional, wenn die Schülerinnen und Schüler den größten Teil der Stunde mit algebraischen Umformungen und Rechnungen verbringen. Neben der Funktionalität sollten auch weitere Kriterien und Prüffragen, wie sie in Abschn. 3.2 dargestellt wurden, genutzt werden, um den Planungsstand zu kontrollieren. Wenn eine oder mehrere Prüffragen nicht positiv beantwortet werden können, sollte der Planungsprozess unter Berücksichtigung des Prinzips der Angemessenheit von einer früheren Stufe aus erneut durchlaufen werden.

4.4 Anforderungen an die schriftlichen Entwürfe

Die Verschriftlichung der Unterrichtsplanungen wird von Referendarinnen und Referendaren oft als Belastung gesehen. Sie bringt aber auch viele Vorteile in Bezug auf die Steigerung der Unterrichtsqualität, die Bewusstwerdung der Planungszusammenhänge und die Dokumentation der Planung, die damit für einen kollegialen Austausch und spätere Planungen zur Verfügung steht. So kann der schriftliche Entwurf unterrichtspraktische Vorüberlegungen, Begründungen für Entscheidungen, eine Berücksichtigung von Rahmenbedingungen und schließlich Stringenz, Zielorientierung und Klarheit einfordern, die ansonsten vielleicht weniger durchdacht oder weniger in die Planung eingeflossen wären. Dadurch kann sowohl die Qualität der Unterrichtsplanung und Durchführung als auch die Bewusstwerdung der Zusammenhänge und Entscheidungen gesteigert werden. Die Bewusstwerdung der Zusammenhänge und Entscheidungen ermöglicht der Lehrperson schließlich in der Durchführung ein sicheres und insbesondere auch flexibles Agieren und Reagieren. Darüber hinaus macht eine schriftliche Planung die enthaltenen Aspekte für

eine spätere Reflexion zugänglich. Dies bietet wiederum die Chance, sowohl die gelunge-
nen als auch die weniger gelungenen Aspekte des eigenen Unterrichts zu analysieren und
hieraus zu lernen, indem Konsequenzen (z. B. Veränderungen, Alternativen) für die spätere
Unterrichtspraxis abgeleitet werden.

Natürlich gibt diese Art der Unterrichtsplanung nicht die Alltagspraxis einer Lehrperson wieder. Dies ist aufgrund des hohen Zeitaufwands auch gar nicht möglich, wenn man
bedenkt, dass eine vollbeschäftigte Lehrperson rund 25 Stunden pro Woche unterrichtet
und darüber hinaus vielen weiteren Pflichten (Klassen-/Jahrgangsleitung, Konferenzen,
Beratungsgespräche, Korrekturen etc.) nachkommen muss. Dessen sollte man sich beim
Lesen der nachfolgenden Abschnitte stets bewusst sein, da selbst die routinierte Lehrkraft
den hohen Anforderungen an einen Unterrichtsbesuch, wie sie hier erörtert werden, nicht
in jeder Stunde in vollem Umfang gerecht werden kann. Für ausgewählte Stunden lässt
sich der quasi exemplarische Aufwand gut rechtfertigen, da sich die dargestellten Vorteile
auf weitere Stunden und insbesondere auf das spätere Lehrerhandeln auswirken können.
Insbesondere in der Ausbildung ist der Aufwand sehr gerechtfertigt, da die eingeforderten
Zusammenhänge und Begründungen wie auch die Bewusstwerdung für die Ausbildung
von Planungsroutinen für die spätere Berufspraxis entscheidend sind.

Ein einheitliches Muster und allgemein verbindliche Anforderungen an einen schriftlichen Entwurf gibt es nicht, da die Menge der insgesamt für die Planung und Durchführung
relevanten Aspekte so groß ist, dass diese nicht alle gleichzeitig in einem schriftlichen
Entwurf berücksichtigt werden können. Abhängig von der angestrebten Ausführlichkeit
des schriftlichen Entwurfs ergibt sich hieraus die Notwendigkeit, eine sinnvolle Auswahl
zu treffen. Als Grundsatz für die Auswahl kann genutzt werden, dass allein auf Grundlage
des schriftlichen Entwurfs die Stunde vorstellbar und die wesentlichen Planungsentscheidungen nachvollziehbar sein sollten.

Wichtige und bewährte Elemente eines schriftlichen Entwurfs werden im Folgenden in
einer möglichen Reihenfolge kurz vorgestellt, ohne jedoch damit eine feste Strukturierung
und Festlegung vorgeben zu wollen, da sich die Elemente auf verschiedene Weise – auch
abhängig von dem jeweiligen Unterrichtsvorhaben – zu einem stimmigen Konzept zusam-
mensetzen lassen. Dementsprechend existieren bei den Studienseminaren und Zentren für
Lehrerbildung auch zeitlich und regional sehr unterschiedliche Vorstellungen und Vorgaben
in Bezug auf die Anforderungen an einen schriftlichen Unterrichtsentwurf. Die hier vorgestellten Anforderungen stellen somit eine Möglichkeit sinnvoller Anforderungen an einen
schriftlichen Entwurf dar. Dass auch andere Varianten möglich sind, zeigen die Beispiele
gelungener Entwürfe in den folgenden Kapiteln, die nicht unbedingt in allen Aspekten den
hier vorgestellten Anforderungen entsprechen und trotzdem insgesamt für die jeweilige
Situation und Lerngruppe als erfolgreich angesehen werden können.

4.4.1 Ziel(e) der Unterrichtseinheit

Im Mittelpunkt des Lernprozesses sollte der Lern- beziehungsweise Kompetenzzuwachs der Schülerinnen und Schüler stehen. Entsprechend sollten die kompetenzorientierten Ziele, die in der Unterrichtseinheit verfolgt werden, der wesentliche Ausgangspunkt der Unterrichtsplanung und zugleich auch ein wichtiger Fokus bei der Durchführung sein. Die Entscheidung für die Ziele und damit auch für die Kompetenzen ist somit eine der wichtigsten Entscheidungen bei der Unterrichtsplanung. Im Rahmen eines schriftlichen Entwurfs kommt der Formulierung und Darstellung der Ziele in der Regel eine entsprechend große Bedeutung zu.

Grundsätze der Zielformulierung:

- Ziele beschreiben die angestrebten Kompetenzen der Schülerinnen und Schüler am Ende der Unterrichtseinheit. Damit beziehen sich die Ziele auf einen Kompetenzzuwachs (Ziele beschreiben das, was die Schülerinnen und Schüler im Sinne eines willentlich handelnden Umgangs mit Wissen nachher besser können, auch weil sie mehr wissen, als vorher).
- Ziele beschreiben den Soll-Zustand beziehungsweise den Zustand am Ende der Unterrichtseinheit und damit nicht den Prozess oder Arbeitsschritt.
- Ziele sollten möglichst konkret sein, sodass die angestrebten Kompetenzen im Sinne von Fertigkeiten und Fähigkeiten auf dem angegebenen Niveau und eventuell unter angegebenen Rahmenbedingungen überprüft werden könnten (Die Zielerreichung beziehungsweise der Grad der Zielerreichung sollte prinzipiell überprüfbar sein.).

In der Fachdidaktik werden die Anforderungen an die Zielsetzung auch mit den sogenannten S.M.A.R.T.-Kriterien dargestellt. Die Abkürzung steht dabei für spezifische und konkrete Ziele, die mess- und überprüfbar sowie aus Sicht der Lehrperson und der Lerngruppe vor dem Hintergrund übergeordneter Zielsetzungen akzeptabel sein sollen. Die Ziele sollen aber auch für die Lehrperson und die Lerngruppe unter Berücksichtigung der Rahmenbedingungen realistisch und erreichbar gewählt werden und es sollte ein Zeitpunkt der Zielerreichung terminiert werden, der abhängig von der realistischen Wahl der Ziele ist ([4]: 112).

Wesentlicher Ausgangspunkt für die Formulierung von Zielen sind die zugrunde liegenden Kompetenzen, welche teilweise abhängig von ihren Schwerpunkten auch in fachliche, methodische, soziale und personale Kompetenzen unterteilt werden. Im Bereich der fachlichen und (fach-)methodischen Kompetenzen können die jeweiligen Lehrpläne mit den allgemeinen (prozessbezogenen) und inhaltsbezogenen Kompetenzen (vgl. Kap. 2) oft als Unterstützung bei Entscheidungen und Formulierungen im Rahmen der Ziele dienen. Bei der Entscheidung für Kompetenzen und Ziele für eine Unterrichtseinheit ist die realistische Erreichbarkeit dieser Kompetenzen und Ziele vor dem Hintergrund der aktuellen Rahmenbedingungen besonders wichtig. Eine Beschränkung auf ein Ziel oder nur wenige Ziele ist daher oft sinnvoll. Meistens ist eine Unterrichtseinheit schon gut gefüllt, wenn ein Ziel eingehend verfolgt wird. Entsprechend sind konkrete und einschränkende Formulierungen oft generalisierenden Formulierungen in Bezug auf eine realistische Erreichbarkeit überlegen.

Bei der Zielformulierung ist es zumeist hilfreich, von den zugehörigen Kompetenzen, die teilweise in Lehrplänen (vgl. Kap. 2) formuliert sind, auszugehen. Eine solche zunächst vorläufige allgemeinere Zielformulierung kann und sollte im nächsten Schritt weiter konkretisiert, gegebenenfalls eingeschränkt und damit für die jeweilige Lerngruppe, das angestrebte Niveau und die jeweiligen Rahmenbedingungen angepasst werden. Dabei ist die Konjunktion „indem" bei den Formulierungen oft hilfreich.

Nimmt man die Forderung nach Individualisierung und Inklusion im Unterricht ernst, so ergibt sich, dass nicht alle Ziele in gleicher Ausprägung für alle Schülerinnen und Schüler gelten können. In diesem Sinne kann es daher sinnvoll oder sogar wünschenswert sein, spezielle Ziele für bestimmte Schülerinnen und Schüler zu formulieren, auch wenn dies in der Praxis der hier vorliegenden Entwürfe noch nicht eingeflossen ist.

4.4.2 Thema der Unterrichtseinheit

Das Thema einer Unterrichtseinheit stellt gewissermaßen den Titel und damit den Rahmen des schriftlichen Entwurfs dar. Daher sollte die Formulierung prägnant sein und den wesentlichen Schwerpunkt und Fokus der Stunde herausstellen.

Grundsätze der Themenformulierung:

- Das Thema der Unterrichtseinheit gibt an, *was* (Kompetenzbezug, Gegenstand) in der Stunde *unter welchem Aspekt* (Schwerpunktsetzung, Akzentuierung) *auf welche Weise* (methodische Aspekte) gemacht wird.
- Das Thema enthält damit sowohl die/den wesentlichen inhaltlichen Aspekt(e) als auch die/den wesentlichen methodischen Aspekt(e) der Stunde. Dazu gehören die wesentlichen in den Zielen angestrebten inhaltsbezogenen und allgemeinen Kompetenzen wie auch die zentrale Anlage und Vorgehensweise im Lernprozess.
- Das Thema und die Zielsetzung der Stunde sollten auf dieselben Aspekte fokussieren. Dabei ist das Thema in der Regel prägnanter und weniger detailliert formuliert, sodass nur die zentralen Aspekte der Zielsetzung im Thema abgebildet werden.

Das Thema einer Unterrichtseinheit bildet in der Regel den Kern der Stunde und damit auch das Zentrum der Schüleraktivität ab. Entsprechend kann es ein Indiz für eine schlechte Passung von Thema und Planung sein, wenn die Schülerinnen und Schüler sich laut Planung voraussichtlich ausführlich und über längere Zeit mit einem Aspekt beschäftigen, der nicht zum Thema gehört. In diesem Fall sollten daher die Formulierung des Themas und die Planung der Stunde überprüft und gegebenenfalls angepasst werden.

4.4.3   Einordnung in den unterrichtlichen Kontext

Eine Unterrichtseinheit ist immer Teil eines längeren Lernprozesses, der oft als Unterrichtssequenz[5] oder Unterrichtsreihe bezeichnet wird. Daher sollte die aktuelle Unterrichtseinheit in der Planung und damit auch im schriftlichen Entwurf in den unterrichtlichen Kontext der Sequenz oder Reihe eingeordnet werden.

Im Rahmen der Einordnung in den unterrichtlichen Kontext ist es üblich und sinnvoll, dass auch für die zugehörige größere Unterrichtssequenz oder -reihe ein Thema und Ziele im schriftlichen Entwurf formuliert werden. Dabei gelten prinzipiell dieselben Kriterien (vgl. 4.4.1 und 4.4.2) wie für eine Unterrichtseinheit, wobei das Thema der Reihe in der Regel auf den/die übergeordneten Schwerpunkt(e) der längerfristigen Planung fokussiert und damit weniger detailliert ist. Die Ziele der längerfristigen Planung werden teilweise auch als umfassendere Aufzählung dargestellt, die die Ziele der Unterrichtseinheit enthält.

Eventuell geplante Hausaufgaben oder Arbeitsaufträge, die zur Stunde hinführen oder aus ihr erwachsen, sollten ebenfalls im Entwurf dargestellt werden. Dies kann im Rahmen der Einordnung in den unterrichtlichen Kontext oder auch an anderer Stelle geschehen.

Die Einordnung in den unterrichtlichen Kontext im schriftlichen Entwurf sollte sowohl die vorherigen Unterrichtseinheiten umfassen, aus denen sich wichtige Konsequenzen für die Lernvoraussetzungen in der aktuellen Unterrichtseinheit ergeben, als auch die nachfolgenden Unterrichtseinheiten berücksichtigen, damit die Bedeutung der aktuellen Unterrichtseinheit im gesamten Lernprozess eingeschätzt werden kann, was oft wichtig für das Verständnis der jeweiligen Schwerpunktsetzungen ist. Die Darstellung des und die Einordnung in den unterrichtlichen Kontext kann dabei abhängig von der gewählten Ausführlichkeit in einer kurzen Aufzählung der einzelnen Themen (vgl. 4.4.2) der jeweiligen Unterrichtseinheiten, einer tabellarischen Darstellung von Themen und weiteren Aspekten, im Fließtext oder in Kombinationen erfolgen. Bei ausführlicheren Darstellungen der längerfristigen Planungen werden einen größeren Zeitraum betreffende Planungsentscheidungen, Zusammenhänge und Kausalitäten dargestellt, diskutiert und begründet. Dies könnte zum Beispiel die Auswahl und Abfolge von Themen und Aspekten mit entsprechenden Begründungen (fachlich, didaktisch …) oder auch Entscheidungen zu Werkzeugen, Zugängen, Anwendungsbezügen und Methoden betreffen. Abhängig von der gewählten Ausführlichkeit der Darstellung gehören auch Bezüge zu (fach-)didaktischen Diskursen und Veröffentlichungen zu einer umfassenden Darstellung der Begründungszusammenhänge der längerfristigen Planungen.

---

[5] An Unterrichtsreihen wird im Allgemeinen der Anspruch einer gewissen Vollständigkeit und Abgeschlossenheit gestellt, sodass diese teilweise sehr umfangreich sind. Daher ist es teilweise auch ausreichend, eine kleinere Sequenz, die nur in Bezug auf einzelne Aspekte vollständig und abgeschlossen ist, zu betrachten.

4.4.4   Bedingungsanalyse

In der Bedingungsanalyse werden (ausgewählte) Rahmenbedingungen, sofern sie für die Planung und Durchführung relevant sind, dargestellt und diesbezüglich analysiert. Damit geht die Bedingungsanalyse über eine rein beschreibend angelegte Aufzählung der Rahmenbedingungen hinaus, indem zu den dargestellten Aspekten auch Bedeutungen, Konsequenzen und Alternativen für die Planung und Durchführung des Lernprozesses erläutert werden.

Bei der Auswahl der darzustellenden Rahmenbedingungen innerhalb der Bedingungsanalyse sollte die Relevanz für die Planung und Durchführung beachtet werden. Rahmenbedingungen, die in der Planung und Durchführung keine nennenswerten Auswirkungen haben, müssen in der Regel nicht dargestellt werden. Zu den Aspekten, die im Rahmen der Bedingungsanalyse relevant sein können, zählen zum Beispiel:

- Aussagen zur Lerngruppe, ihren Besonderheiten und ihrem Lernverhalten,
- besondere Vorerfahrungen mit der Lerngruppe (inhaltlich oder methodisch relevant),
- zeitliche oder räumliche Rahmenbedingungen,
- Ausstattungen (Werkzeuge, Medien …),
- Methoden- oder Medienkonzepte,
- Schulinterne (-übergreifende) Absprachen und Festlegungen,
- …

An dieser Aufzählung ist ersichtlich, dass die Bedingungsanalyse Überschneidungen mit der *Einordnung in den unterrichtlichen Kontext* (vgl. 4.4.3), der *Sachanalyse* (vgl. 4.4.5) oder auch der *methodisch-didaktischen Analyse* (vgl. 4.4.6) haben kann, sodass einige Rahmenbedingungen auch dort ganz oder teilweise dargestellt und analysiert werden können. Querverweise können dabei Dopplungen vermeiden und Bezüge herstellen.

4.4.5   Sachanalyse

Im Rahmen der Sachanalyse werden die fachlichen mathematischen Aspekte, die für die Kompetenzen der Unterrichtseinheit relevant sind, aus fachlicher Sicht analysiert. Dabei werden die fachlichen Hintergründe, Zusammenhänge, Bedeutungen, Ausnahmen, Grenzen und exemplarischen Fälle, die teilweise auch etwas über die Unterrichtseinheit und den „Schulstoff" hinausgehen, dargestellt und zueinander in Beziehung gesetzt.

Eine rein fachliche Sachanalyse ist in der Literatur ([4]: 117) nicht unumstritten, da die Gefahr besteht, dass bei innermathematischen Betrachtungen der Zusammenhang zur Unterrichtseinheit und der Blick auf die Lerngruppe verloren gehen.

Andererseits ist die fachliche Richtigkeit eine Grundvoraussetzung für jeden Unterricht. Die Lehrperson muss sich mit dem fachlich mathematischen Gegenstand der Unterrichtseinheit gut auskennen, um fachlich sicher und souverän unterrichten und adäquat auf Schülerfragen und Vorschläge reagieren zu können. Eine Sachanalyse ist ein möglicher Weg, um eine fachliche Sicherheit und Durchdringung zu erreichen. Folglich kann eine Sachanalyse im schriftlichen Entwurf die Leser für die fachlichen Zusammenhänge und Hintergründe sensibilisieren oder auch eine fachliche Auseinandersetzung im Rahmen der Planung belegen.

Die Entscheidung, ob eine Sachanalyse im schriftlichen Entwurf enthalten sein sollte, hängt entsprechend von der Bedeutung und Komplexität der fachlichen Zusammenhänge für die Unterrichtseinheit oder von sonstigen Vorgaben und Anforderungen an den schriftlichen Entwurf ab.

4.4.6 Methodisch-didaktische Analyse

In der methodisch-didaktischen Analyse werden die wesentlichen methodischen und didaktischen Planungsentscheidungen begründet dargestellt und in Bezug auf ihre Funktionen, Wirkungen und Nebenwirkungen für den Lernprozess analysiert. Dabei ist die Qualität im Sinne einer differenzierten und begründeten Auseinandersetzung mit den zentralen Entscheidungen und eventuellen Alternativen wichtiger als die Quantität im Sinne einer Abhandlung möglichst vieler Planungsentscheidungen. Die methodisch-didaktische Analyse sollte somit auf die wesentlichen Planungsentscheidungen fokussieren und diese mit ihren Begründungszusammenhängen, Konsequenzen und Bezügen zur (fach-)didaktischen Literatur und Diskussion nachvollziehbar darstellen. Da die Entscheidungen wechselseitig voneinander abhängen und sich gegenseitig beeinflussen, sollten auch in der methodisch-didaktischen Analyse die ausgewählten Entscheidungen in Beziehung zueinander gesetzt und nicht nur aufzählend hintereinandergereiht werden.

Zu den Planungsentscheidungen, die möglicherweise wichtig und relevant für eine Unterrichtseinheit sein könnten, zählen ohne Gewichtung der Reihenfolge:

- Entscheidungen für inhaltliche Schwerpunktsetzungen (in Bezug zu den inhaltsbezogenen und prozessbezogenen Kompetenzen),
- Entscheidungen zur didaktischen Reduktion (Modifikation der inhaltlichen Schwerpunkte mit dem Ziel der Passung zur Lerngruppe),
- Entscheidungen zu einzelnen Phasen der Stunde (Einstieg, Auswertung, Sicherung, …),
- Entscheidung für und Ausgestaltung des mathematischen Zugangs (z.B. zu einem induktiven oder deduktivem Vorgehen),
- Entscheidungen zur Aktivierung und Motivation der Lerngruppe,
- Entscheidungen zu Medien und Werkzeugen,
- Entscheidungen für Methoden und Sozialformen,
- Entscheidungen zu Darstellungsformen,
- Entscheidungen zum Komplexitäts- und Abstraktionsgrad,
- Entscheidungen zur materialen Steuerung (Arbeitsmaterialien und ihre Funktionen),

- Entscheidungen zur personalen Steuerung für unterschiedliche Phasen (Grad und Art der Steuerung, Impulse, mögliche Interventionen …),
- Entscheidungen auf Grundlage von Rahmenbedingungen,
- Entscheidungen zu Differenzierungen und Individualisierungen.

Der Umfang, die Tiefe und die Ausführlichkeit der methodisch-didaktischen Analyse können abhängig von den Anforderungen an den schriftlichen Entwurf und die Zielgruppe sehr unterschiedlich gewählt werden. Die Spanne reicht von sehr ausführlichen und fundierten methodisch-didaktischen Analysen, wie sie oft in Prüfungsentwürfen gefordert werden, bis hin zu Kurzentwürfen, die teilweise ganz ohne methodisch-didaktische Analyse auskommen.

4.4.7   Geplanter Unterrichtsverlauf

Ein wichtiges Kernstück eines schriftlichen Entwurfs ist die übersichtliche und nachvollziehbare chronologische Darstellung des geplanten Unterrichtsverlaufs, die oft auch als *Verlaufsplan* bezeichnet wird. In der Regel wird der geplante Verlauf in einer Tabelle dargestellt, bei der die Spalten unterschiedliche Kategorien und Aspekte der Planung enthalten, während die chronologische Abfolge der Phasen der Stunde der Abfolge der Zeilen entspricht. Die Anzahl und Auswahl der Kategorien in den Spalten kann, teilweise abhängig von zugrunde liegenden Unterrichts- und Planungsmodellen, sehr unterschiedlich gewählt werden. Dabei konkurriert die Übersichtlichkeit, die für eine begrenzte Anzahl an Spalten spricht, mit der Vollständigkeit der Darstellung. Mögliche Kategorien, aus denen eine Auswahl für den Verlaufsplan getroffen werden kann, sind ohne Gewichtung:

- die **Phase** der Unterrichtseinheit, die beschreibt, welche Funktion diese Phase in der Unterrichtseinheit einnimmt. Mögliche Phasen sind, abhängig vom zugrunde liegenden Modell: Einstieg, Wiederholung, Anknüpfung, (Re-)Aktivierung, Entwicklung von Vorstellungen, Problemfindung, Erarbeitung, Erstellung des Lernprodukts, (Re-) Konstruktion, Übung, Sicherung, Vertiefung, Anwendung, Transfer etc.,
- die **(Unterrichts-)Inhalte/Sachaspekte**, die in dieser Phase bearbeitet/thematisiert/ vermittelt werden,
- das **Unterrichtsgeschehen**, in dem beschrieben wird, was in dieser Phase im Unterricht geschieht,
- das (geplante) **Verhalten** bzw. die (geplanten) **Aktivitäten der Schülerinnen und Schüler** während dieser Phase,
- das (geplante) **Verhalten** bzw. die (geplanten) **Aktivitäten der Lehrpersonen** während dieser Phase,
- die **Ziele**, die in dieser Phase verfolgt werden,
- **(didaktische) Kommentare/Bemerkungen/Begründungen,** in denen wichtige Hinweise, Begründungen, Erläuterungen oder Alternativen zu dieser Phase dargestellt werden,

- die **Methoden/Sozialformen/Interaktionsformen/Arbeitsformen**, die in dieser Phase verwendet werden,
- die **Medien, Materialien und Werkzeuge**, die in dieser Phase verwendet werden,
- die **Zeit**, die dieser Phase in der Planung zugedacht wird, beziehungsweise die **Uhrzeit**, bis zu der diese Phase laut Planung andauern soll. Bei dieser Kategorie wie auch bei einigen anderen ist umstritten, ob sie im schriftlichen Entwurf dargestellt werden sollte, da die Angabe der jeweiligen Zeit den Eindruck eines minutiös planbaren Unterrichts erweckt, was sicherlich nicht der Realität verschiedener Lerngruppen mit individuellen und von der Tagesform abhängigen Schülerinnen und Schülern entspricht. Somit ist es durchaus sinnvoll, auf die Darstellung der Zeit im Verlaufsplan zu verzichten. Unabhängig von der Frage der Darstellung im Entwurf ist aber unstrittig, dass es insbesondere für Berufseinsteiger hilfreich sein kann, die zeitliche Struktur zu durchdenken und zu planen, um dies in der Durchführung zur Orientierung zu nutzen, von der man bei Bedarf bewusst abweichen kann.

Einige mögliche Zusammenstellungen von Kategorien beziehungsweise Spalten für einen schriftlichen Entwurf können den Entwürfen in den Kap. 6 bis 9 entnommen werden.

4.4.8   Geplante Visualisierung/geplantes Tafelbild

Für eine vorstellbare und nachvollziehbare Darstellung einer Unterrichtseinheit in einem schriftlichen Entwurf ist es hilfreich, wenn die geplanten Visualisierungen an der Tafel, auf Folien oder anderen Medien vorher antizipiert, geplant und im schriftlichen Entwurf angegeben werden. Dabei werden diese Visualisierungen oft als „geplante" oder „mögliche" Visualisierung gekennzeichnet, um darauf hinzuweisen, dass diese Visualisierungen abhängig vom Lernprozess der Schülerinnen und Schüler beziehungsweise vom Verlauf des Unterrichts auch anders ausfallen können. Die geplante Visualisierung, die hier als eigener Punkt gezählt wird, kann im schriftlichen Entwurf auch als Unterpunkt dem geplanten Unterrichtsverlauf oder dem Anhang zugeordnet werden.

4.4.9   Literatur/Quellen

Bei der Planung von Unterricht muss nicht immer alles neu erfunden werden. Es ist absolut legitim, gute Ideen aus anderen Quellen zu übernehmen und diese an die jeweilige Unterrichtseinheit und Lerngruppe anzupassen, wenn die Quellen ordnungsgemäß angegeben beziehungsweise zitiert werden. Folglich gehört ein Literatur- und Quellenverzeichnis der verwendeten Quellen auch zum schriftlichen Entwurf.

4.4.10 Material/Anhang

Da die Arbeitsmaterialien (Arbeitsblätter, Hilfen, …) wichtig für das Verständnis einer Unterrichtseinheit sind, werden diese in der Regel dem schriftlichen Entwurf angehängt, sofern sie nicht schon in einem anderen Teil des Entwurfs vorgestellt wurden. Insbesondere wenn sich der schriftliche Entwurf auch an Personen richtet, die nicht „vom Fach" sind, ist es sinnvoll, dem Entwurf neben den Arbeitsmaterialien und Aufgabenstellungen auch erwartete oder antizipierte Lösungen beizufügen. In einigen Fällen ist es auch sinnvoll, im Anhang zentrale Ergebnisse oder Elemente der vorherigen Unterrichtseinheit(en) darzustellen, wenn dies wichtig für das Verständnis der aktuellen Unterrichtseinheit ist.

Beispiele gelungener Unterrichtsentwürfe

5

5.1 Zielsetzung der Entwürfe

Die diesem Kapitel folgenden Kap. 6 bis 9 bieten

- Studierenden insbesondere in Praxis-/Schulpraxissemestern und bei Praktika,
- Studienreferendarinnen und Studienreferendaren während ihrer Ausbildung sowie
- praktizierenden Lehrkräften, die nach neuen Ideen für ihren täglichen Unterricht suchen,

vielseitige, innovative und dennoch praktikable Anregungen für die Planung und Realisierung ihres Mathematikunterrichts in der Sekundarstufe II. Grundlage hierfür sind die folgenden 19 authentischen, gründlich durchdachten und sorgfältig ausgewählten Unterrichtsentwürfe.

Diese spiegeln die aktuellen Anforderungen und Zielsetzungen des Mathematikunterrichts der Sekundarstufe gut wider. Sie decken weitestgehend die prozessbezogenen und inhaltsbezogenen mathematischen Kompetenzen/Leitideen der neuesten Kernlehrpläne/ Bildungsstandards ab. Die vorliegenden Ideen, Konzepte und Planungen lassen sich ferner oft relativ leicht ganz oder teilweise auf andere Unterrichtsstunden übertragen. Dabei muss jede Lehrkraft unter Berücksichtigung der jeweiligen Rahmenbedingungen, wozu insbesondere die Lerngruppe zählt, einen für sich authentischen und geeigneten Weg für einen erfolgreichen Mathematikunterricht finden. Wir hoffen, dass die theoretischen Anregungen der vorherigen Kapitel und die folgenden Entwürfe in diesem Sinne Impulse und Anregungen zur Optimierung des eigenen Unterrichts liefern können.

© Springer-Verlag Berlin Heidelberg 2016
C. Geldermann et al., *Unterrichtsentwürfe Mathematik Sekundarstufe II*,
Mathematik Primarstufe und Sekundarstufe I + II, DOI 10.1007/978-3-662-48388-6_5

5.2   Herkunft der Entwürfe

In den folgenden Kapiteln werden ausschließlich authentische Unterrichtsentwürfe aus verschiedenen Teilen Deutschlands vorgestellt. Die Spannweite reicht hierbei von Unterrichtsentwürfen für Examenslehrproben – immerhin neun von 19 der vorgestellten Beispiele – über ausführliche Unterrichtsentwürfe bis hin zu kürzeren Entwürfen, wie sie auch teilweise üblich sind. Die 19 wurden aus einer größeren Anzahl besonders empfohlener Unterrichtsentwürfe ausgewählt, die nach Rücksprache mit den Studienreferendarinnen und Studienreferendaren von folgenden Fachleitern für Mathematik an Studienseminaren und Zentren für schulpraktische Lehrerausbildung (ZfsL) zur Verfügung gestellt wurden:

- Wolfgang Fleger, Münster,
- Dr. Christian Geldermann, Münster,
- Gerd Hinrichs, Leer,
- Christof Höger, Heidelberg,
- Henning Körner, Oldenburg,
- Gerhard Metzger, Freiburg,
- Dr. Jörg Meyer, Hameln,
- Dr. Horst Ocholt, Dresden,
- Robert Strich, Würzburg,
- Dr. Ulrich Sprekelmeyer, Bocholt.

Die Unterrichtsentwürfe in den folgenden vier Kapiteln wurden von Autorenseite (Geldermann, Padberg, Sprekelmeyer) redaktionell überarbeitet. Dabei wurden in den meisten Fällen auch griffigere und prägnantere Überschriften gewählt, die von den ursprünglichen Formulierungen abweichen. Nach der Überschrift folgen jeweils die Originalformulierung des Themas der Unterrichtsstunde und anschließend der Originalentwurf. Bei den Entwürfen wurde bewusst keine Vereinheitlichung angestrebt – weder bezüglich des formalen Aufbaus oder des Schreibstils noch bezüglich der inhaltlich zu thematisierenden Gesichtspunkte. Dies hätte auch keineswegs der Realität in Deutschland entsprochen, wie schon ein erster Blick auf die Unterrichtsentwürfe unmittelbar erkennen lässt. So lernen die Leser verschiedene Darstellungsformen und Schwerpunktsetzungen kennen und können sich auf dieser Grundlage gezielt für die eine oder andere Form oder eine Mischform entscheiden – sofern nicht „vor Ort" anders lautende Vorgaben dies unmöglich machen. In der Konsequenz wurden auch die Literaturverzeichnisse und Internetquellen der authentischen Entwürfe nicht vereinheitlicht, überarbeitet oder aktualisiert. Aus Rechtsgründen musste auf einige der in den Originalunterrichtsentwürfen enthaltenen Abbildungen verzichtet sowie aus Umfangsgründen bei einigen Entwürfen Kürzungen vorgenommen werden.

5.3   Auswahl der Entwürfe

Die 19 ausgewählten Unterrichtsentwürfe können in Bezug auf die jeweilige Lerngruppe und den individuellen Stil der durchführenden Lehrkraft als gut gelungen bezeichnet werden, da die durchgeführten Stunden sowohl von den jeweiligen Lehrkräften als auch von jeweils anwesenden Unterrichtsbeobachtern als sinnvoll und erfolgreich bezeichnet wurden. Als Maßstab für den Erfolg wird dabei nicht nur die besondere fachliche Spitzenleistung in der Stunde gesehen, sondern ein guter, schülerorientierter Unterricht, der auf einen nachhaltigen Kompetenzerwerb zielt und die Schülerinnen und Schüler individuell anregt und fördert.

Es gibt eine große Anzahl an Aspekten, die bei der Planung und Durchführung von gutem Mathematikunterricht berücksichtigt werden müssen. Einen Überblick hierzu liefert das Kap. 3. Bei dieser großen Anzahl von Aspekten für einen guten Mathematikunterricht ist es unmöglich, diese in einer Unterrichtsstunde – und damit im Entwurf für diese Stunde – gleichermaßen und gleichzeitig zu berücksichtigen. Schwerpunktsetzungen sind somit absolut sinnvoll und notwendig. Die Beurteilung solcher Schwerpunktsetzungen ist allerdings oft von den Rahmenbedingungen und der Lerngruppe vor Ort abhängig. Daher war das positive Urteil der fachlich versierten und erfahrenen Fachleiter, die den Entwurf und die zugehörige Stunde beurteilt haben, sehr wichtig für die hier vorgenommene Auswahl an Unterrichtsentwürfen. Darüber hinaus kommen bei der Endauswahl der Unterrichtsentwürfe in ihrer Gesamtheit die Gesichtspunkte der Vielfalt im Sinne einer weitestgehenden Abdeckung der prozess- und inhaltsbezogenen Kompetenzen/Leitideen sowie einer Vielfalt im Sinne besonderer Ideen und Ansätze ins Spiel. Somit können diese Entwürfe Studierenden, Berufsanfängern und interessierten Lehrkräften sinnvolle Impulse und gute Ideen für die eigenen Unterrichtsplanungen und -durchführungen liefern. Allerdings wird eine direkte Eins-zu-Eins-Übernahme meistens nicht möglich sein, da unterschiedliche Rahmenbedingungen, Lerngruppen und Persönlichkeiten der Lehrkraft entsprechend angepasste unterschiedliche Planungen und Durchführungen erfordern.

5.4   Anordnung der Entwürfe

Die ausgewählten Unterrichtsentwürfe werden in den folgenden vier Kapiteln nach klassischen Inhaltsfeldern des Mathematikunterrichts in der Sekundarstufe II – *Analysis, Analytische Geometrie, Matrizen* und *Stochastik* – angeordnet. Eine alternative Anordnung nach den *allgemeinen, mathematischen* (prozessbezogenen) *Kompetenzen* oder nach den *Leitideen* der Bildungsstandards wäre schwierig, da die Stunden und Entwürfe teilweise mehrere Kompetenzen ansprechen und auch die Leitideen teilweise mehrere Inhaltsfelder überdecken (vgl. Kap. 2), sodass eine solche Zuordnung nicht immer eindeutig möglich ist. Darüber hinaus ist die Anordnung entsprechend den Inhaltsfeldern zweckmäßig für die Orientierung im Unterrichtsalltag, da diese Einteilung von Lehrplänen, Schulbüchern und vielen Lehrkräften genutzt wird. Etwas merkwürdig mag es an dieser Stelle erscheinen, dass *Rechnungen mit Matrizen* als eigenes Inhaltsfeld aufgeführt werden. Diese Einteilung beruht auf der Feststellung, dass Matrizen in den aktuellen Lehrplänen in Deutschland nicht einheitlich demselben Inhaltsfeld zugeordnet werden. So werden *Rechnungen mit Matrizen* im aktuellen Kernlehrplan in NRW mit einer Reduzierung auf stochastische Matrizen dem Inhaltsfeld *Stochastik* zugeschlagen, während sie ansonsten oft dem Inhaltsfeld *Lineare Algebra und Analytische Geometrie* zugeordnet werden. Um unabhängig von diesen unterschiedlichen Zuordnungen eine leichte Orientierung in diesem Buch zu ermöglichen, werden *Rechnungen mit Matrizen* als eigenes Kapitel aufgeführt. Innerhalb der vier Kapitel werden die Unterrichtsentwürfe ebenfalls sachlogisch nach einer möglichen Abfolge der inhaltlichen Aspekte angeordnet. Auf eine Nennung der Jahrgangsstufe und Kursform in den Überschriften wurde bewusst verzichtet, da es hier teilweise größere Unterschiede zwischen verschiedenen Schulen gibt. In der Regel sind allerdings Erläuterungen zum Kurs und zur Jahrgangsstufe in den Texten der Entwürfe enthalten.

5.5   Methoden und Abkürzungen

In den folgenden Unterrichtsentwürfen werden häufiger Unterrichtsmethoden genannt, von denen wir die wichtigsten hier in alphabetischer Reihenfolge kurz und knapp vorstellen. Für eine umfassendere Darstellung und teilweise auch für eine Bewertung verweisen wir auf diverse Methodensammlungen in der Fachliteratur und im Internet ([3]; [79]).

Gruppenarbeit

Die Klasse wird in mehrere Gruppen eingeteilt. Jede Gruppe arbeitet gemeinsam an einer (Teil-)Aufgabe, hält die Ergebnisse ihrer Arbeit fest und präsentiert sie anschließend. Bei dieser Methode sind verschiedene Variationen möglich, die bewusst und sinnvoll genutzt werden können. Beispielsweise können die Gruppen bewusst zufällig oder auch gezielt gesteuert (z. B. heterogen oder homogen) zusammengesetzt werden. Die Aufgaben beziehungsweise Arbeitsaufträge der Gruppen können gleich oder unterschiedlich (arbeitsteilig) und auch die Dokumentationsformen der Ergebnisse und Prozesse sehr unterschiedlich sein (u. a. Plakate, Folien, Modelle, Vorträge, Erklär-Videos). Abhängig von den Dokumentationsformen und Aufgabenstellungen sind auch unterschiedliche Formen der Präsentation denkbar und sinnvoll (vgl. [3]: 84 ff.).

Gruppenpuzzle

Eine identische oder ähnliche Vorgehensweise ist auch unter anderen Namen wie zum Beispiel *Gruppen-Experten-Rallye*, *Expertenpuzzle* oder *Jigsaw-Methode* (englisch: Jigsaw Teaching Technique) bekannt.

Bei dieser Methode wird die Lerngruppe in mehrere Stammgruppen eingeteilt. Die Gruppenmitglieder einer Stammgruppe arbeiten an verschiedenen Aufgaben oder Teilproblemen. Für deren Bearbeitung finden sich diese Schülerinnen und Schüler jeweils mit Schülerinnen und Schülern aus anderen Stammgruppen, die dieselbe (Teil-)Aufgabe bearbeiten, in sogenannten Expertengruppen zusammen. Die Teilnehmerinnen und Teilnehmer eine Expertengruppe kommen somit aus unterschiedlichen Stammgruppen. In den Expertengruppen bearbeiten und diskutieren die Schülerinnen und Schüler gemeinsam „ihre" Aufgabe und machen sich für diese damit quasi zu „Experten". Anschließend kehren diese Schülerinnen und Schüler in ihre Stammgruppe zurück, wo sie ihren Mitschülerinnen und Mitschülern das Wissen/die Erkenntnisse der Expertengruppe erläutern und erklären. Dabei steht in der Stammgruppe jedes Gruppenmitglied den anderen als Experte für den jeweils bearbeiteten Teil zur Verfügung und übernimmt dabei in hohem Maße Verantwortung für den gemeinsamen Lernerfolg, da am Ende jede Schülerin und jeder Schüler alles verstanden haben muss. Teilweise bearbeiten die Stammgruppen, nachdem das Wissen/die Erkenntnisse zusammengetragen wurden, noch weiterführende Aufgaben, bei denen die zusammengetragenen Aspekte angewendet, vernetzt und/oder vertieft werden (vgl. [3]: 96 ff.).

Ich-Du-Wir-Methode

Diese Methode wird teilweise auch als *Think-Pair-Share* bezeichnet. Ein Problem, ein Arbeitsauftrag oder eine Aufgabe wird zunächst in Einzelarbeit in Angriff genommen (*Ich*-Phase/*Think*-Phase). Die hierbei gefundenen ersten (Lösungs-)Ansätze oder Lösungen werden anschließend mit einem Partner ausgetauscht und besprochen. Dabei werden die jeweiligen Ansätze erläutert und verglichen, Irrwege und Unklarheiten werden besprochen und so eine von beiden Partnern getragene (Teil-)Lösung gefunden (*Du*-Phase/*Pair*-Phase). In der *Wir*-Phase (*Share*-Phase) präsentieren die Partnergruppen ihre Ergebnisse einer Gruppe oder der ganzen Klasse. Verschiedene Lösungen innerhalb der Gruppe oder Klasse können so verglichen oder analysiert werden. Diese Methode kann mit einzelnen Phasen im Umfang von nur wenigen Minuten klein gehalten oder auch als größeres Konzept, das teilweise sogar Reflexionsphasen beinhaltet, angelegt werden. Oft ist die Methode eingebettet in das Konzept des kooperativen Lernens. Ausführliche Informationen zum kooperativen Lernen findet man zum Beispiel bei Green und Green [28]. Eine Beschreibung der Ich-Du-Wir-Methode findet sich teilweise auch in Methodenbüchern (vgl. [3]: 118 ff.).

Lernen an Stationen

Beim Lernen an Stationen, das auch unter anderen Namen wie *Stationenlernen* oder *Lernzirkel* bekannt ist, stehen in der Klasse unterschiedliche Materialien an mehreren, verschieden gestalteten Stationen zur vielfältigen Auseinandersetzung mit einem gegebenen Thema zur Verfügung. Diese Methode kann in vielen Variationen eingesetzt werden. So kann die Reihenfolge der zu bearbeitenden Stationen vorgegeben oder durch die Schülerinnen und Schüler selbst gewählt werden. Teilweise sind einige Stationen als Wahlangebot oder Zusatzangebot nicht verpflichtend angelegt. Ein Laufzettel kann die Schülerinnen und Schüler unterstützen, den Überblick über die bereits erledigten und die noch zu erledigenden Stationen zu behalten. Eine effiziente und sinnvolle Auswertung und Ergebnissicherung sollte, soweit erforderlich, bei der Anlage und Planung des Lernens an Stationen direkt mit eingeplant werden (vgl. [3]: 198 ff.).

Museumsgang

Diese Methode ist in gewissen Abwandlungen auch unter anderen Namen wie *„Markt der Möglichkeiten"* oder *„Gallery Tour"* bekannt. Bei dieser Methode werden die Arbeitsergebnisse einer vorherigen Phase (z. B. Plakate) oder auch sonstige Materialien im Raum verteilt dargeboten und in der Regel von Schülerinnen und Schülern erklärt, sodass im Idealfall jede Schülerin und jeder Schüler einmal präsentiert. Die Lerngruppe wird hierzu in Gruppen eingeteilt, deren Anzahl die der Ergebnisstationen/Materialien nicht überschreiten sollte. Die Gruppen verteilen sich dann auf die Ergebnisstationen/Materialien, setzen sich mit diesen auseinander und wechseln anschließend zu den jeweils nächsten Ergebnissen/Materialien. Für einen Ablauf ohne Dopplungen und Wartezeiten kann es dabei sinnvoll sein, den „Rundweg" durch die Ergebnisstationen und eventuell auch eine Zeittaktung vorzugeben. An den verschiedenen Ergebnisstationen/Materialien ist jeweils ein anderes Gruppenmitglied für die Präsentation beziehungsweise für die Moderation der Auseinandersetzung verantwortlich, sodass im Idealfall alle Schülerinnen und Schüler einmal verantwortlich sind. Daher ist es vorteilhaft, wenn die Gruppengröße der Anzahl der Ergebnisse/Materialien entspricht und wenn die Gruppenmitglieder sich in einer vorherigen Phase bereits mit den Ergebnissen/Materialien, für die sie zuständig sind, auseinandergesetzt haben. Der Museumsgang ist sehr geeignet, um die Ergebnisse einer vorherigen Gruppenarbeit zu präsentieren. In diesem Fall sollte die Gruppen für den Museumsgang so zusammengesetzt werden, dass im Idealfall in jeder Museumsgruppe aus jeder vorherigen Arbeitsgruppe ein Mitglied enthalten ist, das dann die Ergebnisse dieser Arbeitsgruppe präsentieren kann.

Placemat

Die Schülerinnen und Schüler sitzen in Vierergruppen zusammen und haben jeweils pro Gruppe ein großes Blatt (Placemat, *„Platzdeckchen"*) vor sich liegen, das für die Bearbeitung der Aufgabe in ein zentrales inneres und vier Außenfelder aufgeteilt ist (Wenn in Dreier- oder Fünfergruppen gearbeitet werden soll, werden entsprechend drei oder fünf Außenfelder eingeteilt.). In der ersten Bearbeitungsphase notiert jedes Gruppenmitglied in dem vor sich liegenden Außenfeld erste Ideen, Ansätze und (Teil-)Lösungen zur vorgelegten Aufgabe. In der folgenden Bearbeitungsphase wird das Blatt schrittweise dreimal (bzw. zwei- oder viermal) gedreht, sodass die übrigen Gruppenmitglieder die Aufzeichnungen in den Außenfeldern lesen und ggf. um Bemerkungen in einer anderen Farbe ergänzen können. Somit haben alle Gruppenmitglieder die schriftlich fixierten Ideen und Ansätze der anderen Gruppenmitglieder zur Kenntnis genommen. In der abschließenden Bearbeitungsphase einigt sich die Gruppe auf eine gemeinsame Lösung, die in das zentrale Feld eingetragen wird (vgl. [3]: 152 ff.).

Präsentation

Insbesondere nach Gruppenarbeitsphasen werden Arbeitsergebnisse von Schülerinnen und Schülern zielgruppengerecht aufbereitet, dargeboten und erläutert. Eine anschließende Moderation von Fragen, Anmerkungen und Diskussionsbeiträgen zu den dargebotenen Ergebnissen kann teilweise – und insbesondere in der Sekundarstufe II – als Teil der Präsentation ebenfalls von den Schülerinnen und Schülern geleistet werden. Eine Präsentation kann auch eine vergleichende oder systematisierende Analyse beinhalten. Bei der Planung einer Präsentation kommt den einzusetzenden Medien eine besondere Bedeutung zu. Sehr oft werden Poster, Plakate, OHP-Folien oder sonstige Lernprodukte (Modelle, Rollenspiele) verwendet, die von den Schülerinnen und Schülern in einer vorherigen Phase vorbereitet wurden. Sehr geeignet für die Darbietung von Arbeitsergebnissen im Rahmen einer Präsentation ist auch eine Dokumentenkamera, mit der in Kombination mit einem Beamer Ausschnitte oder ganze Seiten aus Heften, Notizen und Arbeitsblättern, aber auch flache Objekte an die Wand projiziert und dabei bei Bedarf auch vergrößert werden können. Mit einer Dokumentenkamera können somit interessante und relevante Ausschnitte aus den schriftlichen Bearbeitungen aller Schülerinnen und Schüler spontan für die Präsentation ausgewählt und in diese mit einbezogen werden (vgl. [3]: 166 ff.).

Abkürzungen

Insbesondere bei der Dokumentation des geplanten Stundenverlaufs, die meist tabellarisch erfolgt, sind allein schon aus Platzgründen, aber auch zur Vermeidung von Wiederholungen viele Abkürzungen üblich. Einige gebräuchliche Abkürzungen werden hier alphabetisch angeordnet vorstellt. Andere seltenere werden in den folgenden Entwürfen erläutert.

AA	Arbeitsauftrag (Arbeitsaufträge)
AB(s)	Arbeitsblatt (Arbeitsblätter)
CAS	Computeralgebrasystem
EA	Einzelarbeit
FUG	Freies Unterrichtsgespräch
GA	Gruppenarbeit
GTR	Grafikfähiger Taschenrechner
GUG	Gelenktes Unterrichtsgespräch
HA	Hausaufgabe
LB	Lehrerbeitrag
LV	Lehrervortrag
OHP	Overheadprojektor
PA	Partnerarbeit
SB	Schülerbeitrag
SuS	Schülerinnen und Schüler
SV	Schülervortrag
UG	Unterrichtsgespräch
UV	Unterrichtsvorhaben

5.6   Beteiligte Referendarinnen und Referendare

Last but not least folgen jetzt in alphabetischer Reihenfolge die inzwischen ehemaligen Studienreferendarinnen und Studienreferendare, welche die folgenden Unterrichtsentwürfe in diesem Buch mit viel Energie und Aufwand erstellt haben und bei denen wir uns für die bereitwillige Überlassung ihrer Entwürfe herzlich bedanken:

Maximilian Brunegraf, Dr. Matthias Färber, Jessica Glumm, Robert Hampe, Kolja Hanke, Jochen Hinderks, Sven Kirchner, Franziska Müller, Dr. Dennis Nawrath, Andre Perk, Jochen Scheuermann, David Schinowski, Tim Schöningh, Sandra Schufmann, geb. Korb, Katharina Rensinghoff, Andrea Schwane, geb. Puharic, Ralf Schwietering und Jan Stauvermann.

Entwürfe zur Analysis

6

6.1 Der Crashtest – eine Änderungsrate entscheidet über Leben und Tod

6.1.1 Thema der Unterrichtsstunde

Der Crashtest – eine Änderungsrate entscheidet über Leben und Tod

(Autor: Robert Hampe)

6.1.2 Anmerkungen zur Lerngruppe

Die Klasse setzt sich aus 16 Schülerinnen und zehn Schülern zusammen. Ich unterrichte in dieser Lerngruppe seit dem Beginn des Halbjahres eigenverantwortlich. Das Lernklima dieser Klasse lässt sich als freundlich und konstruktiv beschreiben.

Obwohl ich die **Leistungsfähigkeit** im Fach Mathematik als eher durchschnittlich bis unterdurchschnittlich einschätze, zeichnet sich die Lerngruppe im Gegensatz zu den mir aus dem Ausbildungsunterricht bekannten Klassen durch eine zeitweise aktive Mitarbeit aus. Verstärkt sind solche Phasen zu beobachten, wenn Probleme mit Alltagsbezug diskutiert oder mathematische Ergebnisse im Bezug auf die Realität interpretiert werden. Innermathematische und sich über einen längeren Zeitraum erstreckende Probleme sprechen hingegen nur vereinzelte Schüler[1] an.

Besonders aktiv und leistungsstark arbeiten N, L, T, D und H im Unterricht mit. P, M, I, S und W sind hingegen im Fach Mathematik sehr leistungsschwach und beteiligen sich kaum am Unterrichtsgeschehen.

---

[1] Zur besseren Lesbarkeit bezeichnet der Begriff Schüler im Plural im Folgenden beide Geschlechter.

© Springer-Verlag Berlin Heidelberg 2016
C. Geldermann et al., *Unterrichtsentwürfe Mathematik Sekundarstufe II*,
Mathematik Primarstufe und Sekundarstufe I + II, DOI 10.1007/978-3-662-48388-6_6

Die Schüler wurden aus mehreren 10. Klassen zusammengestellt. Der zur Verfügung stehende Klassenraum ist sehr klein, sodass ein Arbeiten in Gruppen nicht optimal möglich ist. Aus diesem Grunde werden die Doppelstunden am Nachmittag im Musikraum abgehalten.

Die Schüler sind **Gruppenarbeiten** gewohnt. Hierbei wurden gute Erfahrungen mit vom Lehrer vorgegebenen Gruppenzusammenstellungen gemacht. Zum einen werden so Gruppen initiiert, die nicht nur aus Schülern der gleichen Herkunftsklasse bestehen. Zum anderen scheint es, dass sich die Schüler in solchen gemischten Gruppen sehr viel konzentrierter mit den gestellten mathematischen Problemen beschäftigen.

Die Schüler besitzen seit Beginn der 9. Klasse den grafikfähigen **CAS–Rechner** V200[2]. Dennoch ist der Kenntnisstand im Umgang mit diesem Gerät sehr unterschiedlich. Sicherlich können alle Schüler Funktionen grafisch darstellen lassen, Funktionswerte mit der Trace-Funktion bestimmen und lokale Extremstellen mithilfe der „Min/Max"-Funktion bestimmen. Ein Darstellen von Messwerten im Data-Matrix-Editor wurde im Rahmen der Wiederholung von linearen Funktionen angesprochen, aber sicherlich gehört es – für die Nichtphysikschüler – nicht zum sofort abrufbaren Wissen. Die für Änderungsraten sicherlich zu bevorzugende Tabellenkalkulation „CellSheet" wurde im Unterricht nicht behandelt. Ich gehe davon aus, dass nur wenige Schüler einen sicheren Umgang mit dieser Funktion des V200 haben.

Bemerkung

Die Anmerkungen zur Lerngruppe wurden aus Umfangsgründen etwas gekürzt.

6.1.3   Einordnung der Stunde in den Unterrichtszusammenhang

Die im Zentrum des Entwurfs stehende Stunde ist die **Einstiegsstunde in das Thema Differenzialrechnung**. Diese ist in den Rahmenrichtlinien verbindlich vorgeschrieben und der Grundstock für die heutige Teildisziplin Analysis der Mathematik.[3] Die große Bedeutung der Differenzialrechnung wird besonders deutlich, wenn man die vielen – durch die Differenzialrechnung lösbaren – Problemstellungen in den Naturwissenschaften, aber auch in den Wirtschaftswissenschaften betrachtet. Eigentlich immer, wenn nicht nur der absolute Wert einer Größe, sondern auch ihre Veränderung im Fokus der Untersuchung steht, wird die Differenzialrechnung benutzt.

Der Ableitungsbegriff beinhaltet zum einen die **Grundvorstellung der „linearen Approximation"**, d.h., eine (differenzierbare) Funktion bzw. deren Graph kann lokal näherungsweise durch eine Gerade ersetzt werden. Zum anderen beinhaltet der Ableitungsbegriff die **Idee der „lokalen Änderungsrate"**. Es ergeben sich somit zwei unterschiedliche Einstiege in die Thematik der Differenzialrechnung.[4]

---

[2] Die Schülerinnen W, C und K haben bis zum Abschluss der 10. Klasse die Realschule besucht, sodass sie den V200 erst seit einem viertel Jahr zu Verfügung haben.

[3] Vgl. [2].

[4] Vgl. [1]: 257 ff.

Für einen Einstieg mithilfe der **„linearen Approximation"** lassen sich einige fachsystematische Argumente finden: Ein Linearisierungskonzept erlaubt eine Verallgemeinerung auch auf Funktionen von mehreren Veränderlichen. Einige Sätze, wie etwa der der Produktregel, lassen sich einfacher beweisen. Und darüber hinaus stellt die Idee der „Linearität und Approximation" ein fundamentales Konzept der Mathematik dar.

Für einen Einstieg über das **Konzept der „lokalen Änderungsrate"** spricht die Möglichkeit, den hohen Anwendungsbezug der Mathematik für Schüler deutlich zu machen. Wie oft wird „durchschnittlich" und „im Schnitt" im Alltag verwendet? Solche Aussagen erhalten bei diesem Einstieg eine Präzisierung. Des Weiteren sind bei vielen Problemen zunächst die absoluten Werte einer Funktion nicht von Interesse, sondern die Änderung der Funktionswerte steht im Fokus der Betrachtung.[5] Darüber hinaus fördert ein solcher Zugang die Fähigkeit der Schüler im funktionalen Denken. Neben der Vorstellung einer Funktion als Zuordnung und der „Funktion als Ganzes" ist der Kovarianzaspekt einer der drei Pfeiler des funktionalen Denkens. Letztlich handelt es sich beim Konzept der Änderung um ein zentrales Mathematisierungsmuster, sodass ich mich für diese Lerngruppe entschieden habe, den anwendungsorientierten Einstieg über die (lokale) Änderungsrate zu wählen.

In der Lehrprobenstunde soll zunächst die **mittlere Änderungsrate der Geschwindigkeit**, die mittlere Beschleunigung (anhand von Messwerten) im Fokus stehen. In den folgenden Stunden soll dieser Begriff anhand von vielen anderen Beispielen (Gefälle, Geschwindigkeit, Temperaturänderung, Preissteigerungsrate, …) für die Schüler genauer ausgebildet werden. Erst dann soll der Übertrag auf ganzrationale Funktionen und die lokale Änderungsrate erfolgen. Dies soll dazu führen, dass das Konzept der Änderung durch viele Beispiele fest in der Vorstellung der Schüler verankert ist.

Mithilfe der geometrischen Interpretation der mittleren Änderungsrate (Sekantensteigung) und deren Verbindung zur lokalen Änderungsrate über den Grenzwert ergibt sich automatisch die Frage nach der Tangente an einem Funktionsgraphen, sodass dann z. B. mithilfe des „Funktionenmikroskops" der zweite Leitgedanke der Ableitung, die „lineare Approximation" der Funktion in einem Punkt, deutlich wird.

6.1.4   Didaktische Überlegungen

Unter der Überschrift „Von der Änderungsrate zur Differenzialrechnung" findet man sehr viele unterschiedliche Unterrichtsmaterialien.[6] Ein Zugang ist es, mit Schülern **Höhenprofile** (Problem: Fahrradtour) und die zu bestimmten Wegabschnitten gehörende **mittlere Steigung** zu untersuchen. Hier ist von Vorteil, dass es für Schüler einerseits sofort intuitiv klar ist, was der Begriff der Steigung beschreibt. Andererseits ist in der Vorstellung der Schüler die mathematische Steigung kein Maß für die Veränderung einer Funktion, also

---

[5]   Zum Beispiel bei den Betrachtungen von Epidemien: Bei der Diskussion der Vogelgrippe erschrecken nicht die absoluten Werte der heutigen Erkrankten, sondern eher die prognostizierte Änderungsrate, sollte der Virus von Mensch zu Mensch übertragen werden können.

[6]   Vgl. [3]: 1 ff. oder [4]: 15 ff.

eine Änderungsrate, sondern es ist zu befürchten, dass sie eher ein derartiges statisches Konzept der Steigung an den linearen Funktionen gewonnen haben: „Ist die Linie waagerecht, existiert keine Steigung. Je ‚steiler‘ die Linie, desto größer ist die Steigung." Aus diesem Grunde besteht – nach meiner Ansicht – bei diesem Ansatz die Gefahr, dass die Schüler zunächst zwar prinzipiell mit Änderungsraten arbeiten, die eigentliche Idee der Änderung aber bei diesem Zugang nicht klar herausgearbeitet werden kann.

Eine andere Einstiegsmöglichkeit ist es, einen **zeitlich ablaufenden Vorgang** zunächst messtechnisch zu erfassen, und diesen dann mithilfe der mittleren Änderung zu beschreiben. Mögliche Beispiele sind das Abkühlen einer Tasse Tee, das Anfahren eines Radfahrers, das Anfahren eines Zuges oder das Beschleunigungsverhalten eines Sportwagens. Hierbei bietet sich die Behandlung von Bewegungsprozessen scheinbar besonders an, da für die entsprechenden Änderungsraten, Geschwindigkeit und Beschleunigung, ein intuitives Verständnis der Schüler existiert. Die Motivation für das weitere Vorgehen ist dann, exaktere Werte für die mittleren Änderungen zu erhalten. Dazu wird aus den Messdaten ein funktionaler Zusammenhang modelliert, sodass nun die Intervalle für die Bestimmung der mittleren Änderung immer kleiner gemacht werden können. Der Übergang von der mittleren zur lokalen Änderungsrate wird vollzogen.

Bei der Modellierung des funktionalen Zusammenhangs können einerseits verschiedene Funktionsklassen wiederholt werden und andererseits wird ein erster Kontakt zu dem Thema „Funktionen an Daten anpassen" hergestellt, welches durch die Nutzung von CAS und GTR immer mehr die klassische Funktionsuntersuchung ablöst. Andererseits eröffnet diese Modellierung aber einen Nebenschauplatz, der das Erarbeiten der eigentlichen Problematik, der lokalen Änderungsrate, zeitlich nach hinten verschiebt. In dieser Lerngruppe scheint mir – wegen schlechter Erfahrungen – ein solch langwieriges Vorgehen sehr schwierig.

Weiterhin sehe ich die Gefahr, dass viele der in der Literatur genannten Einstiege, wie zum Beispiel die Beschreibung eines anfahrenden Zuges, bei diesen Schülern keine echte Motivation für eine erste Auseinandersetzung mit dem Thema Änderungsraten hervorbringen.

Aus diesen Gründen habe ich mich für das selbst entwickelte **Thema „Crashtest"** entschieden. Bei einem solchen Test wird die Sicherheit von Autos getestet, indem der zu testende Wagen mit einer menschenähnlichen Puppe (Dummy) gegen ein Hindernis prallt. Ziel der Untersuchungen ist es herauszufinden, wie stark ein Mensch bei gleichen Bedingungen (Geschwindigkeit) in unterschiedlichen Autos verletzt wird und wie Sicherungshilfen (Gurte, Airbags, Gurtstraffer etc.) und Karosserie verbessert werden können. Neben den heute immer moderneren Dummys, die zum Teil schon die Größe der einwirkenden Kräfte während des Aufpralls aufzeichnen, benutzt man als Modell – gerade für die Beschreibung der Kopfverletzungen – die Beschleunigung als Maß für die Verletzungen. Neben dem „head injury criterion" wird auch ein einfacheres Modell in der Literatur angegeben. Hier kann man aus der (betragsmäßigen) maximalen Beschleunigung während des Aufpralls auf die Verletzungen am Kopf schließen.

Ein typischer Verlauf eines Zeit-Geschwindigkeits-Diagramms bei einem älteren Fahrzeug mit einfachem Gurt (kein Rollgurt) ist in Abb. 6.1 dargestellt.

Abb. 6.1 Crashtest mit einfachem Gurt

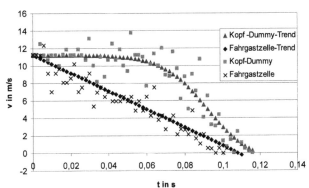

Man sieht deutlich, dass sich der Kopf des Dummys zunächst mit konstanter Geschwindigkeit fortbewegt. Erst ab t = 0,06 Sekunden ergibt sich eine leichte Verzögerung durch den nun gespannten Gurt. Zum Zeitpunkt t = 0,09 Sekunden erfährt der Kopf die stärkste Beschleunigung: Hier trifft er – ohne Airbag – auf das Lenkrad. Die Fahrgastzelle des Autos hingegen wird durch den Aufprall sofort ab dem ersten Kontakt mit dem Hindernis fast linear abgebremst.

Beim Betrachten ergeben sich fast natürlich die Fragen, wie groß die Kopfverletzung ist und wie der Abbremsprozess des Kopfes optimiert werden kann.

Will man an dem Fahrzeug keine Karosserieteile, also die Gesamtbremsdauer durch Verbesserung der Knautschzone ändern, so muss man den Verlauf der Geschwindigkeit des Kopfes im gegebenen Intervall optimieren. Die geringste maximale (betragsmäßige) Beschleunigung ergibt sich ebenfalls bei einem linearen Abfall der Geschwindigkeit. Es wird deutlich, dass ein Anpassen an den Geschwindigkeitsverlauf der Fahrgastzelle dieses in einer sehr guten Näherung erfüllt. Letztlich müssen alle Sicherungsmaßnahmen darauf abzielen, den Dummy möglichst gut mit der Fahrgastzelle zu verbinden, um ihn mit dieser zusammen abzubremsen. Rollgurte, Gurtstraffer und Airbag zielen zum größten Teil auf diesen Effekt ab.

Das Thema „Crashtest" bietet aus diesen Gründen für die Schüler, die teilweise gerade ihren Führerschein erwerben, **viele Anknüpfungspunkte** im Alltag. Für sie wird deutlich, warum es eine Gurtpflicht gibt und welche Aufgaben Airbag und Gurtstraffer haben.

Weiterhin halte ich es für sinnvoll, gerade an diesem Thema die Differenzialrechnung einzuführen: Hier hat die Änderungsrate (Beschleunigung) im Gegensatz zum Anfahren eines Radfahrers eine sehr gewichtige Bedeutung; sie entscheidet darüber, wie stark man bei einem Unfall verletzt wird. Dieser medizinische Gesichtspunkt ist gewiss – wie aus der Physikdidaktik bekannt – auch für die Schülerinnen sehr motivierend.

Eine Möglichkeit, den Einstieg in das Thema Änderungsraten mithilfe des „Crashtests" zu bewerkstelligen, wäre, die Frage nach der Verletzung eines Fahrers bei gegebenem Zeit-Geschwindigkeits-Diagramm in den Mittelpunkt zu stellen. Hierzu müsste der Lehrer zunächst über den Zusammenhang Beschleunigung und Verletzungsstärke informieren.

Anschließend würde dann diskutiert werden, was diese Beschleunigung genau angibt (Änderungsrate der Geschwindigkeit) und wie die mittlere Beschleunigung zwischen zwei Messpunkten berechnet wird.

Mehrere Aspekte an einem solchen Einstieg finde ich **problematisch**: Zum einen ist sicherlich einzelnen Schülern der Zusammenhang zwischen Diagramm und dem eigentlichen Verlauf des Crashtests nicht deutlich. Sie müssen den Verlauf des vorgestellten Diagramms einfach glauben. Zum anderen können sich sicherlich nur die guten Physikschüler anhand der Gleichung Kraft = Masse x Beschleunigung den vorgegebenen Zusammenhang zwischen Verletzungsstärke und Beschleunigung verdeutlichen.

Ein anderer – von mir favorisierter – **Zugang** ist es, in einem ersten Schritt den qualitativen Verlauf der Geschwindigkeit anhand eines Crashtest-Videos von den Schülern konstruieren zu lassen. Jedem Schüler ist dabei klar: Je stärker der Kopf abgebremst wird, desto stärker verringert sich die Geschwindigkeit, d. h., es ergibt sich eine schwache Änderung beim Einsetzen der Gurtverzögerung – und eine starke Änderung beim Aufschlag auf das Lenkrad. Zum einen wird damit sicherlich allen der Zusammenhang zwischen Realität (Video) und Geschwindigkeitsverlauf deutlich. Zum anderen wird das funktionale Denken (Kovarianz) geübt, also schon mit einem Änderungsratenkonzept argumentiert. Zu guter Letzt wird der Begriff der Änderung der Geschwindigkeit mit einer „echten" Situation vernetzt.

Das benutzte **Video** wurde zu diesem Zweck auf die wichtigste Sequenz hin zugeschnitten und mit einem Gitter und Messpunkten (Position des Hinterkopfs nach gleichen Zeitabschnitten) hinterlegt. Dadurch erhalten die Schüler die Möglichkeit – zusätzlich zu der oben erwähnten Argumentation –, mithilfe des zurückgelegten Weges in gleichen Zeitabschnitten zu argumentieren, um den Geschwindigkeitsverlauf zu konstruieren. Bei einem solchen Zugang mit realen Videos bietet sich eine Videoanalysesoftware wie *Viana* [5] an.

Anschließend könnte – wie im ersten Konzept vorgeschlagen – der Zusammenhang zwischen Verletzungsstärke und Änderungsrate der Geschwindigkeit den Schüler vorgeben werden. Dagegen spricht, dass den Schülern nach einer solchen Konstruktion des Geschwindigkeitsverlaufs ein Realmodell für die Verletzungsstärke bereits intuitiv klar ist: Beim gezeigten Crashtest ist der Aufschlag aufs Lenkrad der gefährlichste Zeitraum. Die Phase, in der der Körper nur über den Gurt abgebremst wird, bzw. die Phase, in der der Kopf sich mit dem Lenkrad zusammen bewegt, sind weniger gefährlich. In der ersten Phase, in der sich der Kopf gleichförmig bewegt, ist mit einer Verletzung kaum zu rechnen.

Darüber hinaus ist den Schülern aus dem Allgemeinwissen bekannt, dass die Verletzungen umso schwerer sind, je größer die Geschwindigkeit ist. So bietet es sich an dieser Stelle an, die Verletzungsstärke aus dem Geschwindigkeitsverlauf heraus zu modellieren. Dabei orientiert sich die Parameterauswahl für dieses Realmodell an dem für einen Crashtest sinnvollen Ziel, allein aus dem Verlauf der Geschwindigkeit heraus die Verletzungsstärke für einzelne Zeitabschnitte anzugeben.

Den Schülern bietet ein solches Vorgehen auf der einen Seite die Möglichkeit, exemplarisch zu erleben, wie eine reale Situation modelliert und mathematisiert wird. Auf der anderen Seite brauchen sie hier nicht – wie im ersten Konzept – autoritätsgläubig den vom

Lehrer vorgegebenen Zusammenhang zu akzeptieren, sodass mit diesem Vorgehen das mathematische Selbstbewusstsein und das Vertrauen in die mathematischen Methoden gestärkt werden.

Ist der qualitative Verlauf der Geschwindigkeit des Kopfes beim Crashtest geklärt, erhalten die Schüler deshalb die realen Daten des Geschwindigkeitsverlaufs. Dabei handelt es sich jeweils um diskrete Messwerte, anhand derer das Modell der Verletzungsstärke erarbeitet werden soll. Die Zeitintervalle der Werte sind dabei so gewählt, dass eine Argumentation über absolute Werte nicht möglich ist, da die Zeitdifferenz zwischen den Messwerten im „spannenden" Bereich des Aufschlags des Kopfes (gefährlich) kleiner gewählt sind als im übrigen Bereich. Würde man nur die absoluten Werte betrachten, so würden die modellierten Gefährlichkeiten in den Zeitbereichen des alleinigen Wirkens des Gurtes (weniger gefährlich) in etwa genauso groß sein wie im Bereich des Aufschlags auf das Lenkrad. Ich gehe deshalb davon aus, dass die Schüler ggf. mit Hilfen[7] die Änderungsrate der Geschwindigkeit als Gefährlichkeitsmaß modellieren.

Sicherlich sind auch Modellierungen der Art $\frac{\Delta v^2}{\Delta t}$; $\frac{\Delta v}{\Delta t^2}$ oder $\frac{\Delta v^2}{\Delta t^2}$ zunächst im Rahmen des Realmodells sinnvoll. Jedoch zeigt sich bei den ersten beiden Modellierungen, dass eine Hinzunahme von Messwerten (kleineres Δt) die Gefährlichkeit für den gesamten Zeitraum grundlegend ändert, also diese beiden Modellierungen grundsätzlich von der Menge der aufgenommenen Messwerte abhängen (Inkonsistenz der Modelle).

Die dritte Modellierung ist prinzipiell sinnvoll, auch wenn hier die Gefährlichkeit mit dem Quadrat der Änderungsrate der Geschwindigkeit beschrieben wird. Da ein Teil der Schüler den Begriff der Beschleunigung aus dem Physikunterricht[8] bereits kennt, gehe ich insgesamt davon aus, dass die drei alternativen Modellierungsarten kaum auftreten werden.[9] Falls doch, so werden sie diskutiert werden müssen. Dabei kann bei der Diskussion des Modells $\frac{\Delta v^2}{\Delta t^2}$ nur darauf verwiesen werden, dass man sich darauf geeinigt hat, die Modellierung mithilfe der Änderungsrate der Geschwindigkeit zu verwenden, und anhand dieses Modells entsprechende Gefährlichkeitstabellen erstellt hat. Weiterhin weist die Proportionalität von Beschleunigung und Verzögerungskraft darauf hin, dass bei einer doppelten Beschleunigung – wenn auch schwer zu quantifizieren – eine „doppelte" Verletzungsstärke vorliegen könnte.

Konkret erhalten die Schüler in dieser Modellierungsphase ein **Arbeitsblatt**, auf dem der Geschwindigkeitsverlauf tabellarisch und in Form eines Diagramms dargestellt ist. Um die Aufgabenstellung didaktisch zu reduzieren, wird in der Fragestellung schon direkt

---

[7]   Siehe Anhang.

[8]   Die in dieser Klasse unterrichtenden Physikkollegen haben zumindest bei einer gleichmäßig beschleunigten Bewegung die Größe der Beschleunigung als $\alpha = \frac{\Delta v}{\Delta t}$ eingeführt.

[9]   In der Physik würde man die Verletzungsstärke sicherlich mit den auftretenden Kräften, die zur Beschleunigung proportional sind, beschreiben ($F = m * a$). Allerdings handelt sich hier ebenfalls nur um ein Modell. Denn verschiedene Köpfe haben verschiedene Massen, sodass die auftretenden Verzögerungskräfte unterschiedlich groß sind. Erst mit einer zusätzlichen Annahme, dass schwerere Köpfe auch stabiler, also unempfindlicher gegenüber Verzögerungskräften sind, kann man das Modell physikalisch schlüssig untermauern.

auf die Zuordnung der Verletzungsstärke zu Zeitintervallen hingewiesen und gleichzeitig verlangt, die Werte in einer entsprechenden Tabelle und einem Diagramm einzutragen. Zum einen erkennen die Schüler so bei einer Modellierung mit absoluten Änderungen die Problematik der ungleichen Zeitintervalle, zum anderen wird damit ein Diagramm erzeugt, welches später im Vergleich mit dem Geschwindigkeitsverlauf als dessen „Änderungsraten-Diagramm" interpretiert werden kann.

Ich gehe davon aus, dass fast alle Schüler die Verletzungsstärke und damit die Änderungsrate der Geschwindigkeit mit **positiven Vorzeichen** berechnen. Da dies für die Lösung des gewählten Problems hinreichend ist, soll in dieser Stunde – wenn nicht von den Schüler angesprochen – zunächst nicht darauf genauer eingegangen werden, sodass die Änderungsrate der Geschwindigkeit zunächst als (Änderung der Geschwindigkeit) / (Änderung der Zeit) definiert wird.[10] Dass es sich hierbei nur um eine mittlere Änderungsrate handelt, soll in dieser Stunde ebenfalls nicht explizit angesprochen werden. Bei Betrachtung anderer Messwerte und unterschiedlicher Zeitintervalle kann in den nachfolgenden Stunden der erarbeitete Begriff weiter präzisiert werden.

Um den Begriff der Änderungsrate zu festigen, kann nun das Problem der Optimierung des Geschwindigkeitsverlaufs des Kopfes bei gleicher Gesamtzeit des „Abbremsvorgangs" in den Fokus der Betrachtung rücken. Hierfür wird im Wesentlichen eine Art „intuitiver Mittelwertsatz" benötigt: Wird der Kopf zu Beginn kaum abgebremst, so muss er zum Ende sehr stark abgebremst werden. Es ergeben sich am Ende des Vorgangs sehr hohe Änderungsraten (Verletzungsstärken). Ähnlich argumentiert man, wenn zu Beginn zu stark abgebremst wird, sodass als Lösung ein linearer Abfall der Geschwindigkeit optimal ist. Dabei müssen die Schüler das Änderungsratenkonzept anwenden. Sie müssen Geschwindigkeitsverläufe vermuten und diese unter dem Aspekt der Änderung (Kovarianz) untersuchen.

Hieran anschließend wird den Schülern der Geschwindigkeitsverlauf der Fahrgastzelle präsentiert. Sie können erkennen, dass dieser Verlauf nahezu dem von ihnen konstruierten optimalen Verlauf entspricht. Es soll diskutiert werden, wie dieser überraschende Zusammenhang zur Optimierung ausgenutzt werden kann. Die Funktion von Rollgurten, Gurtstraffern und Airbags wird dabei deutlich.

Alternativ hätte man zunächst den Geschwindigkeitsverlauf der Fahrgastzelle vorgeben können und die Schüler die Gefährlichkeit der beiden Verläufe vergleichen lassen, sodass sich als Fazit ebenfalls die Erklärung der modernen Sicherungssysteme ergeben hätte. Ich denke jedoch, dass die Auseinandersetzung mit der Frage nach einem optimalen Verlauf der Geschwindigkeit dazu führt, dass das Änderungsratenkonzept viel stärker verinnerlicht wird.

Als **Hausaufgabe** erhalten die Schüler ein Arbeitsblatt, in dem die medizinischen Folgen eines Unfalls anhand der Beschleunigung quantifiziert werden mit dem Auftrag, Geschwindigkeitsverlauf und optimierten Geschwindigkeitsverlauf nach medizinischen Gesichtspunkten zu vergleichen.

---

[10] An geeigneteren Diagrammen, die ansteigende und abfallende Bereiche besitzen, kann die Vorzeichenproblematik in der nächsten Stunde sicherlich einfacher motiviert werden.

Summa summarum ergibt sich durch die Behandlung des Crashtests zwar keine formal korrekte Definition der mittleren Änderungsrate, aber die Schüler arbeiten in allen Phasen mit einem **intuitiven Änderungsratenkonzept**, welches zwar im späteren Unterricht ausgeschärft werden muss, aber durch dessen Anbindung an die Erfahrungswelt und Intuition sicherlich dazu beitragen wird, dass der Begriff der Änderungsrate von den Schülern im Kern verstanden wird. Weiterhin bietet der Crashtest neben dem für Schüler sicherlich motivierenden Anwendungsbezug die Möglichkeit, den allgemeinbildenden Charakter des Mathematikunterrichts – hier in Form der Verkehrserziehung – zu verdeutlichen.

6.1.5   Lernziele

Die Schüler sollen

- funktionales Denken üben, indem sie aus einem Video den Geschwindigkeitsverlauf konstruieren.
- Erfahrungen mit dem Modellieren von Sachverhalten sammeln.
- das Konzept der Änderungsrate am Beispiel der Geschwindigkeit kennenlernen und anwenden.
- moderne Sicherungssysteme wie Rollgurte, Gurtstraffer und Airbags mithilfe eines mathematischen Modells erklären können.

6.1.6   Methodische Überlegungen

Der **Einstieg** in die Stunde soll mithilfe einer Werbung erfolgen, in der das gute Abschneiden eines Autos im Crashtest besonders herausgestellt wird. Hierdurch erhoffe ich mir eine Alltagsanbindung des Themas und es kann des Weiteren über den Zweck von Crashtests diskutiert werden.

Um zur eigentlichen Analyse der Geschwindigkeit beim Crashtest überzuleiten, soll an einem **kurzen Experiment** – ein Gegenstand wird gegen die Wand geworfen – ein Zeit-Geschwindigkeits-Diagramm erstellt werden. Dieses Vorgehen soll bewirken, dass auch die schwächeren Schüler (und die ohne Physik als Fach) die Idee des Geschwindigkeitsverlaufs verstehen oder rekapitulieren, um dann bei der wesentlich schwierigeren Problematik des Crashtests an der Diskussion teilhaben zu können.

Die Analyse des Bewegungsablaufs beim Crashtest soll in einer **Plenumsphase** erfolgen. Auf der einen Seite wäre es aus technischer Sicht schwierig, mehrere Computer mit dem Video bereitzustellen. Auf der anderen Seite können so – im Unterrichtsgespräch – verschiedene Vorschläge von allen Schülern an der Tafel diskutiert und Fehlvorstellungen für alle fruchtbar gemacht werden.

Nach dieser qualitativen Analyse werden den Schülern die entsprechenden Messwerte auf einer Folie präsentiert. Abweichungen zum Vermuteten können diskutiert werden. Aber auch die Einteilung der Zeitabschnitte in verschiedene Gefährlichkeiten soll in der Plenumsphase erfolgen, sodass alle Schüler mit dem gleichen Vorwissen in den Unterrichtsabschnitt der Modellierung entlassen werden.

Die Schüler erhalten hierfür ein **strukturierendes Arbeitsblatt** und werden so in Gruppen eingeteilt, dass Schüler mit und ohne Physik als Fach in jeder Arbeitsgruppe vertreten sind.

Dieser Methodenwechsel ist sicherlich nicht nur aus dem Blickwinkel der Sequenzierung des Unterrichtsverlaufs sinnvoll, sondern auch gerade weil die Schüler hier etwas vollkommen Neues erarbeiten und sie den Modellierungsaspekt nur in Ansätzen von den Extremwertproblemen her kennen: In einer Gruppenarbeit hat jeder Schüler Zeit, sich zunächst in das Problem allein zu vertiefen, dann aber auch die Möglichkeit, seine Lösungsansätze zeitnah zur Diskussion zu stellen.

Auch nach den Gesprächen mit den in der Klasse unterrichtenden Physiklehrern kann ich hier nicht umfassend antizipieren, wie schwer die Bewältigung dieser anspruchsvollen Aufgabe für die Schüler ist. Aus diesem Grunde werden Hilfen in schriftlicher Form angeboten, die die einzelnen Gruppen nach eigenem Ermessen nutzen können. Gleichzeitig wird dadurch eine Art Binnendifferenzierung vorgenommen, sodass schwächere Gruppen ebenfalls die Möglichkeit haben, den Arbeitsauftrag zu lösen.

Sollten einige Gruppen mit der Modellierung sehr schnell zum Ende kommen, so können diese den Geschwindigkeitsverlauf des Kopfes mithilfe ihres Modells optimieren. Dies ist insofern problematisch, als dass ich als Lehrer hier dafür Sorge zu tragen habe, dass diese Gruppen zumindest ein sinnvolles Modell der Beschreibung gefunden haben. Andernfalls wird hier – mit den in der Didaktik beschriebenen – Heuristiken versucht, den Schülern die Möglichkeit zu geben, die Problematik ihres Modells selbst zu erkennen.

Die Ergebnisse der Gruppenarbeit werden im **Plenum** vorgestellt, diskutiert und gesichert, sodass alle Schüler die Möglichkeit haben, die hierbei wichtigen Argumentationen nachzuvollziehen.[11] Hat eine Gruppe bereits die Optimierung des Geschwindigkeitsverlaufs erarbeitet, soll diese ihre Ergebnisse vorstellen. Andernfalls wird diese Problematik im Unterrichtsgespräch bearbeitet und mit der Diskussion über die Verwendung des Geschwindigkeitsverlaufs der Fahrgastzelle verbunden. Die hierbei einen „Aha-Effekt" auslösende Präsentation dieses Verlaufs „muss" aus dramaturgischen Gründen in einer Plenumsphase erfolgen, sodass es sich anbietet, auch die Optimierung der Geschwindigkeit des Kopfes im Unterrichtsgespräch zu vollziehen.[12]

---

[11] An dieser Stelle muss sicherlich auch über die Grenzen der Modellierung diskutiert werden. Die Oberflächenbeschaffenheit des Lenkrades, splitternde Scheibe etc. werden dabei nicht berücksichtigt.

[12] Hier wird implizit das Modell an der Realität gemessen. Da man mithilfe des Modells die Sicherungssysteme wie Rollgurt, Gurtstraffer und Airbag erklärt, kann man von einer guten Übereinstimmung von Realität und Modell ausgehen.

6.1.7   Geplanter Unterrichtsverlauf

Unterrichts-phase	Unterrichtsinhalte	Aktions- und Sozialformen	Medien
Einstieg	Welche Bedeutung haben Crashtests?	UG	Video
Erarbeitung	Zeit-Geschwindigkeits-Diagramm eines Gegenstands, der gegen eine Wand prallt, wird konstruiert. Zeit-Geschwindigkeits-Diagramm (Kopf) am Crashtest wird konstruiert.	UG	Tafel Experiment Video
Sicherung Erarbeitung	Folie mit realen Messwerten wird präsentiert. Einteilung der Zeitspannen in verschiedene „Verletzungsstärken"	UG	Folie
Erarbeitung	Modellierung der „Verletzungsstärke" (Optimieren des Geschwindigkeitsverlaufs des Kopfes)	GA	Arbeitsblatt
Sicherung	Präsentation der Modellierung Interpretation	UG	Tafel/Folie
möglicherweise vorzeitiges Stundenende			
Erarbeitung/ Übung	Präsentation/Erarbeitung der Optimierung des Geschwindigkeitsverlaufs	UG	Arbeitsblätter Folie
Anwendung	Präsentation des Geschwindigkeitsverlaufs der Fahrgastzelle Wie kann dieses Verhalten für eine größere Sicherheit genutzt werden?	UG	Tafel/Folie

Abkürzungen: **UG** = Unterrichtsgespräch, **GA** = Gruppenarbeit

6.1.8   Literatur

[1] Tietze, U.-P./Klika, M./Wolpers, H.: Mathematikunterricht in der Sekundarstufe II, Band 1: Fachdidaktische Grundfragen – Didaktik der Analysis. Braunschweig, 1997

[2] Niedersächsisches Kultusministerium (Hrsg.): Kerncurriculum für das Gymnasium – gymnasiale Oberstufe. Mathematik. Hannover, 2009

[3] Förster, F. (Hrsg.): Materialien für einen realitätsbezogenen Mathematikunterricht, Band 6 – Computeranwendungen. Hildesheim, 2000

[4] Niedersächsisches Landesinstitut für Fortbildung und Weiterbildung im Schulwesen und Medienpädagogik (NLI) – Knechtel, H. u. a. (Hrsg.): Computer-Algebra-Systeme im Mathematikunterricht des Sekundarbereichs II, NLI-Berichte 64. Hildesheim, 2000

[5] Videoanalysesoftware Viana (www.viananet.de), (Zugriff 05.03.2015)

6.1.9   Anlagen

(1) Arbeitsblatt 1 „Crashtest"
Geschwindigkeitsverlauf beim Crashtest

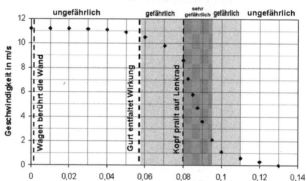

Zeit in s	Geschwindigkeit in m/s
0	11,2
0,01	11,2
0,02	11,2
0,03	11,2
0,04	11,1
0,05	10,9
0,06	10,5
0,07	9,8
0,08	8,6
0,0825	**7,1**
0,085	**5,8**
0,0875	**4,7**

Zeit in s	Geschwindigkeit in m/s
0,09	**3,6**
0.095	**2,1**
0,1	1,1
0,11	0,6
0,12	0,3
0.13	0

Verschiedene Zeitabschnitte beim „Crashtest" sind unterschiedlich gefährlich.
Wir haben uns das mithilfe des Videos klargemacht.

Ein wichtiges Ziel ist es, **ohne Video** nur mithilfe **des Geschwindigkeitsverlaufs** die Gefährlichkeit der einzelnen Zeitabschnitte einzuschätzen.

Aufgabe 1

- Überlegen Sie sich zunächst, wie man die Gefährlichkeit für verschiedene Zeitabschnitte ungefähr am Geschwindigkeitsverlauf ablesen kann.
- Entwickeln Sie eine Formel, mit der man für jeden kleinsten Zeitabschnitt (Zeit zwischen zwei Messwerten) einen Wert für die Gefährlichkeit berechnen könnte.

  (Falls Sie nicht weiterkommen, können Sie sich Tipps geben lassen.)

- Tragen Sie Ihre Werte für die Gefährlichkeit in die Tabelle rechts ein. Stimmen Ihre Werte mit unseren Vorüberlegungen überein?
- Erstellen Sie auch ein Diagramm (Zeit: x-Achse; Gefährlichkeit: y-Achse).
- Können Sie Ihre gefundene Formel begründen?

Zeitabschnitt in s	„Gefährlichkeit"
0–0,01	
0,01–0,02	
0,02–0,03	
0,03–0,04	
0,04–0,05	
0,05–0,06	
0,06–0,07	
0,07–0,08	
0,08–0,0825	
0,0825–0,085	
0,085–0,0875	
0,0875–0,09	
0,09–0,095	
0,095–0,1	
0,1–0,11	
0,11–0,12	
0,12–0,13	

(2) Hilfen

Hilfe 1 Überlegen Sie sich, was es für die Gefährlichkeit in einem Zeitabschnitt bedeutet, wenn sich die Änderung der Geschwindigkeit vergrößert, aber der Zeitraum (Zeit zwischen den Messwerten) gleich bleibt (siehe folgendes Diagramm).

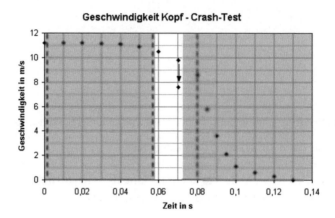

Hilfe 2 Überlegen Sie sich, was es für die Gefährlichkeit in einem Zeitabschnitt bedeutet, wenn die Änderung der Geschwindigkeit gleich bleibt, sich aber der Zeitraum vergrößert (siehe folgendes Diagramm).

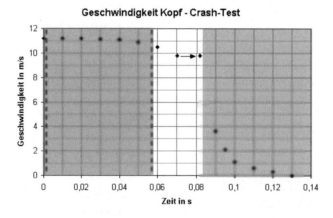

(3) Arbeitsblatt 2 „Crashtest"

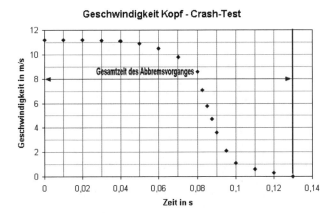

Aufgabe 2 Im obigen Diagramm sehen Sie den Geschwindigkeitsverlauf während des Crashtests. Bestimmte Zeitabschnitte sind besonders gefährlich. Also ist auch der gesamte „Abbremsvorgang" besonders gefährlich.

Bestimmen Sie einen optimalen Geschwindigkeitsverlauf, sodass die Gefährlichkeit des entsprechenden Abbremsvorgangs am geringsten ist.

Beachten Sie dabei, dass zum Zeitpunkt t = 0,13 die Geschwindigkeit – auch bei dem optimalen Geschwindigkeitsverlauf – gleich null sein sollte. (Warum?)

(4) Arbeitsblatt 3 „Crashtest"

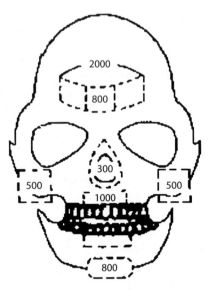

Belastungsgrenzen des Kopfes (m/s²)

Ein gutes Maß für die Verletzungen, die einem Menschen bei einem Unfall widerfahren, ist die **Beschleunigung** (Änderungsrate der Geschwindigkeit), mit der ein Mensch bei einem Unfall abgebremst wird.

Eines der empfindlichsten und wichtigsten menschlichen Körperteile ist der **Kopf**. Im vorstehenden Bild sind die maximalen Beschleunigungen in $\frac{m}{s^2}$ dargestellt, die Teile des Kopfes (Nase, Kiefer, Stirn, Jochbein, …) aushalten können.

Besonders empfindlich reagiert auch die **Halswirbelsäule** auf hohe Beschleunigungen, wie sie bei einem Unfall vorkommen (Belastungsgrenze 300–400 m/s²). Eine typische Verletzung ist das sogenannte HWS-Syndrom (Halswirbelsäulen-Syndrom). Die Personen werden bei leichten Verletzungen mit einer Halskrause behandelt.

Durch die Lage im Inneren des Schädels ist das **Gehirn** relativ gut geschützt vor hohen Beschleunigungen (Belastungsgrenze 1000–3000 m/s²). Allerdings sind Verletzungen im Gehirn oft sehr schwerwiegend und können leicht zum Tod führen. Weiterhin können einmal beschädigte Zellen des Gehirns sich nicht wieder regenerieren, wie es bei anderen Körperzellen möglich ist. Es entstehen bleibende Schäden.

Aufgabe: Vergleichen Sie die medizinischen Folgen für einen Fahrer, der bei dem behandelten Crashtest ohne optimierten Geschwindigkeitsverlauf abgebremst wird, mit den Folgen eines Fahrers, der mit dem optimierten Geschwindigkeitsverlauf abgebremst wird.

6.2   Zusammenhang zwischen Monotonie und Ableitung einer Funktion

6.2.1   Thema der Unterrichtsstunde

Kurvenuntersuchungen von Funktionsgraphen

(Autorin: Franziska Müller)

6.2.2   Lernziele

Lernziel 1: Die Schüler erkennen selbstständig den Zusammenhang zwischen Monotonie und der 1. Ableitung einer Funktion und können ihn beschreiben.

Lernziel 2: Die Schüler können den Zusammenhang zwischen Monotonie und der 1. Ableitung auf einfache Sachverhalte anwenden.

Lernziel 3: Die Schüler kennen die Methode zur Bestimmung der Monotonieintervalle.

6.2.3   Bedingungsanalyse

Der Grundkurs 11 besteht aus 24 Schülern, nämlich zehn Jungen und 14 Mädchen, die freundlich und aufgeschlossen sind. Das Leistungsspektrum ist sehr breit gefächert und bewegt sich zwischen 4 bis 5 und 13 Notenpunkten. Die Tests und Klausuren zeigten im Schnitt allerdings lediglich 7 bis 9 Notenpunkte. Dies könnte unter anderem darin begründet liegen, dass die Schüler in der Mitarbeit sehr zurückhaltend sind und somit auch wenig fragen und Feedback geben. Schüler, die oft mitarbeiten, sind M, J, F und L und zum Teil S und K. Die anderen Schüler sind eher ruhig und melden sich wenig. Erst beim Herumgehen in Übungsphasen erkennt man, welche Schüler Probleme haben.

Ein weiterer Grund ist auch die Umstellung auf die Sekundarstufe II. Mit dem höheren Niveau und den höheren Leistungsanforderungen müssen sich die Schüler noch arrangieren und sich an die neuen Gegebenheiten gewöhnen, was aber zunehmend besser gelingt.

Die Voraussetzungen aus der Sekundarstufe I sind sehr unterschiedlich. Große Schwierigkeiten zeigten sich bisher bei Termumformungen und binomischen Formeln. Hier liegen häufiger Fehler als im Verständnis des eigentlichen Stoffinhaltes.

Die Schüler nutzen das Lehrbuch *Lambacher Schweizer 11/12* (vgl. [4]), das fast jede Stunde zum Einsatz kommt.

Alle Schüler sind mit dem grafikfähigen Taschenrechner Casio CFX-9850GB ausgestattet, haben jedoch unterschiedliche Typen. Deshalb wurde die vorangegangene Stunde auch noch einmal dazu genutzt, bestimmte Befehle und Eingabemodi zu festigen, da es doch einige Unterschiede gibt.

Ein Overheadprojektor steht im Raum zur Verfügung, der in dieser Stunde auch genutzt wird.

Bemerkung
Die Bedingungsanalyse wurde aus Umfangsgründen etwas gekürzt.

6.2.4 Sachanalyse[13]

Folgende **Definition für die Monotonie** wird in dieser Stunde verwendet:
Es sei eine Funktion f und ein Intervall I gegeben, weiterhin seien x_1, $x_2 \in$ I mit $x_1 < x_2$. So heißt f in I

monoton wachsend, wenn	**monoton fallend**, wenn
$f(x_1) \leq f(x_2)$ für alle $x_1, x_2 \in$ I gilt,	$f(x_1) \geq f(x_2)$ für alle $x_1, x_2 \in$ I gilt,
bzw. **streng monoton wachsend**, wenn	bzw. **streng monoton fallend**, wenn
$f(x_1) < f(x_2)$ für alle $x_1, x_2 \in$ I gilt.	$f(x_1) > f(x_2)$ für alle $x_1, x_2 \in$ I gilt.

Nach dieser Definition kann man die Monotonieintervalle einer beliebigen Funktion bestimmen. Da dies aber zu unbequemen Ungleichungen führen kann, bei denen es schwierig ist, ein aussagekräftiges Ergebnis zu erhalten, nutzt man dafür in der Regel den Monotoniesatz, der in der Stunde wie folgt verwendet wird:

Monotoniesatz
Es sei eine im Intervall I differenzierbare Funktion f gegeben. Dann ist f in I

*   **monoton wachsend**, wenn $f'(x) \geq 0$, bzw. **streng monoton wachsend**, wenn $f'(x) > 0$ für alle $x \in$ I gilt.
*   **monoton fallend**, wenn $f'(x) \leq 0$, bzw. **streng monoton fallend**, wenn $f'(x) < 0$ für alle $x \in$ I gilt.

Auf einen **formalen Beweis** soll für den Grundkurs an dieser Stelle verzichtet werden, zumal sich der Zusammenhang für die Schüler durch die Selbsterarbeitung rein von der Vorstellung her erschließen sollte. Anhand dieser Ungleichungen mit nur einer Unbekannten kann man nun durch Umstellen Monotonieintervalle bestimmen. An sich muss beachtet werden, dass der Monotoniesatz eine „Wenn-dann-Aussage" ist. Dies bedeutet, dass die Umkehrung nicht gelten muss, insbesondere nicht für strenge Monotonie. Ein Beispiel wäre die Funktion zu $f(x) = x^3$, die an der Stelle $x = 0$ den Anstieg 0 besitzt, für die also $f'(0) = 0$ gilt, die aber dennoch streng monoton wachsend in R ist, d. h., $f'(x) > 0$

---

[13] Definition und Satz angelehnt an [4].

ist lediglich eine hinreichende Bedingung. Auf diese Differenzierung soll jedoch für den Grundkurs im Weiteren verzichtet werden und wir beschränken uns bei der Ermittlung der Monotonieintervalle mithilfe des Monotoniesatzes lediglich auf monoton wachsend und monoton fallend.

In den **Lehrbüchern** wird sehr unterschiedlich mit der Bestimmung von Monotonieintervallen umgegangen. Ich habe mich dafür entschieden, dass aus den Nullstellen der 1. Ableitung mögliche Monotonieintervalle gebildet werden, die dann durch Einsetzen von Beispielwerten aus den Intervallen auf die jeweilige Art der Monotonie (wachsend/fallend) geprüft werden. Dies scheint mir für die Schüler am verständlichsten. Mir ist dabei wichtig, dass auch die Nullstellen in den Intervallen Beachtung finden und nicht, wie z.B. in *Lambacher Schweizer* [4], nicht berücksichtigt werden, da mir dies für die Schüler nicht einsichtig erscheint.

Der Zusammenhang zwischen Monotonie und 1. Ableitung ist eine wichtige Voraussetzung für das Verständnis für Extrema und Wendepunkte (wenn man die 1. Ableitung als Funktion und die Wendepunkte als lokale Extrema dieser betrachtet), weshalb an dieser Stelle auch so viel Wert auf ein intensives Verständnis des Zusammenhangs gelegt wird.

6.2.5 Didaktisch-methodische Analyse

Stellung des Themas im Lehrplan/Stellung der Stunde im Lernbereich

Das Thema ist dem Lernbereich 1 „Differenzialrechnung" zuzuordnen, dem laut Lehrplan (vgl. [1]) mit 52 Unterrichtsstunden der größte Raum gegeben wird. Weiterhin wird die „Anwendung der Kenntnisse über Funktionen und ihre Ableitungen auf das Lösen von Problemen" (vgl. [1]) gefordert, wobei Monotonie eine Voraussetzung auch nach dem Lehrplan darstellt. Das erste Mal wird Monotonie in der 8. Klasse im Lernbereich 3 „Funktionen und lineare Gleichungssysteme" (vgl. [1]) behandelt. In den weiteren Schuljahren wird Monotonie nicht explizit im Lehrplan erwähnt, findet aber wahrscheinlich bei den einzelnen Funktionsklassen immer wieder Beachtung. Die Fachlehrerin wiederholte mit dem Kurs am Anfang u. a. Zahlenfolgen, wobei die Definition von Monotonie noch einmal wiederholt wurde, weshalb darauf in dieser Stunde nur kurz eingegangen wird.

Die Schüler beherrschen das Ableiten verschiedener Funktionen. Bei der Einführung der **Ableitungsfunktion** mussten die Schüler auch den Ableitungsgraphen zu einem vorgegebenen Graphen zeichnen bzw. in Ansätzen auch Eigenschaften aus der Ableitungsfunktion erkennen. Dies fiel einigen Schülern noch sehr schwer, weshalb ich dies in dieser Stunde noch einmal aufgreifen möchte. Ebenso stellt diese Stunde eine Voraussetzung für die folgenden dar, in denen lokale und globale Extrema und Wendestellen betrachtet werden. Entwickeln die Schüler ein intensives Verständnis für die Bedeutung der 1. Ableitung, wird ihnen auch die Erkenntnis über die hinreichenden und auch notwendigen Bedingungen einfach verständlich sein und somit kann an entsprechenden Stellen später Zeit eingespart werden. Des Weiteren gab es auch im Abitur des Vorjahres im hilfsmittelfreien Teil Aufgaben, in denen die Schüler Eigenschaften aus dem Graphen der 1. Ableitung herauslesen oder den Graph der 1. Ableitung zeichnen sollten. Auf diese Aufgaben wird an dieser Stelle nicht explizit eingegangen, da hierbei die Erkenntnisse für Extrema und Wendestellen wichtig sind. Weiterhin ist ein Zeichnen des Graphen einer Funktion f einfacher, wenn man die Monotonieintervalle kennt. Der Zusammenhang zwischen Monotonie und 1. Ableitung stellt also eine wichtige Voraussetzung für die kommenden Stunden dar, weshalb hier auch die vollen 45 Minuten genutzt werden. Weitere Vertiefungen und Betrachtungen von Sonderfällen werden in der folgenden Stunde stattfinden.

Unterrichtsphasen, Methoden und Medien

Motivation/Reaktivierung

Die Aufmerksamkeit und das Interesse der Schüler sollen durch einige kurze Informationen zu Rekorden bei **Achterbahnen** geweckt werden, auch wenn dies dann nur indirekt bei der zu betrachtenden Thematik eine Rolle spielt und nur den äußeren Rahmen darstellt. Die Schüler sollen an dieser Stelle sensibilisiert werden, dass Mathematik – in diesem Fall die Steigung – auch im Alltag immer wieder relevant ist und uns im täglichen Leben begegnen kann. Ich erhoffe mir dabei, den Zugang zu dieser Thematik für die Schüler zu erleichtern. Durch das mündliche Beschreiben des Höhenverlaufs der Achterbahn sollen die Schüler selbst auf die Eigenschaft der **Monotonie** kommen. Sie erhalten dadurch eine direkte Vorstellung von der Steigung anhand eines praktischen Beispiels. Wie bereits im vorhergehenden Abschnitt erwähnt, wurde die Definition zur Monotonie am Anfang der Klasse 11 wiederholt, weshalb ich sie an dieser Stelle auch aus Zeitgründen den Schülern vorgebe. Ebenso verzichte ich aus Zeitgründen darauf, die Monotonie an einer Beispielfunktion nach Definition zu ermitteln, um zu zeigen, dass wir eine andere leichtere Möglichkeit brauchen, und verweise lediglich auf Schwierigkeiten, die wir von Anfang an umgehen wollen, indem wir Alternativen suchen. Um für die Schüler die nächsten Schritte der Stunde transparent zu gestalten, erkläre ich ihnen mein Vorhaben und meine Erwartungen kurz.

Erarbeitung

Die Schüler sollen selbst den Zusammenhang zwischen 1. Ableitung und Monotonie in **Vierergruppen** entdecken. Die Gruppenzusammenstellung ergibt sich aus der Sitzordnung, was in den letzten Stunden auch gut funktioniert hat. Es soll erreicht werden, dass sich jeder Schüler mit dem Thema auseinandersetzt und somit sich den Zusammenhang besser und intensiver einprägt. Jeder Schüler erhält dabei ein Arbeitsblatt, aber jede Gruppe nur eine Arbeitsanweisung. Somit werden die Schüler angehalten, auch tatsächlich zusammenzuarbeiten. Ist eine Gruppe schneller fertig, so bekommt sie die Aufgabe, ihre Ergebnisse auf einer vorbereiteten Folie zu visualisieren, um dann im Anschluss ihre Ergebnisse vorzustellen. Die Arbeitsanweisungen (Anregungen dazu fand ich in [2]) sind relativ kleinschrittig, um jeder Gruppe eine Hilfestellung dafür zu geben, die Ableitungsfunktion zu zeichnen, da die Schüler es bisher nur einmal – und das schon vor einigen Wochen – gemacht haben. Dies dient auch gleichzeitig zur Reaktivierung, dass die 1. Ableitung die Steigung der Tangenten an der Funktion darstellt. Durch Herumgehen überprüfe ich, ob die einzelnen Gruppen sich diesen Zusammenhang allein erarbeiten können, was dem Lernziel 1 entspricht. Weitere Informationen über die Lernzielerreichung erhalte ich in der nächsten Phase.

Ergebnissicherung

Eine Gruppe stellt ihre Ergebnisse der Klasse vor. Je nach Zeit können deren Mitglieder selbst eine Folie vorbereiten oder nutzen die von mir vorbereitete Lösungsfolie. Prinzipiell reicht es, den Verlauf des Graphen der 1. Ableitung zu zeigen, kurz zu beschreiben und anhand dessen den Monotoniesatz zu erklären. Fragen von Mitschülern sollen direkt an die vortragenden Schüler gestellt und von diesen beantwortet werden. Nur wenn eine Antwort nicht möglich, falsch oder unvollständig ist, übernehme ich die Erklärung. Die Schüler sollen das Sprechen und Erklären vor der Klasse immer wieder üben. Zum einen kann die Verbalisierung eventuelle Verständnisprobleme aufzeigen und zum anderen prägen sich Sachverhalte besser und intensiver ein. Ebenso dient dies auch zur Vorbereitung auf die mündliche Prüfung unabhängig vom Fach. An dieser Stelle ist das Lernziel 1 vollständig für die entsprechende Gruppe prüfbar.

Vertiefung

Mit der **Kenntnis des Monotoniesatzes** soll nun das eigentliche Problem der Bestimmung der Monotonieintervalle gelöst werden. In einem kurzen Lehrervortrag möchte ich den Schülern die einzelnen Schritte erläutern. Mir erschien es an dieser Stelle nicht sinnvoll, die Schüler zuerst allein die Aufgabe versuchen zu lassen, da ich davon ausgehe, dass nur wenige das richtige Ergebnis erhalten würden, und das wahrscheinlich auf unterschiedlichen Wegen. Gerade für den Grundkurs ist es wichtig, den Schülern für bestimmte Sachverhalte Algorithmen vorzugeben, die sie dann auf verschiedene Situationen anwenden können. Ebenso spricht der Zeitfaktor für den Lehrervortrag. Da ich mich an anderer Stelle für die zeitaufwändigere Methode der Gruppenarbeit entschieden habe, muss ich an dieser Stelle Abstriche machen. Am Ende des Lehrervortrags soll ein Schüler noch einmal allgemein die Schritte zusammenfassen. Somit wird dies für die Schüler auf eine kurze Form gebracht, die sie sich einprägen und immer wieder anwenden können. Dies ist eine Voraussetzung dafür, in der folgenden Festigungsphase die Aufgabe bzw. Aufgaben lösen zu können. Da der Eigenanteil von den Schülern an dieser Stelle durch den Lehrervortrag und die anschließende Zusammenfassung geringer ist als durch das selbstständige Arbeiten, kann hier lediglich ein „Kennen der Methode" verlangt werden, was durch die Zusammenfassung überprüft wird.

Festigung

Die Schüler sollen nun selbstständig an ein bis zwei Beispielen ihre Kenntnisse festigen und Monotonieintervalle bestimmen. Sollte die Zeit dazu generell nicht mehr ausreichen, sollen die Schüler die Aufgaben in der darauffolgenden Stunde lösen. Die Voraussetzung dafür wurde in der vorangegangenen Phase geschaffen. Erst in einer weiteren Festigungsphase wird das „Kennen der Methode" weiter zum „Können" ausgebaut.

Zusammenfassung und Anwendung

Durch das Anwenden der Erkenntnisse auf weitere Sachverhalte (angelehnt an [3]) kann ich überprüfen, ob die Schüler tatsächlich den Zusammenhang zwischen der Monotonie und der 1. Ableitung verstanden haben, da es hierbei nicht darum geht, den Algorithmus, sondern das Verständnis abzuprüfen. Dies beeinflusst auch die nächsten Stunden, inwieweit man auf die Thematik weiter eingeht. In dieser letzten Phase wird der zweite Teil des Lernziels 2 geprüft. Dies soll die Stunde noch einmal zusammenfassen und abrunden.

6.2.6 Verlaufsplan

Zeit	Unterrichts-phase	Inhalt, Lehrer-Schüler	Medien	Methode
10.50 Uhr *5 min*	Motivation/ Reaktivierung	– Vorstellung der höchsten und steilsten Achterbahn – Achterbahn in Ohio **Beschreibt den Verlauf der Achterbahn.** **Welche Eigenschaft eines Graphen verbirgt sich dahinter?** – Monotoniedefinition kurz vorgeben, so wie bisher gehabt (AB, Folie) → Monotonie einfach zu bestimmen, wenn man Graph hat, nur bei Funktionsgleichung schwierig – Kennenlernen einer effektiveren Variante, wie man Monotonie in einem Intervall und insbes. Monotonieintervalle bestimmen kann – anhand des Graphen der Achterbahn Regel erarbeiten und an einem Bsp. anwenden	Folie	LV UG LV

Zeit	Unterrichts-phase	Inhalt, Lehrer-Schüler	Medien	Methode
10.55 Uhr *15 min*	Erarbeitung	SuS bearbeiten Gruppenaufträge *(15 min Zeit)* → schnellere Gruppe: Ergebnis-sicherung zusätzlich auf Folie (wenn keine Gruppe so schnell, dann vorbereitete Folie)	AB	GA
11.10 Uhr *5 min*	Ergebnissiche-rung	eine Gruppe stellt Ergebnisse vor *LZ 1: Zusammenhang beschrei-ben*	Folie	SV, ggf. UG
11.15 Uhr *10 min*	Festigung/ Vertiefung	ein Bsp. an Tafel vorführen (Prüfen an Folie) **nennt die einzelnen Schritte zur Bestimmung der Mono-tonieintervalle.** → Visualisierung an rechter Außentafel *LZ 3: Kennen der Methode*	Tafel, Folie	LV → UG
11.25 Uhr	Festigung	ein Bsp. allein von der Tafel bearbeiten ggf. Schulbuch S. 59/4	Tafel, Lehrbuch S. 59/4	EA
11.32 Uhr	Zusammenfas-sung	Verständnisfragen *(auf Folie)* *LZ 2: Zusammenhang auf Bei-spiele anwenden*	Folie	UG

Abkürzungen: **LV** = Lehrervortrag, **UG** = Unterrichtsgespräch, **GA** = Gruppenarbeit, **AB** = Ar-beitsblatt, **SV** = Schülervortrag, **EA** = Einzelarbeit

6.2.7   Anhang

(1) Tafelbild

Eigenschaften von Funktionen

1. Monotonie

„$f(x) = \dfrac{1}{3}x^3 - x^2 + 2$"

$f'(x) = x^2 - 2x$

$\quad 0 = x^2 - 2x$

$\quad x_1 = 0 \qquad x_2 = 2$

$\quad x \leq 0 \qquad : f'(x) \geq 0 \rightarrow$ monoton wachsend

$\quad 0 < x < 2 : f'(x) \leq 0 \rightarrow$ monoton fallend

$\quad x \geq 2 \qquad : f'(x) \geq 0 \rightarrow$ monoton wachsend

> *rechte Außentafel:*
>
> 1) Nullstellen der 1. Ableitung
> 2) Intervalle ermitteln
> 3) Art der Monotonie bestimmen durch Einsetzen von Beispielwerten aus dem Intervall

„$f(x) = \dfrac{3}{2}x^2 - 9x$"

$f'(x) = 3x - 9$

$\quad 0 = 3x - 9$

$\quad x = 3$

$\quad x \leq 3 : f'(x) \leq 0 \rightarrow$ monoton fallend

$\quad x > 3 : f'(x) \geq 0 \rightarrow$ monoton wachsend

(2) Folien (Einstiegsmotivation)

- Höchste Achterbahn der Welt in New Jersey (139 m)
- Steilste Achterbahn der Welt in Japan (121° Gefälle)
- „Millenium Force" in Ohio (vgl. [5])

(3) Arbeitsblatt (Hintergrund „Millenium Force")

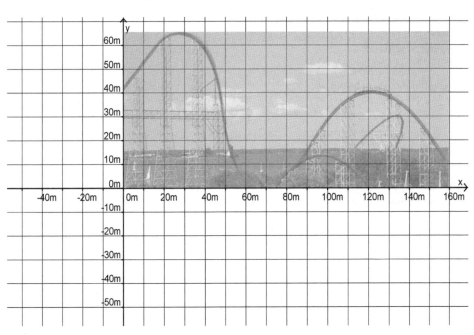

Welche Aussagen kann man jeweils über das Monotonieverhalten der Funktion f treffen, wenn Folgendes gilt:

1. f″ besitzt eine Nullstelle.
2. Der Graph von f′ verläuft vollständig oberhalb der x-Achse.
3. f′(x) = 0 gilt für x = 30.

(4) Arbeitsauftrag und Arbeitsblatt für die Gruppenarbeit:

Monotonieverhalten von Funktionen

1. Geben Sie die Monotonieintervalle des Graphen an und kennzeichnen Sie auf dem Graphen monoton wachsende Abschnitte mit Rot und monoton fallende mit Grün.
2. Skizzieren Sie an den Stellen 10, 30, 40, 50, 60, 70, 90, 110, 120 und 140 der x-Achse die Tangenten und bestimmen Sie *näherungsweise* deren Anstieg.
3. Skizzieren Sie aus den Werten aus Aufgabe 2 den ungefähren Verlauf der 1. Ableitung des Graphen im Intervall 20≤x≤140 in das unten stehende Koordinatensystem und übernehmen Sie die Monotonieintervalle farblich in den Graphen der 1. Ableitung.
4. Vergleichen Sie die Monotonieintervalle aus Aufgabe 1 mit dem Graphen der 1. Ableitung und formulieren Sie einen Zusammenhang zwischen dem Monotonieverhalten des Graphen und seiner 1. Ableitung.

Monotonieverhalten von Funktionen

Es sei eine Funktion f und ein Intervall I gegeben, weiterhin x_1, $x_2 \in I$ mit $x_1 < x_2$. So heißt f in I

monoton wachsend, wenn
$f(x_1) \leq f(x_2)$ für alle x_1, $x_2 \in I$.

monoton fallend, wenn
$f(x_1) \geq f(x_2)$ für alle x_1, $x_2 \in I$.

streng monoton wachsend, wenn
$f(x_1) < f(x_2)$ für alle x_1, $x_2 \in I$.

streng monoton fallend, wenn
$f(x_1) > f(x_2)$ für alle x_1, $x_2 \in I$.

Der im Folgenden zu betrachtende Graph von f ist auf der Seite 129 oben abgebildet.
Ergebnis der Betrachtung:

Monotonie: monoton wachsend für x ≤ ___ und ___
    monoton fallend für ___ ≤ x ≤ ___ und ___

Graph von f'

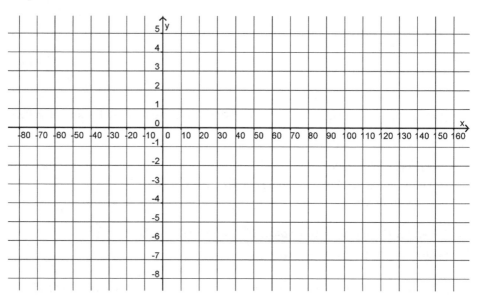

Monotoniesatz: Zusammenhang zwischen der Monotonie und der 1. Ableitung:

Es sei eine im Intervall I differenzierbare Funktion f gegeben. Dann ist f in I
monoton wachsend, wenn **f'(x)** ___ , bzw. **streng monoton wachsend**, wenn f'(x) ___
für alle x ∈ I.

monoton fallend, wenn **f'(x)** ___ , bzw. **streng monoton fallend**, wenn **f'(x)** ___ für
alle x ∈ I.

Folie: Beispiel zur Bestimmung von Monotonieintervallen

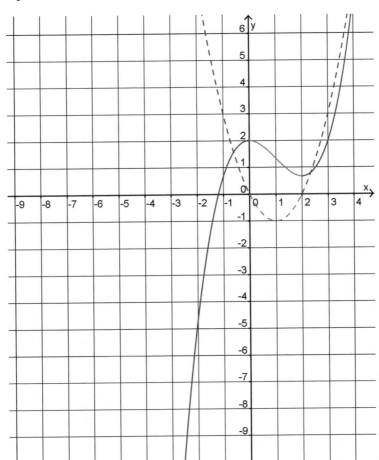

6.2.8   Literatur

[1] Sächsisches Staatsministerium für Kultus: Lehrplan Gymnasium Mathematik. 2011

[2] Bossek, H., Heinrich, R. (Hrsg.): DUDEN: Mathematik – Jahrgangsstufe 11 Sachsen. Berlin. 2008

[3] Bossek, H., Heinrich, R. (Hrsg.): DUDEN: Grundlagen Analysis – Übungsheft für die gymnasiale Oberstufe. Berlin. 2009

[4] Lind, D., Negwer, J., Neumann, P.: Lambacher Schweizer 11/12: Mathematik für Gymnasium, Gesamtband. Stuttgart. 2008

[5] de.wikipedia.org/wiki/Millenium_Force (letzter Aufruf: 01.02.2015)

6.3 Ausschuss beim Ausschneiden des Kragens eines T-Shirts – Modellieren mithilfe von Ableitungen

6.3.1 Thema der Unterrichtsstunde

Modellieren mithilfe von Ableitungen

(Autorin: Andrea Puharic)

6.3.2 Unterrichtsplanung

Lernvoraussetzungen, Lerngruppe

Die Klasse besteht aus 22 Schülern, davon sind 15 Mädchen und sieben Jungen. Es handelt sich um eine heterogene Gruppe. Es gibt vereinzelte SchülerInnen, die den neu erlernten Stoff sehr gut verstehen und umgehend anwenden können. Andere wiederum, was dem größeren Teil der Klasse entspricht, benötigen mehrere Anläufe, um das Behandelte zu verstehen und es anwenden zu können. Dies führt dazu, dass diese SchülerInnen viel länger benötigen, um neu eingeführte Themen zu verstehen und neue Rechenfertigkeiten zu üben, während andere diese bereits beherrschen. Um diesen hohen Leistungsunterschied abzufangen, werden zusätzliche Aufgaben zur Verfügung gestellt für diejenigen, die in kürzerer Zeit fertig sind, wobei diese alternativ auch gerne ihren MitschülerInnen helfen. Es handelt sich allgemein um eine sehr soziale Klasse, die auch in Gruppenarbeiten gerne zusammenarbeitet. Die Klasse beteiligt sich im Allgemeinen aktiv und interessiert am Unterricht, sodass ein gutes Arbeitsklima herrscht.

Eingeführtes Lehrwerk: Elemente der Mathematik 6, Schroedel-Verlag (vgl. [2])

Thema der Unterrichtseinheit: Funktionsuntersuchungen

Einbettung der Stunde in die Unterrichtseinheit

Doppelstunde: Untersuchung auf Monotonie und Extrema mithilfe der 1. Ableitung. Diesen Zusammenhang haben sich die SuS selbstständig erarbeitet und hatten dabei keine nennenswerten Probleme. In der zweiten Stunde wurde dies schematisch anhand von vorgegebenen Funktionsgleichungen gemeinsam geübt.

Einzelstunde: Weiterführende Aufgaben. Auf Wunsch der SuS wurde das Untersuchen von Funktionen auf Extremstellen ein weiteres Mal erklärt. Im Anschluss wurde dazu eine Textaufgabe berechnet, wobei die Berechnung der Extremstellen mithilfe des GTR erklärt wurde.

Einzelstunde:	Extremwertaufgaben. Die SuS sollten sich das Schema zum Lösen eines Extremwertproblems anhand eines vorgegebenen Problems selbstständig erarbeiten. Dies wurde aber dann gemeinsam gemacht, da viele Schwierigkeiten hatten, den funktionalen Zusammenhang zu erkennen. An einem weiteren Beispiel, das der Einführungsaufgabe ähnelte, konnten sie das Neuerlernte umsetzen.
Einzelstunde:	Modellieren mithilfe von Ableitungen. Die SuS sollen die Ausgangssituation beschreiben und den Sachverhalt mathematisch beschreiben, indem sie sich die benötigten Größen aus den gegebenen Materialien beschaffen. Die Aufgabe soll mithilfe der in der letzten Stunde behandelten mathematischen Fertigkeiten gelöst werden.
Einzelstunde:	Übungsstunde zum Modellieren mithilfe von Ableitungen. Die SuS sollen selbstständig ein mathematisches Modell formulieren, ohne es vorher im Plenum konkretisiert zu haben, und dieses lösen.

6.3.3   Didaktisch-methodische Überlegungen

Ziele/angestrebte Kompetenzen

Das Thema der Stunde entspricht der Leitidee „Modellieren", da die SchülerInnen den gegebenen Sachverhalt mathematisch beschreiben und eine zugehörige Problemstellung in dem gewählten mathematischen Modell lösen sollen. Zudem ist die Leitidee „Funktionaler Zusammenhang" grundlegend, da die SchülerInnen über Grundkompetenzen im Umgang mit Funktionen verfügen und diese auf globale und lokale Eigenschaften untersuchen sollen. Das Ableiten einfacher Funktionen sollen die SchülerInnen auch beherrschen, was der Leitidee „Algorithmus" zuzuordnen ist.

Allgemeine mathematische Kompetenzen der Unterrichtseinheit

- Lernen: den eigenen Lernprozess vorstrukturieren, organisieren und dokumentieren; mit einem Partner oder in der Gruppe zusammenarbeiten.
- Begründen: in mathematischen Kontexten Vermutungen entwickeln, formulieren und untersuchen; gleichartige Strukturen erkennen, verallgemeinern und spezialisieren.
- Problemlösen: das eigene Denken beim Problemlösen kontrollieren, reflektieren und bewerten.
- Kommunizieren: mathematische Sachverhalte mithilfe von Sprache, Bildern und Symbolen beschreiben und veranschaulichen; die mathematische Fachsprache angemessen verwenden; Lern- und Arbeitsergebnisse verständlich und übersichtlich in schriftlicher und mündlicher Form präsentieren.

Unterrichtsziele der besuchten Stunde

- Die SchülerInnen sollen anhand der ihnen vorliegenden Informationen und Materialien einen mathematischen Zusammenhang herstellen und diesen mithilfe einer Funktion beschreiben.
- Die SchülerInnen sollen mithilfe der ihnen bekannten mathematischen Fertigkeiten, wie dem Berechnen von Extremwerten, das vorliegende Problem lösen.
- Die SchülerInnen sollen die mathematischen Sachverhalte mit der ihnen bereits bekannten Fachsprache beschreiben und die Arbeitsergebnisse verständlich und übersichtlich präsentieren.

Begründung des methodischen Vorgehens

Zum **Einstieg** wird den SchülerInnen das Problem veranschaulicht. Hierzu dienen ein T-Shirt und der Ausschuss, der beim Ausschneiden des Kragens entsteht. Es geht darum, dass ein Unternehmen den entstehenden Ausschuss beim Ausschneiden des Kragens für seine Patchwork-Produkte weiterverarbeiten möchte, wobei die Stoffflächen rechteckig sein müssen. Daher wollen sie möglichst große Rechtecke aus dem entstehenden Ausschuss schneiden.

Die SchülerInnen erhalten zunächst alle einen ausgeschnittenen Kragen, in den sie ein potenzielles Rechteck mit maximalem Flächeninhalt einzeichnen sollen. Ein Paar von diesen werden an die Tafel geheftet und die Klasse wird gefragt, wie die Rechtecke in den Kragen eingezeichnet wurden und welche Gemeinsamkeiten zu erkennen sind. Die meisten SchülerInnen werden wahrscheinlich unbewusst das Rechteck so einzeichnen, dass zwei Ecken am Rand des Kragens liegen und eine Seite mit dem Kragenende übereinstimmt. Dies soll den SchülerInnen anhand der aufgehängten Kragen mit einbeschriebenem Rechteck bewusst werden. Damit wird es manchem leichter fallen, einen mathematischen Zusammenhang zu erkennen. Dafür bekommen sie kurz Zeit, sich in **Einzelarbeit** zu überlegen, wie sie vorgehen würden, um das Problem mathematisch zu lösen beziehungsweise zu beschreiben. Es ist wichtig, den SchülerInnen die Möglichkeit zu geben, sich zunächst selbstständig damit zu beschäftigen, auch wenn sie nicht auf die richtige Lösung kommen sollten. Dadurch, dass sie sich Gedanken gemacht haben, werden sie später das mathematische Modell besser verstehen können. Da es die erste Stunde zum Modellieren ist, ist es wichtig, die Ideen der SchülerInnen im **Plenum** zu sammeln und gemeinsam zu konkretisieren, um einer Überforderung der SchülerInnen entgegenzuwirken, die zu Demotivation führen könnte. Man hätte diese Phase weglassen können, um gegebenenfalls mehrere mögliche Modellierungen zu erhalten, was sicherlich sehr ergiebig wäre. Da die SchülerInnen aber in der letzten Stunde noch unsicher im Umgang mit Extremwertaufgaben waren, da es für sie etwas Neues darstellte, sollten sie nicht zusätzlich mit der Modellierung überfordert werden, sondern zumindest beim Ansatz Unterstützung erhalten. Es bietet sich an, in der folgenden Übungsstunde die SchülerInnen völlig selbstständig modellieren zu lassen, was bereits in der Hausaufgabe geschehen soll, und die verschiedenen Ergebnisse mit der Realität zu vergleichen und damit die Genauigkeit der Modelle zu prüfen.

Mit der mathematischen Konkretisierung des Sachverhalts wird die **Erarbeitungsphase** eingeleitet. Die SchülerInnen werden anhand von farbigen Kärtchen in Gruppen eingeteilt. **Gruppenarbeit** wurde hier gewählt, um die Problemlösung effizient und kooperativ zu bearbeiten. Da die Aufgabe hinreichend komplex ist, müssen sie sich miteinander verständigen und kommen durch den Beitrag verschiedener Ideen schneller zur Lösung. Jede Gruppe erhält eine Folie, auf der sie ihre Ergebnisse festhalten soll. Es werden ein Schreiber und ein Zeitwächter je Gruppe bestimmt, damit nicht vergessen wird, die Lösung auf der Folie festzuhalten. Die SchülerInnen dürfen, wenn sie die Funktionsgleichung aufgestellt haben, das zugeklebte Kästchen auf ihrem Arbeitsblatt aufdecken, um ihr Ergebnis zu kontrollieren. Falls eine Gruppe nicht selbstständig auf die Funktionsgleichung kommen sollte, darf diese das zugeklebte Kästchen ebenfalls aufdecken. Es hängen auch **Tippkärtchen** aus, die den SchülerInnen schrittweise helfen, falls sie an manchen Stellen des Problemlöseprozesses Schwierigkeiten haben sollten. Man könnte als Lehrer ebenfalls Tippkärtchen bereithalten und der Gruppe das passende Kärtchen geben, wenn man merkt, dass sie Schwierigkeiten hat. Dies wird aber nicht gemacht, da die personale Kompetenz der SchülerInnen gestärkt werden soll; sie sollen lernen, selbst einzuschätzen, wann sie Hilfe benötigen, und sich diese passend besorgen. Zudem ist auch ein Laptop aufgestellt, der den Graphen der Kragenfunktion mit dem eingeschriebenen Rechteck, das variabel ist, mithilfe von **GeoGebra** veranschaulicht. Dies soll den SchülerInnen, die Schwierigkeiten haben, den Zusammenhang zwischen Seitenlängen des Rechtecks und Koordinaten der Punkte zu erkennen, helfen. Die **Veranschaulichung** wurde bewusst nicht für alle etwa anhand eines Beamers im Voraus gewählt, um die Vorstellungskraft der SchülerInnen nicht zu hemmen. Es ist wichtig, dass die SchülerInnen lernen, ihre Vorstellungskraft zu gebrauchen und erst dann, wenn sie nicht vorankommen, Hilfe in Anspruch zu nehmen. In dieser Stunde steht das Modellieren, aber auch der Gebrauch der 1. Ableitung im Mittelpunkt. Deshalb dürfen die SchülerInnen nur die Taschenrechnerfunktion ihres GTR gebrauchen. Würde ausschließlich das Modellieren im Mittelpunkt stehen, wäre es sinnvoll, die SchülerInnen den GTR unbeschränkt verwenden zu lassen. Da aber das Berechnen von Extremwerten mithilfe der 1. Ableitung erst vor Kurzem eingeführt wurde, soll auch diese mathematische Fertigkeit geübt werden.

Die **Ergebnissicherung** erfolgt durch eine **Gruppenpräsentation**. Die SchülerInnen werden gefragt, wer sein Ergebnis gerne präsentieren möchte. In der Regel gibt es immer eine Gruppe, die gerne präsentiert. Falls dies nicht der Fall sein sollte, wird eine Gruppe vom Lehrer gebeten, ihr Ergebnis vorzustellen. Falls noch genügend Zeit bleiben sollte, wird der Ansatz der Zusatzaufgabe, gegebenenfalls auch die komplette Lösung besprochen.

Medien

T-Shirt, Kragenausschüsse, Lineale, Arbeitsblätter, Folie, Farbkärtchen, Laptop, GeoGebra

6.3.4   Literatur

[1] Barzel, B./Büchter, A./Leuders, T.: Mathematik Methodik, Handbuch für die Sekundarstufe I und II, 6. Auflage, Berlin: Cornelsen Verlag, 2011

[2] Griesel, H./Postel, H./Suhr, F. (Hrsg.): Elemente der Mathematik, Baden-Württemberg, Band 6; Braunschweig: Schroedel Verlag, 2008

[3] Lergenmüller, A./Schmidt, G. (Hrsg.): Mathematik Neue Wege, Arbeitsbuch für Gymnasien, Baden-Württemberg, Band 6, Braunschweig: Schroedel Verlag, 2009

[4] Lütticken, R./Uhl, C. (Hrsg.): Fokus Mathematik 6, Gymnasium Baden-Württemberg; Berlin: Cornelsen Verlag, 2009

[5] Ministerium für Kultus, Jugend und Sport Baden-Württemberg (Hrsg.) (2004). Bildungsplan Baden-Württemberg. Allgemein bildendes Gymnasium (letzter Zugriff: 19.04.2013)

http://www.bildung-staerkt-menschen.de/service/downloads/Bildungsplaene/Gymnasium/Gymnasium_Bildungsplan_Gesamt.pdf
(http://www.bildung-staerkt-menschen.de/service/downloads/kmkhinweise/BW-KMK_GY.pdf)

6.3.5   Unterrichtsverlauf

Unterrichts-phasen	S-L-Aktivitäten Sozialform	Kompetenzen/ Lernziel	Medien
Einstieg Konkreti-sierung des Problems	L stellt das Problem vor. SuS zeichnen in den Kragen ein potenzielles Rechteck mit maximalem Flächenin-halt ein. Ein paar werden an die Tafel gehängt und miteinander verglichen. SuS überlegen sich in Einzelarbeit, wie dieses Pro-blem mathematisch gelöst werden könnte, und machen sich Notizen. Im Plenum werden die Ideen ausge-tauscht und ein geeigneter Funktionstyp festgelegt. L moderiert den Austausch.	SuS sollen anhand der ihnen vorliegenden In-formationen und Mate-rialien einen mathema-tischen Zusammenhang herstellen.	T-Shirt, Kragen-ausschuss, Ko-ordinatenkreuz aus Pappe

Unterrichts-phasen	S-L-Aktivitäten Sozialform	Kompetenzen/ Lernziel	Medien
Erarbei-tungsphase Lösen des Problems	SuS lösen in ihrer Gruppe das Problem. L geht herum und gibt gegebenenfalls Tipps.	SuS sollen anhand der ihnen vorliegenden Informationen und Materialien einen mathematischen Zusammenhang herstellen, diesen mithilfe einer Funktion beschreiben und das Problem mithilfe der ihnen bekannten mathematischen Kenntnisse, wie Berechnen von Extremwerten, lösen.	Arbeitsblatt, Kragenaus-schuss, Folien, Tippkärtchen, PC für GeoGe-bra-Simulation
Ergebnis-sicherung Vorstellung der Lösungen	SuS stellen ihre Ergebnisse vor. L moderiert die Besprechung und stellt gegebenenfalls weiterführende Fragen.	SuS sollen erarbeitete mathematische Sachverhalte und Lösungswege schriftlich und mündlich fachlich korrekt und in ansprechender Form präsentieren und erklären.	Folie, OHP
Alternatives Stundenende	L bespricht gemeinsam mit den SuS den Ansatz der Zusatzaufgabe, gegebenenfalls wird die gesamte Aufgabe gelöst. SuS bringen ihre Ideen zum Lösen der Zusatzaufgabe ein.	SuS sollen Probleme mithilfe der ihnen bekannten mathematischen Kenntnisse lösen.	Tafel
Hausauf-gaben	SuS bearbeiten die Aufgaben, von denen sie denken, dass sie sie lösen können. Insgesamt müssen sie aber drei Sterne sammeln.	Die SuS sollen anhand der von ihnen (neu erworbenen) Kenntnisse Probleme lösen und ihren Kenntnisstand selbst einschätzen können.	Arbeitsblatt

6.3.6   Anhang

- Arbeitsblatt (Aufgabe 1, Aufgabe 2)
- Lösung zum Arbeitsblatt Aufgabe 1 (Variante 1)
- Lösung zum Arbeitsblatt Aufgabe 2 (Variante 1)
- Tippkärtchen
- Arbeitsblatt für die Hausaufgabe

Arbeitsblatt (Aufgabe 1, Aufgabe 2)

Modellierung

Bearbeite folgende Aufgabe in deiner Gruppe.
  Haltet eure Lösung auf einer Folie fest (Zeit: 15 Minuten).

Aufgabe 1 (nur Taschenrechnerfunktion des GTR)

Ein Unternehmen stellt T-Shirts her, die für ihren speziellen Schnitt berühmt sind. Diese sind in den entsprechenden Größen immer gleich geschnitten. Um möglichst wenig Ausschuss zu produzieren, wird das Herstellungsverfahren optimiert. Einen großen Teil an Ausschuss machen die ausgeschnittenen T-Shirt-Kragenreste aus. Diese will das Unternehmen für seine Produktion von Patchwork-Kleidungsstücken wiederverwenden. Dafür eignen sich aber am besten rechteckige Stoffflächen, weshalb aus den T-Shirt-Kragenresten eine möglichst große rechteckige Stofffläche zum Wiederverarbeiten ausgeschnitten werden soll. Hierfür soll ein Ausstanzer hergestellt werden.

a) Welche Maße hat solch ein Ausstanzer, der eine möglichst große rechteckige Stofffläche aus den T-Shirt-Kragenresten ausschneidet? Wie groß ist diese Fläche?
   Betrachte dafür die dir vorliegenden Reste eines Frauen-T-Shirts der Größe M.
b) Für solch ein T-Shirt werden 3650 cm² Stoff verwendet. Wie viel Prozent an Stoff kann die Firma mithilfe des neuen Ausstanzverfahrens wiederverarbeiten?

Tipp: Falls du nicht weiterkommst, kannst du die Tippkärtchen zu Hilfe nehmen!

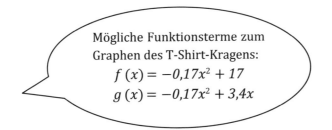

Mögliche Funktionsterme zum
Graphen des T-Shirt-Kragens:
$$f(x) = -0{,}17x^2 + 17$$
$$g(x) = -0{,}17x^2 + 3{,}4x$$

Bearbeite folgende Aufgabe, wenn Aufgabe 1 vollständig gelöst wurde. Die Lösungen zu Aufgabe 2 hängen aus, sodass du dein Ergebnis kontrollieren kannst.

Aufgabe 2 (mit GTR)

Eine Firma produziert Ausschuss in derselben Form wie die obige, nur besteht dieser aus Blech. Die Firma möchte den Ausschuss auch weiterverwenden.

Dieser soll als Zylindermantel für eine Dose dienen.
   Welche Maße sollte dieser haben, wenn das Volumen der Dose maximal werden soll?

Lösungen

Lösung zu Aufgabe 1 (Variante 1)

a) *Erfassen des Problems*
Der Ausschnitt des T-Shirt-Kragens ist parabelförmig. Er ist 20 cm breit und 17 cm hoch. Dies könnte einer zur y-Achse symmetrischen, nach unten geöffneten Parabel entsprechen mit den Nullstellen $x = -10$ und $x = 10$ und dem Scheitel S(0/17). Dieser wird ein Rechteck eingeschrieben, sodass zwei Punkte auf der Kurve und zwei auf der x-Achse liegen.

Herstellen eines funktionalen Zusammenhangs

Funktionsgleichung der Parabel:	$f(x) = -0{,}17x^2 + 17$
Flächeninhaltsformel:	$A = 2x \cdot y$
Nebenbedingung:	$y = -0{,}17x^2 + 17$
Zielfunktion:	$A(x) = 2x \cdot (-0{,}17x^2 + 17)$
	$A(x) = -0{,}34x^3 + 34x;$
	$D = [-10; 10];$ (x in cm, $A(x)$ in cm²)

Untersuchung der Zielfunktion auf Extremwerte und Formulierung des Ergebnisses

$$A(x) = -0{,}34x^3 + 34x$$
$$A'(x) = -1{,}02x^2 + 34$$
$$A'(x) = 0$$
$$0 = -1{,}02x^2 + 34$$
$$x \approx \pm 5{,}77, \ \text{wobei } 5{,}77 \in D$$

$$\left.\begin{array}{l} A'(5) = 8{,}5 \\ A'(6) = -2{,}72 \end{array}\right\} \text{VZW von + nach } -, \text{ es liegt ein HP vor}$$

$$A(5{,}77) = 130{,}87$$
$$f(5{,}77) = 11{,}34$$

Antwort: Der Ausstanzer ist ca. 11,54 cm (2 · 5,77 cm) lang und 11,34 cm breit. Die ausgestanzte Fläche hat einen Flächeninhalt von 130,87 cm².

b) Berechnung des prozentualen Anteils: $\frac{130{,}87 \, \text{cm}^2}{3650 \, \text{cm}^2} \approx 0{,}0359$

Antwort: Sie können 3,6 % an Stoff mithilfe des neuen Ausstanzverfahrens weiterverarbeiten.

Lösung zu Aufgabe 2

1. *Erfassen des Problems*

Der Zylindermantel hat die Form eines Rechtecks mit den Seitenlängen 2x und f(x).

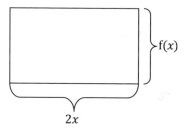

Der Zylindermantel kann so gedreht werden, dass f(x) der Höhe des Zylinders entspricht und 2x dem Umfang der kreisförmigen Grundfläche. [Möglichkeit 1]

Oder:

Der Zylindermantel kann so gedreht werden, dass 2x der Höhe des Zylinders entspricht und f(x) dem Umfang der kreisförmigen Grundfläche. [Möglichkeit 2]

[Möglichkeit 1]

2. *Herstellen eines funktionalen Zusammenhangs*

Funktionsgleichung der Parabel:	$f(x) = -0,17x^2 + 17$
Formel zur Berechnung des Volumens:	$V = \pi \cdot r^2 \cdot h$
	$V = \pi \cdot r^2 \cdot f(x)$
Nebenbedingung:	$2\pi r = 2x$
	$r = \frac{1}{\pi} \cdot x$
Zielfunktion:	$V = \pi \cdot \left(\frac{1}{\pi} \cdot x\right)^2 \cdot (-0,17 \cdot x^2 + 17);$
	$D = [-10; 10]$

3. *Untersuchung der Funktion* auf Extremwerte und Formulierung des Ergebnisses

Berechnung des Maximums von $V(x)$ mithilfe des GTR:

$$x \approx 7,07; y \approx 135,28$$
$$f(7,07) \approx 8,5$$

Antwort: Der Zylindermantel ist 14,14 cm (2 · 7,07 cm) breit und 8,5 cm hoch. Das Volumen der Dose beträgt 135,28 cm³.

Tippkarten

Tipp 1 (Aufstellen der Funktionsgleichung)	**Tipp 2** (Aufstellen der Funktionsgleichung)
Miss die Breite und die Höhe des Kragen-ausschnitts aus.	Nimm die Achsenschnittpunkte und den Scheitel des Graphen zu Hilfe.

Tipp 3 (Aufstellen der Funktionsgleichung)	**Tipp 3** **[Variante 2]** (Aufstellen der Funktionsgleichung)
Der Scheitel liegt bei S(0/17) und die Null-stellen bei $x_1 = -10$ und $x_2 = 10$.	Der Scheitel liegt bei S(10/17) und die Nullstellen bei $x_1 = 0$ und $x_2 = 20$.

Tipp 4 (Beschreibung der Größe, die extremal werden soll)	Tipp 5 (Aufsuchen von Nebenbedingungen)
Mithilfe der Koordinaten *eines* Eckpunktes kannst du die Formel für den Flächeninhalt aufstellen. Untersuche hierzu die Koordinaten der beiden Eckpunkte, die auf dem Graphen der Funktion liegen, auf Gemeinsamkeiten. Untersuche, wie die Koordinaten des Punktes mit den Seitenlängen des Rechtecks zusammenhängen.	Der Flächeninhalt ist abhängig von den Koordinaten des Punktes P, der auf dem Graphen der Kragenfunktion liegt. Überlege, wie sich der y-Wert mithilfe des x-Wertes ausrechnen lässt.

Tipp 6 (Bestimmung der Zielfunktion)	Tipp 7 (Untersuchung der Zielfunktion)
Setze die Nebenbedingung (Darstellung von y in Abhängigkeit von x) in die Flächeninhaltsfunktion ein, sodass sie nur noch von x abhängig ist.	Der Flächeninhalt soll maximal werden. Das bedeutet, dass der Extremwert der Flächeninhaltsfunktion gesucht ist.

Hausaufgabe

Modellieren – Übung

Wähle deine Hausaufgaben selbstständig aus. Je mehr Sterne eine Aufgabe hat, desto schwerer und kniffliger kann sie sein.
   Insgesamt sollst du mindestens drei Sterne sammeln.

Aufgabe 1 (1 Stern)

Ein Sportstadion mit einer Laufbahn der Gesamtlänge 400 m soll so angelegt werden, dass die Fläche des eingeschlossenen Rechtecks als Fußballfeld möglichst groß wird. Welche Maße hat das Fußballfeld mit maximalem Flächeninhalt? Wie groß ist dieser?

Aufgabe 2 (mit GTR; 2 Sterne)

Eine Brauerei beliefert regelmäßig einen Großhandel mit Getränkekästen. Der kürzeste Weg führt durch einen einspurigen Tunnel. Die Brauerei möchte wissen, ob es sich lohnen würde, den Tunnel zu umfahren. Dafür möchte sie zunächst berechnen, mit welcher maximal möglichen Ladekapazität des LKWs sie durch den Tunnel kommen würde. Um den Sicherheitsabstand zur Tunnelinnenwand nicht zu überschreiten, dürfen die Fahrzeuge maximal 3,5 m hoch und 4,5 m breit sein, wobei die Form des Tunnels beachtet werden muss.

a) Alle LKW-Beladungen sind quaderförmig und haben dieselbe Länge; Höhe und Breite sind variabel. Wie hoch und wie breit kann die LKW-Beladung gewählt werden, damit die Ladekapazität maximal wird?

b) Wie viele Kubikmeter Ladung kann der LKW maximal transportieren, wenn die Länge der Fahrzeuge 10 m beträgt?

Aufgabe 3 (2 Sterne)

Die T-Shirt Fabrik von AB Nr. 15 verwendet auch anderen Ausschuss zur Patchwork-Weiterverarbeitung. Der Ausschuss, der beim Ausschneiden des Stoffes unterhalb der Ärmel entsteht, wird ebenfalls weiterverarbeitet, wobei gilt: a = 50 cm, b = 10 cm, c = 11 cm. Es wird ein Rechteck mit möglichst großem Flächeninhalt ausgeschnitten.

Wie viel cm² Stoff werden damit weiterverarbeitet?

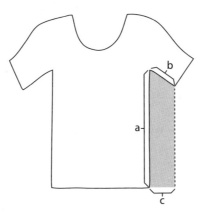

6.4   Der Integralbegriff als Wirkung im Kontext

6.4.1   Thema der Unterrichtsstunde

Der Integralbegriff als Bestand – Einführung des Integralbegriffs als Wirkung bzw. Bestand durch Vergleich von Wirkungen von Änderungsraten in verschiedenen Kontexten im Museumsgang

(Autor: Jan Stauvermann)

6.4.2   Ziele der Unterrichtssequenz

Die Schülerinnen und Schüler können den Integralbegriff im Sinne seiner Bedeutung als Wirkung der Änderungsrate interpretieren, deuten und anwenden und einfache endliche Integrale mithilfe der Approximation durch elementargeometrische Formen bestimmen. Die Schülerinnen und Schüler sind in der Lage, die Rechenregeln für Integrale anzuwenden und diese als formale Vorgehensweise der Mathematik als Wissenschaft zu erklären.

6.4.3   Ziel der Unterrichtsstunde

Die Schülerinnen und Schüler erklären und präsentieren ihre Ergebnisse aus der vorherigen Unterrichtseinheit, vergleichen und interpretieren bei diesen Wirkungen von Änderungsraten in verschiedenen Kontexten und deuten diese als (bestimmte) Integrale und rekonstruierte Bestände.

6.4.4   Einordnung in den unterrichtlichen Kontext

* Einführung in die Integralrechnung – Bearbeitung von realitätsbezogenen Aufgaben in arbeitsteiliger Gruppenarbeit unter dem Aspekt der Kumulation und Aufbereitung der Ergebnisse für eine Präsentation, um auf den Integralbegriff im Sinne seiner Bedeutung als Wirkung der Änderungsrate hinzuführen
* Der Integralbegriff als Bestand – Einführung des Integralbegriffs als Wirkung bzw. Bestand durch Vergleich von Wirkungen von Änderungsraten in verschiedenen Kontexten im Museumsgang
* Näherungsweise Berechnung verschiedener Integrale durch Summen von Rechtecken und durch Summen von Trapezen
* Ober- und Untersumme – Berechnung von Integralen zwischen verschiedenen Grenzen über eine nichtlineare Funktion durch Approximation mit Rechtecken als Möglichkeit, Integrale als Grenzwert von Produktsummen exakt zu berechnen

- Faktorregel, Summenregel und Intervalladditivität – Beweis der aufgrund der Anschauung vermuteten Rechenregeln für Integrale als Beispiel für die formale Vorgehensweise in der Mathematik als Wissenschaft

6.4.5   Bedingungsanalyse

Der Leistungskurs mit 26 Schülerinnen und Schülern zeichnet sich durch ein gutes Lernklima aus. Das Leistungsniveau des Kurses kann insgesamt als durchschnittlich bezeichnet werden. Bei Bearbeitungen in Anwendungsbezügen und Kontexten konnte ein verstärktes Interesse festgestellt werden, sodass die Einführung des Integralbegriffs über die Wirkung von Änderungsraten in verschiedenen Kontexten auch im Hinblick auf die Motivation sinnvoll für diese Lerngruppe ist. Die Schülerinnen und Schüler verfügen über umfangreiche Erfahrungen mit kooperativen Methoden und Arbeitsformen, sie arbeiten gut zusammen und hinterfragen und erklären sich auch gegenseitig Sachverhalte, weshalb auch die Methode des Museumsgangs, die den Schülerinnen und Schülern schon aus vorherigen Unterrichtsvorhaben bekannt ist, für diese Lerngruppe geeignet ist.

6.4.6   Verlaufsplanung der Unterrichtsstunde

Unterrichts-phase	Unterrichtsgeschehen/-inhalt	Sozialform	Medien
Einstieg	Begrüßung Ankommen in der Lernsituation: SuS berichten von den Aktivitäten der vorherigen Stunde, ohne dabei inhaltlich auf die auf Plakaten vorliegenden Ergebnisse einzugehen. Erläuterungen zum Stundenablauf: – Klärung der Zielsetzung und des Arbeitsauftrags – Erklärungen zum Ablauf des Museumsgangs, Vorgabe des Zeittaktes – Aufteilung der Gruppen mit je einem Experten pro Aufgabe in jeder Gruppe – Fehlt ein Experte, so ist der Inhalt eigenständig zu erschließen.	LB SB LV	OHP
Erarbeitung	SuS führen den Museumsgang durch. SuS stellen Gemeinsamkeiten der Plakate zusammen und vergleichen und diskutieren diese anschließend mit ihrem Nachbarn.	SuS-Präsentation EA/PA (Think/Pair)	Plakate

Unterrichts-phase	Unterrichtsgeschehen/-inhalt	Sozialform	Medien
Sicherung	Zusammentragen der Gemeinsamkei-ten in Stichpunkten (vgl. mögliches Tafelbild) Einführung des Integralbegriffs	UG LV	Tafel
Vertiefung/ (didaktische Reserve)	SuS beziehen den Integralbegriff auf ausgewählte Ergebnisse der im Muse-umsgang präsentierten Aufgaben.	PA UG	
Hausaufgabe	Bestimmung eines einfachen Integrals mithilfe der Approximation durch Rechtecke oder andere elementargeo-metrische Formen.	EA	Heft

6.4.7   Mögliches Tafelbild

Gemeinsamkeiten   [linke Tafel]

- Die jeweils gesuchten Ergebnisse entsprechen den Flächeninhalten.
- Gesucht ist jeweils ein Gesamtbestand, der sich mit der angegebenen Funktion ändert.
- Die Fläche kann durch Zerlegung in Rechtecke und andere Formen angenähert wer-den.
- Die gegebene Funktion stellt die Änderungsrate für die gesuchte Funktion dar.
- Flächeninhalte unterhalb der x-Achse gehen mit negativem Vorzeichen in die Gesamt-berechnung ein.
- An den Stellen, wo der eine Graph eine Nullstelle hat, hat der andere einen Extrem- oder Wendepunkt …

Das Integral [Tafelmitte]

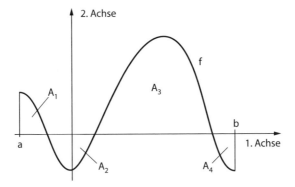

Das **Integral** einer Funktion f im Intervall von a bis b

$$\int_a^b f = A_1 + (-A_2) + A_3 + (-A_4)$$

- gibt den Bestand bzw. die Auswirkung der Größe *f* im Intervall [a,b] an.
- entspricht der Summe der Flächen zwischen Graph und x-Achse im Intervall [a,b] (Flächen unterhalb der x-Achse mit negativem Vorzeichen).

Alternative Formulierung:

Bei einer Funktion, die eine Änderungsrate beschreibt, kann der Bestand bzw. Gesamtwert im Intervall [a,b] durch die Summe der Flächen zwischen dem Funktionsgraph und der x-Achse in diesem Intervall bestimmt werden. Dabei werden Flächen unterhalb der x-Achse negativ gezählt (Teilweise muss ein Anfangswert addiert werden.).

6.4.8   Literatur

Elemente der Mathematik – Leistungskurs Analysis, Schroedel Verlag GmbH, Hannover, 2001.

Hußmann, S.: Mathematik entdecken und erforschen – Theorie und Praxis des Selbstlernens in der Sekundarstufe II, S. 67–88, Cornelsen Verlag, Berlin, 2003.

Ministerium für Schule und Weiterbildung, Wissenschaft und Forschung des Landes Nordrhein-Westfalen: Richtlinien und Lehrpläne für die Sekundarstufe II – Gymnasium/Gesamtschule in Nordrhein-Westfalen – Mathematik, Ritterbach Verlag, 1999.

Ministerium für Schule und Weiterbildung des Landes Nordrhein-Westfalen (Hrsg.): Impulse für den Mathematikunterricht in der Oberstufe – Konzepte und Materialien aus dem Modellversuch, S. 87–121, Ernst Klett Schulbuchverlage, Stuttgart, 2007.

SINUS NRW: Steigerung der Effizienz des mathematisch-naturwissenschaftlichen Unterrichts, URL: http://www.sinus.nrw.de (zuletzt abgerufen: 21.03.2015)

SINUS NRW Projekt 2: Kumulation statt Flächeninhalt: Materialien zur Gruppenarbeit, Modellversuch SINUS-Transfer (2003–2007), 2008 URL: http://www.schulentwicklung.nrw.de/materialdatenbank/nutzersicht/materialeintrag.php?matId=2033 (zuletzt abgerufen: 21.03.2015)

Unkelbach, T.: Materialien zum Selbstständigen Arbeiten – Mathematik Sekundarstufe II – Analysis – Das Bestimmte Integral (Wirkung einer Änderungsrate/Flächeninhalt) URL: http://ne.lo-net2.de/selbstlernmaterial/m/a/bi/biindex.html (Stand: 22.08.2010; zuletzt abgerufen: 07.10.2010)

6.4.9   Anhang A

Folie zur Organisation des Museumsgangs

Museumsgang in Fünfergruppen: je ein Experte pro Plakat pro Gruppe
(Fehlt ein Experte, so ist der Inhalt selbstständig zu erschließen.)

Zeit pro Plakat: 4 Minuten

Arbeitsauftrag für den Museumsgang:

Experte: Präsentiere und erkläre eure Ergebnisse.
Alle: Vergleicht die Ergebnisse der verschiedenen Gruppen in Bezug auf Gemeinsamkeiten und Zusammenhänge.
Alle: Notiert euch stichpunktartig Gemeinsamkeiten und Zusammenhänge.

Arbeitsaufträge nach dem Museumsgang:

Einzelarbeit

Formuliere in Stichpunkten Gemeinsamkeiten und Zusammenhänge der vorgestellten Ergebnisse. Nutze deine Notizen (2 Minuten).

Partnerarbeit

Vergleicht und diskutiert eure formulierten Gemeinsamkeiten und Zusammenhänge (5 Minuten).

Hausaufgabe „CO_2-Ausstoß"

Arbeitsblatt

Im Kamin eines Kohlekraftwerks wird ständig die in der Abluft enthaltene Menge an Kohlenstoffdioxid (CO_2) gemessen. Das Diagramm zeigt den momentanen Ausstoß c(t) während eines Testlaufs in g/min im Verlaufe der Zeit t in Minuten an.

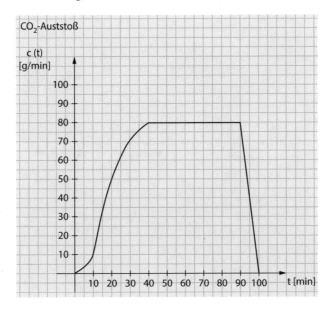

Arbeitsaufträge

a. Beschreibe in eigenen Worten, was das Integral $\int_0^{100} c(t)$ angibt.
b. Bestimme das Integral möglichst genau.

6.4.10 Anhang B: Aufgaben/Hinweise aus der Vorstunde

Hinweise zur Gestaltung der Plakate (für alle Gruppen)

- Achtet auf Übersichtlichkeit und Nachvollziehbarkeit! Denkt daran, dass die anderen eure Aufgabe nicht kennen. => Überschrift/Worum geht es? Bildchen malen und aufkleben, …
- Skizziert den/die Graphen der Funktion(en) groß auf ein Blatt Papier und klebt ihn/sie auf das Plakat. In dieser Skizze kann man zur Verdeutlichung einiges einzeichnen …
- Schreibt zu jeder Frage etwas, sodass euer Gedankengang klar wird. Außerdem sollt ihr auch Dinge aufschreiben, die sonst noch wichtig sind, z. B.: Wobei habt ihr evtl. zunächst einen Denkfehler gemacht? (Den anderen könnte es nämlich genauso gehen.)
- Jede und jeder aus der Gruppe muss das Plakat erklären können!

Aufgabe 1: Badetag[14]

Herr Schmitz bereitet sich auf sein geliebtes Wannenbad vor und lässt Wasser in die leere Wanne ein. Das folgende Diagramm stellt die zeitliche Entwicklung der Zufluss- und Abflussrate [t in min; v(t) in Liter/min] dar:

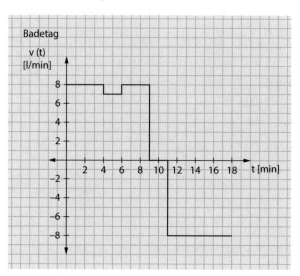

Arbeitsaufträge:

a. Beschreibt, wie Herr Schmitz das Wasser in die Wanne einlässt. Bestimmt hierfür auftretende Zufluss- und Abflussraten und erläutert die Bedeutung von Bereichen, in denen der Graph unterhalb der t-Achse verläuft.
b. Bestimmt die Wassermenge die sich maximal in der Wanne befand, und die Wassermenge, sich nach 16 min in der Wanne befand.
c. Für t > 11 min soll v(t) konstant bleiben. Ermittelt, wann die Wanne leer ist.
d. Skizziert im gleichen Maßstab wie v(t) den Graphen der Funktion W, welche die Wassermenge in der Badewanne in Abhängigkeit von der Zeit t angibt (Klebt die Graphen von v und W auf dem Plakat untereinander, sodass die senkrechten Achsen der beiden Koordinatensysteme untereinanderliegen.).
e. Welche Beziehungen zwischen v(t) und W(t) könnt ihr anhand der Graphen formulieren?

---

[14] Geringfügig verändert übernommen aus: SINUS NRW Projekt 2 (2008).

Aufgabe 2: Ballonfahrt[15]

Ein Heißluftballon startet zum Zeitpunkt $t = 0$ min vom Boden. Das Diagramm beschreibt die Geschwindigkeit v(t) des Ballons in **vertikaler** Richtung.

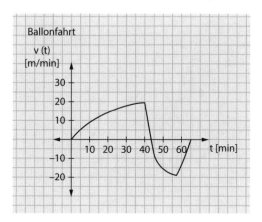

Arbeitsaufträge:

a. Beschreibt ohne Rechnung den Verlauf der Ballonfahrt. Berücksichtigt dabei folgende Fragen:

In welchen Abschnitten bewegt sich der Ballon nach oben bzw. unten?

Wann steigt bzw. fällt er am schnellsten?

Was passiert, wenn $v = 0$ ist?

Wie könnte es zu den abrupten Geschwindigkeitsänderungen bei $t = 40$ min und $t = 58$ min gekommen sein?

b. Gebt eine sinnvolle Schätzung für die nach 30 min erreichte Höhe des Ballons an. Wie könnte man diese im Koordinatensystem geometrisch deuten?

c. Wann hat der Ballon die maximale Höhe erreicht und wie hoch ist er dann?

d. Woran erkennt man, dass die Ballonfahrt nicht auf der gleichen Höhe endet, wie sie begonnen hat?

e. Skizziert im gleichen Maßstab wie v(t) den Graphen der Funktion H, welche die Höhe des Ballons in Abhängigkeit von der Zeit t angibt (Klebt die Graphen von v und H auf dem Plakat untereinander, sodass die senkrechten Achsen der beiden Koordinatensysteme untereinanderliegen.).

f. Welche Beziehungen zwischen v(t) und H(t) könnt ihr anhand der Graphen formulieren?

---

[15] Verändert übernommen aus: SINUS NRW Projekt 2 (2008).

Aufgabe 3: Rote Welle – Stop and Go

Sina startet mit dem Auto zu einer Tour zum Einkaufszentrum. Im folgenden Diagramm ist ihre Geschwindigkeit v*(t)* in km/h im Laufe der Zeit t in s (Sekunden) dargestellt.

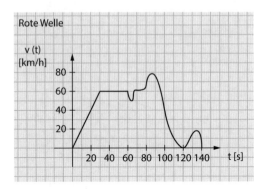

Arbeitsaufträge:

a. Beschreibt, welche Informationen aus dem Diagramm entnommen werden können.
b. Welche Strecke hat Sina im Zeitraum zwischen 40 s und 60 s zurückgelegt? Wie kann man dies geometrisch im Koordinatensystem deuten?
c. Welche Strecke hat Sina nach 140 s zurückgelegt?
d. Bestimmt möglichst genau, wann Sina 1 km zurückgelegt hat.
e. Skizziert im gleichen Maßstab wie v(t) den Graphen der Funktion S*(t)*, welche die gefahrene Strecke in Abhängigkeit von der Zeit t angibt (Klebt die Graphen von v und S auf dem Plakat untereinander, sodass die senkrechten Achsen der beiden Koordinatensysteme untereinanderliegen.).
f. Welche Beziehungen zwischen v(t) und S(t) könnt ihr anhand der Graphen formulieren?
g. Gebt je eine Formel für die zurückgelegte Strecke von 0 bis 30 und für 30 s bis 60 s an.

Aufgabe 4: Spirometer[16]

Physiologen verwenden eine Maschine namens „Spirometer", um die Fließrate von Luft in die Lunge (Einatmen) und aus der Lunge (Ausatmen) aufzuzeichnen. In das Spirometer wird über ein Mundstück ein- bzw. ausgeatmet. Dadurch baut sich im Gerät eine Druckdifferenz auf, mit der die Fließrate ermittelt wird.

Das Diagramm zeigt das Ergebnis einer Ein- und Ausatmungsphase eines Patienten, wobei f(t) die Fließrate der Luft in L/s (Liter/Sekunde) und t die Zeit in s (Sekunden) angibt.

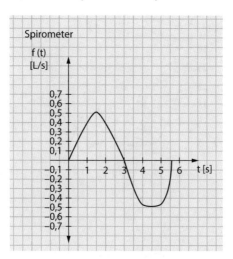

Arbeitsaufträge:

a. Beschreibt mithilfe der Informationen aus dem Diagramm den Atmungsvorgang möglichst genau. Berücksichtigt dabei folgende Fragen:
   Welche Bedeutung haben die Nullstellen des Graphen?
   Welche Bedeutung hat der Bereich, in dem der Graph unterhalb der t-Achse verläuft?
   Wann atmete der Patient am stärksten ein bzw. aus?
b. Wie viel Luft hat der Patient nach 2 s etwa eingeatmet? Wie kann man dies geometrisch im Koordinatensystem deuten?
c. Wie viel Luft hat der Patient insgesamt eingeatmet? Entwickelt und erläutert ein Verfahren, wie man diese Menge möglichst genau ermitteln könnte.
d. Hat der Patient gleich viel Luft ein- und ausgeatmet? Gebt ggf. den ungefähren Unterschied an.
e. Skizziert im gleichen Maßstab wie f(t) den Graphen der Funktion V(t), welche das Gesamtvolumen des Atmungsvorgangs in Abhängigkeit von der Zeit t angibt (Klebt die Graphen von f und V auf dem Plakat untereinander, sodass die senkrechten Achsen der beiden Koordinatensysteme untereinanderliegen.).
f. Welche Beziehungen zwischen f(t) und H(t) könnt ihr anhand der Graphen formulieren?

---

[16] Idee und Ansatz aus: SINUS NRW Projekt 2 (2008).

Aufgabe 5: Geschlechterwachstum

Die abgebildeten Kurven stellen die durchschnittlichen Wachstumsraten einer Gruppe von Jungen und einer Gruppe von Mädchen bis zum 18. Lebensjahr dar. Die Daten wurden aus einer repräsentativen Studie in Mitteleuropa gewonnen. Dabei gibt $w_J(t)$ die Wachstumsrate der Jungen und $w_M(t)$ die Wachstumsrate der Mädchen in cm/Jahr in Abhängigkeit von der Zeit t in Jahren an.

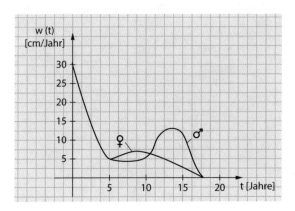

Arbeitsaufträge:

a. Beschreibt mithilfe des Diagramms das Wachstum von Jungen und Mädchen möglichst genau. Berücksichtigt dabei folgende Fragen:
   Wann wachsen Mädchen schneller als Jungen bzw. Jungen schneller als Mädchen?
   Wann wachsen Jungen am schnellsten?

b. Wie viel wächst ein Baby in den ersten fünf Jahren insgesamt? Wie kann man dies geometrisch im Koordinatensystem deuten?

c. Wie groß sind im Durchschnitt Jungen im 18. Lebensjahr? Entwickelt und erläutert ein Verfahren, wie man diesen Wert möglichst genau ermitteln könnte.

d. Skizziert im gleichen Maßstab wie $w_J(t)$ den Graphen der Funktion $G_J(t)$, welcher die Körpergröße in Abhängigkeit von der Zeit t angibt (Klebt die Graphen von w_J und G_J auf dem Plakat untereinander, sodass die senkrechten Achsen der beiden Koordinatensysteme untereinanderliegen.).

e. Welche Beziehungen zwischen $w_J(t)$ und $G_J(t)$ könnt ihr anhand der Graphen formulieren?

f. [Zusatzaufgabe] Um wie viele Zentimeter wachsen die Jungen im Schnitt mehr als die Mädchen? Gebt den ungefähren Unterschied an.

6.5 Das Volumen eines Sektglases

6.5.1 Thema der Unterrichtsstunde

Das Volumen eines Rotationskörpers

(Autorin: Jessica Glumm)

6.5.2 Beschreibung der Lerngruppe

Der Kurs auf erhöhtem Niveau des 11. Jahrgangs setzt sich aus 10 Schülerinnen und 10 Schülern[17] zusammen. Ich habe den Unterricht in dieser Lerngruppe vor sechs Wochen übernommen. Dem Kurs werden vier Unterrichtsstunden pro Woche, die in Doppelstunden stattfinden, erteilt.

Das Leistungsniveau der Lerngruppe zeigt eine gewisse Heterogenität und kann insgesamt als durchschnittlich eingestuft werden. Bei Unterrichtsgesprächen zeigt die Lerngruppe zu Beginn einer Stunde eine gewisse Trägheit, welche im Verlaufe des Unterrichts abnimmt. Trotzdem müssen einige Lernende von der Lehrkraft durch direktes Ansprechen aktiviert werden, dazu zählen A und R. Das Unterrichtsgespräch wird jedoch auch durch viele qualitativ hohe Beiträge vorangebracht (vgl. den kommentierten Sitzplan, hier im Buch nicht enthalten). Der Kurs zeigt der Mathematik gegenüber eine intrinsische Motivation und ist an mathematischen Themen interessiert.

Der Kurs zeigt gute Kenntnisse im Umgang mit dem grafikfähigen Taschenrechner. Die Schüler wissen die Funktionen, welche ihnen der Taschenrechner bietet, sicher anzuwenden. Bei kooperativen Lernformen zeigen die Schüler ein sehr gutes Kommunikationsverhalten. Sie tauschen sich intensiv untereinander aus, wobei ein deutlicher Lernzuwachs erkennbar ist. Der Kurs besitzt eine hohe methodische Kompetenz: Die Schüler führen bestimmte Unterrichtsmethoden sicher aus. Hierzu zählen u. a. Partner- und Gruppenarbeit, die Think-Pair-Share-Methode, das Partner- bzw. Gruppenpuzzle sowie die Marktplatzmethode (vgl. [1]). Die Lerngruppe zeigt ein sehr diszipliniertes Verhalten. Insgesamt herrscht in dem Kurs eine positive Arbeitsatmosphäre, welche durch Offenheit, Akzeptanz und Freundlichkeit gekennzeichnet ist.

6.5.3 Unterrichtsgegenstand

Bei der heutigen Unterrichtsstunde handelt es sich um die 17. Stunde im Themengebiet der **Integralrechnung**. Das Integral wurde als gemeinsamer Grenzwert von Ober- und Untersumme eingeführt. Nach der Thematisierung der Integral- und Stammfunktion wurde

---

[17] Aus Gründen der Lesbarkeit wird nachfolgend nur die Bezeichnung „Schüler" verwendet, obwohl stets Schülerinnen und Schüler gemeint sind.

der Hauptsatz der Differenzial- und Integralrechnung erarbeitet und bewiesen. Es wurden einige Übungsaufgaben zur Berechnung eines Integrals durch Anwendung des Hauptsatzes behandelt sowie Rechenregeln für Integrale im Rahmen eines Partnerpuzzles erarbeitet. In der vorangegangenen Doppelstunde wurden Flächenberechnungen bei Graphen, welche unter- und oberhalb der x-Achse verlaufen, durchgeführt sowie die Bildung von Ober- und Untersumme wiederholt. In der heutigen Stunde sollen die Schüler die Formel zur Berechnung des Volumens eines Rotationskörpers am Beispiel eines Sektglases herleiten. In den vorherigen Stunden wurden Grundlagen der Integralrechnung erarbeitet; das Rotationsvolumen stellt ein Spezialthema in diesem Lernbereich dar. In den folgenden Unterrichtsstunden soll die erarbeitete Formel zum Rotationsvolumen unter Anwendung des Hauptsatzes geübt werden. Im Rahmen dessen sollen Aufgaben bearbeitet werden, bei denen die Schüler zunächst eine geeignete Randfunktion durch mathematische Modellbildung ermitteln müssen.

Rotiert eine Fläche, die zwischen einem Graphen und der x-Achse eingeschlossen wird, um die x-Achse, so entsteht ein **Rotationskörper**. Um das Volumen dieses Körpers zu bestimmen, wird das Intervall, welches in Bezug auf den Rotationskörper betrachtet werden muss, in n gleich lange Teilintervalle zerlegt. Hierdurch entstehen „Scheiben", an deren Volumen sich durch **Zylinderscheiben** angenähert werden kann. Es können hierzu ein- als auch umbeschriebene Zylinder verwendet werden. Das **gesamte Volumen** ergibt sich somit aus der Summe der Volumina der einzelnen Zylinder. Die Zerlegung des Intervalls wird immer feiner gewählt, sodass n immer größer wird und sich die Summe der Volumina der ein- und umbeschriebenen Zylinderscheiben dem gesuchten Volumen immer besser annähert. Es wird der Grenzwert der Summen für $n \to \infty$ gebildet, wobei der gemeinsame Grenzwert der Summen das Volumen des Rotationskörpers darstellt.

6.5.4 Didaktische Überlegungen

Das Thema der heutigen Stunde wird durch das Kerncurriculum für das Gymnasium – gymnasiale Oberstufe [6], im Folgenden mit KC Sek II abgekürzt, legitimiert. Das Volumen von Rotationskörpern ist in den inhaltsbezogenen Kompetenzbereichen „Funktionaler Zusammenhang" und „Messen" dargestellt (vgl. KC Sek II, S. 22, 26). Hiernach sollen die Schüler das Volumen von Körpern bestimmen können, welche durch **Rotation um die x-Achse** entstehen. Das Rotationsvolumen ist für Kurse auf erhöhtem Niveau vorgesehen (vgl. KC Sek II, S. 22). Im Rahmen des Lernbereichs „Von der Änderungsrate zum Bestand – Integralrechnung" sollen **Rotationskörper** behandelt werden (vgl. KC Sek II, S. 34). Des Weiteren werden prozessbezogene Kompetenzen in der heutigen Unterrichtsstunde angesprochen. Die Schüler müssen mit symbolischen und formalen Elementen der Mathematik umgehen, indem sie „mathematische Symbole zum Strukturieren von Informationen, zum Modellieren und zum Problemlösen" (KC Sek II, S. 19) anwenden. Darüber hinaus müssen die Lernenden viel miteinander kommunizieren, um ihre Ergebnisse ihren Mitschülern zu präsentieren und zu erklären, was auch nach dem KC Sek II gefordert ist (vgl. KC Sek II, S. 20). Im Rahmen eines Maximalziels sollen die Schüler Modellkritik äußern, was zur prozessbezogenen Kompetenz des mathematischen Modellierens gehört (vgl. KC Sek II, S. 17).

Die Problemstellung der heutigen Stunde ergibt sich aus dem **Vergleich** zweier Körper: einem **Cocktailglas** und einem **Sektglas**. Das **Cocktailglas** zeigt annähernd die Form eines Kegels, sodass die Schüler das Volumen des Glases recht genau berechnen können. Beim **Sektglas** ist dies nicht gegeben. Es besitzt keine Form, zu der das Volumen direkt berechnet werden kann. Hieraus soll die Motivation entstehen, eine neue Methode zur Berechnung des Volumens eines Körpers zu entwickeln. Es wäre möglich gewesen, die Berechnung des Volumens in einen Kontext wie z. B. eine Partyvorbereitung einzubinden. Die Frage, wie viele Gläser mit einer Flasche Sekt gefüllt werden können, lässt sich durch Alltagserfahrungen von den Schülern eventuell sofort beantworten, sodass diese Art der Problemstellung nicht verwendet wird. Eine weitere kontextgebundene Frage wäre z. B.: „Wenn der Kellner das Glas nicht bis zur Eichmarke auffüllt, sondern 0,5 cm darunter bleibt, ab wie vielen ausgeschenkten Gläsern hat der Kellner eines gespart?" Hierbei könnten sich die Schüler eventuell zu stark auf das gesuchte konkrete Rechenergebnis konzentrieren und in Rechnungen verfallen, die nicht zur gesuchten Formel für das Volumen eines Rotationskörpers führen. Bei einer konkreten Berechnung müsste zudem die Formel zum Rotationsvolumen indirekt mit hergeleitet werden. Die Unterrichtsstunde hätte somit mehrere Schwerpunkte, welche im Rahmen eines Maximalzieles nicht erreicht werden könnten. Der Kurs auf erhöhtem Niveau zeigt zudem ein großes mathematisches Interesse (vgl. die Beschreibung der Lerngruppe), sodass der gewählte innermathematische Ansatz auch hier eine Begründung findet.

In vielen Schulbüchern wird beim **Einstieg** in das Thema der Rotationskörper vorgegeben, dass eine Fläche zwischen einem Graphen und einer Funktion um die x-Achse rotieren solle, wobei ein Körper erhalten wird (vgl. [4]: 130 ff.; [3]: 154; [2]: 135). Dieser Weg wird nicht in dieser Stunde gewählt, da dieser Einstieg als weniger motivierend betrachtet wird. Bei [3] sowie [2] wird eine Analogisierung zwischen der Bestimmung von Flächen- und Rauminhalten durchgeführt. In einer direkten Gegenüberstellung werden Gemeinsamkeiten und Unterschiede dargestellt (vgl. [3]: 154; [2]: 135). In der heutigen Unterrichtsstunde soll dies nur indirekt geschehen. Die Schüler sollen erkennen, dass durch Anwendung von etwas Bekanntem ein neuer Sachverhalt erhalten wird. Jedoch soll dies nur verbal thematisiert werden und nicht Teil des Tafelbildes sein. Bei Griesel et al. wird eine ausführliche Herleitung des Rotationsvolumens analog zur Ober- und Untersummenbildung bei der Einführung des Integrals durchgeführt ([4]: 130–132). Es wird angenommen, dass die Schüler erkennen, dass ein- und umbeschriebene Zylinder zur Herleitung des Rotationsvolumens nötig sind. Sofern die Lernenden beide Wege gehen wollen, werden sie darauf hingewiesen, dass nur eine Vorgehensweise (mit einbeschriebenen Zylindern) in der heutigen Stunde behandelt wird, ihre Argumentation aber richtig ist und eine genaue Definition des Rotationsvolumens in der nächsten Unterrichtsstunde erfolgen wird.

Das **zentrale Ziel** der Stunde soll die Herleitung der Formel für das Volumen eines Rotationskörpers darstellen, was am Beispiel eines Sektglases durchgeführt wird. Um im

Anschluss das konkrete Volumen des Glases zu berechnen, wird den Schülern der Term einer geeigneten Randfunktion vorgegeben. Die Modellierung des Sachverhalts durch die Lernenden selbst ist an dieser Stelle nicht sinnvoll, da die mathematische Modellbildung ein komplexes Thema ist, welches eigenständig behandelt werden muss. Ein Beispiel hierzu findet sich bei Henn [5]. Jedoch soll auch in dieser Stunde im Rahmen eines Maximalziels eine Modellkritik durchgeführt werden. Das Ergebnis der Volumenberechnung, welches bei Verwendung der vorgegebenen Wurzelfunktion erhalten wird, ist nicht ganz realitäts-nah, sodass an dieser Stelle die Funktion als maßgeblicher Einflussfaktor auf das Ergebnis betitelt werden kann.

Die oben beschriebene Problemstellung der heutigen Stunde hätte auch bei der Ver-wendung von **anderen Körpern** thematisiert werden können. Neben anderen Glasgefäßen könnte z. B. auch der Vergleich zwischen einer Kugel und einem Ei angestrebt werden. Der Nachteil des Eies ist der, dass es nicht durch eine einfache Randfunktion beschrieben werden kann (vgl. SINUS-Transfer [7]: 137). Alternativ wäre eine Annäherung mithilfe einer Ellipse möglich (vgl. [3]: 158). Dies stellt jedoch nur eine sehr grobe Näherung dar, da ein Ei gewöhnlich nicht die Form einer um die x-Achse rotierenden Ellipse besitzt. Aus diesen Gründen wurde kein Ei als Rotationskörper verwendet.

In der heutigen Stunde soll die Rotation einer Fläche **um die x-Achse** und nicht um die y-Achse betrachtet werden. Nach dem KC Sek II muss nur die Rotation um die x-Achse behandelt werden. Zudem weist die Rotation um die y-Achse einen erhöhten Schwierig-keitsgrad auf, da hier zunächst die Umkehrfunktion gebildet werden muss. Da es sich um eine Einstiegsstunde handelt, in der weitere Schwierigkeiten von den Schülern überwunden werden müssen, und zudem das KC Sek II eine eindeutige Vorgabe macht, wird nur die Rotation um die x-Achse betrachtet.

Das Thema der Volumenbestimmung bietet **viele Visualisierungsmöglichkeiten**, durch die Probleme beim Vorstellungsvermögen behoben werden können. Zu Beginn erhalten die Schüler gleich ein Sektglas, damit sie sich die Form nicht nur im Kopf vorstellen müssen, sondern sich den Körper auch aus allen Richtungen anschauen können. Der Vorgang des Aufeinandersetzens von Zylindern zum Erhalt einer neuen Form von Körper stellt eine mögliche Schwierigkeit dar. Modell 1 (vgl. Anhang) soll den Schülern hierbei als Lernhilfe dienen. Die Abänderung der Zylinder in dem Sinne, dass ihre Höhe verringert wird und sich dadurch eine Form ergibt, welche der angestrebten immer näher kommt, soll den Schülern durch Modell 2 (vgl. Anhang) verdeutlicht werden. Das Modell zeigt einen höheren Grad der Anschaulichkeit als eine auf dem Papier angefertigte Skizze. Einen größeren Schwie-rigkeitsgrad stellt die Vorstellung dar, dass eine rotierende Fläche ein bestimmtes Volumen erzeugt. Aus diesem Grund wird zunächst im Plenum das Modell 3 (vgl. Anhang) gezeigt und im Anschluss durch die Reihen gegeben, damit jeder Schüler das Modell nochmals von allen Richtungen her betrachten kann. Um sich das Prinzip der Rotation einer Fläche um eine Achse in Bezug auf das Volumen besser vorstellen zu können, erhalten die Schüler zu zweit das Modell 4 (vgl. Anhang). In dieser Unterrichtsstunde wird somit von allen Darstel-lungsebenen nach Bruner (vgl. Zech [8]: 104 ff.) Gebrauch gemacht. Durch das Anfertigen von Skizzen wird die ikonische, durch das Aufschreiben und die verbale Mitteilung die symbolische und durch das Anfassen und Drehen der Modelle auch die enaktive Darstellung verwendet. Diese Ebenen stehen in starker Wechselbeziehung zueinander, sodass ihr Einsatz helfen kann, Verständnisprobleme abzubauen (vgl. [8]: 104).

6.5.5   Unterrichtsziele

Zentrales Ziel der Stunde:

Die Schüler sollen die Formel zur Berechnung des Volumens eines Rotationskörpers anhand des Beispiels eines Sektglases herleiten.

Im Rahmen dessen sollen die Schüler …

- beim Vergleich von Cocktail- und Sektglas die Notwendigkeit zur Entwicklung einer neuen Methode zur Berechnung des Volumens erkennen.
- ihre Ansätze zur Volumenberechnung mithilfe einer Skizze an der Tafel verdeutlichen.
- erkennen, dass ein Volumen durch eine rotierende Fläche erzeugt werden kann.
- im Team kooperativ zusammenarbeiten.
- das Thema der Stunde durch Verwendung der ikonischen, symbolischen sowie der enaktiven Darstellungsebene effektiver erschließen.
- ihre Kenntnisse aus dem Bereich der Ober- und Untersummenbildung anwenden.
- die Plausibilität des berechneten Volumens einschätzen und Kritik an dem gewählten Modell üben.

6.5.6   Methodische Überlegungen

In der ersten Phase sollen die Schüler einen Ansatz zur Lösung des gestellten Problems erarbeiten (vgl. Arbeitsblatt 1). Dies soll im Rahmen der **Think-Pair-Share-Methode** realisiert werden, da die Lernenden verschiedene Ansätze zur Berechnung des Volumens wählen können. Die nach der Einzelarbeit folgende Partnerarbeitsphase soll den Schülern die Möglichkeit geben, ihre Ideen zu diskutieren und eine erste Auswahl zu treffen (vgl. [1]: 118). In der Plenumsphase soll eine gemeinsame Sicherung erfolgen, bei der die Lernenden ihre Überlegungen an der Tafel durch eine Skizze visualisieren und eine Entscheidung treffen sollen, welche Vorgehensweise als am sinnvollsten betrachtet werden kann. **Alternativ** hätte die Erarbeitung im Plenum stattfinden können. Hierbei würde es sich jedoch schwieriger gestalten, die vielen Ideen der einzelnen Schüler von der gesamten Lerngruppe bewerten zu lassen und eine gemeinsame Strategie auszuwählen. Durch die Partnerarbeitsphase hingegen wird dies erleichtert, da dort bereits Entscheidungen durch die Teams getroffen werden.

In dem Unterrichtsraum sitzen die Schüler nicht immer so, dass jeder einen Sitznachbarn hat, mit dem er in der **Partnerarbeitsphase** zusammenarbeiten kann, sodass den Lernenden auf einer Folie visualisiert wird, mit wem sie sich austauschen sollen. Hierbei wurde gleichzeitig auf den Leistungsstand der Schüler geachtet. Im späteren Verlauf der Stunde sollen die Lernenden nochmals in Partnerarbeit einen Arbeitsauftrag bearbeiten, wobei dieselben Teams gebildet werden sollen. Die gestellte Aufgabe der Herleitung einer Formel ist nicht für eine Einzelarbeit geeignet, weil die Schüler sie aufgrund des erhöhten Schwierigkeitsgrades nicht alleine lösen können. Es muss ein Austausch zwischen den Lernenden stattfinden, damit Fragen gemeinsam geklärt werden können. Eine Gruppenarbeit hingegen würde sich nicht als sinnvoll erweisen, weil die Aufgabe hierfür zu wenig komplex ist. Nicht alle Mitglieder wären am Prozess der Lösungsfindung beteiligt.

Die **erste Aufgabenstellung** (vgl. Arbeitsblatt 1) wird relativ offen gehalten. Sofern im Unterricht erkannt werden kann, dass die Schüler keine Probleme haben, einen geeigneten Ansatz zu finden, und diesen bereits selbstständig weiter ausführen, kann die zweite Erarbeitungsphase in Bezug auf das Zeitkonzept verkürzt werden. Wenn die Lernenden bereits zu Beginn sehr gute Ergebnisse erarbeiten, die nach Planung erst in der zweiten Erarbeitungsphase erhalten werden sollten, so wird **flexibel** darauf eingegangen. Aus diesem Grunde wird direkt in der Stunde die Zeit auf der Folie eingetragen, welche die Lernenden in der zweiten Erarbeitungsphase zur Verfügung gestellt bekommen (vgl. Folie/ Arbeitsauftrag).

Die Erarbeitung der Formel des Rotationsvolumens soll in **Partnerarbeit** geschehen, wobei die Lernenden durch **Hilfekärtchen** unterstützt werden sollen. Diese werden dann von der Lehrkraft ausgegeben, wenn ein Team bei der Bearbeitung der Aufgabe nicht weiterkommt. Die Schüler selbst nehmen sich oft nicht selbstständig Hilfekärtchen. Des Weiteren können die Hilfekärtchen jeweils zu einer bestimmten Phase bei der Lösung der Aufgabe zugeordnet werden, sodass es sich als schwierig für die Schüler erweisen kann, eine geeignete Hilfe auszuwählen. Falls die Schüler bereits in der ersten Erarbeitungsphase, wie oben thematisiert, das Problem selbstständig formalisieren können, werden die Hilfekärtchen bereits in dieser Phase eingesetzt.

Es ist vorgesehen, die Rotation einer Fläche um die **x-Achse** zu thematisieren. Die Lernenden könnten intuitiv jedoch die Zylinder auch so im Koordinatensystem anordnen, dass sich eine Rotation um die **y-Achse** ergibt, da sie ein Sektglas als Gegenstand in dieser Lage wahrnehmen. In diesem Fall wird die Lehrkraft vorgeben, dass die Zylinderscheiben um die x-Achse gezeichnet werden sollen. Des Weiteren sollen im Plenum **einheitliche formale Angaben** (wie z. B. ein Intervall von a bis b) ausgewählt werden, damit sich alle Lernenden auf das zentrale Thema der Stunde konzentrieren können und nicht durch Probleme bei der Analyse der Schreibweise abgelenkt werden. Es sollen Notationen verwendet werden, die die Schüler bereits im Themenbereich der Ober- und Untersumme benutzt haben, sodass angenommen wird, dass die Lernenden sie selbstständig verwenden. Falls dies nicht der Fall sein sollte, wird im Plenum eine Vereinheitlichung vorgenommen.

Einen sehr hohen Schwierigkeitsgrad stellt die Leistung dar, welche die Lernenden erbringen müssen, um den **Zusammenhang** zwischen der Formel mit dem **Integralzei-**

chen und der vorher aufgestellten **Summe** zu begründen. Die Deutung, dass das Integral auch ein Volumen beschreiben kann, kennen die Lernenden aus dem Themenbereich der Rekonstruktion, sodass angenommen wird, dass einige Schüler Überlegungen in diesem Bereich anstellen. Durch einen gezielten Impuls, welcher auf eine Analogiebetrachtung von Untersummenbildung und der heutigen Summe abzielt, sollen die Lernenden darauf aufmerksam gemacht werden, dass sie einen ähnlichen Prozess bereits betrachtet haben.

Die **Sicherung** soll an der Tafel durchgeführt werden. Diese bietet die Möglichkeit, Fehler schnell zu verbessern, was bei Notation auf Folie nicht gegeben ist. Das Anfertigen einer Skizze, in welcher dreidimensionale Elemente dargestellt werden sollen, zeigt einen erhöhten Schwierigkeitsgrad. Auch die formal korrekte mathematische Schreibweise bei der Herleitung der Formel ist fehleranfällig, sodass angenommen wird, dass die Schüler in diesen Bereichen Fehler machen. Aus diesen Gründen wurde die Tafel als Medium für die Sicherungsphasen ausgewählt.

Als **Hausaufgabe** erhalten die Lernenden eine Aufgabe mit einem geringen Schwierigkeitsgrad (vgl. Anhang: Hausaufgabe), damit die Schüler erfolgreich die neue Formel anwenden können. Falls sich das Zeitkonzept der heutigen Stunde als zu großzügig erweist, wird die geplante Hausaufgabe als didaktische Reserve verwendet und die Lernenden erhalten als Hausaufgabe Aufgaben aus dem Schulbuch.

6.5.7   Geplanter Stundenverlauf

Phase Zeitbedarf	Inhaltliche Aspekte Lehreraktivitäten	Lernaktivitäten der Schüler/Lernziele Die SuS …	Sozial-form	Material Medien
Erarbeitung 1 Sicherung 1 15 min	Präsentation des Cocktailglases Schilderung der Problemsituation Präsentation des Sektglases Austeilen von AB 1	– begutachten das Material – nennen verschiedene Möglichkeiten, das Volumen des Cocktailglases zu bestimmen – geben an, dass das Sektglas keine Form besitzt, zu der das Volumen direkt berechnet werden kann – erklären ihren Mitschülern ihre Überlegungen – fertigen Skizze an der Tafel an	LSG Think-Pair-Share	Cocktailglas Tafel, Heft Sektglas, Tafel, Heft AB 1, OHP, Sektglas

Phase Zeitbedarf	Inhaltliche Aspekte Lehreraktivitäten	Lernaktivitäten der Schüler/Lernziele Die SuS …	Sozial- form	Material Medien
Erarbeitung 2 10 min	Präsentation von Modell 1 „Erklären Sie, wie der Fehler bei der Volumenbestim- mung verkleinert werden könnte." Präsentation von Modell 2 „Können wir nicht unser Wissen aus der Integralrechnung bei diesem Problem anwenden?" Präsentation von Modell 3 + 4 Auflegen von Folie 1 Austeilen von Hilfe- kärtchen	– beschreiben Modell 1 – erkennen, dass mehr Zylinder mit einer geringeren Höhe verwendet werden müssen – erklären Unterschied zu Modell 1 – geben an, dass durch Rotation einer Fläche ein bestimmtes Volu- men erzeugt wird – sehen sich Modelle an – schreiben Überlegun- gen im Heft auf	LSG PA	Modell 1 Modell 2 Modell 3 + 4 Folie 1, OHP, Heft, Hilfekärtchen
Sicherung 2 10 min	„Erklären Sie Ihren Mitschülern Ihre Lösung." Hervorhebung der hergeleiteten Formel zur Berechnung des Volumens eines Rotationskörpers	– notieren Ergebnis an der Tafel – verbessern gegebe- nenfalls ihre Lösung	SSG LSG	Tafel, Heft
Erarbeitung 3 5 min	„Beschreiben Sie, welche Daten Sie benötigen." Auflegen von Folie 3	– nennen Funktions- term sowie die Höhe des Sektglases – wenden Formel an	LSG PA	Folie 2, OHP
Sicherung 3 5 min	„Erklären Sie Ihre Rechnungen." „Bewerten Sie das Ergebnis." Erteilung der Haus- aufgabe	– schreiben Lösung an die Tafel – beurteilen Aussage- kraft des Ergebnisses	LSG	Tafel, Heft

Abkürzungen: **LSG** = Lehrer-Schüler-Gespräch, **PA** = Partnerarbeit, **SSG** = Schüler-Schüler-Gespräch, **AB** = Arbeitsblatt, **OHP** = Overheadprojektor

6.5.8 Geplantes Tafelbild

Tafel 1

Cocktailglas:

Glas hat annähernd die Form eines Kegels

Volumenberechnung mit Formel möglich

Sektglas:

Annäherung durch *einen* Körper sehr ungenau

?

Versuch: Annäherung durch mehrere Zylinder, die jeweils die gleiche Höhe haben

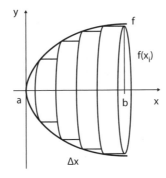

Volumenberechnungen

Zum Sektglas:

• Funktion f auf $I = [a;b]$ mit $x_0 = a, x_1,..., x_n = b$,

Teilintervalle: $\Delta x = \dfrac{b-a}{n}$, n = Anzahl d. Zylinder

Volumen aller Zylinder:

$$V_n = \pi \cdot \left(f(x_0)\right)^2 \cdot \Delta x + ... + \pi \cdot \left(f(x_{n-1})\right)^2 \cdot \Delta x$$

$$= \pi \cdot \left(f(x_0)\right)^2 \cdot \frac{b-a}{n} + ... + \pi \cdot \left(f(x_{n-1})\right)^2 \cdot \frac{b-a}{n}$$

Grenzwertbildung:

$$\lim_{n \to \infty} V_n = \int_a^b \pi \cdot \left(f(x)\right)^2 dx = \pi \cdot \int_a^b \left(f(x)\right)^2 dx$$

Volumen V eines Rotationskörpers: $V = \pi \cdot \int_a^b \left(f(x)\right)^2 dx$

Tafel 2

Berechnung des Volumens:

$f(x) = 5 \cdot \sqrt{\dfrac{5}{214} x}$, $I = [0;10,7]$

$$V = \pi \cdot \int_0^{10,7} \left(5 \cdot \sqrt{\frac{5}{214}x}\right)^2 dx$$

$$= \pi \cdot \int_0^{10,7} 25 \cdot \frac{5}{214} \cdot x\, dx$$

$$= \pi \cdot \int_0^{10,7} \frac{125}{214} \cdot x\, dx$$

$$= \pi \cdot \left[\frac{125}{428} \cdot x^2\right]_0^{10,7}$$

$$V = \pi \cdot \left(\frac{125}{428} \cdot 10,7^2 - 0\right)$$

$$\approx 105$$

Das Volumen des Sektglases beträgt ca. 105 mL.

6.5.9   Literaturverzeichnis

[1] Barzel, B., Büchter, A., Leuders, T.: Mathematik Methodik. Handbuch für die Sekundarstufe I und II. Cornelsen, Berlin 2007

[2] Baum, M., Bellstedt, M., Brandt, D., Buck, H., Dürr, R., Freudigmann, H., Greulich, F., Haug, F., Riemer, W., Sandmann, R., Schmitt-Hartmann, R., Zimmermann, P., Zinser, M.: Lambacher

Schweizer 11/12. Mathematik für Gymnasien. Gesamtband Oberstufe. Niedersachsen. Klett, Stuttgart 2009 *(das eingeführte Schulbuch)*

[3] Bigalke, A., Köhler, N. (Hrsg.): Mathematik. Gymnasiale Oberstufe. Niedersachsen. Qualifikationsphase. Cornelsen, Berlin 2010

[4] Griesel, H., Gundlach, A., Postel, H., Suhr, F.: Elemente der Mathematik 11/12. Niedersachsen. Schroedel, Braunschweig 2009

[5] Henn, H.-W.: Volumenbestimmung bei einem Rundfaß. In: Materialien für einen realitätsbezogenen Mathematikunterricht Band 2, Franzbecker, Hildesheim 1995, S. 56–65.

[6] Niedersächsisches Kultusministerium (Hrsg.): Kerncurriculum für das Gymnasium – gymnasiale Oberstufe. Mathematik. Hannover 2009 (im Text abgekürzt: KC Sek II)

[7] SINUS-Transfer: Ministerium für Schule und Weiterbildung NRW (Hrsg.): Impulse für den Mathematikunterricht in der Oberstufe. Konzepte und Materialien aus dem Modellversuch. Klett, Stuttgart 2007

[8] Zech, F.: Grundkurs Mathematikdidaktik. Theoretische und praktische Anleitungen für das Lehren und Lernen von Mathematik. Beltz, Weinheim und Basel 1996 (8. Auflage)

6.5.10   Anhang

- Anlagen: Arbeitsblatt, Modelle, Hilfekärtchen, Folien
- Hausaufgabe

Arbeitsblatt

Sie erhalten gleich ein Sektglas. Entwickeln Sie einen Ansatz, wie das Volumen dieses Glases möglichst genau berechnet werden könnte. Arbeiten Sie im Rahmen der Think-Pair-Share-Methode (Zeit: insg. 10 Minuten).

Modelle 1 bis 4

Modell 1

Modell 2

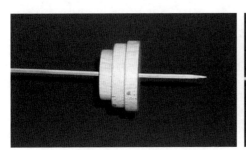 

Modell 3

Modell 4

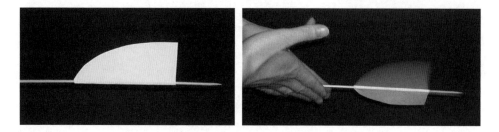

Folie 1

Arbeitsauftrag:

Leiten Sie eine Formel her, mit der das Volumen des Sektglases berechnet werden könnte. Überlegen Sie sich dazu, welche Formalien Sie benötigen. Arbeiten Sie mit Ihrem Partner von vorhin zusammen. Sie haben für diese Aufgabe ___ Minuten Zeit.

Hilfekärtchen:

Tipp:

Schauen Sie in Ihrer Formelsammlung nach, wie das Volumen eines Zylinders berechnet wird.

Tipp:

Zur Berechnung des Volumens eines Zylinders benötigen Sie dessen Höhe und den Radius von dessen Grundfläche. Überlegen Sie sich, welche der Formalien, die Sie zu Beginn gewählt haben, entsprechend dafür eingesetzt werden können.

Tipp:

Denken Sie darüber nach, wie der Fehler bei der Volumenberechnung minimiert werden kann, und verwenden Sie im Anschluss eine mathematische Schreibweise, um dies auszudrücken.

Tipp:

Überlegen Sie sich, welcher Zusammenhang zwischen der Summe, die Sie im Rahmen des Unterrichts bei der Berechnung des Flächeninhalts zwischen dem Graphen der Funktion f mit $f(x)=x^2$ und der x-Achse aufgestellt haben, und dem Integral besteht. Übertragen Sie diesen Sachverhalt auf das Problem der heutigen Stunde.

Folie 2

Hinweis: Der obere Rand des Sektglases kann durch eine Funktion f mit $f(x) = 5 \cdot \sqrt{\frac{5}{214} \cdot x}$ im Intervall [0; 10,7] beschrieben werden.

Hausaufgabe[18]

Kreisel als Rotationskörper

Auch Kreisel sind Rotationskörper. Die hier abgebildeten Kreisel lassen sich – ohne den Griff – mathematisch beschreiben durch eine Rotation der Fläche unter dem Graphen der Funktion f mit $f(x)=-x^2+2x$ über dem Intervall [0;1].

Aufgabe:

a) Zeichnen Sie den Graphen der Funktion f über dem Intervall [0;1].
b) Berechnen Sie das Volumen des Kreisels.

Mögliche didaktische Reserve: Schulbuch, S. 137, Nr. 4 a–c.

6.6   Produktintegration

6.6.1   Thema der Unterrichtsstunde

„*Verkaufszahlen im Keller?*" – Erarbeitung der Regel zur Produktintegration am Beispiel von Verkaufszahlen eines Smartphones in Partnerarbeit

(Autorin: Katharina Rensinghoff)

---

[18] Quelle der Hausaufgabe: [4]: 132, verändert.

I. Darstellung der längerfristigen Unterrichtszusammenhänge

6.6.2   Thema der Unterrichtsreihe

„Nicht alles ist ganzrational!" – Erarbeitung und Untersuchung der Eigenschaften von Exponentialfunktionen, insbesondere der e-Funktion und Interpretation von dieser in Sachzusammenhängen

6.6.3   Intention der Unterrichtsreihe

Die Schülerinnen und Schüler analysieren Exponentialfunktionen, indem sie mit Hilfe von Produkt-und Kettenregel die Ableitungen von diesen erarbeiten und daraus die e-Funktion herleiten, deren Eigenschaften untersuchen und mit Hilfe von partieller Integration und Substitution Integrale bestimmen (*inhaltsbezogene Kompetenz: Analysis*). Sie nutzen Exponentialfunktionen zur Lösung von Problemen in Sachzusammenhängen (*prozessbezogene Kompetenz: Modellieren*) gegebenenfalls mit Hilfe des Taschenrechners (*prozessbezogene Kompetenz: Werkzeuge*) und interpretieren und beurteilen ihre Ergebnisse kritisch (*prozessbezogene Kompetenz: Argumentieren*).

6.6.4   Einordnung der Unterrichtsstunde in die Unterrichtsreihe[19]

1. UE: *„Das können wir schon!"* – Wiederholung der grundlegenden Eigenschaften von Exponentialfunktionen und Ermittlung der Lernausgangslage mit Hilfe der Strukturlegetechnik

2. UE: *„Facebook hat bald jeder, oder?"* – Modellierung einer Exponentialfunktion am Beispiel der Anzahl der Mitglieder von Facebook und kritische Beurteilung des Modells in Gruppenarbeit

3. UE: *„Wie schnell wächst das denn?"* – Bestimmung der Ableitung einer Exponentialfunktion durch Näherungsverfahren

4. UE: *„e hoch x bleibt e hoch x!"* – Graphische und rechnerische Herleitung der natürlichen Exponentialfunktion „eˣ" nach dem Prinzip Think-Pair-Share

5. UE: *„Da brauchen wir Regeln!"* – Herleitung und Beweis von Produkt- und Kettenregel

6. UE: *„Das geht auch mit e!"* – Vergleich der Funktionsuntersuchungen von ganzrationalen Funktionen und e-Funktionen in arbeitsteiliger Partnerarbeit

SOMMERFERIEN

---

[19] Abgesehen von der Prüfungsstunde handelt es sich bei allen Unterrichtseinheiten um Doppelstunden.

7. UE: *„Wie war das noch?"* – Wiederholung der Funktionsuntersuchung der Exponentialfunktion in Form eines Stationenlernens

8. UE: *„Wie kriege ich das weg?"* – Einführung des natürlichen Logarithmus als Umkehrung der e-Funktion und Herleitung einer allgemeinen Regel zur Ableitung von Exponentialfunktionen

9. UE: *„Integriere dich doch mal! – Ich kann nicht, ich bin die e-Funktion ..."* – Einführung der Integration von einfachen Exponentialfunktionen am Beispiel einer Niederschlagsrate

10. UE: *„Und es ändert sich doch!"* – Übung der Integration von einfachen Exponentialfunktionen mit der Methode des Lerntempoduetts

11. UE: *„Verkaufszahlen im Keller?"* – Erarbeitung der Regel zur Produktintegration am Beispiel von Verkaufszahlen eines Smartphones in Partnerarbeit

12. UE: *„Geht das immer?"* – Vertiefung der Produktintegration und Untersuchung von Spezialfällen in Form eines Gruppenpuzzles

13. UE: *„Und auf lange Sicht?"* – Computergestützte Untersuchung uneigentlicher Integrale am Beispiel der Beurteilung langfristiger Entwicklungen von Verkaufsprozessen

14. UE: *„Das fehlt jetzt noch!"* – Erarbeitung und Beweis der Integration durch Substitution

15. UE: *„Fit fürs Abi!"* – Anwendung und Übung der Inhalte der Unterrichtsreihe an Aufgaben auf Abiturniveau

6.6.5 Didaktisch-methodische Planungsüberlegungen

Auswahl des Themas

Die Auswahl des Themas ergibt sich zum einen aus dem schulinternen Curriculum[20], welches sich an den Vorgaben für das Zentralabitur orientiert,[21] zum anderen aus den Inhaltsfeldern des alten Lehrplans[22] sowie dem gerade veröffentlichten Beschluss der Kultusministerkonferenz zu den Bildungsstandards im Fach Mathematik für die Allgemeine Hochschulreife.[23]

---

[20] Vgl. SCHULINTERNES CURRICULUM für das Fach Mathematik in der Sekundarstufe II (unveröffentlicht).

[21] Vgl. MINISTERIUM FÜR SCHULE UND WEITERBILDUNG DES LANDES NORDRHEIN-WESTFALEN: Vorgaben zu den unterrichtlichen Voraussetzungen für die schriftlichen Prüfungen im Abitur in der gymnasialen Oberstufe im Jahr 2014.

[22] Vgl. MINISTERIUM FÜR SCHULE UND WEITERBILDUNG DES LANDES NORDRHEIN-WESTFALEN: Richtlinien und Lehrpläne für die Sekundarstufe II – Gymnasium/ Gesamtschule in Nordrhein-Westfalen: Mathematik. Frechen 1999.

[23] Vgl. KULTUSMINISTERKONFERENZ: Bildungsstandards im Fach Mathematik für die Allgemeine Hochschulreife (Beschluss der Kultusministerkonferenz vom 18.10.2012).

Die Auseinandersetzung mit Exponentialfunktionen ist mit Blick auf die Naturwissenschaften besonders wichtig, was auch ihre Aufnahme in das verkürzte Ausbildungsprogramm des achtjährigen Gymnasiums erklärt. Hier werden die Inhalte bisweilen sogar schon vor ihrer Einführung im Mathematikunterricht benötigt, um z. B. Zerfallsprozesse oder Ähnliches zu modellieren. Trotz der mathematischen Komplexität des Themas kann so dessen Relevanz für die Schülerinnen und Schüler deutlich gemacht werden.

Hinweise zur Lerngruppe

Bei dem Kurs handelt es sich um einen von zwei Mathematik-Leistungskursen in der Jahrgangsstufe Q2/13. Der geringere Anteil an Mädchen ist in den meisten naturwissenschaftlichen Leistungskursen (abgesehen von Biologie) zu beobachten und spiegelt eine stärkere Fokussierung der Mädchen auf die Sprachen wider. Es zeigte sich jedoch, dass die Mädchen, die dennoch Mathematik auf erhöhtem Leistungsniveau wählten, hier auch besonders gut abschnitten.

Die Schülerinnen und Schüler sind im Allgemeinen leistungsbereit und bis auf wenige Ausnahmen sehr motiviert. Insbesondere in Arbeitsphasen zeigt sich, dass sie konzentriert und mit nur wenigen Ablenkungen ihren Aufgaben nachgehen. Lediglich die mangelnde häusliche Vorbereitung fällt hier bei einigen negativ ins Gewicht.

Im Unterrichtsgespräch bringen sich viele Schülerinnen und Schüler ein, es gibt jedoch auch eine große Zahl, die sich hier sehr zurückhält. Das hat am Ende des vergangenen Schuljahres zu Gesprächen mit der Fachlehrerin geführt, die den Schülerinnen und Schülern wiederholt zu vermitteln versucht hat, dass sie selbst für ihre Beiträge verantwortlich sind und sich nicht auf guten schriftlichen Leistungen ausruhen können. Abgesehen von einer kurzen Phase, in der vermehrt auch bis dahin stillere Schülerinnen und Schüler aktiv waren, zeigte dieses Gespräch jedoch keine Wirkung. Um gerade den ruhigeren Schülerinnen und Schülern zusätzliche Sicherheit für ihre Beiträge zu geben, werden an mehreren Stellen der Reihe bewusst Murmel- und Denkphasen eingebaut.

Der Kurs ist, obwohl es sich um einen Leistungskurs handelt, sehr heterogen. Neben einer Gruppe von sehr starken Schülerinnen und Schülern gibt es auch eine nicht geringe Zahl von Lernenden, die bei komplexeren Aufgaben schnell an ihre Grenzen stoßen. Auch beim Arbeitstempo, der mathematischen Vorstellungskraft und dem kreativen Umgang mit Problemen zeigen sich diese Unterschiede. Neben der persönlichen Beratung und Hilfestellung während der Arbeitsphasen werden im Verlauf der Reihe immer wieder auch Zwischenlösungen oder Hilfekarten als nutzbare Option angeboten.[24] Damit soll den Schülerinnen und Schülern ihre eigene Verantwortung erneut bewusst gemacht und gleichzeitig ermöglicht werden, dass alle sinnvoll am Unterrichtsgeschehen teilnehmen können. Die Annahme solcher Hilfen war in der Vergangenheit sehr unterschiedlich. Einige Schüler halten gern lange an falschen Rechenwegen fest, bevor sie Hilfe in Anspruch

---

[24] Vgl. HUSSMANN, Stephan: Mathematik entdecken und erforschen. Berlin 2011, 58.

nehmen. Daher wird trotz des fortgeschrittenen Alters der Schülerinnen und Schüler immer wieder auch sehr explizit auf die Hilfen hingewiesen. Eine weitere Form der Binnendifferenzierung stellen Expertenaufgaben und offene Arbeitsformen wie Lerntheken dar. Hier zeigte sich bisher eine große Notwendigkeit der gemeinsamen Bündelung der Ergebnisse im Unterrichtsgespräch, damit alle Schülerinnen und Schüler mit diesen weiterarbeiten konnten.

Ein Schüler ist zum Ende des letzten Schuljahres neu in den Kurs gekommen und wiederholt die Jahrgangsstufe 13 nach der alten Prüfungsordnung, die er schon einmal an einer anderen Schule absolviert hat. Er stieg direkt mit einer sehr hohen Zahl an Fehlstunden und umfangreichen Wissenslücken ein, sodass er verstärkt Aufmerksamkeit und Unterstützung im persönlichen Gespräch erhalten soll. Die Einbindung in den Kurs gelang jedoch in dem Rahmen, wie das von der Lehrkraft beobachtet werden konnte, ohne Schwierigkeiten.

In dem Kurs gibt es einige Schüler, die zurzeit außerhalb der Schule besonders gefordert sind, zum Teil durch ihre starke Einbindung in sportliche Verpflichtungen,[25] zum Teil durch Schwierigkeiten im Elternhaus. Es war in der Vergangenheit nicht immer klar, wann diese Belastungen auch Auswirkungen auf die Konzentration und Leistungsfähigkeit während des Unterrichts hatten. Die in Mathematik traditionell sehr umfangreichen Arbeitsphasen geben den Schülern jedoch die Möglichkeit, in ihrem eigenen Tempo zu arbeiten und sich gegebenenfalls auch notwendige Auszeiten zu nehmen.

Ablauf der Reihe

Der schulinterne Lehrplan sieht vor, dass die Themen der Qualifikationsphase in Form eines Spiralprinzips zweimal durchlaufen werden, wobei der zweite Turnus eine Vertiefung des ersten darstellt. So sind für die Schülerinnen und Schüler die Themen Ableitung der Exponentialfunktion und e-Funktion völlig neu, während sie Integralrechnung bereits am Beispiel von ganzrationalen Funktionen kennengelernt haben. Die Eigenschaften von Exponentialfunktionen haben die Lernenden in der Einführungsphase erarbeitet, was jedoch erfahrungsgemäß für die Schülerinnen und Schüler nicht mehr sehr präsent ist.

Aus diesem Grund steigt die Reihe mit einer Phase der Wiederholung und Aktivierung schon vorhandenen Vorwissens ein, die für die Lehrperson auch als Erhebung der Lernausgangslage dient. Damit sollen bei den Schülerinnen und Schülern die Voraussetzungen zur Anknüpfung an bereits Erlerntes geschaffen werden.[26] Bei den sich anschließenden Themen wurden bewusst lebensnahe Beispiele gewählt. Diese dienen zur Motivierung der Schülerinnen und Schüler, aber auch der Förderung der Fähigkeiten im Problemlösen.

---

[25] Das Gymnasium führt den Titel „Sportschule NRW", da hier Schülerinnen und Schüler neben dem Weg zum Abitur Leistungssport betreiben können und dafür individuell gefördert werden. Die Förderung findet z. B. in Form von eigenen Kursen, Nachführstunden und Beratungen statt.

[26] Vgl. LEUDERS, Timo: Prozessorientierter Mathematikunterricht, in: DERS.: Mathematikdidaktik. Praxishandbuch für die Sekundarstufen I und II, 265–275, hier 271.

Hier war der Kurs in der Vergangenheit besonders dann aktiv, wenn das Problem für sie nachvollziehbar und relevant war.

Die Herleitung der e-Funktion erfolgt über den für die Schule wohl klassischen Weg der Ableitung der Exponentialfunktion. Mit Hilfe eines Näherungsverfahrens ermitteln die Schülerinnen und Schüler den Wert für die Basis a, sodass die Ableitung von a^x wieder a^x ergibt. Es schließt sich eine intensive Auseinandersetzung mit den Eigenschaften von e^x an. Den natürlichen Logarithmus nutzen die Lernenden im Rahmen dieser Reihe zunächst nur als Umkehrung der e-Funktion und werden sich erst im nächsten Quartal mit der ln-Funktion und ihren Eigenschaften beschäftigen.

Nachdem sie den natürlichen Logarithmus kennengelernt haben, beschäftigen sich die Schülerinnen und Schüler erneut mit der allgemeinen Exponentialfunktion und formulieren die Regel für deren Ableitung, die ihnen in der allgemeinen Form bisher noch fehlte, nun mit Hilfe von ln. Natürlich ist das eigentliche Problem nicht mehr ganz so präsent, wie es gewesen wäre, wenn die Regel direkt bei der Hinführung zu Beginn der Reihe eingeführt worden wäre. Anders als zu jenem Zeitpunkt sind die Schülerinnen und Schüler jedoch nun in der Lage, mit Hilfe der Kettenregel und des natürlichen Logarithmus die Regel selber zu finden, was ein nachhaltiges Lernen erleichtert.

Der Übergang zur Integralrechnung mit e-Funktionen und der partiellen Integration sowie der Substitution als nun notwendige Integrationsverfahren erfolgt erneut problemorientiert. Natürlich zeigt sich hier, dass die Probleme inzwischen mathematisch so komplex sind, dass die lebensnahen Anwendungsbezüge schnell erschöpft sind. Dennoch werden diese, wann immer das möglich ist, gefunden, um eine Auseinandersetzung mit den Themen und Fragestellungen zu rechtfertigen und deren Notwendigkeit für die Schülerinnen und Schüler transparent zu machen.

Zwei Wochen vor den Herbstferien findet die Klausur zur Lernerfolgskontrolle statt, da die Stufe anschließend auf Studienfahrt geht. Die Reihe selbst wird durch die Sommerferien unterbrochen. Das ist in der Planung des schulinternen Curriculums so vorgesehen, um auch die Phase nach der letzten Klausur in der Q1 noch intensiv zu nutzen, macht jedoch eine zwischengeschaltete Wiederholungsphase sinnvoll. Diese soll genutzt werden, um gerade den schwächeren Schülerinnen und Schülern die Chance zur selbstständigen Nacharbeit zu bieten und die stärkeren durch komplexere Aufgabenstellungen herauszufordern.

Das erhöhte Niveau des Leistungskurses zeigt sich unter anderem darin, dass die Schülerinnen und Schüler an vielen Stellen gefordert sind, neue Inhalte selbst herzuleiten und zu beweisen (z. B. die Ableitungsregeln). Natürlich werden ihnen dafür geeignete Hilfen zur Verfügung gestellt, um das in dem beschränkten Zeitrahmen, den sie haben, leisten zu können.

Im Laufe der Reihe werden verschiedene Sozialformen eingesetzt. Gruppenarbeit soll bewusst dann genutzt werden, wenn das Thema genügend Komplexität besitzt, sodass diese sinnvoll erscheint, bzw. wenn jeder Lernende innerhalb der Gruppe eine eigene Aufgabe erhält, wie z. B. beim Gruppenpuzzle zu den Spezialfällen der partiellen Integration. Damit soll verhindert werden, dass sich einzelne Lernende zurückziehen und den leistungsstärkeren und fleißigeren Schülerinnen und Schülern die Arbeit allein überlassen, wie es sich in der Vergangenheit immer mal wieder gezeigt hat.

II. Planung der Unterrichtsstunde

6.6.6   Thema der Unterrichtseinheit

„Verkaufszahlen im Keller?" – Erarbeitung der Regel zur Produktintegration am Beispiel von Verkaufszahlen eines Smartphones in Partnerarbeit

6.6.7   Intentionaler Schwerpunkt der Unterrichtsstunde

Die Schülerinnen und Schüler erweitern und vertiefen ihre *inhaltsbezogenen Kompetenzen* im Bereich *Analysis*, indem sie …

* die Regel für die partielle Integration herleiten,
* diese auf ein Beispiel anwenden
* und gegebenenfalls an einem weiteren Beispiel üben.

Sie erweitern ihre *prozessbezogenen Kompetenze*n, indem sie …

* eine Problemsituation erfassen und mit mathematischen Hilfsmitteln lösen *(Problemlösen).*

6.6.8   Geplanter Unterrichtsverlauf

Unter-richts-phase	Unterrichtsgeschehen	Sozial-form	Medien
Einstieg	Es wird eine Präsentation mit Fotos und Erwartungen an das iPhone 4S sowie Schlagzeilen über dessen Verkaufszahlen gezeigt. Die Präsentation endet mit dem Einblenden eines Graphen, der die Anzahl der verkauften Handys in Millionen pro Monat in Abhängigkeit von der Zeit darstellt.	LV	PPP
	Die Lernenden reagieren spontan und formulieren die Leitfrage der Stunde. Die Leitfrage wird an der Tafel festgehalten. Ggf. für den weiteren Verlauf der Reihe interessante Fragestellungen werden an der Seitentafel notiert.	UG	Tafel
	An der Stelle, wo die Lernenden die Notwendigkeit einer Funktionsgleichung benennen, wird diese angegeben.* Mögliche Antworten: – Es wurden vermutlich nur weniger als 150 Millionen iPhones im ersten Jahr verkauft. – Der Graph gibt die Anzahl der verkauften Handys in Millionen pro Monat an. Um die Gesamtzahl zu erhalten, müssen wir das Integral bilden mit den Grenzen 0 und 12. – Ggf. könnte man auch berechnen, wie viele Handys langfristig verkauft wurden (Sollten die Lernenden dies vorschlagen, werden sie auf die kommende Stunde verwiesen, wo dies berechnet werden soll.). – Leitfrage: Wie viele iPhones wurden im ersten Jahr verkauft?		PPP
	Alternative 1: Die Lernenden schlagen eine Berechnung mit dem Taschenrechner vor. In diesem Fall werden von der Lehrerin der Rechenweg und das Aufschreiben der Stammfunktion eingefordert. Die Lernenden erkennen, dass sie diese nicht bilden können bzw. dass der Taschenrechner eine andere Lösung angibt, als sie per Hand ausgerechnet haben.	PA/ Murmelphase	Taschenrechner, Heft
	Alternative 2: Die Lernenden formulieren direkt das Problem, dass sie eine Produktfunktion bisher nicht integrieren können.	UG	
	Problemformulierung: Berechnung eines Integrals von einer Produktfunktion	UG	Tafel
Erarbeitung	Die Lernenden bearbeiten die Leitfrage in Partnerarbeit. Dabei stehen ihnen dreistufige Hilfen zur Verfügung, über deren Einsatz sie selbst entscheiden. Schnell arbeitende Schülerinnen und Schüler bearbeiten zudem eine weitere Funktion, die die Verkaufszahlen eines anderen Smartphones abbildet.	PA	Heft, Hilfen, AB, Zwischenlösung

Unter-richts-phase	Unterrichtsgeschehen	Sozial-form	Medien
Präsen-tation	Die Ergebnisse von einzelnen Lernenden werden aufge-legt und von anderen Lernenden kommentiert. Fragen und Unsicherheiten werden geklärt und die Leitfrage (Anzahl der verkauften Handys im ersten Jahr) wird beantwortet.	SV UG	Präsen-tations-kamera, Heft/AB
Siche-rung	Das Vorgehen der Produktintegration wird zur Lösung des eingangs formulierten Problems von den Lernenden re-flektiert und mündlich zusammengefasst. Der Begriff der Produktintegration/partiellen Integration wird eingeführt, an der Tafel notiert und von den Lernenden aufgrund der Wortbedeutung erklärt. *Mögliches Stundenende* Die Regel zur Produktintegration wird im Regelheft fest-gehalten. *Antizipiertes Stundenende*	UG	Tafel Tafel
Didak-tische Reserve	Die Lernenden üben die Regel zur Produktintegration an einer weiteren Funktion, die die Verkaufszahlen eines Konkurrenzprodukts abbildet.	PA	Folie, AB

LV: Lehrervortrag, **SV:** Schülervortrag, **UG:** Unterrichtsgespräch, **PPP:** PowerPoint-Präsentation, **PA:** Partnerarbeit, **AB:** Arbeitsblatt

* Die Idee, selbst eine Verkaufsfunktion zu modellieren, lehnt sich an eine Aufgabe zum Verkauf von Kaffeemaschinen in folgendem Lehrwerk an: SCHMIDT, Günter/ KÖRNER, Henning/ LERGENMÜLLER, Arno: Mathematik. Neue Wege. Arbeitsbuch für Gymnasien. Analysis. Braunschweig 2010, 324.

Hausaufgaben zur Stunde

Berechnung von Integralen, in denen der Integrand eine e-Funktion der Form $f(x) = a \cdot e^{kx}$ ist. Diese Hausaufgaben werden in der ersten Stunde an diesem Tag mit der Fachlehrerin be-sprochen, da der Kurs auch regulär montags in den ersten zwei Schulstunden Unterricht hat.

Hausaufgaben aus der Stunde

Je nach Stundenende:

Alternative 1: Die Stunde endet mit dem möglichen Stundenende: Die Schülerinnen und Schüler halten die Regel zur Produktintegration in ihrem Regelheft fest und bearbeiten eine weitere Funktion.[27]

Alternative 2: Die Stunde endet mit dem antizipierten Stundenende: Die Lernenden bearbeiten eine weitere Funktion.

---

[27] Vgl. dazu die Hinweise zur didaktischen Reserve im Anhang.

Alternative 3: Die Stunde endet mit der didaktischen Reserve: Die Schülerinnen und Schüler üben die Regel zur Produktintegration an Beispielaufgaben aus dem Buch.[28]

6.6.9 Didaktisch-methodische Planungsüberlegungen

Auswahl des Themas

Die Schülerinnen und Schüler haben im Rahmen der Beschäftigung mit ganzrationalen Funktionen das Integral auf dem klassischen Weg über die Ober- und Untersummen als Riemann-Integral kennengelernt.[29] In der vorangegangenen Stunde konnten sie dieses nach einer Wiederholungsphase auf einfache e-Funktionen übertragen. Daher ist naheliegend, nun die partielle Integration oder die Substitution als Integrationsmethode einzuführen. Weil Letztere erfahrungsgemäß für Schülerinnen und Schüler ein wenig schwieriger zu verstehen ist, da hier ein reines „Abarbeiten" einer Formel nur schwer möglich ist, und zudem bei der Substitution auch Produktfunktionen vorkommen, bei denen der ganzrationale Teil jedoch durch das Ersetzen wegfällt, soll die Produktintegration als Erstes in den Blick genommen werden.

Der Herleitung und ersten Anwendung in dieser Stunde folgt in der folgenden Doppelstunde eine Arbeit an Spezialfällen, die zugleich eine Vertiefung des Themas darstellt. Daher können Detailfragen gegebenenfalls auf die folgende Stunde verschoben werden, ohne dass den Schülerinnen und Schülern dadurch ein Nachteil entsteht.

Der Anwendungskontext „Verkaufszahlen eines iPhones" stammt aus der Lebenswelt der Lernenden, die vielfach in jeder Pause ihr Handy zücken und mit dessen Funktionen und auch dem Hype, der speziell um das iPhone gemacht wird, vertraut sind.

Begründung des geplanten Verlaufs

Die Stunde startet, wie im Verlauf erwähnt, mit einer PowerPoint-Präsentation. Mit Bildern vom iPhone 4S, dessen Verkaufszahlen Gegenstand der Stunde sind, sowie dem Ansturm auf die Läden zu Beginn des Verkaufs wird bei den Schülerinnen und Schülern eine Erwartungshaltung aufgebaut. Sie kennen die Marke als sehr erfolgreich und werden darin nun bestätigt. Die sich anschließenden Schlagzeilen berichten von einer Enttäuschung über den tatsächlichen Absatz. Dadurch wird eine Fragehaltung bei den Lernenden aufgebaut: Wie kam es dazu? Wie viele Handys wurden tatsächlich verkauft? etc. Natürlich können die ökonomischen Hintergründe in dieser Stunde nicht erläutert werden, jedoch steht es den Schülerinnen und Schülern frei, Hintergrundwissen einzubringen, z. B. dass das iPhone 4S aufgrund nur geringerer Neuerungen nicht so erfolgreich war. Dadurch erhalten sie die Möglichkeit, das mathematische Thema der Stunde und ihre Lebenswelt zu verknüpfen.

---

[28] BIGALKE, Anton/KÖHLER, Norbert (Hrsg.): Mathematik. Gymnasiale Oberstufe. Nordrhein-Westfalen. Qualifikationsphase. Leistungskurs. Berlin 2011, S. 264, Übung 1, vgl. Anhang IV. 8.

[29] Vgl. HUSSMANN, Stephan: Mathematik entdecken und erforschen. Berlin 2011, 72.

Es schließt sich die Darstellung eines Funktionsgraphen an, der die Anzahl der verkauften Handys in Millionen pro Monat in Abhängigkeit von der Zeit in Monaten darstellt. An dieser Stelle werden die Schülerinnen und Schüler aufgefordert, spontan zu reagieren. Diese Offenheit soll einen Denkprozess herausfordern und verschiedene Richtungen offenhalten: Die Lernenden können den Graphen beschreiben, mögliche Fragestellungen formulieren etc. Durch ein erneutes Einblenden der Überschrift „Wir hatten über 150 Millionen verkaufte Endgeräte erwartet …" wird gegebenenfalls sehr deutlich die inhaltliche Fragestellung der Stunde fokussiert. Es soll dabei erklärt werden, welche der zusätzlich formulierten Fragestellungen im Laufe der folgenden Stunde beantwortet werden sollen bzw. welche die augenblicklichen Kompetenzen übersteigen würden. So soll der Unterrichtsgang transparent gemacht werden.

Sobald die mathematische Fragestellung nach der Berechnung des Integrals klar ist, hängt der nächste Schritt von den Äußerungen der Schülerinnen und Schüler ab. In der Vergangenheit haben in solchen Situationen viele zunächst den Taschenrechner zu Hilfe genommen, einige auch direkt ein Problem erkannt. Die Offenheit, welcher Weg eingeschlagen wird,[30] soll dem Rechnung tragen.

Die Arbeitsphase wurde bewusst als Partnerarbeit angelegt. Die Regel zur Produktintegration ist ein wichtiges Thema, das wirklich von allen verstanden werden muss. In größeren Gruppen besteht schneller die Gefahr, dass Einzelne mit ihren Fragen und Verständnisschwierigkeiten nicht zu Wort kommen oder sich von sich aus nicht einbringen. In einer Zweiergruppe sind stets beide Partner gefordert und, anders als in Einzelarbeit, haben sie gleichzeitig die Möglichkeit der wechselseitigen Hilfestellung, Ergänzung und Absicherung.

Die Schülerinnen und Schüler werden mit Hilfe eines Arbeitsblattes durch die Herleitung der Regel zur partiellen Integration geleitet. Dieses erscheint auch in einem Leistungskurs angesichts der knapp bemessenen Zeit ein sinnvoller Weg, wie die Lernenden zwar möglichst eigenständig, aber dennoch zielführend an dem Thema arbeiten können. So wird die Produktregel zur Bildung der Ableitung und deren Integration als Schritt vorgegeben, da es für die Schülerinnen und Schüler schwierig wäre, diese Schritte selbst zu finden, während das Umsetzen dieser Hinweise ihnen nicht allzu schwerfallen dürfte, da die partielle Integration als neues Thema damit auf Bekanntes zurückgeführt werden kann.

Da die eigentliche Schwierigkeit erst bei der Anwendung der Regel auf eine bestimmte Funktion eintritt, stehen für diesen Arbeitsschritt gestufte Hilfen zur Verfügung. Damit soll erneut bei den Schülerinnen und Schülern geschult werden, die eigene Leistungsfähigkeit ehrlich zu reflektieren und angebotene Hilfen bewusst einzusetzen, da beides einigen noch immer schwerfällt, aber mit Blick auf die erhöhte Selbstständigkeit im Studium notwendig ist.

Die schnell arbeitenden Schülerinnen und Schüler bearbeiten eine weitere Funktion, die Verkaufszahlen abbildet, und bleiben damit im Sachkontext. Nun sind jedoch e-Funktion und ganzrationale Funktion in ihrer Reihenfolge vertauscht, sodass ein Mitdenken und be-

---

[30] Vgl. Abschn. 6.6.8 Geplanter Unterrichtsverlauf.

wusstes Zuordnen der Terme zu u(x) und v'(x) notwendig werden. Da die schnell arbeiten-den Lernenden im Normalfall auch die Leistungsstärkeren sind, kann ihnen dies durchaus zugemutet werden. Je nachdem, wie viel Zeit am Ende der Stunde bleibt, können sie ihre Erkenntnisse (nicht die der konkreten Lösung, sondern die, welche die Wahl von u und v' betreffen) bereits in der Sicherungs- und Präsentationsphase am Ende mit einbringen. Falls das zu knapp wäre, werden die Ergebnisse Teil der nächsten Stunde sein.

Die Präsentation gliedert sich wie schon die Arbeitsphase in die Herleitung der Formel sowie deren Anwendung. Bei beidem soll die Möglichkeit der Diskussion von Schwie-rigkeiten gegeben werden, wobei insbesondere im Theorieteil noch nicht auf Details wie z. B. die Tatsache, dass man die Regel manchmal auch zweimal hintereinander anwenden muss, eingegangen werden soll. Die Stunde stellt ja die erste Auseinandersetzung mit der partiellen Integration dar, sodass die Spezialfälle erst in der folgenden Stunde in den Blick genommen werden. Das gilt auch für die Voraussetzungen der Regel, die Stetigkeit und Differenzierbarkeit beider Funktionen. Dies könnte natürlich auch von der Lehrperson gesagt werden, was aber vermutlich als Information sehr schnell wieder in Vergessenheit geraten würde. Die Schülerinnen und Schüler sollen daher lieber selbst damit arbeiten, insbesondere weil beide Begriffe zuletzt zu Beginn der Integralrechnung mit ganzrationalen Funktionen thematisiert wurden und daher wenig präsent sein dürften.

Mittels Präsentationskamera werden einzelne Lösungen der Schülerinnen und Schüler gezeigt, die wiederum von anderen Lernenden erklärt werden sollen. Dadurch sollen zum einen möglichst viele am Präsentationsprozess beteiligt werden. Zum anderen wird der Präsentationsprozess so bewusst ein bisschen verlangsamt, um bei den Zuhörenden ein wirklich aktives Mitdenken zu ermöglichen und herauszufordern.

Die Hausaufgabe bzw. didaktische Reserve stellt eine reine Übungsphase der neu erar-beiteten Regel zur partiellen Integration dar. Dies erscheint für den weiteren Verlauf der Reihe und auch mit Blick auf die bald stattfindende Klausur sinnvoll, um sowohl die For-mel als auch die korrekte Schreibweise einzuüben, was in der Vergangenheit bei anderen Themen immer mal wieder zu großen Schwierigkeiten und erheblichen Punktabzügen in Klausuren geführt hat.

Hinweise zur Lerngruppe

In der vergangenen Woche haben einige Schüler vier Unterrichtsstunden verpasst, da eine mehrtägige Exkursion des Biologie-Leistungskurses stattfand. Grundsätzlich oblag ih-nen die Pflicht, den verpassten Stoff selbstständig nachzuarbeiten, sodass sie auf eigenen Wunsch per E-Mail über die Inhalte informiert wurden. Zusätzlich hatten sie nach ihrer Rückkehr am Donnerstag in der letzten Doppelstunde vor dem aktuellen Termin die Mög-lichkeit, Fragen zu stellen, und es wurde eine Wiederholungsphase eingeplant, die für die übrigen Schülerinnen und Schüler eine Vertiefung und Übung darstellte, um den gelunge-nen Wiedereinstieg zu ermöglichen und das Entstehen von Wissenslücken zu verhindern. Da es eventuell sein kann, dass dennoch Unsicherheiten beim Umgang mit den letzten Themen auftreten, sollen die betroffen Schüler in der Partnerarbeit so eingebunden werden, dass der jeweils andere Lernende im Unterricht anwesend gewesen ist und gegebenenfalls Hilfestellung geben kann.

6.6.10   Literatur

Lehrpläne

KULTUSMINISTERKONFERENZ: Bildungsstandards im Fach Mathematik für die Allgemeine Hochschulreife (Beschluss der Kultusministerkonferenz vom 18.10.2012)

MINISTERIUM FÜR SCHULE UND WEITERBILDUNG DES LANDES NORDRHEIN-WEST-FALEN: Kernlehrplan für das Gymnasium – Sekundarstufe I (G8) in Nordrhein-Westfalen. Mathematik. Frechen 2007

MINISTERIUM FÜR SCHULE UND WEITERBILDUNG DES LANDES NORDRHEIN-WEST-FALEN: Richtlinien und Lehrpläne für die Sekundarstufe II – Gymnasium/Gesamtschule in Nordrhein-Westfalen: Mathematik. Frechen 1999

MINISTERIUM FÜR SCHULE UND WEITERBILDUNG DES LANDES NORDRHEIN-WEST-FALEN: Vorgaben zu den unterrichtlichen Voraussetzungen für die schriftlichen Prüfungen im Abitur in der gymnasialen Oberstufe im Jahr 2014:

http://www.standardsicherung.schulministerium.nrw.de/abitur-gost/fach.php?fach=2 [zuletzt abgerufen am 24.2.2013]

SCHULINTERNES CURRICULUM für das Fach Mathematik in der Sekundarstufe II (unveröffentlicht)

Sekundärliteratur

BIGALKE, Anton/ KÖHLER, Norbert (Hrsg.): Mathematik. Gymnasiale Oberstufe. Nordrhein-Westfalen. Qualifikationsphase. Leistungskurs. Berlin 2011

HUSSMANN, Stephan: Mathematik entdecken und erforschen. Berlin 2011

LEUDERS, Timo: Prozessorientierter Mathematikunterricht, in: DERS.: Mathematikdidaktik. Praxishandbuch für die Sekundarstufen I und II, 265–275

SCHMIDT, Günter/ KÖRNER, Henning/ LERGENMÜLLER, Arno: Mathematik. Neue Wege. Arbeitsbuch für Gymnasien. Analysis. Braunschweig 2010

Internetquellen

Bilder und Schlagzeilen aus der PowerPoint-Präsentation:

http://www.netzwelt.de/news/88957-iphone-4s-verkaufsstart-1-500-dollar-platzwarteschlange.html (zuletzt abgerufen am 30.08.2013)

http://www.shortnews.de/id/973927/apple-enttaeuscht-verkaufszahlen-des-iphone-4s-deutlichhinter-den-erwartungen (zuletzt abgerufen am 30.08.2013)

http://thema.giga.de/s/iphone-4-verkaufszahlen/ (zuletzt abgerufen am 30.08.2013)

http://www.pcwelt.de/news/Smartphone-Verkaufszahlen-Samsung_Galaxy_S3_beliebter_als_Apples_iPhone_4S-7054655.html (zuletzt abgerufen am 30.08.2013)

http://derstandard.at/1324501241623/Europamarkt-Verkaufszahlen-purzeln---Apples-iPhone-4Sist-Europaeern-zu-teuer (zuletzt abgerufen am 30.08.2013)

Bild auf dem Arbeitsblatt:

http://www.anandtech.com/show/4971/apple-iphone-4s-review-att-verizon (zuletzt abgerufen am 30.08.2013)

Verkaufszahlen:

http://thema.giga.de/s/iphone-4-verkaufszahlen/ (zuletzt abgerufen am 30.08.2013)

http://www.shortnews.de/id/973927/apple-enttaeuscht-verkaufszahlen-des-iphone-4s-deutlichhinter-
den-erwartungen (zuletzt abgerufen am 30.08.2013)

6.6.11 Anhang

Einstiegspräsentation

<Bild iPhone 4S>
<Bild Verkaufsstart iPhone 4S>
<Bild Pressemeldungen: Schlagzeilen und Informationen zu den Verkaufszahlen>

Arbeitsblatt[31]

Verkaufszahlen des iPhone im Keller?!

Die Verkaufszahlen des iPhone 4S im ersten Verkaufsjahr lassen sich näherungsweise
durch die Funktion f zu $f(x) = 21{,}5x \cdot e^{-0{,}39 \cdot x}$ beschreiben. Dabei ist x die Zeit in Monaten
seit Verkaufsbeginn, f(x) beschreibt die Anzahl der verkauften Handys in Millionen pro
Monat.

1. Schritt: Theorie

Bei $f(x) = 21{,}5x \cdot e^{-0{,}39 \cdot x}$ handelt es sich um einen Funktionsterm, der sich aus dem Produkt
zweier Funktionsterme ergibt. Da Integrieren und Differenzieren sehr eng miteinander
verknüpft sind, bietet es sich an, zur Herleitung einer Regel zur Produktintegration mit der
Produktregel der Ableitung zu starten:

Produktregel der Ableitung: $\{u(x) \cdot v(x)\}' =$

Durch Bildung eines Integrals auf beiden Seiten erhalten wir:

Forme diese Gleichung nun so um, dass der Ausdruck $\int u(x) \cdot v'(x)\, dx$ allein steht.

Die Regel zur Integration eines Produkts lautet:

$$\int u(x) \cdot v'(x)\, dx =$$

---

[31] Im Original passt das Arbeitsblatt auf eine DIN-A4-Seite.

2. Schritt: Anwendung
Berechnet nun mit Hilfe der oben stehenden Formel im Heft, wie viele Handys im ersten Jahr verkauft wurden. Solltet ihr euch bei der Formel unsicher sein, könnt ihr vorher eine Zwischenlösung am Pult anschauen. Dort findet ihr auch Tippkarten, die euch Hinweise zur Lösung geben.
Ihr habt drei Möglichkeiten:

(i) Ihr probiert es allein! – Entscheidet euch dafür, wenn ihr schon eine Idee habt, die ihr ausprobieren könnt.
(ii) Blaue Karte – Ihr traut euch im Prinzip zu, das Integral allein zu berechnen, euch fehlt aber der erste Ansatz, wie ihr starten könnt.
(iii) Grüne Karte – Ihr seid euch noch nicht ganz sicher und hättet gern etwas ausführlichere Tipps und Hilfen.

Entscheidet gemeinsam, wie ihr vorgehen möchtet bzw. wann ihr welche Hilfe in Anspruch nehmt.

***3. Schritt: Übung ***
Die Verkaufszahlen eines Konkurrenzprodukts können mit Hilfe der Funktion h zu $h(x) = e^{-0,12 \cdot x} \cdot 3x$ berechnet werden. Bestimmt auch hier die Anzahl der verkauften Handys im ersten Verkaufsjahr.

Antizipierte Lösungen
1. Schritt: Theorie
Produktregel der Ableitung: $\{u(x) \cdot v(x)\}' = u'(x) \cdot v(x) + u(x) \cdot v'(x)$

Durch Bildung eines Integrals auf beiden Seiten erhalten wir:

$$\int \{u(x) \cdot v(x)\}' dx = \int u'(x) \cdot v(x) + u(x) \cdot v'(x) dx$$

Forme diese Gleichung nun so um, dass der Ausdruck $\int u(x) \cdot v'(x) \, dx$ allein steht.

$$u(x) \cdot v(x) = \int u'(x) \cdot v(x) \, dx + \int u(x) \cdot v'(x) \, dx$$

$$\int u(x) \cdot v'(x) \, dx = u(x) \cdot v(x) - \int u'(x) \cdot v(x) \, dx$$

Die Regel zur Integration eines Produkts lautet:

$$\int u(x) \cdot v'(x) \, dx = u(x) \cdot v(x) - \int u'(x) \cdot v(x) \, dx$$

2. Schritt: Anwendung

$$\int\limits_{0}^{12} 21,5x \cdot e^{-0,39x}\, dx$$

$$= \left[21,5x \cdot \frac{1}{-0,39}e^{-0,39x} \right]\Bigg|\begin{matrix}12\\0\end{matrix} - \int\limits_{0}^{12} 21,5 \cdot \frac{1}{-0,39}e^{-0,39x}\, dx$$

$$= \left[21,5x \cdot \frac{1}{-0,39}e^{-0,39x} \right]\Bigg|\begin{matrix}12\\0\end{matrix} - \left[\frac{21,5}{(-0,39)^2}e^{-0,39x} \right]\Bigg|\begin{matrix}12\\0\end{matrix}$$

$$= 21,5 \cdot 12 \cdot \frac{1}{-0,39}e^{-0,39\cdot12} - \frac{21,5}{(-0,39)^2}e^{-0,39\cdot12}$$

$$- \left(21,5 \cdot 0 \cdot \frac{1}{-0,39}e^{-0,39\cdot0} - \frac{21,5}{(-0,39)^2}e^{-0,39\cdot0} \right)$$

$$\approx -7,45 - (-141,35) \approx 133,90$$

***3. Schritt: Übung ***

$$\int\limits_{0}^{12} e^{-0,12x} \cdot 3x\, dx$$

$$= \left[3x \cdot \frac{1}{-0,12}e^{-0,12x} \right]\Bigg|\begin{matrix}12\\0\end{matrix} - \int\limits_{0}^{12} 3 \cdot \frac{1}{-0,12}e^{-0,12x}\, dx$$

$$= \left[3x \cdot \frac{1}{-0,12}e^{-0,12x} \right]\Bigg|\begin{matrix}12\\0\end{matrix} - \left[\frac{3}{(-0,12)^2}e^{-0,12x} \right]\Bigg|\begin{matrix}12\\0\end{matrix}$$

$$= 3 \cdot 12 \cdot \frac{1}{-0,12}e^{-0,12\cdot12} - \frac{3}{(-0,12)^2}e^{-0,12\cdot12}$$

$$- \left(3 \cdot 0 \cdot \frac{1}{-0,12}e^{-0,12\cdot0} - \frac{3}{(-0,12)^2}e^{-0,12\cdot0} \right)$$

$$\approx 87,895$$

Hilfen

Zwischenlösung

$$\int_a^b u(x) \cdot v'(x)\, dx = u(x) \cdot v(x) \Big|_a^b - \int_a^b u'(x) \cdot v(x)\, dx$$

kleiner Tipp

$$\int_a^b \boxed{u(x)} \cdot \boxed{v'(x)}\, dx = u(x) \cdot v(x) \Big|_a^b - \int_a^b u'(x) \cdot v(x)\, dx$$

$$\int_0^{12} \boxed{21{,}5x} \cdot \boxed{e^{-0{,}39x}}\, dx =$$

großer Tipp

$$\int_a^b \boxed{u(x)} \cdot \boxed{v'(x)}\, dx = u(x) \cdot v(x) \Big|_a^b - \int_a^b u'(x) \cdot v(x)\, dx$$

$$\int_0^{12} \boxed{21{,}5x} \cdot \boxed{e^{-0{,}39x}}\, dx =$$

Setze $u(x)$ =   und $v'(x)$ =

Dann gilt $u'(x)$ =   und $v(x)$ =

Setze diese Informationen in die Formel ein und löse so weit wie möglich auf!

Antizipiertes Tafelbild

16.9.13	Platz für Notizen
Wie viele Handys wurden im ersten Verkaufsjahr verkauft? bzw.	Ggf. Berechnung, wie viele Handys langfristig
Problem: Berechnung eines Integrals von einer	insgesamt verkauft werden etc.
Produktfunktion	
→ *Ggf. partielle Integration/Produktintegration:*	
Für $f(x) = u(x) \cdot v'(x)$ *gilt:*	
$\int u(x) \cdot v'(x)\, dx = u(x) \cdot v(x) - \int u'(x) \cdot v(x)\, dx$	

Arbeitsblatt zur didaktischen Reserve/Hausaufgabe

Smartphone-Verkaufszahlen
Samsung's Galaxy S_3 beliebter als Apples iPhone $_4$S

Die Funktion g zu $g(x) = 4,5 \cdot x \cdot e^{-0,25x}$ gibt die Anzahl der verkauften Smartphones Galaxy S_3 in Millionen pro Monat an. Berechne, wie viele Geräte verkauft wurden, und nimm Stellung zur oben abgebildeten Schlagzeile.

Lösungen zur didaktischen Reserve/Hausaufgabe

$$\int_0^{12} 4,5x \cdot e^{-0,25x} \, dx$$

$$= \left[4,5x \cdot \frac{1}{-0,25} \cdot e^{-0,25x} \right] \Big|_0^{12} - \int_0^{12} 4,5 \cdot \frac{1}{-0,25} \cdot e^{-0,25x} \, dx$$

$$= \left[4,5x \cdot \frac{1}{-0,25} \cdot e^{-0,25x} \right] \Big|_0^{12} - \left[\frac{4,5}{(-0,25)^2} \cdot e^{-0,25x} \right] \Big|_0^{12}$$

$$= 4,5 \cdot 12 \frac{1}{-0,25} \cdot e^{-0,25 \cdot 12} - \frac{4,5}{(-0,25)^2} \cdot e^{-0,25 \cdot 12}$$

$$- \left(4,5 \cdot 0 \frac{1}{-0,25} \cdot e^{-0,25 \cdot 0} - \frac{4,5}{(-0,25)^2} \cdot e^{-0,25 \cdot 0} \right)$$

$$\approx -14,34 - (-72) \approx 57,66$$

Alternative Hausaufgabe[32]

Berechne folgende Integrale:

a) $\int_1^b x \cdot e^{-x} \, dx$

b) $\int_0^\pi x \cdot \sin(x) \, dx$

---

[32] Vgl. BIGALKE, Anton/KÖHLER, Norbert (Hrsg.): Mathematik. Gymnasiale Oberstufe. Nordrhein-Westfalen. Qualifikationsphase. Leistungskurs. Berlin 2011, S. 264, Übung 1.

Entwürfe zur Analytischen Geometrie

7

7.1 Koordinatensystem

7.1.1 Thema der Unterrichtsstunde

Ein Flug mit der Spidercam – Erarbeitung der mathematischen Beschreibung von Punkten im dreidimensionalen Anschauungsraum in Kleingruppen anhand eines physikalischen Modells der Spidercam

(Autor: David Schinowski)

I. Darstellung der längerfristigen Unterrichtszusammenhänge

Thema der Unterrichtsreihe
Über die Anschauung zu den Grundlagen der Analytischen Geometrie – Das Modell der Spidercam als anschauliches Beispiel für die Erkundung des dreidimensionalen Raums.

7.1.2 Intention der Unterrichtsreihe[1]

Die Schülerinnen und Schüler erweitern ihre Kenntnisse in der *Analytischen Geometrie* und im *Modellieren*, indem sie …

---

[1] Vgl. hausinternes Curriculum der Gesamtschule im Fach Mathematik sowie Ministerium für Schule und Weiterbildung des Landes Nordrhein-Westfalen (Hrsg.) (1999): Richtlinien und Lehrpläne für die Sekundarstufe II Gymnasium/Gesamtschule in Nordrhein-Westfalen. Mathematik. Frechen: Ritterbach Verlag.

© Springer-Verlag Berlin Heidelberg 2016
C. Geldermann et al., *Unterrichtsentwürfe Mathematik Sekundarstufe II*,
Mathematik Primarstufe und Sekundarstufe I + II, DOI 10.1007/978-3-662-48388-6_7

- ihre Kenntnisse aus der zweidimensionalen Koordinatengeometrie auf das Gebiet der Analytischen Geometrie im dreidimensionalen Anschauungsraum ausweiten:
  - Punkte und deren Abstände voneinander im dreidimensionalen Raum beschreiben und berechnen können,
  - Begriffe, wie zum Beispiel *Ortsvektor* und *Richtungsvektor* kennen, voneinander abgrenzen und sachgerecht verwenden,
  - Vektoraddition und Skalarmultiplikation einschließlich der erforderlichen Rechengesetze beherrschen.
- ein physikalisches Modell einer Realsituation erstellen und das Modell im Verlauf der Unterrichtsreihe immer wieder als Hilfsmittel nutzen, um über die Anschauung zu einem theoretischen Erkenntnisgewinn zu gelangen.
- ihre Kenntnisse, die sie aus dem Modell gewonnen haben, auch auf andere Sachkontexte anwenden.

7.1.3 Einordnung der Unterrichtseinheit in das Unterrichtsvorhaben[2]

Stunde	Thema
1 ES	*HD-Spielertracking in der Bundesliga!* – Wiederholung der Beschreibung von Punkten und Abständen in der zweidimensionalen Ebene in Kleingruppen anhand des Beispiels des HD-Spielertrackings
2 DS	**Ein Flug mit der Spidercam! – Erarbeitung der mathematischen Beschreibung von Punkten im dreidimensionalen Anschauungsraum in Kleingruppen anhand eines physikalischen Modells der Spidercam**
3 ES	*Wie weit ist die Spidercam von A nach B geflogen?* – Schülerkurzvorträge zur Beschreibung von Abständen im dreidimensionalen Anschauungsraum anhand des Beispiels der Spidercam mit anschließender Übung in Partnerarbeit
4 DS	*Mit der Spidercam von A nach B!* – Lehrerkurzvortrag zur Unterscheidung von Ortsvektoren und Richtungsvektoren und die Beschreibung von Strecken im dreidimensionalen Anschauungsraum mit Hilfe von Richtungsvektoren mit anschließender Übung in Partnerarbeit
5 ES	*Die Spidercam ist nicht alles!* – Übung der Abstandsberechnung und der Beschreibung von Punkten und Strecken im dreidimensionalen Raum anhand differenzierender Aufgaben in anderen Anwendungsgebieten (zum Beispiel: „Luftverkehr") in Form einer Lerntheke
6 DS	Fortsetzung der Übungsphase mit anschließendem Gruppenpuzzle zum Austausch über die bearbeiteten Anwendungskontexte

DS: Doppelstunde; **ES:** Einzelstunde

---

[2] Vgl. hausinternes Curriculum der Gesamtschule im Fach Mathematik sowie Ministerium für Schule und Weiterbildung des Landes Nordrhein-Westfalen (Hrsg.) (1999): Richtlinien und Lehrpläne für die Sekundarstufe II Gymnasium/Gesamtschule in Nordrhein-Westfalen. Mathematik. Frechen: Ritterbach Verlag.

7.1.4 Didaktisch-methodische Überlegungen zur Reihenplanung

Hinweise zur Lerngruppe

Die Schülerinnen und Schüler dieser Lerngruppe pflegen in der Regel einen freundlichen Umgang miteinander, sodass ein angenehmes Arbeitsklima herrscht. Sie haben jedoch zu großen Teilen motivationale Probleme, die sich unter anderem in massiven Fehlzeiten äußern. Einige Lernende haben, unter anderem durch die Fehlzeiten bedingt, große Schwierigkeiten im Fach Mathematik. Der Kurs ist im Verlauf des Schuljahres sukzessive um fünf Schülerinnen und Schüler aus der 13. Jahrgangsstufe ergänzt worden. Es ist daher zu erwarten, dass bei diesen bereits einige Vorkenntnisse in der Analytischen Geometrie vorhanden sind. Drei Schülerinnen und Schüler dieser Lerngruppe befinden sich am heutigen Tag auf einer Exkursion, daher ist nicht damit zu rechnen, dass die Gruppe vollzählig ist.

Innerhalb der Lerngruppe haben sich im Laufe des Schuljahres Kleingruppen unterschiedlicher Größe gebildet, in denen die Lernenden für gewöhnlich arbeiten. Um unnötige Lernstörungen zu vermeiden, habe ich versucht, diese Gruppen weitgehend bestehen zu lassen.

Begründung zu den Intentionen der Unterrichtsreihe

In Übereinkunft mit dem schulinternen Lehrplan und in Absprache mit den parallel unterrichtenden Kolleginnen und Kollegen ist die Analytische Geometrie das zu diesem Zeitpunkt vorgesehene Thema in den Grundkursen der Jahrgangsstufe 12. Die Analytische Geometrie birgt oftmals sowohl für mathematisch leistungsschwache als auch für leistungsstarke Schülerinnen und Schüler Lernhindernisse, die mit Schwächen im Bereich des räumlichen Vorstellungsvermögens verbunden sind. Daher ist es von besonderer Wichtigkeit, einen Übungsraum zu bieten, der die Anschauung erleichtert. Zu diesem Zweck ist es vorgesehen, dass die Schülerinnen und Schüler das physikalische Modell der Spidercam nicht nur auf dem Pult des Lehrers sehen, sondern es selbst aufbauen und erkunden und so handelnd erleben. Die Anschauung und Motivation, die aus dieser Unterrichtsstunde hervorgeht, begleitet die Lernenden durch die gesamte Unterrichtsreihe.

Über die in diesem Unterrichtsentwurf beschriebene Unterrichtsreihe hinaus bestehen im Bereich der Analytischen Geometrie weitere Möglichkeiten für Rückgriffe auf das Modell der Spidercam, zum Beispiel bei der Bestimmung des Abstands eines Punktes (Kamera) zu einer Ebene (Spielfeld).

II. Planung der Unterrichtseinheit

7.1.5 Thema der Unterrichtseinheit

Ein Flug mit der Spidercam! – Erarbeitung der mathematischen Beschreibung von Punkten im dreidimensionalen Anschauungsraum in Kleingruppen anhand eines physikalischen Modells der Spidercam.

7.1.6 Intention der Unterrichtseinheit

Die Schülerinnen und Schüler vertiefen ihre Kompetenzen im *Modellieren* sowie im *Argumentieren und Kommunizieren* im Bereich der *Analytischen Geometrie*, indem sie ...

- das physikalische Modell der Spidercam selber aufbauen und sich innerhalb der Kleingruppen enaktiv mit der Steuerung der Kamera vertraut machen.
- das physikalische Modell nutzen, um über die Anschauung zu theoretischem Erkenntnisgewinn zu gelangen (Beschreibung von Punkten im dreidimensionalen Raum)
- daran arbeiten, dass sie als gesamte Kleingruppe eine mathematisch plausible Beschreibung von Punkten im dreidimensionalen Raum erarbeiten.
- ihre Möglichkeiten der Beschreibung von Punkten im dreidimensionalen und die damit verbundenen Schwierigkeiten im Plenum vorstellen und sich darüber austauschen.

7.1.7 Geplanter Unterrichtsverlauf

Unterrichts-phase	Unterrichtsgeschehen	Methoden/ Sozialform	Medien/ Material
Einstieg	L begrüßt SuS und Gäste – L stellt Gäste vor – Problemorientierter Einstieg mit inhaltlicher Anknüpfung an die vorherige Stunde: Ausschreibung der Stadt (siehe Arbeitsauftrag) – Videosequenz zur Veranschaulichung	LV	Videosequenz
Lesephase	Die SuS lesen den Arbeitsauftrag und tauschen sich kurz in den Kleingruppen aus	EA/GA	Arbeitsaufträge
Rückfragen und Hinweise zu den Tipps	– Die SuS erhalten die Gelegenheit Rückfragen zu stellen – Ein/e S fasst den Arbeitsauftrag mit eigenen Worten zusammen – L gibt Hinweise zu den Tipps	GUG	Arbeitsaufträge Tafel
1. Arbeitsphase	– SuS bearbeiten den Arbeitsauftrag (1. und 2.) – Gegebenenfalls können sich einige Kleingruppen mit der Bonusaufgabe beschäftigen	GA in Kleingruppen (5 × 5er bzw. 6er)	Arbeitsaufträge Tipps Materialkisten

Unterrichts-phase	Unterrichtsgeschehen	Methoden/ Sozialform	Medien/ Material
Sicherung	– Sammlung verschiedener Möglich-keiten der Positionsbeschreibung an der Tafel – Fokus auf die „Beschreibung mit Zahlen": – Wo lagen die Schwierigkeiten? – Welchen Tipp habt ihr für die anderen? – Der Kursraum als kartesisches Koordinatensystem: Beschreibung verschiedener „Punkte" im Kursraum mit kartesischen Koordinaten (optional) – Zusammenfassender Kurzvortrag zum kartesischen Koordinatensystem	GUG LV	Tafel OHP Folie PowerPoint-Präsentation
Ausblick	Berechnung der Länge von Kamera-fahrwegen (Bonusaufgabe) – Beschreibung von Kamerafahrwe-gen	LV	

Ende der Hospitationszeit

Pause

2. Arbeitsphase	– Alle SuS bearbeiten die Bonus-aufgabe in den Kleingruppen – Kleingruppen, die die Bonusauf-gabe bereits fertiggestellt haben, bereiten einen Kurzvortrag zu ihren Arbeitsergebnissen vor	GA in Kleingrup-pen (5 × 5er bzw. 6er)	Bonus-aufgaben!
Abschluss	– SuS erhalten die Gelegenheit, Fra-gen zur Bonusaufgabe zu stellen – SuS erhalten ihre Hausaufgaben (Bonusaufgabe bzw. Kurzvortrag fertigstellen) – L verabschiedet SuS	GUG	Tafel

SuS: Schülerinnen und Schüler; **S:** Schülerin oder Schüler (je nach Kontext); **L:** Lehrerin oder Lehrer; **LV:** Lehrervortrag; **OHP:** Overheadprojektor; **EA/PA/GA:** Einzel-, Partner und Grup-penarbeit; **UG:** Unterrichtsgespräch; **GUG:** gelenktes Unterrichtsgespräch

Angaben zu Hausaufgaben

In der Hausaufgabe setzen sich die Schülerinnen und Schüler mit der Bonusaufgabe aus-einander bzw. bereiten einen Kurzvortrag zur Bonusaufgabe vor. Mathematisch inhaltlich schließt die Berechnung von Abständen zweier Punkte im dreidimensionalen Raum gut an die Beschreibung von Punkten im kartesischen Koordinatensystem an. Als Hilfe stehen den Schülerinnen und Schülern dabei zum einen die Materialien und Mitschriften aus der direkt vorangegangenen Stunde sowie der ersten Stunde der Unterrichtsreihe zur Verfügung. Insbesondere die Materialien aus der ersten Stunde der Unterrichtsreihe ermöglichen einen Transfer von der Ebene zum dreidimensionalen Raum. Darüber hinaus beinhaltet das Schulbuch eine ausführliche Beschreibung des Sachverhalts.

7.1.8   Didaktisch methodische Planung

Erläuterungen zur Auswahl des Themas

Die Unterrichtseinheit steht zu Beginn des Unterrichtsvorhabens. Sie ist von zentraler Bedeutung für das Anbahnen des räumlichen Vorstellungsvermögens und für die Motivation der Lernenden. Daher habe ich zunächst von dem Standardbeispiel des Flugverkehrs Abstand genommen und auf ein Beispiel gesetzt, welches sich gut als physikalisches Modell in den Unterricht einbinden lässt. Die Einsatzmöglichkeiten der Spidercam sind so vielfältig, dass man erwarten darf, dass sich ein Großteil der Schülerinnen und Schüler durch dieses Beispiel angesprochen fühlt.

Begründung des geplanten Verlaufs der Unterrichtseinheit

Das Hauptaugenmerk bei dieser Unterrichtsstunde liegt auf der Anschauung und Anbahnung des räumlichen Vorstellungsvermögens seitens der Schülerinnen und Schüler. Die unterstützenden Maßnahmen sind das physikalische Modell der Spidercam, der „Kursraum als kartesisches Koordinatensystem" und der Kurzvortrag zum kartesischen Koordinatensystem, in dem die Rechte-Hand-Regel vorgestellt wird. Die Lernenden haben somit über drei Wege einen anschaulichen Zugang zur Beschreibung von Punkten im dreidimensionalen Raum bekommen. Die beiden zuletzt genannten Beispiele haben einen Alltagsbezug für die Schülerinnen und Schüler und das letztgenannte sogar einen Bezug zum eigenen Körper.

7.1.9   Literatur und Quellen

Unterrichtsentwurf

http://www.standardsicherung.schulministerium.nrw.de/angebote/materialdatenbank/upload/2037/978313_Handout%20Spidercam_08.08.01.doc

Hausinternes Curriculum der Gesamtschule im Fach Mathematik.

MINISTERIUM FÜR SCHULE UND WEITERBILDUNG DES LANDES NORDRHEIN-WESTFALEN (Hrsg.) (1999): Richtlinien und Lehrpläne für die Sekundarstufe II – Gymnasium/Gesamtschule in Nordrhein-Westfalen. Mathematik. Frechen: Ritterbach Verlag.

Einstiegsvideo

https://www.youtube.com/watch?v=XGcYHt4qa3g

https://www.youtube.com/watch?v=rO6Del5CtS8

http://antoniovergara.files.wordpress.com/2009/03/euroH08H058.jpg

http://www.pinbox.it/wpHcontent/uploads/2012/10/spidercam2.jpg

Arbeitsblatt

http://www.spidercam.tv/en/products/field

http://www.sportcentric.com/vsite/vimagesite/images/jpg/0,11410,5235-0-169103-0-custom311019,00.jpg

Tipps

http://woodwing.rz.unipassau.de/acqdrupal1/sites/default/files/images/-Thema9_Gehirn_Audio_Teaserbild.mediathek.jpg

Präsentation zur Sicherung

http://upload.wikimedia.org/wikipedia/commons/6/6e/Coord_planes_color-_de.svg

http://matheplanet.com/matheplanet/nuke/html/uploads/6/5126_hand.jpg

Hinweis: Sämtliche Internetquellen wurden am 17.04.2013 zuletzt abgerufen.

7.1.10 Anhang

Ein Flug mit der Spidercam

Eine Spidercam ermöglicht es, eine auf einem Kamerawagen befestigte Film- oder Fernsehkamera entlang von gespannten Seilen per Fernbedienung zu bewegen. Solche Kamerasysteme werden zum Beispiel bei Fernsehsendungen wie *Deutschland sucht den Superstar* oder in Fußballstadien eingesetzt.

<Bild: Spidercam im Fußballstadion>

Die Stadt und der Vereinsvorstand des Sportvereins haben sich darauf geeinigt, eine solche Kamera im Stadion zu installieren, auch um das Stadion für andere „Events" nutzbar zu machen. Um die Kamera steuern zu können, muss ihre Lage im Raum so beschrieben werden, dass sie der Computer, der die Kamera steuert, „verstehen" kann. Um dieses Problem zu lösen, hat die Stadt einen Auftrag ausgeschrieben.

Arbeitsauftrag

1. Auftrag (15 Minuten)

Baut mit den zur Verfügung stehenden Materialien ein Modell des Stadions und der Spidercam auf.

2. Auftrag (5 Minuten)

Ihr könnt die Position der Kamera im Raum mit Hilfe der vier Seile ändern. Wählt nacheinander bestimmte Punkte aus, die ihr mit der Kamera ansteuern wollt.

a) Zeigt die Positionen mit dem Finger an und steuert sie an.

b) Beschreibt die Positionen mit Worten und steuert sie an.

3. Auftrag (20 Minuten)

Einigt euch auf eine Kameraposition und beschreibt diese Position so, dass sie ein Computer „verstehen" kann. Dokumentiert eure Überlegungen und euer Vorgehen in Stichworten!

Hilfe zum Aufbau

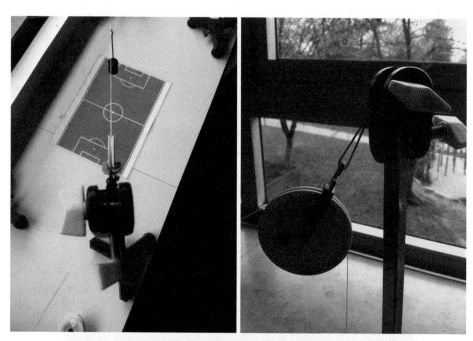

Tipps zu den Arbeitsaufträgen
Bonusaufgabe

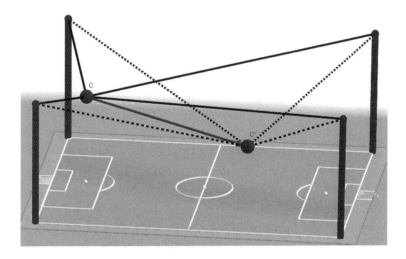

Ihr könnt jetzt verschiedene Kamerapositionen im Raum beschreiben. Die Kamera im Bild fährt von C (15|20|10) zu C' (18|24|22). Bestimmt die Länge des „Fahrtweges" der Spidercam (Länge des Pfeils von C nach C').

Kartesisches Koordinatensystem

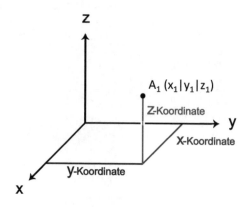

Rechte-Hand-Regel

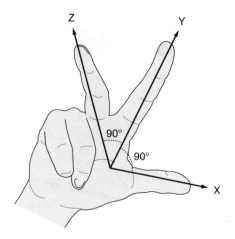

7.2　Lagebeziehungen von Geraden[3]

7.2.1　Thema der Unterrichtsstunde

Kooperativ problemlösend angelegte Entwicklung einer Strategie zur Bestimmung der Lagebeziehung zweier Geraden im Kontext geradliniger Flugbahnen

(Autor: Jochen Hinderks)

---

[3] Dieser Entwurf wurde in Bezug auf den zeitabhängigen Abstand und die Bedeutung der Modellierung inhaltlich geringfügig überarbeitet und um das Ergänzungsmaterial erweitert.

7.2.2 Ziele

Die Schüler sollen die vier Kategorien der Lagebeziehung zweier Geraden ermitteln und unter Verwendung verschiedener mathematischer Kriterien eine Strategie zur Bestimmung der Lagebeziehung entwickeln.

Prozessbezogene Kompetenzen: Die Schüler ...

- verwenden ein Realmodell (Schnüre) zum Entdecken, Ausprobieren und Darstellen verschiedener Lagebeziehungen. *(Mathematisch modellieren)*
- wechseln zwischen der Ebene der Realsituation (Flugbahnen), der Ebene des Realmodells (Schnüre) und der mathematischen Ebene, indem sie Eigenschaften, die sie auf einer dieser Ebenen entdecken, auf die anderen übertragen. *(Mathematische Darstellungen verwenden)*
- wählen aus ihrem bisherigen Wissen über Geraden geeignete heuristische Strategien zur Ermittlung der Lagebeziehung aus (z. B. lineare Abhängigkeit von Vektoren, Lösung eines LGS), wenden diese an und überprüfen sie auf ihre Eignung in der konkreten Situation. *(Probleme mathematisch lösen)*
- präsentieren Überlegungen und Lösungswege zur Bestimmung einzelner Lagebeziehungen oder zum Gesamtschema, indem sie diese kurz und prägnant in schriftlicher Form dem Kurs zugänglich machen. *(Kommunizieren)*
- verstehen und bewerten die Überlegungen und Lösungswege ihrer Mitschüler im Hinblick auf einen Beitrag zum Lernprozess, indem sie durch Pinnnadeln eine allgemeine positive Wertung abgeben oder durch Haftnotizen detailliert auf einzelne Beiträge Bezug nehmen. *(Kommunizieren)*

Inhaltsbezogene Kompetenzen: Die Schüler ...

- erfassen die vier verschiedenen Lagebeziehungen zweier Geraden im Raum zueinander.
- entwickeln ein Verfahren zur Bestimmung der Lagebeziehung zweier Geraden im Raum mit Methoden der Vektorrechnung, indem sie einzelne Fälle auf der Grundlage gemeinsamer Eigenschaften kategorisieren und zwischen diesen differenzieren.
- wenden das Verfahren auf beliebige Geraden an und bestimmen die Lagebeziehung in einfachen Fällen auch ohne Rechnung.

7.2.3   Bedingungsanalyse

Der Kurs besteht aus 17 Schülerinnen und acht Schülern[4]. Darunter befinden sich 11 Schüler mit (vorläufiger) Prüfungsbelegung im Fach Mathematik für das Abitur (alle P4). Ich unterrichte den Kurs seit Beginn des Schuljahres eigenverantwortlich. Die Arbeit im Kurs zeichnet sich durch eine lockere, aber dennoch produktive Lernatmosphäre aus. Die Unterrichtsgespräche und Plenumsdiskussionen sind von einem freundlichen und respektvollen Umgang miteinander geprägt. Manchmal muss die ein wenig überbordende Diskussionsfreudigkeit des Kurses (besonders dann, wenn der Kern des Gesprächs die mathematische Ebene verlassen hat), vielleicht bedingt durch die Randlage der Mathematikstunden im Stundenplan, allerdings gebremst werden.

Der Kurs weist viele Schüler mit zurückhaltender oder kaum vorhandener mündlicher Beteiligung am Unterricht auf; diesem Problem wurde in der Vergangenheit mit verschiedenen Maßnahmen begegnet.[5] Durch besonderen Fleiß (sorgfältige und ausführliche Anfertigung von Hausaufgaben, freiwillige Bearbeitung zusätzlicher Übungen, häufige Vorstellung von Lösungen an der Tafel) zeichnen sich vor allem M und Y aus, während R, J, S und T häufig durch kritische Nachfragen die Diskussion beleben und für Verständnissicherung sorgen.

K unterliegt als Körperbehinderte einigen Einschränkungen; sie wird bei Aktionen an der Tafel oder am OHP durch die Lehrkraft oder einen Mitschüler unterstützt.

7.2.4   Sachanalyse

Sind zwei Geraden im Raum $g : \vec{x} = \vec{a} + r \cdot \vec{b}$ und $h : \vec{x} = \vec{c} + t \cdot \vec{d}$ mit $r, t \in \mathbb{R}$ gegeben, wobei $\vec{a} = \overrightarrow{OA}$ ein Ortsvektor zum Punkt A und $\vec{c} = \overrightarrow{OC}$ ein Ortsvektor zum Punkt C ist, so sind folgende Fälle der Lagebeziehung von g und h möglich:

1. g und h sind identisch,[6]

wenn $\vec{b}$ und $\vec{d}$ kollinear sind, also wenn eine Konstante $k \in \mathbb{R}$ mit $\vec{b} = k \cdot \vec{d}$ existiert, und wenn $A \in h$ bzw. $C \in g$. Die Gleichung, die sich ergibt, wenn die Parametergleichungen von g und h gleichgesetzt werden, hat in diesem Fall unendlich viele Lösungen. Dies entspricht der Tatsache, dass die Geraden g und h unendlich viele gemeinsame Punkte besitzen.

---

[4] Im Folgenden wird der Einfachheit halber für beide Geschlechter die Bezeichnung „Schüler" verwendet.

[5] Zum Beispiel mit der Ich-Du-Wir-Methode zur Anregung der Mitarbeit durch inhaltliche Sicherheit, Einzel- oder Partnerpräsentationen von Hausaufgaben und Kurzreferaten, gezielter Ansprache im Unterrichtsgespräch etc.

[6] Der Fall „g und h sind identisch" tritt nur auf, sofern die Geraden nicht a priori als voneinander verschieden definiert werden.

2. g und h sind parallel,

wenn $\vec{b}$ und $\vec{d}$ kollinear sind und die Geraden keinen gemeinsamen Punkt besitzen. Es genügt zu zeigen, dass $A \notin h$ oder $C \notin g$. Die Gleichung, die sich ergibt, wenn die Parametergleichungen von g und h gleichgesetzt werden, hat in diesem Fall keine Lösung. Dies entspricht der Tatsache, dass die Geraden g und h keinen gemeinsamen Punkt besitzen.

3. g und h schneiden sich in einem Punkt S,

wenn $\vec{b}$ und $\vec{d}$ nicht kollinear sind und eindeutig bestimmte $r_s, t_s \in \mathbb{R}$ existieren, sodass $\vec{a} + r_s \cdot \vec{b} = \vec{c} + t_s \cdot \vec{d}$. Die Gleichung, die sich ergibt, wenn die Parametergleichungen von g und h gleichgesetzt werden, hat in diesem Fall eine eindeutige Lösung, was der Tatsache entspricht, dass die Geraden g und h nur den Schnittpunkt als gemeinsamen Punkt besitzen. Die Vektoren $\vec{b}$, $\vec{d}$ und $\vec{c} - \vec{a}$ sind komplanar, d. h., sie liegen in einer Ebene.

4. g und h sind windschief,

wenn $\vec{b}$ und $\vec{d}$ nicht kollinear sind und die beiden Geraden g und h keinen gemeinsamen Punkt besitzen. Hierfür genügt es nicht zu zeigen, dass $A \notin h$ oder $C \notin g$, sondern dass die Gleichung, die sich ergibt, wenn die Parametergleichungen von g und h gleichgesetzt werden, keine Lösung besitzt, was der Tatsache entspricht, dass die Geraden g und h keinen gemeinsamen Punkt besitzen. Die Vektoren $\vec{b}$, $\vec{d}$ und $\vec{c} - \vec{a}$ sind nicht komplanar, d. h., sie liegen nicht in einer Ebene.

In der Ebene, also in einem zweidimensionalen Koordinatensystem, treten alle diese Fälle bis auf den vierten ebenfalls auf.

Werden durch die Geraden g und h gleichmäßige Bewegungen von Objekten (z. B. Flugzeugen) beschrieben, so tritt zur Frage der Lagebeziehung noch die zeitliche Dimension hinzu (d. h. die Frage, an welcher Position sich die betreffenden Objekte zu einem bestimmten Zeitpunkt befinden)[7]. Hierfür müssen die Richtungsvektoren $\vec{b}$ und $\vec{d}$ durch Skalarmultiplikation mit einem geeigneten Faktor so angepasst werden, dass ihre Länge jeweils dem zurückgelegten Weg in einer Zeiteinheit (z. B. pro Stunde) entspricht. Dies hat keinen Einfluss auf die Lage der Geraden oder ihres eventuellen Schnittpunkts, macht aber die Bewegungen beider Objekte auf ihrer jeweiligen Geraden vergleichbar. Eine Kollision findet genau dann statt, wenn ein Schnittpunkt existiert und die beiden Parameter r und t für diesen Punkt übereinstimmen. Wenn die Positionen der beiden Objekte stets zur gleichen Zeit betrachtet werden, kann in der Parameterdarstellung auch derselbe Parameter verwendet werden. Dieser Ansatz wird im Ergänzungsmaterial verwendet.

---

[7] Da diese Fragestellung nicht zum didaktischen Kern der Stunde gehören soll, soll ihre Lösung an dieser Stelle auch nur skizziert werden.

7.2.5 Einordnung in den unterrichtlichen Kontext

Seit sieben Wochen beschäftigt sich der Kurs mit dem Themenbereich Analytische Geometrie. Die gesamte Unterrichtseinheit folgt dabei einem forschend-entdeckenden Ansatz, d. h., die Schüler setzen sich zunächst mit inner- und außermathematischen Problemstellungen auseinander, wobei ihnen nur die bekannten mathematischen Werkzeuge zur Verfügung stehen. Zentrale Begriffe und Sachverhalte werden erst dort eingeführt, wo sie tatsächlich benötigt werden, stehen also tendenziell eher am Ende des Lernprozesses als am Anfang. Ein weiteres Charakteristikum der Einheit ist der Wechsel zwischen verschiedenen Darstellungsformen des dreidimensionalen Raums (zweidimensionale Projektionen auf Tafel und Papier, Software „Vektoris3D"[8], Klassenraum mit Achsenkreuz-Modell), die einen individuellen Zugang zur Anschauung gestatten. Haben sich die Schüler bis zu diesem Zeitpunkt stets mit jeweils einem geometrischen Objekt (Punkt, Strecke, Fläche, Körper, Gerade) beschäftigt, eröffnet die Prüfungsstunde nun mit der Beziehung zweier solcher Objekte eine neue Kategorie der Betrachtung. Für die Stunde kann von folgenden Lernvoraussetzungen ausgegangen werden:

Die Schüler ...

- können fehlende Punktkoordinaten von ebenen Flächen oder Körpern unter Verwendung von Vektoren als Darstellung von Verschiebungen ermitteln und diese Operation größtenteils auch als Vektoraddition bzw. Skalarmultiplikation interpretieren.
- können Strecken- bzw. Vektorlängen in der Ebene und im Raum berechnen und größtenteils auch zur Lösung geometrischer Probleme heranziehen.
- kennen die Parameterdarstellung von Geraden in der Ebene und im Raum inkl. der Begriffe Stützvektor und Richtungsvektor und können eine Geradengleichung aus zwei gegebenen Punkten ermitteln.
- kennen die durch Stütz- und Richtungsvektor bestimmte Uneindeutigkeit der Parameterdarstellung und können die lineare Abhängigkeit bzw. Unabhängigkeit zweier Vektoren bestimmen (ohne Einführung des Begriffs). Sie können die Kriterien jedoch noch nicht auf zwei gegebene Geraden anwenden.
- können lineare Gleichungssysteme unter Einsatz der im Unterricht eingeführten Technologie lösen und die Ergebnisse größtenteils korrekt interpretieren.
- sind es gewohnt, in verschiedenen Sozialformen zu arbeiten, tun sich jedoch schwer damit, einzelne Arbeitsphasen voneinander zu trennen (z. B. bei „Ich-Du-Wir") oder Gruppenkonstellationen wieder aufzulösen.

---

[8] Die Software liegt dem im Unterricht eingesetzten Buch „Lambacher Schweizer 11/12, Gesamtband Oberstufe" bei und ermöglicht die Darstellung eines dreidimensionalen Koordinatensystems und darin liegender Objekte.

7.2.6   Didaktisch-methodischer Kommentar

Legitimation

Die Stunde ist legitimiert durch die Einheitlichen Prüfungsanforderungen in der Abiturprüfung Mathematik sowie das Kerncurriculum Mathematik für die gymnasiale Oberstufe. Während die EPA im Rahmen der „Leitidee Räumliches Strukturieren/Koordinatisieren" nur allgemein die „Beschreibung und Untersuchung von geometrischen Objekten mithilfe von Vektoren"[9] vorsehen, verlangt das Kerncurriculum, ebenfalls im Abschnitt „Leitidee Räumliches Strukturieren/Koordinatisieren", konkret: „Die Schülerinnen und Schüler erfassen und begründen die unterschiedlichen Lagebeziehungen von Geraden (…) und lösen Schnittprobleme."[10]

Darüber hinaus ist das Thema von grundlegender Bedeutung: Viele Bewegungen in der Ebene (oder auf einer Kugeloberfläche, deren lokale Vereinfachung die Ebene darstellt) oder im dreidimensionalen Raum (Luft- oder Weltraum, Tiefsee) lassen sich durch Geraden beschreiben. Die Lagebeziehung mehrerer Bewegungen und damit verbundene Informationen über Geschwindigkeit und Abstand sind essenziell für Navigation und insbesondere Sicherheit. Auch im Bereich Ingenieurwesen, z. B. beim Tunnelbau, ist die Berechnung von Wegverläufen wichtig. Nicht zuletzt dienen parallele bzw. sich im Fluchtpunkt schneidende Geraden in der Optik und der Kunst als Hilfsmittel für verschiedene Projektionen. Das Thema der Stunde hat also universellen Charakter.

Motivation

Die Stunde ist stark durch den Unterrichtskontext motiviert: Da die Schüler in der vorherigen Stunde die Parameterdarstellung von Geraden kennengelernt, sich dabei aber nur mit einer einzelnen Geraden beschäftigt haben, folgt als nächster didaktischer Schritt ganz natürlich die Untersuchung mehrerer Geraden bzw. ihr Verhältnis zueinander. Die Schüler befinden sich gedanklich noch im Sachkontext der vorigen Stunde (Flugbahn eines Flugzeugs) und können sich nun ohne geistige Vorarbeit auf eine neue Problemstellung in diesem Kontext einlassen. Auch der Sachkontext selbst kann die Motivation erhöhen, da hier zum einen eine größere Anschaulichkeit gegeben ist (d. h. die Beziehungen sind leichter in ein gedankliches Bild umsetzbar) und die Aufgabenstellung zum anderen an eine konkrete Problemstellung bzw. einen Anwendungsbezug in der realen Welt anknüpft. Da der Fokus der Stunde stärker im Bereich des Problemlösens liegt, wird die Modellierung in der Stunde gegebenenfalls nur am Rande thematisiert und stattdessen auf allgemeine Lagebeziehungen von Geraden fokussiert. Diese Fokussierung kann von den Schülern als vorläufige Vernachlässigung der Zeitabhängigkeit der Flugzeugpositionen betrachtet werden, die im Fall gemeinsamer Punkte der Geraden nachfolgend betrachtet werden kann. Darüber hinaus kann die zeitabhängige Abstandsberechnung als Differenzierung oder Ergänzung vorgenommen werden. Nicht zuletzt sollte der hohe Grad an Selbststeuerung des Unterrichts durch die

---

[9] Siehe KULTUSMINISTERKONFERENZ (2002), S. 8.
[10] Siehe NIEDERS. KULTUSMINISTERIUM (2009), S. 23.

Schüler[11] eine starke Identifikation mit dem Lernprozess und dem Produkt bewirken – die Schüler sollen das eingangs gestellte Problem zu *ihrem* Problem machen.

Transformation

Der Schwerpunkt der Stunde liegt auf dem Verständnis der vier verschiedenen Lagebeziehungen zweier Geraden auf der anschaulichen (räumliche Vorstellung) und der mathematischen Ebene (Charakterisierung der Lagebeziehung durch das Verhältnis der Richtungsvektoren, die Lage jeweils eines Stützpunktes und/oder die Lösungsmenge linearer Gleichungssysteme).

Man hätte nun direkt mit einem rein innermathematischen Zugang in das Thema einsteigen können. Erfolg versprechender wäre eine Objektstudie[12], etwa ein Würfel, dessen Kanten Geraden definieren und an dem sich alle Fälle von Lagebeziehungen hätten finden lassen. Ich habe mich jedoch aus motivationalen[13] und didaktischen Gründen für einen dritten Weg entschieden: die Einführung anhand einer Realsituation. Indem sich die Schüler mit dieser sowie einem Realmodell auseinandersetzen, trainieren sie ihr räumliches Vorstellungsvermögen, anstatt sich nur mit algebraischen Darstellungen der geometrischen Objekte zu beschäftigen.[14] Außerdem bietet die Realsituation zahlreiche Anknüpfungspunkte für weitere thematische Aspekte (z. B. Abstand paralleler Geraden, Abstand windschiefer Geraden, Einführung von Ebenen), sodass später erneut darauf zurückgegriffen werden kann.

Der Impuls für die Stunde muss durch eine Leitfrage wie „Welche Möglichkeiten für die Lage der beiden Flugbahnen zueinander gibt es?" formuliert werden. Eine offenere Fragestellung wäre vielleicht nicht zielführend genug und würde evtl. sogar zu schnell auf zu schwierige Aspekte des Problems führen (z. B. Problematik des Abstands zweier windschiefer Geraden). Die sinnvolle Frage nach dem zeitabhängigen Abstand, die von den Schülern eventuell eingebracht wird, kann mit einem Verweis, dass aus Komplexitätsgründen zunächst auf die Zeitabhängigkeit verzichtet wird, aus dem Fokus gerückt werden. In diesem Fall sollte diese Frage im weiteren Verlauf unbedingt wieder aufgegriffen werden.

Die Schüler kennen die Identität zweier Geraden bereits aus der vorigen Stunde und haben auch ein Beispiel für parallel verlaufende Geraden kennengelernt. Im Fall sich schneidender Geraden wäre es möglich, dass sie orthogonal zueinander stehende Geraden (ein Sonderfall beim Schnitt) als eigenen Fall auffassen, während der Fall windschiefer Geraden vor allem das Problem der Beschreibung birgt, da der zugehörige Begriff noch nicht eingeführt wurde.

Zunächst sind also nur die vier möglichen Lagebeziehungen zu erarbeiten, ohne diese mathematisch (d. h. in Form von Bedingungen) zu beschreiben, damit die Grundvorstel-

---

[11] Vgl. Abschnitt zur Methodik.

[12] Im Sinne von SCHMIDT (2009), S. 11.

[13] Vgl. Abschnitt zur Motivation.

[14] Vgl. auch WELLER (2006), S. 1 f., sowie HELLMICH (2004), S. 48 f. (Thesen zu Aufgabenstellungen im Geometrieunterricht).

lung dieser Beziehungen vorhanden ist. Damit wird ein Plateau, eine gemeinsame Basis errichtet, von der aus die weiteren Überlegungen verlaufen. Im folgenden Schritt werden die mathematischen Bedingungen für das Vorliegen einer Lagebeziehung ermittelt. Hier kann die Zielformulierung offener gestellt werden (z. B.: „Entwickle ein Verfahren zur Kategorisierung der Lagebeziehungen!"), da es für den Zielalgorithmus viele verschiedene Möglichkeiten gibt. Zwei wahrscheinliche Ansätze seien kurz skizziert:

1. Lineares Gleichungssystem als Grundlage[15]: Geht man davon aus, dass zunächst die Parameterdarstellungen der beiden Geraden gleichgesetzt werden, so ergibt sich ein lineares Gleichungssystem (LGS), bei dessen Lösung abhängig von der Mächtigkeit der Lösungsmenge drei Fälle möglich sind. Ein Fall (das LGS hat keine Lösung) muss durch die Untersuchung der Richtungsvektoren auf Kollinearität noch differenziert werden. Dieser Ansatz benötigt weniger Arbeitsschritte, erfordert jedoch die korrekte Interpretation der Lösungsmatrizen des LGS. Dieses Wissen müsste zunächst reaktiviert und in den Zusammenhang eingeordnet werden.
2. Richtungsvektor als Grundlage[16]: Führt man zunächst die Untersuchung der Richtungsvektoren auf Kollinearität durch, so sind zwei Fälle durch eine Punktprobe zu ermitteln (identisch bzw. parallel), während für die Unterscheidung der anderen beiden Fälle (Schnittpunkt bzw. windschief) wiederum die Lösung eines LGS notwendig ist. Der Nachweis der Komplanarität kann wegen nicht vorhandener Lernvoraussetzungen an dieser Stelle noch nicht erfolgen. Wird der Richtungsvektor als Grundlage genutzt ist nur in bestimmten Fällen die Lösung eines LGS nötig (zeitökonomischer Aspekt) und dieses nimmt nur die Form einer eindeutigen oder keiner Lösung an, was für die Schüler leicht voneinander zu unterscheiden ist.

Beim Aufbau des Schemas werden die Schüler wahrscheinlich von gemeinsamen Eigenschaften zweier Lagebeziehungen ausgehen (z. B. kein gemeinsamer Punkt bei parallelen und windschiefen Geraden; kollineare Richtungsvektoren bei identischen und parallelen Geraden) und dann durch weitere Untersuchungen die einzelnen Fälle differenzieren[17]. Andererseits ist es auch vorstellbar, dass sie, motiviert durch Aufgaben zur Schnittberechnung einer Geraden und der x_1-x_2-Ebene (bzw. einer dazu parallelen Ebene) aus der vorigen Stunde, sofort zur Gleichsetzung der Parameterdarstellungen übergehen.

Nachdem das jeweilige Schema aufgestellt ist, wird es auf das Eingangsproblem angewandt und das Ergebnis auf die Realsituation übertragen. Vor der Festigungs- und Übungsphase ist es sicher sinnvoll, das erworbene Verständnis auf die Probe zu stellen, indem die Lagebeziehung von jeweils zwei aus drei gegebenen Geraden ermittelt wird, wofür keine Rechnungen notwendig sind. Ein weiterer Schritt ist die Umkehrung der Fragestellung,

---

[15] Siehe Tafelbild 2a).

[16] Siehe Tafelbild 2b), vgl. auch FREUDIGMANN ET AL. (2009), S. 242.

[17] Eine ähnliche Vorgehensweise haben die Schüler bei der Kategorisierung ebener Vierecke angewandt.

also die Ermittlung von Geradengleichungen, deren Geraden eine bestimmte Lage zur Ausgangsgeraden haben. Aufgrund der Uneindeutigkeit der Parameterdarstellung lassen sich diese Gleichungen ohne ausführliche Rechnungen schnell angeben. So können die Schüler ihr Verständnis der Lagebeziehungen und deren Charakterisierung durch Stütz- und Richtungsvektoren unter Beweis stellen.

Überlegungen zur Methodik

Die Stunde folgt dem Schema Einführung – Erarbeitung I – Sicherung I – Erarbeitung II – Sicherung II – Anwendung – Übertragung. Die zweite Hälfte der Doppelstunde ist zur Übung und Festigung vorgesehen. Die Anknüpfung an die vorhergehende Stunde und die Formulierung der Leitfrage geschieht durch einen Lehrerimpuls[18], der absichtlich allgemein (d. h. noch ohne Angabe von Gleichungen oder Werten) gehalten ist.

Die folgende Erarbeitung der vier Lagebeziehungen hingegen muss für die spätere Festigung und Identifikation mit der Problemstellung unbedingt von den Schülern ausgehen und ist nicht durch eine Vorgabe vonseiten des Lehrers zu ersetzen. Eine Exploration mittels der Software „Vektoris3D", mit der die Schüler vertraut sind, wäre hier möglich gewesen. Hierdurch wäre eine Schulung des räumlichen Vorstellungsvermögens gewährleistet und (über die Eingabe von Geradengleichungen in das Programm) auch eine mögliche Verknüpfung mit den mathematischen Bedingungen gegeben worden. Andererseits hätte diese Phase so zeitlich gesehen einen zu großen Schwerpunkt in der Stunde gebildet, was nicht vorgesehen ist. Deshalb erhalten die Schüler für die Erarbeitungsphase als Hilfestellung stattdessen pro Paar zwei Stücke Schnur, um damit modellartig die Lagebeziehungen nachstellen zu können. Diese Darstellungsform ist ohne weitere Hilfen anwendbar und bezieht durch die direkte Handhabung die räumliche Vorstellung noch enger ein. Die Gestaltung der Erarbeitungsphase als Ich-Du-Wir[19] stellt sicher, dass auch alle Ideen der Schüler Anklang finden und mögliche Fehlvorstellungen ausgeräumt werden.

Die Schüler erarbeiten dann partnerweise die mathematische Bestimmung einer Lagebeziehung. Da für das Aufstellen des gesamten Schemas ein beträchtlicher geistiger Aufwand vonnöten ist, erhalten die Schüler zur Binnendifferenzierung das Angebot, zunächst einzelne Fälle zu betrachten (in aufsteigender Schwierigkeit: identisch – parallel – sich schneidend – windschief) und diese dann nach und nach zu einem Schema zusammenzusetzen. Als weitere unterstützende Maßnahme werden ihnen nun die Gleichungen beider Flugbahnen gegeben. Da der Fokus der Stunde auf dem Problemlösen liegt, werden dabei für diese Lerngruppe Geradengleichungen mit einfachen Zahlenwerten gewählt, obwohl diese aus Sicht der Modellierung nicht unproblematisch sind. Sowohl die Leistungserwartung eines Kurses auf grundlegendem Niveau als auch die Erfahrung aus vergangenen Stunden legen nahe, dass es für die Schüler einfacher ist, mit konkreten Gleichungen zu operieren, als ein ohnehin schwieriges Schema nur aufgrund abstrakter Darstellungen zu erarbeiten. Zwar besteht die Gefahr, dass sich einzelne Schüler nur auf die Lösung des konkreten Problems

---

[18] Zur Begründung der Impulsformulierung s. Abschnitt „Transformation".
[19] Siehe BARZEL/BÜCHTER/LEUDERS (2007), S. 118–123.

konzentrieren; diese werden aber, sofern sie Schwierigkeiten beim Verallgemeinern haben, mit weiteren Geradengleichungen versorgt, die in anderer Beziehung zueinander liegen. Diese Phase bildet zeitlich und inhaltlich den Schwerpunkt der Stunde, denn die Schüler sollen sich auch über die Ergebnisse ihrer Bemühungen austauschen. Dazu notieren sie kurz Ideen, Ansätze oder vollständige Bearbeitungen einzelner Fälle oder des gesamten Schemas und bringen die Notizen an einer Pinnwand an. Während der gesamten Phase können sie die Ideen der anderen an der Pinnwand einsehen und durch das Anstecken von Pins diejenigen markieren, die ihrer Ansicht nach Erfolg versprechend sind. Außerdem können sie konkrete Anmerkungen oder Korrekturen auf Klebezetteln direkt an der Pinnwand anbringen. So entsteht ein nonverbaler Austausch über die favorisierte Rechenstrategie, die dann in der anschließenden Sicherungsphase zusammengefasst wird.

Ziel dieser Vorgehensweise ist es, die Schüler an der Lenkung des Unterrichts zu beteiligen, damit eine maximale Identifikation mit dem Problem und dem Lernprozess erzielt wird. Natürlich birgt diese Phase auch das größte Risiko, da der Ablauf und der Lernfortschritt im Vorfeld nicht absehbar sind. Deshalb kann die Synthesephase, in der der Algorithmus entsteht, notfalls auch durch Einzelpräsentationen von Schülern ersetzt werden, die ihre Teillösungen (möglichst Betrachtung jeweils einer Lagebeziehung) anhand einer Folie vorstellen.

Die Anwendung des Schemas auf das konkrete Problem ist nur eine kurze Übungsphase. Anstatt diese jedoch ausführlicher zu gestalten, soll zunächst noch das Verständnis vertieft und für eine Rückversicherung gesorgt werden. Dazu erhalten die Schüler auf einer Folie die Gleichungen dreier Geraden und sollen ohne Rechnung die jeweilige Lagebeziehung angeben. Hier sollen gezielt Schüler angesprochen werden, die sich im sonstigen Verlauf der Stunde eher zurückhaltend gezeigt haben. Dies soll noch besonders durch den Abschluss forciert werden: Je nachdem, wie fortgeschritten die Zeit ist, ziehen drei bis fünf Schüler aus einer Loskiste Kärtchen mit schnell zu lösenden Aufgaben und Verständnisfragen. Können sie ihre jeweilige Frage nicht beantworten, dürfen natürlich andere Schüler helfen.

7.2.7 Geplanter Unterrichtsverlauf

Phase	Didaktische Schritte	Sozialform/ Methode	Materialien/ Medien
Einführung	Von einer Geraden (Flugbahn) zu zweien: Welche Möglichkeiten für die beiden Flugbahnen sind denkbar?	LV	–
Erarbeitung I	1. Individuelle Vorüberlegungen („Ich") 2. Nachstellen der einzelnen Möglichkeiten („Du")	Ich Du	Schnüre

Phase	Didaktische Schritte	Sozialform/ Methode	Materialien/ Medien
Sicherung I	3. Zusammenstellung der Möglichkeiten (formal und anschaulich) („Wir") – identisch → Die Flugzeuge fliegen auf derselben Route – parallel → Die Flugzeuge fliegen auf nebeneinanderliegenden Flugbahnen – windschief → Die Flugzeuge fliegen in unterschiedliche Richtungen – Schnittpunkt → Die Flugbahnen der Flugzeuge kreuzen sich	Wir	Tafel
Erarbeitung II	Gegeben sind die Geradengleichungen der beiden Flugzeuge: Wie kann man anhand der Gleichungen bestimmen, welche Lagebeziehung zwischen den Geraden besteht? → Ideen sammeln und die Ideen der Mitschüler betrachten und bewerten	PA	Heft, Pinnwand
Sicherung II	Auswahl und Erläuterung der aus Schülersicht besten Ideen → Aufstellen eines Schemas	FUG	Pinnwand, Tafel
Anwendung	Bestimmung der Lage der beiden Flugbahnen mithilfe des Schemas	EA	Heft
Übertragung	Einzelaufträge zur Verständnissicherung: a) Beziehung von zwei aus drei Geraden (ohne Rechnung) b) allgemeine Verständnisfragen	SV, GUG	OHP, Folie, Karten

LI: Lehrerinstruktion; **FUG**: freies Unterrichtsgespräch; **OHP**: Overheadprojektor; **EA/PA**: Einzel- und Partnerarbeit; **SV**: Schülervortrag; **GUG**: gelenktes Unterrichtsgespräch

7.2.8 Literaturauswahl

BARZEL/BÜCHTER/LEUDERS (2007): Barzel, Bärbel / Büchter, Andreas / Leuders, Timo: Mathematik Methodik. Handbuch für die Sekundarstufe I und II, Berlin 2007.

FREUDIGMANN ET AL. (2009): Freudigmann, Hans u. a.: Lambacher Schweizer 11/12, Gesamtband Oberstufe, Stuttgart 2009.

HELLMICH (2004): Hellmich, Frank: Inhaltliche, kontextuelle und aktivitätsbezogene Aspekte bei räumlich-geometrischen Problemstellungen, in: Der Mathematikunterricht 1/2 (2004), Seelze-Velber 2004.

KULTUSMINISTERKONFERENZ (2002): Sekretariat der Ständigen Konferenz der Kultusminister in der Bundesrepublik Deutschland (Hrsg.): Beschlüsse der Kultusministerkonferenz. Einheitliche Prüfungsanforderungen in der Abiturprüfung Mathematik, München 2002.

NIEDERS. KULTUSMINISTERIUM (2009): Niedersächsisches Kultusministerium (Hrsg.): Kern-curriculum für die Gesamtschule – gymnasiale Oberstufe (Mathematik), Hannover 2009.

SCHMIDT (2009): Schmidt, Günter: Analytische Geometrie unter Betonung der Leitidee „Raum und Form" mithilfe von Objektstudien, in: Der Mathematikunterricht 3 (2009), Seelze-Velber 2009.

WELLER (2006): Weller, Hubert: Die Geometrie unseres Anschauungsraumes in der Oberstufe – Konzept eines computergestützten Unterrichts http://miami.uni-muenster.de/servlets/DerivateServlet/Derivate-3143/Weller_Konzept_Analyt_Geometrie.pdf

7.2.9   Anhang

Tafelbild 1

Mögliche Lagebeziehungen zweier Geraden (hier: Flugbahnen)

1. identisch: Richtungsvektoren sind Vielfache voneinander, Stützvektoren austauschbar.
2. parallel: Richtungsvektoren sind Vielfache voneinander, keine gemeinsamen Punkte.
3. sich schneidend: Richtungsvektoren sind keine Vielfachen voneinander, Schnittpunkt existiert.
4. windschief: Richtungsvektoren sind keine Vielfachen voneinander, kein Schnittpunkt.

Tafelbild 2

Tafelbild 2a)

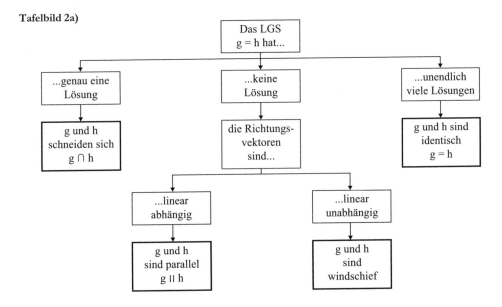

Tafelbild 2b)

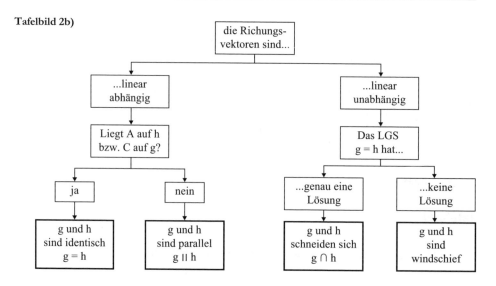

Aufgabenblatt

Aufgabe:

Entwickeln Sie jeweils zu zweit eine Strategie, mit der man rechnerisch ermitteln kann, wie zwei Geraden zueinander liegen!

Vorgehensweise:

- Notieren Sie Ihre Lösungen (Ansätze, Ideen, ...) kurz(!) und in Großschrift auf einem der grünen DIN-A5-Blätter und heften Sie es an die Pinnwand.
- Lesen Sie sich auch die Lösungen Ihrer Mitschüler an der Pinnwand durch.
- Markieren Sie Ideen/Lösungen, die Ihrer Meinung nach Erfolg versprechend sind, indem Sie eine Pinnnadel hineinstecken.
- Sie können auch Ideen/Lösungen an der Pinnwand kommentieren, indem Sie eine Haftnotiz beschriften und dazu kleben.

Hinweise:

- Anstatt alle vier Fälle auf einmal zu betrachten, können Sie zunächst einen davon auswählen und später alle vier zu einem Schema ordnen.
- Sie können den konkreten Fall

$$g : \vec{x} = \begin{pmatrix} -5 \\ 2 \\ 4 \end{pmatrix} + r \cdot \begin{pmatrix} 8 \\ -8 \\ 2 \end{pmatrix} \text{ und } h : \vec{x} = \begin{pmatrix} 6 \\ 1 \\ 3 \end{pmatrix} + t \cdot \begin{pmatrix} -12 \\ 12 \\ -3 \end{pmatrix} \text{ mit } r, t \in \mathbb{R} \text{ als Grundlage für}$$

Ihre Berechnungen nutzen.

Aufgabe zur Verständnissicherung
Gegeben sind die Gleichungen von drei Geraden:

$$g_1 : \vec{x} = \begin{pmatrix} 1 \\ 2 \\ 3 \end{pmatrix} + r \cdot \begin{pmatrix} 3 \\ 2 \\ 1 \end{pmatrix}, \quad g_2 : \vec{x} = \begin{pmatrix} 1 \\ 2 \\ 3 \end{pmatrix} + t \cdot \begin{pmatrix} 2 \\ 1 \\ 3 \end{pmatrix}, \quad g_2 : \vec{x} = \begin{pmatrix} 7 \\ 7 \\ 7 \end{pmatrix} + s \cdot \begin{pmatrix} 2 \\ 1 \\ 3 \end{pmatrix} \text{ mit } r, t, s \in \mathbb{R}$$

Wie liegen jeweils zwei davon zueinander?

Karten zur Verständnissicherung

- Geben Sie die Gleichung einer Geraden an, die identisch zu g ist!
- Welche Fälle von Lagebeziehungen können in zweidimensionalen Koordinatensystemen auftreten?
- Geben Sie die Gleichung einer Geraden an, die windschief zu h ist!
- Begründen Sie, warum zwei Geraden parallel sein können, auch wenn sie nicht denselben Richtungsvektor haben!
- Geben Sie die Gleichung einer Geraden an, die parallel zur x_2-Achse ist!
- Geben Sie die Gleichung einer Geraden an, die die Gerade g im Punkt A schneidet!

Ergänzungsmaterial: (Arbeitsblatt)
Bestimmung des minimalen zeitabhängigen Abstands zweier Objekte, deren geradlinige Bewegungen jeweils durch Vektorgleichungen beschrieben werden

1. Erläutern Sie, warum der minimale Abstand der beiden Objekte nicht dem Abstand der Geraden voneinander entspricht.
2. Damit der minimale Abstand der beiden Objekte bestimmt werden kann, müssen die Vektordarstellungen, die ihre Bewegungen beschreiben, einige Bedingungen erfüllen. Erläutern Sie, warum die folgenden Bedingungen erfüllt sein müssen, und erklären Sie zusätzlich, wie dies für a) erreicht werden kann.
   a) Der Betrag der Richtungsvektoren entspricht jeweils dem Betrag der Geschwindigkeit der Objekte in einheitlicher Einheit (hier zum Beispiel km/min).
   b) Als Stützvektor werden Ortsvektoren von Punkten verwendet, an denen sich die Objekte zur selben Zeit (t_0) befinden.
   c) Die Vektordarstellungen der beiden Geraden verwenden denselben Parameter (z. B. t).
3. Angenommen die beiden Gleichungen

$$g : \vec{x} = \begin{pmatrix} -5 \\ 2 \\ 4 \end{pmatrix} + t \cdot \begin{pmatrix} 8 \\ -8 \\ 2 \end{pmatrix} \text{ und}$$

$$h : \vec{x} = \begin{pmatrix} 6 \\ 1 \\ 3 \end{pmatrix} + t \cdot \begin{pmatrix} -12 \\ 12 \\ -3 \end{pmatrix} \text{ erfüllen diese Bedingungen.}[20]$$

(Die Koordinaten werden zum Beispiel in km angegeben, die Geschwindigkeit in km/min und der Parameter stellt die Zeit in Minuten dar. Der Ursprung ist ein Punkt in der Luft.)

Bestimmen Sie den zeitabhängigen Abstandsvektor $\vec{d}(t)$.

4. Ermitteln Sie einen Term (ziemlich viel unter der Wurzel …), mit dem der Betrag $d(t) = |\vec{d}(t)|$ berechnet werden kann.

Den Betrag, so komplex der Term auch ist, können Sie mithilfe Ihres GTR als Funktion von t grafisch darstellen. Bestimmen Sie mithilfe des GTR das Minimum.

7.3   Erzeugung von 3-D-Effekten bei Bildern

7.3.1   Thema der Unterrichtsstunde

Modellierung eines Durchstoßpunktproblems

(Autor: Dr. Matthias Färber)

7.3.2   Anmerkungen zur Lerngruppe

Der Mathematikkurs auf grundlegendem Niveau besteht aus 9 Schülern und 12 Schülerinnen. Ich kenne den Kurs seit Mitte Januar und habe den Unterricht Anfang Februar übernommen.

Im Kurs herrschen ein gutes **Arbeitsklima** und eine freundliche Atmosphäre. Einige Schülerinnen und Schüler[21] neigen jedoch dazu, sich und andere abzulenken. Insbesondere L und K stören häufig durch fachfremde Unterhaltungen und Unaufmerksamkeit.

Die **fachlichen Leistungen** der SuS und ihre Beteiligung am Unterrichtsgespräch sind recht heterogen. M, S und H nutzen als Wiederholer ihr Vorwissen auf dem Gebiet der Analytischen Geometrie und beteiligen sich sehr gut. K ist ebenfalls Wiederholer, nutzt sein vorhandenes Vorwissen jedoch nicht für eine starke Beteiligung. Ch und P beteiligen sich ebenfalls sehr gut und geben entscheidende Impulse. A hat in der letzten Zeit häufig gefehlt. Ihr Kenntnisstand weist daher viele Lücken auf.

---

[20] Hier werden die Gleichungen aus der Stunde mit einfachen Zahlen wieder aufgegriffen. Im Rahmen einer Modellkritik können diese anschließend kritisch in Bezug auf eine Modellierung von Flugbahnen diskutiert werden. Dabei können die Schüler als Herausforderung im Bereich des Modellierens selbst Gleichungen mit realistischeren Zahlen entwickeln und auswerten.

[21] Im Folgenden mit SuS abgekürzt.

Die SuS stehen **kooperativen Lernformen** tendenziell abneigend gegenüber, arbeiten in entsprechenden Phasen jedoch überwiegend produktiv. Die Arbeitshaltung in Gruppenphasen ist stark abhängig von den Gruppenkonstellationen, weil einige SuS dazu neigen, sich durch themenfremde Unterhaltungen abzulenken.

Die SuS sind daran gewöhnt, ihre **Ergebnisse zu präsentieren**. Die übrigen SuS gehen als Zuhörer jedoch meist nur dann auf Unklarheiten, Fehler und Diskussionspunkte ein, wenn diese gravierend und offensichtlich sind.

Mit problemorientiertem Unterricht haben die SuS in Mathematik bislang nur wenige Erfahrungen gemacht.

Der Unterrichtsraum bietet durch seine technische Ausstattung gute Möglichkeiten zum Medieneinsatz und ausreichend Platz, um mit dieser Lerngruppe an sinnvoll ausgerichteten Gruppentischen zu arbeiten.

7.3.3 Einordnung in den Unterrichtszusammenhang

Das Themengebiet der Geometrie wird in der Sekundarstufe I im niedersächsischen Kerncurriculum[22] durch die Leitideen „Größen und Messen" und „Raum und Form" abgebildet. In der Oberstufe werden die dort gelegten Grundlagen wieder aufgegriffen, auf eine dreidimensionale Geometrie erweitert und mit einer algebraischen Beschreibung strukturiert. Im Kerncurriculum für die Oberstufe[23] werden die geforderten inhaltlichen Kompetenzen im Kernbereich „Räumliches Strukturieren, Koordinatisieren" verankert.

Die inhaltlichen Kompetenzen einer Unterrichtsreihe zur Analytischen Geometrie haben nur **bedingt**[24] **allgemeinbildenden Charakter** und Zukunftsbedeutung im weiteren Leben der SuS. Sie bilden jedoch die abstrakte Grundlage zur Schulung prozessorientierter Kompetenzen im Bereich der Modellierung und des Problemlösens, welche im Curriculum explizit angeführt werden. Diese Kompetenzen werden von vielen Wirtschaftszweigen gefordert und können dort gewinnbringend eingesetzt werden.

In der **Unterrichtsreihe** wurden nach der Einführung von Vektoren[25] und deren Linearkombination Geraden thematisiert. Deren Lagebeziehung wurde über die Lösung linearer Gleichungssysteme (LGS) per Hand und mit dem eingeführten CAS-fähigen Taschenrechner[26] untersucht. Die SuS lernten hierbei den Begriff der linearen Abhängigkeit kennen. In der vergangenen Woche wurden Ebenen und deren Parameterdarstellung eingeführt.[27]

---

[22] Vgl. Kultusministerium [6].

[23] Siehe Kultusministerium [7].

[24] Beispielsweise für SuS, die Berufe mit stark mathematischem Hintergrund wählen.

[25] Diese wurden als Pfeile und Punkte interpretiert (vgl. [8]).

[26] Casio ClassPad 300Plus.

[27] Die Parameterdarstellung wurde hierbei analog zur Definition der Parameterdarstellung von Geraden angelegt. Die SuS nutzen demnach Vektoren nicht mehr nur als Rechenmittel, sondern auch als Darstellungsmittel (vgl. [9] und [5]).

Die SuS können Ebenen anhand von Stützpunkten oder in der Ebene liegenden Geraden definieren[28] und bestimmen analytisch, ob Punkte in einer Ebene liegen.

7.3.4 Didaktische Überlegungen

Im vorigen Abschnitt wurden bereits der allgemeinbildende Charakter und die Zukunfts-bedeutung von prozessorientierten Kompetenzen angesprochen. Die Schulung dieser Kompetenzen sollte im Verlauf einer Unterrichtsreihe dann erfolgen, wenn den SuS die wesentlichen Hilfsmittel zur Lösung einer Problemstellung hinreichend bekannt sind. Zur beschriebenen Stunde sind den SuS vielfältige geometrische Strukturen (Punkte, Geraden und Ebenen) bekannt, um auch ein komplexes Problem lösen zu können.

Problemorientierter Unterricht

Um SuS für einen problemorientierten Unterricht begeistern zu können, ist zum einen ein Gegenwartsbezug[29], zum anderen ein großer Phänomencharakter hilfreich[30]. Zudem sollten die Bezüge zwischen Problem und zugrunde liegender Mathematik nicht aufgesetzt wirken.[31] In [1], S. 90, wird eine Stereoskopie[32]-Problemstellung thematisiert, welche im Sinne der genannten Kriterien großes Potenzial bietet. Der Gegenwartsbezug wird durch die Verbreitung von Stereoskopie-Technik in Kinos und in modernen Flachbildschirmen hergestellt. Diese Technik ist vielen SuS sicherlich schon begegnet. Der Hintergrund des 3-D-Effektes, der bei dieser Technik erzeugt wird, erschließt sich nicht auf den ersten Blick und bildet den grundlegenden Phänomencharakter. Außerdem basiert die Erzeugung stereo-skopischer Bilder und Filme[33] im Wesentlichen auf Methoden der Analytischen Geometrie und hat damit direkten Bezug zum aktuellen Unterrichtsinhalt.

Erzeugung stereoskopischer Bilder

Zu Beginn der Stunde sollen die SuS die Stereoskopie-Technik als zentrales Phänomen der Stunde über ein 3-D-Video erleben. Die Technikdetails sollen kurz dargestellt, aber nicht vertieft werden.[34] Vielmehr soll das für diese Stunde zentrale Problem aufgeworfen werden:

---

[28] Hierbei werden auch Ebenen im Unterrichtsraum durch geschickte Positionierung eines Koordi-natensystems bestimmt (z. B. Tafel, Tür, …).

[29] Im Sinne einer Didaktik nach Klafki [4].

[30] Ein gutes Beispiel dafür wird in [10] beschrieben. Dabei geht es um die Modellierung der GPS-Technik im Geometrieunterricht.

[31] Wie es beispielsweise in [3], S. 274, Nr. 4 der Fall ist.

[32] Technik zur Erzeugung und Wiedergabe von Bildern mit räumlichem Eindruck.

[33] Zumindest im Fall von artifiziell erzeugten 3-D-Bildern, wie sie in modernen Animationsfilmen oder in [11] oder [2] gezeigt werden.

[34] Die Grundlagen der Stereoskopie werden im Anhang dargestellt.

„Wie können stereoskopische Bilder erzeugt werden?" Folgende Skizze veranschaulicht diesen Vorgang:

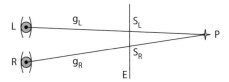

Durch die unterschiedlichen Blickwinkel der Augen L und R auf ein Objekt im Punkt P stellt sich dies auf einer virtuellen Bildebene E an unterschiedlichen Projektionspunkten S_R und S_L dar. Werden die Projektionspunkte in den Farben Rot und Grün gezeichnet, so vereinigen sie sich bei einer Betrachtung der Bildebene durch eine Rot-Grün-Brille zu einem Punkt, der nun für den Betrachter wieder im originären Punkt P liegt.

Mathematisch lassen sich S_R und S_L als Durchstoßpunkte[35] der von den Augen zum Objekt verlaufenden Geraden g_R und g_L mit der Bildebene E modellieren und berechnen. Hintergrund der Berechnung ist hierbei das Prinzip der Zentralprojektion.

Schritte zur Problemlösung

Zur Lösung der oben beschriebenen komplexen Problemstellung mittels mathematischer Methoden müssen die SuS folgende Schritte durchführen:

1. Identifikation wesentlicher geometrischer Elemente für das gegebene Problem (die oben beschriebenen Punkte, Geraden und die Ebene)
2. Mathematische Erfassung der Elemente durch Koordinatisierung
3. Herstellung mathematischer Bezüge zwischen den Elementen (Schnittpunktbestimmung)
4. Algebraisierung der Aufgabe (Aufstellung des Gleichungssystems)
5. Lösen des Gleichungssystems (mit CAS)
6. Geometrische Interpretation der Lösung im mathematischen Raum[36]
7. Übertragen der gefundenen Ergebnisse auf die Problemstellung.

Es wäre im Sinne einer Schulung prozessorientierter Kompetenzen nicht hilfreich, alle hier aufgezählten Schritte in einer Stunde von 45 Minuten erarbeiten zu lassen. In dem gezeigten ersten Teil der Doppelstunde soll daher das Hauptaugenmerk auf den ersten drei Punkten liegen. Zudem soll mit den SuS das weitere Vorgehen zur Lösung der letzten Punkte besprochen werden, um sie im zweiten Teil der Doppelstunde (bzw. in der Hausaufgabe) in eine selbstgesteuerte Bearbeitung entlassen zu können.

---

[35] Schnittpunkt einer Geraden mit einer Ebene.

[36] Zu den Punkten 3. bis 5. vgl. die in [12], S. 25, dargestellte Skizze.

Offenheit bei der Aufgabenbearbeitung

Eine zentrale Frage für die Planung der Stunde ist die Wahl der Offenheit in der Bearbeitung der gestellten Aufgabe. Für Problemlöseprozesse sollte allgemein eine große Offenheit angestrebt werden. Diese muss allerdings dann begrenzt werden, wenn die SuS mit der Komplexität einer Aufgabe überfordert wären und nicht wüssten, wie sie anfangen sollen. Die oben genannten Schritte bauen aufeinander auf. Das heißt, dass die erfolgreiche Bearbeitung der ersten Schritte grundlegend für die Lösung des Problems ist. Eine Führung der SuS entlang dieser Bearbeitungsschritte ist für die am Anfang beschriebene Lerngruppe unerlässlich. Diese muss im Verlauf der Stunde durch geeignete Hilfen und möglicherweise durch zielführende Unterrichtsgespräche ggf. intensiviert werden (siehe auch die methodischen Überlegungen).

Grundsätzlich bieten Fehler in den Erarbeitungsphasen jedoch hervorragende Anlässe zu fruchtbaren Diskussionen in einer Plenumsphase und sind somit Teil des Problemlöseprozesses. Entsprechende Fehler sollten also bis zu einem gewissen Grad zugelassen werden.

Zentrales Element der Stunde ist ein Stativaufbau des Strahlengangs, an dem die SuS die Position der Augen durch eine fixierte Rot-Grün-Brille, die Bildebene durch eine Plexiglasscheibe und Objektpunkte durch in P fixierte geometrische Körper (Tetraeder, Pyramiden etc.) untersuchen können. Mithilfe des Aufbaus können die SuS in einfacher Weise erste stereoskopische Bilder durch Zeichnen auf der Plexiglasscheibe erzeugen.

Im **ersten Schritt** werden die SuS sicherlich schnell die **Bildebene** als wesentlich identifizieren.[37] Im Aufbau kommen jedoch Geraden und Punkte an vielen Stellen vor (Stativstangen, Kanten der Körper etc.). Zudem sind die Geraden g_R und g_L unsichtbar.

Im **zweiten Schritt** können die geometrischen Objekte unterschiedlich definiert werden. Die **Positionierung des Koordinatensystems** ist dabei wesentlich und kann die weitere Bearbeitung stark vereinfachen.[38] Während eine Positionierung der Bildebene als x_2/x_3-Ebene für die meisten SuS ersichtlich sein sollte, dürfte die Lage der x_1-Achse zu größeren Problemen führen und sollte dann Gegenstand eines sich entwickelnden Unterrichtsgesprächs sein. Mit der mathematischen Darstellung der Elemente sollten die SuS jedoch keine größeren Probleme haben.

Im **dritten Schritt** müssen die SuS die **Schnittpunkte der Geraden mit der Ebene** als Lösung des Problems erkennen. Wenn sie dabei zunächst feststellen, dass lediglich die Projektionen der Eckpunkte berechnet werden müssen, ist ein erster Schritt zur Lösung des Problems getan. Die Außenkanten der Körper können später durch Verbindung der Eckpunkte eingezeichnet werden (Grundprinzip der Zentralprojektion).

Der Übergang zu einer Gleichsetzung der Parametergleichung im **vierten Schritt** erfolgt analog zur Bestimmung von Geradenschnittpunkten. Eine didaktische Reduktion erfolgt

---

[37] Die Plexiglasscheiben wurden in vergangenen Stunden bereits zur Visualisierung von Ebenen genutzt.

[38] Eine weitere Bearbeitung ist aber auch bei ungünstigen Koordinatisierungen möglich.

hier durch Nichtbeachtung der Möglichkeiten paralleler oder in der Ebene liegender Geraden, die im Problem nicht vorkommen.

Wie oben beschrieben, sind die **weiteren Schritte** nicht mehr Teil der vorgeführten Stunde. Sie werden daher durch entsprechende Arbeitsblätter vorbereitet und von den SuS selbstständig durchgeführt. Schwierigkeiten könnten hier auftreten, wenn die Lösungen des LGS als Schnittpunkte interpretiert und in das x_2/x_3-Koordinatensystem der Bildebene eingetragen werden müssen. Dies muss vorab geklärt und dann methodisch unterstützt werden.

Ein Rückbezug zum Phänomen am Anfang der Stunde erfolgt durch Präsentation der Arbeitsergebnisse in ausführlicher Weise erst in einer späteren Stunde. Das Phänomen kann jedoch durch die SuS während der Arbeit mit dem Stativaufbau immer wieder erlebt werden und zieht sich so durch das gesamte Projekt.

Eine genaue Vorhersage des **Zeitbedarfs** für die oben dargestellten Problemlöseschritte scheint mir auch bei genauester Antizipation von Problemen und Einschätzung der Lernvoraussetzungen nur schwer möglich. Die Stunde ist jedoch so angelegt, dass sie prinzipiell nach jedem der aufgeführten Schritte beendet werden kann. In jedem Fall soll aber in einer abschließenden Sicherungsphase der Vorgang des Problemlösens thematisiert und für die SuS transparent dargestellt werden. Anhand dieses Ablaufs können dann die weiteren Schritte erörtert und Ansätze zur Lösung im Plenum besprochen werden.

7.3.5   Lernziele

Hauptlernziel

Die SuS lösen experimentell und analytisch ein geometrisches Problem, indem sie Punkte, Geraden und Ebenen identifizieren und mathematisch zueinander in Bezug setzen. Sie schulen dadurch ihre Kompetenzen im Bereich der Modellierung und erarbeiten die Bedeutung von Durchstoßpunkten.

Inhaltliche Kompetenzen

- Die Schülerinnen und Schüler lernen, wie stereoskopische Bilder entstehen, indem sie die Trennung der Strahlengänge anhand eines experimentellen Aufbaus untersuchen.
- Sie vertiefen ihre Vorstellungen zu Punkten, Geraden und Ebenen, indem sie diese Objekte im Stereoskopie-Aufbau identifizieren.
- Sie üben, diese geometrischen Objekte mathematisch zu bestimmen
- und entwickeln eine Grundvorstellung zu Durchstoßpunkten als Lösungsmenge des vorgegebenen Problems, indem sie den Strahlengang verfolgen.

Prozessorientierte Kompetenzen

- Die Schülerinnen und Schüler strukturieren ein sachbezogenes Problem, indem sie die wesentlichen mathematischen Elemente bestimmen.
- Sie diskutieren über die mathematische Definition der gefundenen Elemente und lernen hierbei, dass die Koordinatisierung ein wichtiger Schritt beim Modellieren ist.

- Sie stellen Bezüge zwischen den identifizierten Elementen her und üben so, eine sachbezogene Problemstellung in eine mathematische zu überführen,
- lösen die so erarbeitete mathematische Problemstellung mit den bekannten Mitteln und übertragen die Lösung zurück auf das Sachproblem (Ziel der Doppelstunde).

Weitere Lernziele

- Die Schülerinnen und Schüler schulen ihre Kompetenzen im Bereich der Kommunikation durch gruppeninterne Diskussion mathematischer Sachverhalte
- und lernen die Analytische Geometrie als Werkzeug zur Lösung komplexer, aber dennoch alltagsbezogener Probleme kennen.

7.3.6 Methodische Überlegungen

Für die gesamte Stunde wird die **Zusammensetzung der Gruppen** vorgegeben. Leistungsschwachen SuS werden hierbei stärkere SuS an die Seite gestellt und ungünstige Konstellationen werden vermieden (vgl. die Anmerkungen zur Lerngruppe). Die SuS sitzen schon zu Beginn der Stunde an den Gruppentischen, um Umbauphasen zu vermeiden. Auch die Stativaufbauten werden schon auf den Tischen bereitgestellt, da sie vorsichtig behandelt werden müssen.

Den **Einstieg in die Stunde** möchte ich durch eine Beamer-Präsentation gestalten, die einen 3-D-Film über die menschliche Anatomie enthält[39]. Dadurch sollen die SuS einen direkten Bezug zum Thema erhalten und neugierig gemacht werden. Zudem wird den SuS dadurch vorgeführt, dass die derzeitigen Unterrichtsinhalte tatsächlich zur Lösung konkreter Aufgaben verwendet werden.

Ein lockeres Unterrichtsgespräch bietet den SuS Raum, über ihre Eindrücke zum Film und ihre eigenen Erfahrungen mit 3-D-Technik in Kinos o. Ä. zu berichten. Ich vermute eine hohe Beteiligung in dieser Phase. Dennoch werde ich diese Phase zeitlich begrenzen müssen, um mit den Unterrichtsinhalten fortfahren zu können.

Um das eigentliche Problem verstehen zu können, ist es wichtig, dass sich die SuS mit der **Stereoskopie-Technik** auseinandersetzen. Anhand des Stativaufbaus können sie in Gruppenarbeit erste stereoskopische Bilder durch Vervollständigung erzeugen und darüber diskutieren, wie der 3-D-Effekt entsteht. Dies wird im Plenum auf einer Folie stichwortartig zusammengefasst.

Anhand dieser Vorüberlegungen werde ich das Problem, stereoskopische Bilder durch **Berechnungen** zu erzeugen, aufwerfen und das weitere Vorgehen erläutern. Diese Erläuterungen sind wesentlich für den weiteren Verlauf der Stunde und sollen daher durch ausreichend Raum für Rückfragen gesichert werden.

---

[39] Die hier gezeigten Filme und Bilder entstammen dem Institut für medizinische Informatik des Universitätsklinikums Hamburg-Eppendorf und sind damit Teil meines früheren Arbeitslebens. Dies wird z. B. in [2] beschrieben.

In der folgenden **Gruppenphase** werden die SuS die Schritte eins bis drei des Problemlöseprozesses bearbeiten. Hierbei werden sie durch entsprechende Arbeitsaufträge geführt. Eine Differenzierung zwischen unterschiedlichen Gruppen erfolgt dabei durch das Tempo der Bearbeitung. Ich werde den Gruppen Folien zur Dokumentation ihrer Arbeit aushändigen und sie bitten, jeden Schritt erst ausführlich zu dokumentieren, bevor sie mit dem nächsten beginnen.

Sollte es während der Erarbeitung zu Schwierigkeiten kommen, so halte ich **Hilfekarten** bereit, die Hinweise auf die wesentlichen Objekte geben oder Anweisungen zur Vereinfachung des Problems beinhalten[40]. Falls viele Gruppen ernsthafte Probleme mit der Bearbeitung der Aufgaben haben, kann diese Gruppenphase auch durch Plenumsphasen unterbrochen werden, in denen stärkere Gruppen ihre Ansätze vortragen.

In der abschließenden **Sicherungsphase** soll eine Gruppe ihre bisherigen Ergebnisse vorstellen. Die Auswahl einer schwächeren (langsameren) Gruppe bietet dabei anderen Gruppen die Möglichkeit, ihre weiteren Ergebnisse zu ergänzen bzw. Fehler zu korrigieren, und fördert das „Mitdenken" bei den Zuhörern.

Zum Ende der Stunde möchte ich mit den SuS den **Problemlöseprozess** thematisieren und dazu die bislang erarbeiteten Teilschritte reflektieren. Davon ausgehend werden die weiteren Schritte mit ihren Ansätzen diskutiert und auf einer Folie gesichert.

Werden die avisierten Ziele der Stunde erreicht, kann am Ende der ersten Stunde ein **Arbeitsblatt** zur Berechnung der Projektion eines Körpers verteilt werden. Dieser Arbeitsauftrag beinhaltet auch eine Folie, auf der die SuS die berechneten Koordinaten eintragen können.

Die Präsentation der Gesamtergebnisse soll dann zu Beginn der nächsten Doppelstunde erfolgen.

7.3.7 Stundenverlaufsplan

Dauer	Phase	Inhalt	SF	MM
2′	Begrüßung	Begrüßung der SuS und der Gäste	LV	
10′	Einstieg	L zeigt 3-D-Medien und befragt die SuS nach ihren Eindrücken und Erfahrungen. SuS vervollständigen in GA ein stereoskopisches Bild und beschreiben im Plenum, wie der 3-D-Effekt erzeugt wird	LV GA eUG	Beamer Aufbau
5′	Problematisierung	L wirft die Fragestellung der Stunde auf: „Wie können stereoskopische Bilder durch Berechnungen erzeugt werden?" L erläutert den weiteren Verlauf der Stunde	LV	Beamer

---

[40] Beispielsweise könnten die SuS zunächst die Darstellung eines einzigen Objektpunktes untersuchen.

Dauer	Phase	Inhalt	SF	MM
15′	Erarbeitung	Die SuS erarbeiten, welche geometrischen Objekte für die Lösung des Problems wesentlich sind, und führen Koordinatisierungen und Elementdefinitionen durch	GA	AB, Aufbau
13′	Sicherung	Die Ergebnisse werden von einer Gruppe präsentiert. Andere Gruppen ergänzen. Die bislang geleisteten Schritte zur Problemlösung werden reflektiert und alle weiteren Schritte und Lösungsansätze erarbeitet	SV, eUG	OHP
	2. Stunde	Die SuS bearbeiten die weiteren Schritte zur Erstellung eines stereoskopischen Bildes	GA	AB

Abkürzungen: **SF** = Sozialform, **MM** = Material und Medien, **LV** = Lehrervortrag, **SV** = Schülervortrag, **GA** = Gruppenarbeit, **AB** = Arbeitsblatt, **eUG** = Entwickelndes Unterrichtsgespräch, **OHP** = Overheadprojektor, **EA** = Einzelarbeit

7.3.8 Literatur

[1] Lergenmüller, A./Schmidt, G./Zacharias, M. (Hrsg.): Mathematik Neue Wege. Arbeitsbuch für Gymnasien – Geometrie (Vorabdruck). Schroedel, 2010

[2] Färber, M./Hummel, F./Gerloff, C./Handels, H.: Virtual reality simulator for the training of lumbar punctures. In: Methods Inf Med. 48 (2009), 493–501

[3] Griesel, H./Gundlach, A./Postel, H.: Elemente der Mathematik 11/12. Schülerband. Sekundarstufe 2. Niedersachsen: Ausgabe 2009. Schroedel, 2009

[4] Klafki, W.: Neue Studien zur Bildungstheorie und Didaktik: Zeitgemäße Allgemeinbildung und kritisch-konstruktive Didaktik. 6. neu ausgestattete Auflage. Beltz, 2007

[5] Kormann, D.: Entwurf zum Prüfungsunterricht I im Fach Mathematik am 28.02.2011

[6] Kultusministerium, Niedersächsisches: Mathematik Kerncurriculum für das Gymnasium Schuljahrgänge 5–10. Niedersächsisches Kultusministerium, 2006

[7] Kultusministerium, Niedersächsisches: Mathematik Kerncurriculum für das Gymnasium – Gymnasiale Oberstufe. Niedersächsisches Kultusministerium, 2009

[8] Malle, G.: Neue Wege in der Vektorgeometrie. In: Mathematik lehren 133 (2005), 8–14

[9] Malle, G.: Von Koordinaten zu Vektoren. In: Mathematik lehren 133 (2005), 4–7

[10] Rascher-Friesenhausen, R.: Orientieren mit Mathematik – Was das Global Positioning System GPS mit Linearer Algebra zu tun hat. In: Mathematik lehren 124 (2004), 58–62

[11] Schiemann, T./Freudenberg, J./Pflesser, B./Pommert, A./Priesmeyer, K./Riemer, M./Schubert, R./Tiede, U./Höhne, K. H.: Exploring the Visible Human using the VOXEL-MAN framework. In: Comput Med Imaging Graph 24 (2000), 127–132

[12] Schmidt, G.: Curriculare Gedanken und Reflexionen zur Analytischen Geometrie (und Linearen Algebra) im Unterricht der gymnasialen Oberstufe. In: Der Mathematikunterricht 4 (1993), 15–30

7.3.9 Anhang

Erläuterungen zur Stereoskopie-Technik

Neben sekundären Effekten wie Verdeckung, Größenverhältnissen oder Schattenwurf nutzt der Mensch beim räumlichen Sehen primär die unterschiedlichen Blickwinkel der Augen auf entfernte und nahe Objekte. Im Gehirn werden die leicht unterschiedlichen Bilder beider Augen zu einem Gesamtbild – dem räumlichen Bild – zusammengesetzt.

Stereoskopische Bilder und Filme zielen nun darauf ab, den beiden Augen Bilder, die sich durch den Blickwinkel voneinander unterscheiden, zuzuführen. Dazu werden unterschiedliche Techniken verwendet.

Im einfachsten Fall kann dies durch Frequenzfilterung über Rot-Grün-Brillen geschehen. Hier wird ausgenutzt, dass rote Farben durch ein rot gefärbtes Brillenglas nicht oder nur undeutlich gesehen werden können und grüne analog nicht durch ein grünes Brillenglas. Grün und rot eingefärbte Bilder können dann überlagert dargestellt und mithilfe der Rot-Grün Brille wieder getrennt den Augen zugeführt werden.

Aufwändigere Verfahren bieten den Vorteil, die Farben des Originalbildes nicht zu verfälschen, und nutzen dazu Shutterbrillen, Polarisationsfilter oder Head-Mounted Displays. In Kinos wird meist mit Polarisationsfiltern, bei modernen Flachbildschirmen mit Shutterbrillen gearbeitet. Autostereoskopische Displays, welche die unterschiedlichen Blickwinkel der Augen auf den Bildschirm ausnutzen, werden ebenfalls – beispielsweise in der aktuellen Nintendo 3DS-Spielekonsole – eingesetzt.

7.4 Abstandsberechnung

7.4.1 Thema der Unterrichtsstunde

Wie viele Meter sollen es sein? (Dachstuhl 2)

Erarbeitung einer Lösungsstrategie zur Abstandsberechnung zwischen einem Punkt und einer Geraden, kooperativ erarbeitet am Beispiel der Längenberechnung eines Stützbalkens

(Autor: Ralf Schwietering)

I. Darstellung der längerfristigen Unterrichtszusammenhänge

7.4.2 Thema der Unterrichtsreihe

Die Kirchensanierung – Was benötigt die Gemeinde?

Behandlung geometrischer Fragestellungen im Bereich der Abstands- und Winkelberechnung im $\mathbb{R}^3$, kooperativ erarbeitet unter besonderer Berücksichtigung von Strategieentwicklung und -anwendung am Beispiel einer umfassenden Kirchendachsanierung

7.4.3 Intention der Unterrichtsreihe

Die Schülerinnen und Schüler erweitern ihre Kompetenzen im Bereich der Linearen Algebra[41], indem sie …

- die Normalengleichung der Ebene unter Nutzung des Skalarprodukts herleiten und anwenden können,
- den Abstand eines Punktes zu einer Ebene berechnen können, die in Parameter oder Normalenform gegeben ist,
- den Abstand eines Punktes zu einer Geraden durch eine selbst gewählte Strategie bestimmen können,
- einen Punkt mit gegebenem Abstand zur Ebene bestimmen können,
- den Winkel zwischen zwei Ebenen bestimmen können.

Die Schülerinnen und Schüler erweitern ihre Problemlösungs- und Modellierungskompetenz[42], indem sie …

- Sachprobleme als mathematisches Problem in ein mathematisches Modell übertragen,
- mit Vorkenntnissen eine Strategie zur Lösung mathematischer Probleme entwickeln,
- ein mathematisches Ergebnis auf den Sachzusammenhang rückbeziehen und
- verschiedene Lösungswege vergleichen und bewerten.

---

[41] vgl. Ministerium für Schule und Weiterbildung, Wissenschaft und Forschung des Landes Nordrhein-Westfalen (Hrsg.): Richtlinien und Lehrpläne für die Sekundarstufe II – Gymnasium/Gesamtschule in Nordrhein-Westfalen Mathematik, Frechen 1999, S. 24 f.

[42] Vgl. die Idee des Modellierens, ebd., S. 11.

7.4.4 Einordnung der Unterrichtsstunde in die Unterrichtsreihe

Themen der unterschiedlichen Unterrichtsstunden

Stunde	Thema
1. DS	*Einmal senkrecht bitte!* Einführung des Normalenvektors, kooperativ erarbeitet unter besonderer Berücksichtigung der Kompetenz des Argumentierens und Kommunizierens am Beispiel selbst gewählter Ebenen im Klassenraum
2. ES	*Alles klar?* Vertiefung zum Normalenvektor einer Ebene, individuell erarbeitet durch die Bearbeitung ausgewählter Schulbuchaufgaben
3. DS	*Alles skalar?* Einführung und Anwendung der Normalengleichung der Ebene in Partnerarbeit, erarbeitet unter Nutzung des Skalarprodukts
4. ES	*Gestochen, aber wo?* Individuelle Erarbeitung eines Lösungsweges für die Berechnung eines Durchstoßpunktes zwischen einer Geraden und einer Ebene
5. DS	*Die Renovierung des Dachstuhls 1* Einführung in die reihenbegleitende Leitaufgabe und kooperative Erarbeitung einer Lösungsstrategie zur Abstandsbestimmung zwischen Punkt und Ebene am Beispiel eines stützenden Dachbalkens
6. ES	***Wie viele Meter sollen es sein? (Dachstuhl 2)* Erarbeitung einer Lösungsstrategie zur Abstandsberechnung zwischen einem Punkt und einer Geraden, kooperativ erarbeitet am Beispiel der Längenberechnung eines Stützbalkens**
7. DS	*Ich kann es!* Individuelle Bearbeitung von Schulbuchaufgaben zur Vertiefung der Abstandsberechnung eines Punktes zu einer Geraden
8. ES	*Wo ist das Ende? (Dachstuhl 3)* Einführung in die Bestimmung eines Punktes mit gegebenem Abstand zur Ebene, kooperativ erarbeitet am Beispiel einer Fahnenstange unter besonderer Thematisierung des Einheitsnormalenvektors

DS: *Doppelstunde*; **ES**: *Einzelstunde*

Angaben zur Lernerfolgskontrolle

Die Schülerinnen und Schüler werden über die Inhalte der Reihe zur Linearen Algebra nach deren Abschluss durch eine Klausur schriftlich geprüft. Dabei werden auch die vorhergehenden Themen (Bestimmung von Ortsvektoren, Geraden- und Ebenengleichungen, Länge eines Vektors etc.) geprüft. Die Klausur wird mit dem parallelen Leistungskurs gemeinsam geschrieben und von mir vorgeschlagen. Sie wird neben einer rein innermathematischen auch eine Aufgabe mit Sachbezug enthalten.

7.4.5 Didaktisch-methodische Überlegungen zur Reihenplanung

Erläuterungen zur Auswahl des Themas

Das behandelte Thema stellt eine zentrale Grundlage der Mathematik in der Sekundarstufe II dar und ist dementsprechend auch in dem zentralen Lehrplan der Sekundarstufe II fest verankert. Dabei sind die behandelten Gegenstände auch eine nötige Vorarbeit für weitere Betrachtungen im $\mathbb{R}^3$. Die Reihe bietet darüber hinaus auch ideale Lerngelegenheiten, um ein Sachproblem mathematisch zu modellieren und Rückschlüsse für den Sachzusammenhang zu ziehen.

Hinweise zur Lerngruppe

Hinweise zur Lernausgangslage

Bei der hospitierten Lerngruppe handelt es sich um einen Leistungskurs der Jahrgangsstufe Q1, die der alten Jahrgangsstufe 12 entspricht. Diese Entsprechung folgt aus dem besonderen Charakter des Gymnasiums, das als ein Aufbaugymnasium über eine ein- bzw. zweizügige Mittelstufe verfügt, jedoch in der Oberstufe eine Jahrgangsgröße von über 200 Schülerinnen und Schülern erhält. Dabei wechseln die meisten interessierten Lernenden von den umliegenden Haupt- und Realschulen ans Gymnasium zur Jahrgangsstufe EF[43].

Der Leistungskurs hat eine Größe von 25 Schülerinnen und Schülern (9w, 16m), die sich in geschlechtsgemischte Gruppen aufgeteilt haben. Die Lernenden haben untereinander ein ausgeprägtes Sozialverhalten, welches sich durch produktive Gruppenarbeiten und konstruktive Gespräche äußert. Die Bereitschaft zur gemeinsamen Arbeit ist dabei unabhängig von der Zusammensetzung der jeweiligen Arbeitsgruppe. Es zeigte sich jedoch als ratsam, frei gewählte Gruppen bilden zu lassen, da die Lerngruppen durch die gegenseitige Kenntnis von Schwächen und Stärken bereits über Grundlagen im kooperativen Arbeiten verfügen, die sie in der gemeinsamen Arbeit gewinnbringend nutzen können. So zeigte sich im Verlauf der Reihe, dass innerhalb der selbst gewählten Gruppen bereits Experten für unterschiedliche Probleme vorhanden waren, die den übrigen Gruppenmitgliedern spezielle Teilprobleme erklären und teilweise veranschaulichen konnten. Dieser Vorteil ist somit als gewinnbringend für die Gruppenarbeiten einzuordnen.

Ich hospitiere seit dem <Datum> in dem Kurs und unterrichte dabei seit dem <Datum>. Dies entspricht einem sehr kurzen Zeitraum der Hospitation, der den Nachteil birgt, dass sich die gemeinsame Arbeit auf wenige Stunden reduziert.

Die Gruppe ist sehr leistungsheterogen und hat drei leistungsstarke Schülerinnen und Schüler, die Gedankengänge sehr schnell nachvollziehen können und auch bei eigenständigen Arbeiten von bekannten Pfaden abweichen, um effektivere Lösungswege zu testen. In Gruppenarbeiten sind sie häufig als „Motor" tätig, der die übrigen Gruppenmitglieder ermuntert, sich intensiv mit dem Thema auseinanderzusetzen und so gewährleistet, dass die Problematik der Aufgabe im Fokus der Gruppenaktivität steht. Dabei ist nicht zu beobachten, dass die leistungsstarken Lernenden eine Eigenarbeit vorziehen und somit den Fortschritt der Gruppe vernachlässigen, sondern vielmehr, dass die gesamte Gruppe in den Lösungsprozess involviert wird und unklare Fragen kooperativ besprochen werden. Dies hat den Vorteil, dass bereits eine Vielzahl von offenen Fragen im Vorfeld geklärt und gegebenenfalls unsichere Inhalte vergangener Unterrichtsstunden im Rahmen einer bekannten Gruppe nachgefragt werden können. Doch auch leistungsschwächere Schüle-

---

[43] Einführungsphase der Oberstufe.

rinnen und Schüler sind sehr aktiv im Unterrichtsgeschehen beteiligt. Dies äußert sich bei Arbeitsaufträgen durch teilweise Rückversicherung beim Banknachbarn und gemeinsamer Arbeit zur Bearbeitung der Aufgabe. In Kombination mit leistungsstärkeren Lernenden entwickelt sich somit eine sehr produktive Arbeitsatmosphäre, da sowohl durch den Prozess des Lehrens als auch durch das Lernen mit gleichaltrigen Mitschülerinnen und -schülern große Lernaktivitäten angeregt werden. Drei leistungsschwächere Lernende fallen jedoch auf, die häufige Fehlstunden haben und somit bereits im neuen Halbjahr über 31, 13 bzw. 11 Fehlstunden angesammelt haben. Vor allem der Schüler mit 31 Fehlstunden hat sehr massive Probleme, dem Unterrichtsgeschehen folgen zu können.

In Unterrichtsgesprächen zeigten sich die Lernenden teilweise zurückhaltend. Dies äußert sich durch die geringe regelmäßige Beteiligung von ungefähr 13 Schülerinnen und Schülern. Deutlich effektiver zeigte sich dabei die vorgeschaltete individuelle Auseinandersetzung mit dem Lerngegenstand. Bei dieser Reihenfolge beteiligten sich weitere Lernende bei Unterrichtsgesprächen.

Hinweise zu Differenzierung und individuellen Förderung

Aufgrund der Heterogenität der Lerngruppe sind binnendifferenzierende Methoden im Laufe der Reihe in unterschiedlicher Weise verwendet worden. Ausschlaggebend waren kooperative Arbeitsgedanken, die sich in dem Dreischritt Think-Pair-Share und einer vorgeschalteten Murmelphase wiederfinden. Entscheidend war die Konzentration auf eine (auch so genannte) Einzelarbeitsphase, die allen Schülerinnen und Schülern die Möglichkeit bietet, mit eigenem Vorwissen Lösungswege zu entwickeln und diese in einer darauf folgenden gemeinsamen Arbeitsphase einzubringen. Da die Lerngruppe bisher wenig mit kooperativen Arbeitsformen gearbeitet hat, fällt es einigen Schülerinnen und Schülern schwer, in der Einzelarbeit konsequent alleine an dem Thema zu arbeiten. Häufig werden frühzeitig Austauschphasen eingeleitet, die sich meist durch Gespräche unter Sitznachbarn oder Gruppenmitgliedern äußern. Im Sinne der Binnendifferenzierung ist es dabei entscheidend, die Einzelarbeitsphase als solche auch ernst zu nehmen.

Neben den kooperativen Methoden zur Binnendifferenzierung sind darüber hinaus auch Tippkarten im Laufe der Unterrichtsreihe zum Einsatz gekommen, die es den Lernenden ermöglichen, nach eigenem Ermessen zusätzliche Hilfe in Anspruch zu nehmen und somit Impulse zur Lösungsfindung zu erhalten. Die Tippkarten wurden im Laufe der Reihe unterschiedlich stark verwendet. Es zeigte sich, dass die Schülerinnen und Schüler nur im Notfall auf die Karten zurückgriffen und die Auseinandersetzung ohne Hilfe bevorzugten. Jedoch zeigte sich eine positive Wirkung bei Lernenden, die die Tippkarten annahmen und durch einen kleinen Hinweis in ihrem Arbeitsprozess fortschreiten konnten. Somit zeigt sich eine positive Beeinflussung auf die Binnendifferenzierung durch die Verwendung kooperativer Arbeitsformen und impulsgebender Tippkarten.

II. Planung der Unterrichtsstunde

7.4.6   Thema der Unterrichtsstunde

Wie viele Meter sollen es sein? (Dachstuhl 2) Erarbeitung einer Lösungsstrategie zur Abstandsberechnung zwischen einem Punkt und einer Geraden, kooperativ erarbeitet am Beispiel der Längenberechnung eines Stützbalkens

7.4.7   Intention der Unterrichtsstunde

Die Schülerinnen und Schüler erweitern ihre Kompetenzen im Bereich der Linearen Algebra[44], indem sie …

- eine Lösungsstrategie zur Berechnung des Abstandes eines Punktes zu einer Geraden formulieren,
- diese Strategie anwenden und das Ergebnis als Abstand interpretieren und
- die Strategie als Beantwortung allgemeiner Probleme verstehen.

Die Schülerinnen und Schüler erweitern ihre Problemlösungs- und Modellierungskompetenz[45], indem sie:

- ein Sachproblem als mathematisches Problem in ein mathematisches Modell übertragen,
- mit Vorkenntnissen eine Strategie zur Lösung des mathematischen Problems entwickeln und
- ein mathematisches Ergebnis auf den Sachzusammenhang rückbeziehen.

Hausaufgaben zu dieser Stunde

Die Lernenden haben einen Bericht angefertigt zur Aufgabe im verwendeten Schulbuch (S. 243 Nr. 1b).

Da es sich um das erstmalige Anfertigen eines solchen Berichts handelt, werden die Berichte eingesammelt und mit persönlicher Rückmeldung durch die Lehrkraft zurückgegeben.

---

[44] Vgl. Ministerium für Schule und Weiterbildung, Wissenschaft und Forschung des Landes Nordrhein-Westfalen (Hrsg.) Richtlinien und Lehrpläne für die Sekundarstufe II – Gymnasium/Gesamtschule in Nordrhein-Westfalen Mathematik, Frechen 1999, S. 24 f.

[45] Vgl. die Idee des Modellierens, ebd., S. 11.

7.4.8   Geplanter Unterrichtsverlauf

Unterrichts-phase	Unterrichtsgeschehen	Methoden/ Sozialform	Medien/ Material
Begrüßung	Begrüßung Kurzer Austausch in PA über die erstellten Berichte und Einsammeln der Hausaufgaben	PL PA	
Einführung	Der Kontext der Kirchendachsanierung wird in Erinnerung gerufen. Heute zu bearbeiten: Top 3	PL	AB 1
Erarbeitung I (think)	Die Lehrkraft verteilt Arbeitsblatt 4.[a] Die SuS bearbeiten das Arbeitsblatt	EA	AB 4 Tippkarten
Vergleich der Strategien (share)	Die SuS tauschen sich zunächst knapp in ihrer Lerngruppe aus und einigen sich auf eine Lösungsstrategie. Diese wird von den Gruppen auf Folie 4b skizziert. Austausch im Plenum. Dabei wird die geometrische Fragestellung im UG ggf. präzisiert und auf Folie 4a festgehalten	GA PL	Folie 4b Tippkarten Folie 4a
Erarbeitung II (share)	Die Gruppen setzen ihre jeweilige Strategie um und berechnen die Aufgabe. Sie notieren die Strategien auf Folien	GA	Folien
Sicherung	Eine Gruppe stellt ihr Ergebnis vor.	PL	Folien
Möglicher Unterrichtsausstieg: kritische Reflexion des Vorgehens (Hat sich die Strategiebildung als vorteilhaft erwiesen?)			
Sicherung	Die übrigen Gruppen ergänzen den Vortrag.	PL	Folien
Bezug zur Metaaufgabe	Die Lehrkraft erteilt den Arbeitsauftrag: Notieren Sie die bisher erarbeiteten Ergebnisse, interpretiert als Arbeitsmaterialien für die Sanierung des Kirchturmdaches.	EA	
optional	Beginn der Eigenarbeit (s. Hausaufgaben)		

SuS: Schülerinnen und Schüler; **PL:** Plenum; **LV:** Lehrervortrag; **SV:** Schülervortrag; **UG:** Unterrichtsgespräch; **OHP:** Overheadprojektor; **EA/PA/GA:** Einzel-, Partner und Gruppenarbeit

[a] Die Nummerierung der Arbeitsblätter gibt ihren Einsatz im gesamten Reihenverlauf wieder.

Hausaufgaben zur kommenden Stunde

Entfallen an dieser Stelle, da eine zweite Unterrichtsstunde folgt. In dieser bearbeiten die Lernenden weitere Abstandsprobleme (Buch: S. 249 Nr. 1, 3; S. 250 Nr. 7). Darüber hinaus sollen die Schülerinnen und Schüler einen mündlichen Vortrag zur Aufgabe 1a) vorbereiten.

7.4.9 Didaktisch-methodische Planungsüberlegungen

Bei der methodischen Entscheidung habe ich mich durch den Leitgedanken der kooperativen Arbeit führen lassen. Mir wurde deutlich, dass einige Lernende die intensive Einzelarbeit benötigen um sich in ein Problem hineindenken zu können. Teilweise haben zu dem Zeitpunkt eines Strategievergleichs einzelne Schülerinnen und Schüler keine eigene Strategie vorzeigen können, jedoch wurde deutlich, dass sie sich in die Problematik hineingedacht hatten und den Mitschülerinnen und -schülern folgen konnten. Dies ermöglichte in der anschließenden gemeinsamen Auseinandersetzung über vorgeschlagene Strategien eine fruchtbare Diskussion. Aus diesem Grund habe ich mich auch in dieser Unterrichtsstunde für eine Teilung in Think- und Share-Phase entschieden.

Damit die Lernenden die Lineare Algebra als einen Themenkomplex kennenlernen, der zwar in einzelne Teilgebiete aufteilbar ist, jedoch immer wieder Anknüpfungspunkte untereinander hat, habe ich mich dazu entschlossen, eine Metaaufgabe als Reihenbegleitung einzusetzen, die in einem Gesamtkontext mehrere neue Probleme beinhaltet. Ich habe mich an dieser Stelle bewusst gegen eine komplementäre Erarbeitung (bspw. durch ein Gruppenpuzzle) der einzelnen Themengebiete entschieden, da ich der Überzeugung bin, dass die neuen Inhalte einige Verständnisschwierigkeiten beinhalten, die nicht durch einen Expertenvortrag vollständig behoben werden können. Hier habe ich mich für die individuelle Auseinandersetzung mit jedem einzelnen Problem entschieden.

Um darüber hinaus die Fähigkeit einer Übertragung von einem Sachproblem in ein mathematisches Problem zu intensivieren, habe ich mich bei der Erarbeitung möglicher Strategien auf ein einheitliches Layout der Arbeitsblätter konzentriert. Dadurch sollen die Schülerinnen und Schüler in der Strategiefindung unterstützt werden, da sie durch das Layout einen Wiedererkennungswert von Problem zu Problem nutzen können.

Bei der Problemstellung habe ich bewusst eine offene Strategiefindung gewählt, da einige Lernende neben der Strategie einer Hilfsebene durchaus auf Strategien wie die Nutzung des Skalarprodukts oder auch das Aufstellen eines Extremwertproblems kommen können. Jedoch sollen alle Schülerinnen und Schüler die Strategie über die Hilfsebene kennenlernen. Sollten im Stundenverlauf einige Lernende andere Strategien nutzen wollen, können sie diese verfolgen. Nach Bedarf wird eine alternative Strategie im späteren Verlauf besprochen.

7.4.10 Literatur und Quellen

Verwendetes Schulbuch

BAUM, Manfred et. al. (2011): Lambacher Schweizer Mathematik. Qualifikationsphase Leistungskurs/ Grundkurs, Stuttgart, Klett-Verlag.

Weitere Literatur

MINISTERIUM FÜR SCHULE UND WEITERBILDUNG DES LANDES NORDRHEIN-WESTFALEN (Hrsg.) (1999): Richtlinien und Lehrpläne für die Sekundarstufe II – Gymnasium/Gesamtschule in Nordrhein-Westfalen. Mathematik. Frechen: Ritterbach Verlag

HAAS, Nicola/MORATH, Hanns Jürgen (2005): Anwendungsorientierte Aufgaben für die Sekundarstufe II, Braunschweig, Schroedel-Verlag, S. 69

7.4.11 Anhang

Arbeitsblätter

Betrachtungen im Raum		
Arbeitsblatt 1	**Renovierung eines Kirchturmdaches**	**Schwietering**

Der Kirchturm einer Kirche hat unter Umwelteinflüssen und Ver-
schleiß sehr stark gelitten. Es ist nötig geworden, Maßnahmen zur
Renovierung des Turmes durchzuführen. Der Kirchenvorstand hat
folgende Maßnahmen zur Renovierung abgesprochen und möchte
für Kostenvoranschläge die nötige Materialmenge der gesamten
Renovierungsarbeiten bestimmen. Als Berechnungshilfe verfügt
die Gemeinde über eine Entwurfsskizze des Turms (siehe Anhang).

<Bild eines passenden Kirchturms>

Top 1
Aufgrund langjähriger Korrosion muss ein neuer Blitzableiter
vom Kupferkreuz zum Boden befestigt werden. Aus ästhetischen
Gründen soll der Blitzableiter an einer Kante herabführen.

Top 2
Zur Stabilisierung des Kupferdaches sollen zusätzliche Dachbalken gezogen werden. Ein Balken
soll die untere Dachschräge IKFE stützen und vom Punkt O ausgehen. Um Kosten zu reduzieren,
sollte der Balken so kurz wie möglich sein.

Top 3
Ein weiterer Balken soll die Dachschräge BCS stützen, indem der Balken direkt unterhalb des Daches verläuft, vom Punkt B beginnt und an der Kante CS befestigt wird. Auch bei dieser Schräge
sollen die Kosten möglichst gering ausfallen.

Top 4
Für die anstehende Fronleichnamsprozession möchte die Kirchengemeinde einen neuen Fah-
nenmast an der Kirche anbringen. Er soll orthogonal an der Ebene BCS im Punkt R angebracht
werden und zwei Meter lang sein. Damit die Fahne nicht zu dominant ist, soll die Spitze der
Fahnenstange nicht über die untere Kante KL hinausragen. Sollte dies der Fall sein, wird auf den
Fahnenmast verzichtet.

Top 5
Ein Vorstandsmitglied hat Zweifel an dem allgemeinen Zustand des Dachstuhls und hat gemessen, dass die oberen Dachseiten in einem Winkel von etwa 63° an der Ebene ABCD anliegen. Er
würde gerne prüfen, ob ein solcher Neigungswinkel im Entwurf bereits vorgesehen war. Sollte
dies nicht der Fall sein, müsste die gesamte Renovierung neu bedacht werden.

Benötigtes Material:

_____

_____

_____

Betrachtungen im Raum

Arbeitsblatt 1	Anhang: Entwurfsskizze Kirchturm	Schwietering

Koordinaten der Eckpunkte

A (4|−4|7)	B (4|4|7)	C (−4|4|7)	D (−4|−4|7)
E (4|−4|3)	F (4|4|3)	G (−4|4|3)	H (−4|−4|3)
I (5|−5|0)	K (5|5|0)	L (−5|5|0)	M (−5|−5|0)

O (0|0|0)	R (0|2|11)	S (0|0|15)

Quelle: HAAS, Nicola/MORATH, Hanns Jürgen, Anwendungsorientierte Aufgaben für die Sekundarstufe II,Braunschweig 2005, S. 69.

Betrachtungen im Raum

| Arbeitsblatt 4 | Renovierung eines Kirchturmdaches – Top 3 | Schwietering |

Top 3

Ein weiterer Balken soll die Dachschräge BCS stützen, indem der Balken direkt unterhalb des Daches verläuft, am Punkt B beginnt und an der Kante CS befestigt wird. Auch bei dieser Schräge sollen die Kosten möglichst gering ausfallen.

<Bild eines passenden Kirchturms>

Aufgabe:

(i) Klären Sie zunächst um welche geometrische Frage es sich handelt und

(ii) entwickeln Sie anschließend eine Strategie um diese Frage beantworten zu können.

Geometrische Fragestellung:

_____

_____

_____

Strategie:

_____

_____

_____

_____

_____

_____

Betrachtungen im Raum

| Folie 4a | Renovierung eines Kirchturmdaches – Top 3 | Schwietering |

Top 3

Ein weiterer Balken soll die Dachschräge BCS stützen, indem der Balken direkt unterhalb des Daches verläuft, am Punkt B beginnt und an der Kante CS befestigt wird. Auch bei dieser Schräge sollen die Kosten möglichst gering ausfallen.

<Bild eines passenden Kirchturms>

Geometrische Fragestellung:

_____

_____

_____

Betrachtungen im Raum

Folie 4b	<für Ergänzungen>

Strategie:

_____

_____

_____

_____

Betrachtungen im Raum

| Tippkarte 1 | Renovierung eines Kirchturmdaches – Top 3 | Arbeitsblatt 4 |

Betrachten Sie ausschließlich die relevanten Größen.

Machen Sie sich klar, wo dieser Abstand liegen könnte. Überlegen Sie anschließend, welche Schritte zur Abstandsberechnung nötig sind.

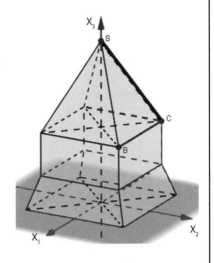

Betrachtungen im Raum

| Tippkarte 2 | Renovierung eines Kirchturmdaches – Top 3 | Arbeitsblatt 4 |

Bei der Abstandsberechnung zwischen einem Punkt P und einer Ebene E wird eine Gerade gebildet, die orthogonal zu E liegt und $\vec{p}$ als Stützvektor hat.

Bei der heutigen Problematik kann Ihnen eine Ebene behilflich sein, die orthogonal zu der Geraden g liegt.

Betrachtungen im Raum

| Tippkarte 3 | Renovierung eines Kirchturmdaches – Top 3 | Arbeitsblatt 4 |

Sie benötigen zur Bestimmung des Punktes F eine
Hilfsebene E, die senkrecht zur Geraden g liegt und
den Punkt B enthält. Der Durchstoßpunkt von g mit
der Hilfsebene E ist der Punkt F.

Bestimmen Sie anschließend den Abstand zwischen
B und g.

Antizipierte Schülerlösungen

Betrachtungen im Raum		
Arbeitsblatt 4	**Renovierung eines Kirchturmdaches – Top 3**	**Schwietering**

Top 3

Ein weiterer Balken soll die Dachschräge BCS stützen, indem der Balken direkt unterhalb des Daches verläuft, am Punkt B beginnt und an der Kante CS befestigt wird. Auch bei dieser Schräge sollen die Kosten möglichst gering ausfallen.

<Bild eines passenden Kirchturms>

Aufgabe:

(i) Klären Sie zunächst um welche geometrische Frage es sich handelt und

(ii) entwickeln Sie anschließend eine Strategie um diese Frage beantworten zu können.

Geometrische Fragestellung:

  Wie kann der Abstand zwischen einem Punkt und einer Geraden bestimmt werden?

Strategie:

  1. Wir stellen eine Gleichung der Geraden g durch S und C auf.

  2. Wir stellen eine Gleichung der Hilfsebene E auf, die senkrecht zu g liegt und B enthält.

  3. Wir berechnen den Durchstoßpunkt F von E und g.

  4. Mithilfe der Ortsvektoren $\overrightarrow{OF}$ und $\overrightarrow{OB}$ bestimmen wir den Abstandsvektor $\overrightarrow{BF}$.

  5. Wir berechnen die Länge des Abstandsvektors $\overrightarrow{BF}$.

Antizipierte Schülerlösung der Rechnung

1. Bestimmen Sie eine Gleichung der Geraden g durch S und C:

$$g : \vec{x} = \begin{pmatrix} -4 \\ 4 \\ 7 \end{pmatrix} + r \cdot \begin{pmatrix} 4 \\ -4 \\ 8 \end{pmatrix}, \quad r \in \mathbb{R}$$

2. Bestimmen Sie eine Gleichung der Hilfsebene E in Normalenform:

$$E : \left(\vec{x} - \begin{pmatrix} 4 \\ 4 \\ 7 \end{pmatrix} \right) \cdot \begin{pmatrix} 4 \\ -4 \\ 8 \end{pmatrix} = 0$$

3. Berechnen Sie den Schnittpunkt von g und E:
   Bestimmen Sie r:

$$\left(\begin{pmatrix} -4 \\ 4 \\ 7 \end{pmatrix} + r \cdot \begin{pmatrix} 4 \\ -4 \\ 8 \end{pmatrix} - \begin{pmatrix} 4 \\ 4 \\ 7 \end{pmatrix} \right) \cdot \begin{pmatrix} 4 \\ -4 \\ 8 \end{pmatrix} = 0 \Leftrightarrow -32 + 16r + 16r + 64r = 0 \Leftrightarrow r = \frac{1}{3}$$

   Bestimmen Sie den Schnittpunkt F:

$$\overrightarrow{OF} = \begin{pmatrix} -4 \\ 4 \\ 7 \end{pmatrix} + \frac{1}{3} \cdot \begin{pmatrix} 4 \\ -4 \\ 8 \end{pmatrix} = \begin{pmatrix} -\frac{8}{3} \\ \frac{8}{3} \\ \frac{29}{3} \end{pmatrix}$$

   und somit ist $F(-\frac{8}{3} | \frac{8}{3} | \frac{29}{3})$ der gesuchte Punkt.

4. Bestimmung des Abstandsvektors:

$$\overrightarrow{BF} = \begin{pmatrix} -\frac{8}{3} \\ \frac{8}{3} \\ \frac{29}{3} \end{pmatrix} - \begin{pmatrix} 4 \\ 4 \\ 7 \end{pmatrix} = \begin{pmatrix} -\frac{20}{3} \\ -\frac{4}{3} \\ \frac{8}{3} \end{pmatrix}$$

5. Berechnung des Abstands:

$$|\overrightarrow{BF}| = \sqrt{\frac{160}{3}} \approx 7{,}3$$

Entwürfe zu Matrizen

8

8.1 Ein Schranksystem – unterschiedliche Modelle

8.1.1 Thema der Unterrichtsstunde

Einführung in die Multiplikation einer Matrix mit einem Vektor

(Autor: Andre Perk)

8.1.2 Anmerkungen zur Lerngruppe

Der Kurs auf erhöhtem Niveau besteht aus 20 Schülern[1], darunter zehn weibliche und zehn männliche Teilnehmer. Ich unterrichte ihn seit zwei Wochen.

Lernatmosphäre

Die *Lernatmosphäre* in dieser Lerngruppe ist angenehm und es herrscht ein gutes *Sozialklima*. Dies führt dazu, dass in Arbeitsphasen alle Schüler eingebunden werden und im Allgemeinen bereit sind, ihre Ergebnisse vorzutragen, sodass produktive Präsentations- und Diskussionsphasen, auch falscher Ergebnisse, möglich sind.

Leistungsniveau

Das *Leistungsniveau* der Klasse ist als durchschnittlich einzuschätzen, wobei allerdings ein deutlich heterogener Leistungsstand der Schüler zu erkennen ist. Insbesondere in den *mündlichen Leistungen* fallen große Unterschiede und eine Zurückhaltung der Schülerinnen auf. Einige Schüler (z. B. M, L, J, T, A) melden sich bei Fragen sehr schnell und häufig.

---

[1] Der Begriff *Schüler* umfasst im Folgenden beide Geschlechter.

© Springer-Verlag Berlin Heidelberg 2016
C. Geldermann et al., *Unterrichtsentwürfe Mathematik Sekundarstufe II*,
Mathematik Primarstufe und Sekundarstufe I + II, DOI 10.1007/978-3-662-48388-6_8

Gerade in Phasen mit längeren Unterrichtsgesprächen ist es wichtig, auch den schwächeren Schülern Zeit einzuräumen, sich mit den Fragestellungen auseinanderzusetzen, und ruhigere Schüler gegebenenfalls gezielt aufzurufen. Besonders zu erwähnen sind außerdem E, C und K, die die Schule voraussichtlich verlassen werden. Sie fallen zwar nicht negativ auf, zeigen im Unterrichtsgespräch aber eine relativ geringe Motivation.

Insgesamt kann das *Arbeitsverhalten* der Schüler als gut eingeschätzt werden, da die Schüler insbesondere in selbstständigen Arbeitsphasen, sowohl in Einzel- als auch in Partner- oder Gruppenarbeit, motiviert arbeiten.

Sozialformen

Um mögliche Probleme der Schüler aufzufangen, bieten sich die *Sozialformen* der Partner- und Gruppenarbeit an, da sich die Schüler gegenseitig Hilfestellung leisten können. Außerdem kommt die Auswahl einer offenen Aufgabenstellung, bei der Lösungen auf unterschiedlichem Niveau möglich sind, insbesondere schwächeren Schülern zugute (vgl. Abschn. 8.1.6 „Methodische Überlegungen").

Vorwissen

Über das notwendige *Vorwissen* bezüglich Matrizen und Vektoren verfügen die Schüler zwar (vgl. Abschn. 8.1.3 „Einordnung in den Unterrichtszusammenhang"), allerdings ist zu beachten, dass der Umgang mit Matrizen für die Schüler noch ungewohnt ist. Daher können durchaus Probleme beispielsweise mit der Schreibweise auftreten, die ich gegebenenfalls im Plenum ansprechen würde. Auch die Eingabe von Matrizen in den Taschenrechner[2] wurde thematisiert, muss aber eventuell noch einmal angesprochen und wiederholt werden. Den Umgang mit dem Smartboard sind die Schüler gewohnt.

8.1.3 Einordnung in den Unterrichtszusammenhang

Der Bereich der Matrizenrechnung ist seit zwei Jahren fester Bestandteil des Kanons für die gymnasiale Oberstufe. Matrizen eignen sich dazu, komplexe Zusammenhänge einfach zu beschreiben, und können somit als Hilfsmittel in vielen verschiedenen Bereichen (Wirtschaft, Materialverflechtung, Populationsentwicklung, Käufer- und Wahlverhalten) genutzt werden (vgl. [1]: 1).

Bisherige Stunden

Die heutige Stunde bildet die *vierte Stunde* der Einheit „Matrizenrechnung". Vor dieser Einheit wurde der *Themenbereich „Analytische Geometrie"* behandelt. In diesem Zusammenhang wurden zwar bereits Vektoren eingeführt, allerdings erfolgte noch keine Thematisierung von Matrizen, sodass dieser Themenbereich für die Schüler neu ist. Das Skalarprodukt zweier Vektoren ist den Schülern jedoch bekannt.

---

[2] Im Folgenden TR; Modell: TI-89.

Zu Beginn der Einheit „Matrizenrechnung" werden zunächst Grundlagen im Umgang mit Matrizen erarbeitet. So erfolgte *in den bisherigen Stunden* der Einheit die Einführung von Matrizen als Hilfsmittel zur vereinfachten Darstellung von Tabellen und Zusammenhängen. Die Vorteile der Nutzung von Matrizen und insbesondere die Bedeutung der Einträge von Matrizen wurden durch Sachbezüge verdeutlicht. Dabei wurde vereinbart, dass „jeweils die Zeilen die Inputs eines Produktionsschrittes und die Spalten die Outputs eines Produktionsschrittes beinhalten" ([8]: 212). Der Zeilen- bzw. Spaltenvektor wurde in diesem Zusammenhang als spezielle Matrix thematisiert. Außerdem wurden das Addieren und Vervielfachen von Matrizen erarbeitet. Bei der Addition wurden zudem die Voraussetzung des gleichen Typs der Matrizen (gleiche Anzahl an Zeilen bzw. Spalten) sowie die Kommutativität herausgestellt (vgl. [3]: 303).

Heutige Stunde und Ausblick

In der heutigen Stunde erfolgt nun eine Erweiterung der Thematik, indem die Schüler die Multiplikation einer Matrix mit einem Vektor als weitere Operation im Umgang mit Matrizen und als wichtiges Mittel zur Beschreibung von Produktionsprozessen erarbeiten. Darauf aufbauend kann *im weiteren Unterricht* die Multiplikation zweier Matrizen als wiederholte Matrix-Vektor-Multiplikation behandelt und zur Beschreibung mehrstufiger Prozesse durch Matrizen übergegangen werden.

Der bisherige Unterricht war darauf ausgelegt, die Schüler selbstständig arbeiten zu lassen (*Partner- und Gruppenarbeit*) und ihnen insbesondere aufgrund der ungewohnten Darstellungsform der Inhalte durch Matrizen immer wieder die Möglichkeit zu geben, die Inhalte zu beschreiben und zu diskutieren.

8.1.4 Didaktische Überlegungen

Legitimation und Motivation

Der Themenbereich „Matrizen" wird in den Bildungsstandards für die Allgemeine Hochschulreife ([6]: 22) als Inhalt der gymnasialen Oberstufe vorgeschrieben. Auch in den *Schwerpunkten im Abitur 2011* ([5]: 1 f.) wird die Matrizenrechnung als Teilgebiet der Linearen Algebra ausdrücklich genannt. Die Multiplikation von Matrizen bzw. der Spezialfall der Multiplikation einer Matrix mit einem Vektor spielen dabei eine zentrale Rolle. Sie kommen insbesondere beim „*Beschreiben von Prozessen mithilfe von Matrizen*" sowie dem Bereich „*Rechnen mit Matrizen*" zum Tragen (vgl. [5]: 2) und bilden eine wichtige Grundlage für die gesamte Unterrichtseinheit.

Hohe Alltags- und Zukunftsbedeutung

Wie in dem in der Stunde thematisierten Beispiel finden Matrizen heutzutage in vielen Bereichen der Wirtschaft Anwendung (vgl. [8]: 217). Indem diese Aspekte zum Inhalt des Mathematikunterrichts gemacht werden, erwerben Schüler Kenntnisse und Fähigkeiten, solche Prozesse beurteilen und einschätzen zu können. Gerade im Hinblick auf spätere

Berufe macht dies deutlich, dass die Thematik eine hohe *Alltags- und Zukunftsbedeutung* für die Schüler hat. Sie lernen *exemplarisch* verschiedene wirtschaftliche Situationen mithilfe von Matrizen zu beschreiben und zu analysieren und können diese Modelle in ihrem Alltag anwenden. Außerdem eignen sie sich in besonderem Maße dazu, den Schülern den praktischen Nutzen der Mathematik an realen Beispielen zu verdeutlichen (vgl. [8]: 217).

Erarbeitung innerhalb eines Kontextes

Das *Ziel der heutigen Stunde* besteht darin, dass die Schüler die Vorgehensweise bei der Multiplikation einer Matrix mit einem Vektor innerhalb eines Kontextes erarbeiten. Im Gegensatz zur Matrixaddition, bei der entsprechende Einträge einfach komponentenweise addiert werden, ist die Struktur der Matrix-Multiplikation schwerer zu erfassen. Hier erfolgt nämlich nicht, wie man zunächst vermuten könnte, eine einfache Multiplikation sich entsprechender Einträge, sondern es wird das Skalarprodukt jedes Zeilenvektors der Matrix mit dem Spaltenvektor gebildet. Aus innermathematischer Sicht ist diese Vorgehensweise zunächst reine Definition und somit von den Schülern nur schwer selbstständig zu entwickeln. Innerhalb eines Sachzusammenhangs ergibt sich aber die Möglichkeit, den Schülern die *Zugänglichkeit* zum Thema zu vereinfachen und sie die Multiplikation weitestgehend „entdecken" zu lassen. Dementsprechend erfolgt der *Einstieg* über den Kontext der Bestellung verschiedener Modelle eines Schranksystems, die durch verschiedene Grundelemente zusammengestellt werden. Die Aufgabe besteht darin, die benötigte Gesamtzahl der verschiedenen Grundelemente zu ermitteln.

Von linearen Gleichungssystemen zu Matrizen

Die *Struktur der Stunde* ergibt sich nun daraus, dass die Fragestellung zunächst durch die Anwendung einfacher Rechenoperationen (Multiplikation, Addition) beantwortet werden kann, die auf ein System von Gleichungen führen. Die durchzuführenden Rechnungen sind zwar nicht schwer, aber relativ lang und umständlich, sodass im Anschluss die Problemstellung motiviert wird, die Rechnungen durch Matrizen und Vektoren – gerade auch in Bezug auf den Einsatz des TR – systematischer zu gestalten. Der zusätzlich gegebene Arbeitsauftrag, eine Anleitung für ihr Vorgehen zu schreiben, bildet dabei eine wichtige Grundlage, da die Schüler sich intensiv mit der Struktur der Rechnung auseinandersetzen.

Matrizen – ein wichtiges Hilfsmittel

Der *Kern der Stunde* besteht nun darin, die gegebenen Inhalte durch Matrizen (Produktionsmatrix) und Vektoren (Bestellvektor, Ergebnisvektor) zu beschreiben und schließlich zu erkennen und herauszustellen, wie sich der Ergebnisvektor aus der Produktionsmatrix und dem Bestellvektor ergibt. Die so ermittelte Vorgehensweise bzw. Struktur kann schließlich als Matrix-Vektor-Multiplikation definiert werden. In dieser Phase werden im Sinne der didaktischen Reduktion verschiedene Bedingungen (1: Anzahl Spalten der Matrix = Anzahl Zeilen des Vektors; 2: Nicht-Kommutativität) der Multiplikation noch nicht angesprochen, um den Fokus auf die Beschreibung der Struktur der Multiplikation zu legen. Allerdings soll Bedingung 1 in der späteren *Vertiefungsphase* erarbeitet werden. Sollten die Schüler schon früher Anmerkungen zu den Bedingungen oder darauf beruhenden Fehler machen, werden diese, insbesondere im Sinne eines *produktiven Umgangs mit Fehlern,* zunächst an der Tafel notiert und in der Vertiefungsphase wieder aufgegriffen.

Alternativer Zugang

Alternativ wäre es möglich, in dieser Stunde durch die Betrachtung mehrerer Aufträge auch die Matrix-Multiplikation anzusprechen. Allerdings habe ich mich dazu entschieden, die Matrix-Vektor-Multiplikation intensiv zu untersuchen und erst in der nächsten Stunde auf die Matrix-Multiplikation zu erweitern, um die Schüler nicht zu überfordern.

Lernzuwachs in verschiedenen Kompetenzbereichen

Inhaltlich erfolgt durch das Erlernen der neuen Rechenoperation zum einen ein Lernzuwachs im Bereich *Rechnen mit Matrizen* und somit im *algorithmischen Arbeiten.* Ein weiterer wesentlicher Aspekt der Stunde ist jedoch, dass die Schüler Matrizen als zweckmäßiges Mittel zur Beschreibung und Bearbeitung von Prozessen erkennen und anwenden (vgl. [5]: 1). Somit erfolgt zum anderen eine Schulung der Kompetenz *Modellieren* (vgl. [6]: 10). Außerdem werden wichtige methodische Kompetenzen der Schüler angesprochen. So werden die Schüler in der *Anwendung verschiedener Darstellungsformen* geschult, indem sie die mathematischen Inhalte mithilfe von Tabellen, Texten und Symbolen beschreiben (vgl. [6]: 10). Zudem üben die Schüler, insbesondere durch die Beschreibung ihrer Arbeitsschritte, die Kompetenz des *Dokumentierens.* Darüber hinaus wird durch die Präsentation und Diskussion der Ergebnisse der Kompetenzbereich *Kommunizieren* angesprochen. Durch den Einsatz des TR erfolgt außerdem ein *angemessenes Nutzen von Hilfsmitteln* (vgl. [6]: 12).

8.1.5 Ziele der Stunde

Hauptlernziel

Die Schüler erkennen und erarbeiten innerhalb eines Kontextes die Vorgehensweise bei der Multiplikation einer Matrix mit einem Vektor.

Teillernziele

Die Schüler …

- interpretieren die Bedeutung von Tabellen und Matrizen innerhalb eines Kontextes.
- bestimmen die benötigten Mengen an Grundelementen, stellen ihre Rechnungen strukturiert dar und beschreiben sie in einer Anleitung.
- systematisieren diese Rechnungen, indem sie
  - eine Produktionsmatrix **A**, einen Bestellvektor $\vec{b}$ sowie einen Ergebnisvektor $\vec{c}$ ermitteln,
  - Zusammenhänge zwischen diesen und den bisherigen Berechnungen erkennen
  - und anhand dieser Überlegungen die Multiplikation einer Matrix mit einem Vektor beschreiben.
- wenden die Multiplikation an verschiedenen Beispielen an.

- setzen den TR als Hilfsmittel ein.
- erarbeiten als Voraussetzung der Matrix-Vektor-Multiplikation, dass die Spaltenzahl der Matrix gleich der Zeilenzahl des Vektors sein muss.
- präsentieren, diskutieren und interpretieren Ergebnisse und Darstellungen.
- *Optional: erkennen, dass die Matrix-Vektor-Multiplikation nicht kommutativ ist.*

8.1.6 Methodische Überlegungen

Einstieg und Motivation

„Im Unterricht sollte man versuchen, das Beispiel mit Hilfe von konkreten Produkten, die den Schülern auch vertraut sind, zu veranschaulichen." ([8]: 212) Dementsprechend erfolgt der *Einstieg zur Stunde* über das Beispiel einer Bestellung verschiedener Schrankmodelle der Serie PACKS beim Möbelhaus „Ibea". Als Motivation wird zunächst die aktuelle Werbung des Möbelhauses auf dessen Homepage präsentiert, wodurch der Alltagsbezug des Beispiels zusätzlich hervorgehoben wird. Außerdem erhalten die Schüler (in Form eines Arbeitsblattes) als weitere Informationen eine Tabelle mit den benötigten Grundelementen für vier verschiedene Schrankmodelle, die Daten des Auftrags sowie die Anzahl der noch vorrätigen Grundelemente. Zunächst beschreiben die Schüler die angegebenen Daten und Tabellen. Außerdem enthält das Arbeitsblatt noch keine Fragestellung. Diese soll von den Schülern aufgeworfen werden und muss beinhalten, welche Mengen der Grundelemente benötigt werden. Die Angabe des Lagerbestands hat zwar keine direkte Bedeutung für die Aufgabe, motiviert aber die aufzustellende Fragestellung.

Erste Erarbeitungs- und Sicherungsphase

Die *Struktur des weiteren Stundenverlaufs* sieht vor, dass die Schüler in einer *ersten Erarbeitungsphase* die Anzahl an benötigten Grundelementen zur Erfüllung des Auftrags ermitteln und ihre Rechnungen in Form einer Anleitung beschreiben. Die Aufgabe ermöglicht **verschiedene Lösungswege**. Dabei liegt es nahe, zunächst die Gesamtzahl der benötigten Korpusse, dann die Anzahl der benötigten Türen usw. zu bestimmen (Variante 1). Diese angestrebte Variante entspricht auch der späteren Definition der Matrix-Vektor-Multiplikation. Allerdings ist auch denkbar, zunächst alle Grundelemente für die Bestellung des Modells PACKS1, dann für das Modell PACKS2 usw. zu bestimmen und anschließend die benötigte Anzahl der jeweiligen Grundelemente zu addieren (Variante 2). Diese Vorgehensweise weicht zwar nur leicht von der ersten Variante ab, legt aber eine etwas andere Struktur der Rechnung zugrunde. Sollte auch diese Möglichkeit auftreten, ist es wichtig, diese ebenfalls im weiteren Verlauf der Stunde zu berücksichtigen und gegenüberzustellen, um die Struktur der Matrix-Vektor-Multiplikation zu erkennen. Außerdem könnten einige Schüler bereits in dieser Phase Matrizen oder Vektoren zur übersichtlicheren Darstellung ihrer Rechnungen und Ergebnisse nutzen, ohne sich aber bewusst zu sein, dass diese multipliziert werden müssen. Der Schwierigkeitsgrad der Aufgabe ist zwar von den Rechnungen her relativ gering, allerdings müssen die Schüler ihre Rechnungen durch das **Schreiben**

einer Anleitung genau analysieren und beschreiben. Dies ist gerade im Hinblick auf das Erkennen der Multiplikationsstruktur in der *zweiten Erarbeitungsphase* hilfreich. Durch die Partnerarbeit können verschiedene Möglichkeiten bzw. Fragen schon in dieser Phase diskutiert werden. *Schnell arbeitende Gruppen* erhalten zusätzlich die Aufgabe, ihre Beschreibung für einen beliebigen Auftrag zu erweitern. Die Ergebnisse dieser Phase werden in der *ersten Sicherungsphase* von den Schülern präsentiert (Projektion mit der Kamera des Smartboards) und erklärt. Sollten verschiedene Vorgehensweisen aufgetreten sein, werden diese nacheinander vorgestellt und verglichen.

Zweite Erarbeitungs- und Sicherungsphase

Die Aufgabe ist nun zwar gelöst, der Hinweis der **umständlichen Rechnung**, gerade bei vielen Bestellungen, leitet jedoch zur *zweiten Erarbeitungsphase* über. Für diese wird entsprechend das Ziel formuliert, die Rechnungen – insbesondere in Bezug auf den Einsatz des TR – zu systematisieren. Eventuell äußern einige Schüler nun schon die Idee, **Matrizen** zu verwenden, oder haben bereits in der ersten Arbeitsphase auf Matrizen zurückgegriffen. Ansonsten werde ich diese Möglichkeit ansprechen.

Zunächst stellen die Schüler die angegebenen Werte als Produktionsmatrix $\mathbf{A}$, Bestellvektor $\vec{b}$ und Ergebnisvektor $\vec{c}$ dar. An dieser Stelle könnte das *Problem* auftreten, ob der Bestell- und der Ergebnisvektor als Zeilen- oder Spaltenvektoren dargestellt werden müssen. Die Darstellung als Spaltenvektor lässt sich jedoch über die vereinbarte „Input-Output"-Absprache (vgl. Einordnung in den Unterrichtszusammenhang) erklären. Als *Grundlage und Hilfestellung* für das anschließende Unterrichtsgespräch werden die Matrizen und Vektoren in Form des Falk'schen Schemas an der Tafel notiert (vgl. Abschn. 8.1.9, Anlage 1).

Anschließend erläutern die Schüler, wie der Ergebnisvektor $\vec{c}$ aus $\mathbf{A}$ und $\vec{b}$ bestimmt werden kann. Dies wird an der Tafel farblich veranschaulicht. Sollten im bisherigen Unterrichtsverlauf **verschiedene Möglichkeiten** aufgetreten sein, werden diese jeweils durch Matrizen und Vektoren ausgedrückt. Im Vergleich von Variante 1 und Variante 2 wird dabei herausgestellt, dass beide letztendlich zum gleichen Ergebnis führen, Variante 1 aber vorteilhafter ist, da ein Rechenschritt weniger notwendig ist. Im Anschluss wird diese Vorgehensweise von mir als Multiplikation einer Matrix mit einem Vektor benannt sowie eine Definition der Multiplikation formuliert. Dabei werde ich eine eher beschreibende Anleitung der Multiplikation wählen, um die Struktur der Multiplikation zu unterstreichen. Den Begriff des Skalarprodukts werde ich nur verwenden, wenn die Schüler diesen nennen. Außerdem wird die Berechnung mit dem TR durchgeführt. Dies ist an dieser Stelle wichtig, um die angestrebte Vereinfachung durch den Einsatz von Matrizen zu belegen. Dieser Vorteil wird anschließend zusätzlich verdeutlicht, indem die Schüler die benötigten Grundelemente für zwei weitere Filialen mithilfe des TR bestimmen.

Abschließende Vertiefungsphase

Dies ist das *Minimalziel der Stunde*. In der anschließenden *Vertiefungsphase* werden den Schülern verschiedene Matrizen und Vektoren präsentiert, aus denen sie Produkte bilden sollen. Dies hat eine **doppelte Funktion**. Zum einen sollen die Schüler die Multiplikation

mit verschiedenen Matrizen und Vektoren üben. Zwar ist der Rechnereinsatz in dieser
Thematik unerlässlich, allerdings sollen die Schüler hier per Hand rechnen, da sie dies für
einfache Beispiele beherrschen sollten. Zum anderen fällt bei der Bearbeitung der Aufgaben auf, dass die Multiplikation nicht bei allen Kombinationen möglich ist. Dies gebe ich
aber bewusst nicht vor, sondern die Schüler sollen während der Bearbeitung möglichst
selbst auf dieses Problem stoßen. Erst dann werde ich einen weiteren Arbeitsauftrag zur
Begründung aufdecken. Somit erkennen die Schüler, dass die Spaltenzahl der Matrix gleich
der Zeilenzahl des Vektors sein muss. Die Nicht-Kommutativität der Multiplikation ergibt
sich nicht zwingend und wird daher nur thematisiert, wenn die Schüler dies ansprechen.
Die Aufgabenstellung hat den Vorteil, dass sie eine **gute Differenzierung** ermöglicht. Dies
bezieht sich zum einen auf eine *quantitative* Differenzierung, da unterschiedlich viele Produkte berechnet werden können. Zum anderen differenziert sie jedoch auch *qualitativ*, da
beispielsweise nur die Berechnungen ohne Begründungen durchgeführt werden können. Im
Anschluss werden einige der Aufgabenbeispiele und insbesondere die Entdeckungen der
Schüler besprochen. Die entdeckten Voraussetzungen für die Multiplikation einer Matrix
mit einem Vektor werden bei der Definition der Multiplikation ergänzt. Sollte diese Phase
aus Zeitgründen, insbesondere beim Auftreten mehrerer Lösungswege zu Beginn, entfallen oder verkürzt werden, kann die Problemstellung auch als Ergänzung zur Hausaufgabe
gestellt bzw. dort zu Ende bearbeitet werden.

In der *geplanten Hausaufgabe* wenden die Schüler die Matrix-Vektor-Multiplikation in
verschiedenen Beispielen sowohl innermathematisch als auch im Kontext an.

8.1.7 Geplanter Unterrichtsverlauf

Phasen	SAO	Lehrer- und Schüleraktivität	Medien
Einstieg/ Motivation	eUG	– Aufwerfen der Problemstellung am Beispiel der Bestellung verschiedener Schrankmodelle – Beschreiben und Interpretieren der angegebenen Tabellen und Werte	SB, Werbung „Ibea", Folie „Ibea", AB
Erarbeitung I	PA	– Bestimmen der Anzahl der für den Auftrag benötigten Grundelemente – Verfassen einer Anleitung zur Bestimmung dieser Lösung *Quantitative Differenzierung: Zusatzaufgabe*	AB, Zusatzaufgabe
Sicherung I	SV, eUG	– Lösungen werden vorgestellt und besprochen. – Weiterer Impuls: Vorgehensweise systematisieren	SB, Folie „Ibea"

Phasen	SAO	Lehrer- und Schüleraktivität	Medien
Erarbeitung II	eUG, EA	– Die angegebenen Tabellen und Werte werden durch Matrizen und Vektoren ausgedrückt. – Anhand der bisherigen Rechnungen wird erarbeitet, wie sich der Ergebnisvektor $\vec{c}$ aus der Produktionsmatrix **A** und dem Bestellvektor $\vec{b}$ ermitteln lässt.	SB
Sicherung II	eUG	– Diese Vorgehensweise wird als Multiplikation einer Matrix mit einem Vektor definiert und festgehalten.	SB, TI-89, Display, OHP
Übung	EA, SV	– Überprüfung durch Eingabe in den TR – Bestimmen der Anzahl an Grundelementen für zwei weitere Bestellungen	SB, Folie Erweiterung, TI-89, Display
Mögliches Stundenende			
Erarbeitung III	EA	– Anwenden der Multiplikation an Beispielaufgaben – Aufwerfen der Frage nach möglichen Voraussetzungen/ Bedingungen für die Matrix-Vektor-Multiplikation	SB, Folie Vertiefung, TI-89
Sicherung III	SV, eUG	– Besprechen der Aufgaben und Ergänzen der Bedingungen der Multiplikation an der Tafel – Eventuell Veranschaulichung am Beispiel „Ibea"	SB, Folie Vertiefung, TI-89, Display, OHP

Hausaufgabe: [3]: 310, Nr. 7 + 12

Abkürzungen: **S** = Schüler; **L** = Lehrer; **eUG** = erarbeitendes Unterrichtsgespräch; **SV** = Schülervortrag; **EA** = Einzelarbeit; **PA** = Partnerarbeit; **SAO** = Sozial-, Arbeits- und Organisationsformen; **AB** = Arbeitsblatt; **OHP** = Overheadprojektor; **SB** = Smartboard

8.1.8   Literaturverzeichnis

[1] Dierks, A./Weiß, S.: Matrizen im Abitur, Aufgaben zum Workshop am 14.01.2009 in Großwedel

[2] Freudigmann et al.: Lambacher Schweizer 11/12 – Mathematik für Gymnasien – Gesamtband Oberstufe, Stuttgart 2009

[3] Griesel et al. (Hrsg.): Elemente der Mathematik – Niedersachsen – 11./12. Schuljahr – Grundlegendes und erhöhtes Niveau, Braunschweig 2009

[4] Henn, W.: Geld regiert die Welt. In: mathematik lehren Heft 134, 2006, S. 4 ff.

[5] Niedersächsisches Kultusministerium (Hrsg.): Abitur 2011 – Thematische Schwerpunkte Mathematik, September 2009

[6] Bildungsstandards im Fach Mathematik für die Allgemeine Hochschulreife (Beschluss der Kultusministerkonferenz vom 18.10.2012)

[7] Tysiak, W.: Mit Übergangsmatrizen von der Linearen Algebra zu Markoff'schen Prozessen. In: Der mathematisch-naturwissenschaftliche Unterricht (MNU), 56/5, 2003, S. 265–269

[8] Tysiak, W.: Multiplikation von Produktionsmatrizen und Gozinto-Verfahren. In: Der mathematisch-naturwissenschaftliche Unterricht (MNU), Heft 51/4, 1998, S. 212–217

[9] Vehling, R.: Wozu kann man Matrizen gebrauchen? In: Computeralgebrasysteme im Mathematikunterricht des Sekundarbereichs II. NLI-Berichte 64, Niedersächsisches Landesinstitut für Fortbildung und Weiterbildung im Schulwesen und Medienpädagogik, Hildesheim 2001, S. 99–110

Internetquelle

[1] Ikea: Schrankmodelle der Serie PAX über: www.ikea.com/Schranksystem PAX (letzter Aufruf: 26.01.2015)

8.1.9   Anhang

Anlage 1: Mögliches Folienbild am Smartboard

Benötigte Grundelemente:

K: $1 \cdot 40 + 1 \cdot 30 + 1 \cdot 25 + 1 \cdot 35 = 130$
T: $2 \cdot 40 + 0 \cdot 30 + 2 \cdot 25 + 1 \cdot 35 = 165$
E: $0 \cdot 40 + 4 \cdot 30 + 4 \cdot 25 + 2 \cdot 35 = 290$
S: $0 \cdot 40 + 4 \cdot 30 + 4 \cdot 25 + 2 \cdot 35 = 290$
Sch: $1 \cdot 40 + 3 \cdot 30 + 3 \cdot 25 + 2 \cdot 35 = 275$

$\rightarrow$ Der Lagerbestand reicht nicht.

Weiteres Ziel: Berechnungsverfahren systematisieren

Multiplikation einer Matrix mit einem Vektor

$$A \cdot \vec{b} = \vec{c}$$

Produktionsmatrix • Bestellvektor = Ergebnisvektor

Um das erste Element des Ergebnisvektors zu erhalten, multipliziert man die Elemente der ersten Zeile der Matrix komponentenweise mit den Elementen des Vektors und addiert die Produkte (Skalarprodukt des Zeilenvektors der Matrix mit dem Spaltenvektor).

Dies führt man entsprechend für jede Zeile durch.

Merke: „Zeile mal Spalte"

Bemerkungen:
- Die Spaltenzahl der Matrix muss gleich der Zeilenzahl des Vektors sein.
- (Die Matrix-Vektor-Multiplikation ist nicht kommutativ.)

$\vec{c}$ ergibt sich aus A und $\vec{b}$:   *Mögliche farbliche Veranschaulichungen sind nicht eingezeichnet*

$$\vec{b} = \begin{pmatrix} 40 \\ 30 \\ 25 \\ 35 \end{pmatrix}$$

$$\downarrow$$

$$A = \begin{pmatrix} 1 & 1 & 1 & 1 \\ 2 & 0 & 2 & 1 \\ 0 & 4 & 4 & 2 \\ 0 & 4 & 4 & 2 \\ 1 & 3 & 3 & 2 \end{pmatrix} \qquad \vec{c} = \begin{pmatrix} 130 \\ 165 \\ 290 \\ 290 \\ 275 \end{pmatrix} \begin{matrix} 1\cdot40 + 1\cdot30 + 1\cdot25 + 1\cdot35 \\ 2\cdot40 + 0\cdot30 + 2\cdot25 + 1\cdot35 \\ 0\cdot40 + 4\cdot30 + 4\cdot25 + 2\cdot35 \\ 0\cdot40 + 4\cdot30 + 4\cdot25 + 2\cdot35 \\ 1\cdot40 + 3\cdot30 + 3\cdot25 + 2\cdot35 \end{matrix}$$

$\rightarrow$ *Multiplikation:* $A \cdot \vec{b} = \vec{c}$

Anlage 2: Einstieg in die Stunde

Für einen motivierenden Einstieg greife ich auf Werbesprüche und Bilder verschiedener Schrankmodelle der Serie PAX beim real existierenden Möbelhaus Ikea zurück (www.ikea.com/Schranksystem PAX, letzter Aufruf: 26.01.2015)

Anlage 3: Arbeitsblatt

Das Möbelhaus „Ibea" bietet im Moment unterschiedliche Modelle des Schranksystems PACKS besonders günstig an.

Diese können durch verschiedene Grundelemente auf vier Arten zusammengestellt werden:

	PACKS 1	PACKS 2	PACKS 3	PACKS 4
Korpus (K)	1	1	1	1
Türen (T)	2	0	2	1
Einlegeböden (E)	0	4	4	2
Schubladen (S)	0	4	4	2
Schrauben-sätze (Sch)	1	3	3	2

Aufgrund des großen Interesses hat die Filiale in Oldenburg noch Bestellungen für **40 PACKS 1, 30 PACKS 2, 25 PACKS 3 und 35 PACKS 4** vorliegen.

Auf Lager hat die Filiale noch:

K: 150	**T:** 165	**E:** 250	**S:** 300	**Sch:** 300

Quelle: Eigener Entwurf, angelehnt an [3]: 306

Anlage 4: Zusatzaufgabe

Für Schnelle: Beschreibe, wie man bei einer beliebigen Bestellung vorgehen muss, um die Anzahl der benötigten Grundelemente zu ermitteln.

Quelle: Eigener Entwurf

Anlage 5: Folien Smartboard – „Ibea"

Folien Smartboard – „Ibea"			

Das Möbelhaus „Ibea" bietet im Moment unterschiedliche Modelle des Schranksystems PACKS besonders günstig an.

Diese können durch verschiedene Grundelemente auf vier Arten zusammengestellt werden:

	PACKS 1	PACKS 2	PACKS 3	PACKS 4
Korpus (K)	1	1	1	1
Türen (T)	2	0	2	1
Einlegeböden (E)	0	4	4	2
Schubladen (S)	0	4	4	2
Schraubensätze (Sch)	1	3	3	2

Aufgrund des großen Intereses hat die „Ibea"-Filiale in Oldenburg noch Bestellungen für 40 PACKS 1, 30 PACKS 2, 25 PACKS 3 und 35 PACKS 4 vorliegen.

Auf Lager hat die Filiale noch:

K: 150   **T:** 165   **E:** 250   **S:** 300   **Sch:** 300

Notiere deine Rechnung und beschreibe sie in Form einer Anleitung.

Anlage 6: Folie Smartboard – Erweiterung „Ibea"

Folie Smartboard – Erweiterung „Ibea"			

In den Filialen in Osnabrück und Bremen liegen noch folgende Bestellungen vor:

Osnabrück: 20 PACKS 1,   12 PACKS 2,   48 PACKS 3,   24 PACKS 4
Bremen: 72 PACKS 1,   20 PACKS 2,   30 PACKS 3,   18 PACKS 4

Quelle: Eigener Entwurf

Anlage 7: Folie Smartboard – Vertiefung

Aufgabe: Berechne verschiedene Matrix-Vektor-Produkte.

$$\begin{pmatrix} 3 & 2 \\ 1 & 4 \end{pmatrix} \qquad\qquad \begin{pmatrix} 5 & 1 \\ 4 & 3 \\ 1 & 6 \end{pmatrix} \qquad \begin{pmatrix} 4 \\ 3 \end{pmatrix}$$

$$\begin{pmatrix} 2 \\ 4 \\ 2 \end{pmatrix} \qquad\qquad \begin{pmatrix} 1 \\ 2 \end{pmatrix}$$

$$\begin{pmatrix} 3 \\ 2 \\ 1 \end{pmatrix} \qquad \begin{pmatrix} 1 & 7 & 2 \\ 3 & 2 & 1 \end{pmatrix}$$

$$\begin{pmatrix} 2 & 3 & 2 \\ 6 & 4 & 1 \\ 3 & 1 & 2 \end{pmatrix}$$

Dir wird auffallen, dass die Multiplikation bei manchen
Kombinationen nicht möglich ist. Begründe.

Quelle: Eigener Entwurf

8.2   Kaufverhalten bei Sportzeitschriften – langfristige Entwicklungen

8.2.1   Thema der Unterrichtsstunde

Untersuchung der Langzeitentwicklung stochastischer Prozesse

(Autor: Dr. Dennis Nawrath)

8.2.2   Anmerkungen zur Lerngruppe

Der Mathematikkurs des 12. Jahrgangs auf erhöhtem Anforderungsniveau besteht aus sieben Schülerinnen und neun Schülern (im Folgenden kurz SuS). Eigene Unterrichtserfahrungen in dieser Lerngruppe sammelte ich bereits in einer 24-stündigen Unterrichtseinheit zur Integralrechnung im vergangenen Schuljahr. Die **Lernatmosphäre** empfinde ich als freundlich und verbindlich. Der Kurs ist insgesamt **leistungsstark**. M hat eine sehr hohe mathematische Auffassungsgabe, aufgrund ihrer sehr zurückhaltenden Art beteiligt sie sich aber nur äußerst selten aktiv im Unterricht und muss ggf. zur Teilnahme aufgefordert werden. J ist ebenfalls Leistungsträgerin. Sie beteiligt sich häufig. J und M heben sich dadurch hervor, dass sie formale mathematische Verfahren durchschauen und anwenden können. Hier zeigt auch K Stärken. R und L sind sehr versiert im Umgang mit dem grafikfähigen Taschenrechner (im Folgenden kurz GTR). Sie lösen Aufgaben häufig durch Strategien des Ausprobierens mit dem GTR. Formale Verfahren können sie nachvollziehen, sie wählen aber häufig einen Zugang des „Probierens". Insgesamt zeigt der Kurs eine **große Motivation** bei der Bearbeitung mathematischer Fragestellungen, insbesondere wenn diese einen

Anwendungsbezug haben. Strategien des Ausprobierens (z. B. mit dem GTR) überwiegen gegenüber formalen mathematischen Ansätzen. S wiederholt den zwölften Jahrgang und hat daher Vorkenntnisse. Er beteiligt sich aktiv am Unterricht. Probleme beim mathematischen Verständnis tauchen zuweilen bei T und A auf. C hat als Nicht-Muttersprachler zum Teil sprachliche Verständnisschwierigkeiten, versteht die mathematischen Sachverhalte aber in der Regel. Erarbeitungen neuer Inhalte und Vertiefungen erarbeiteter Inhalte finden häufig in Phasen statt, in denen die SuS alleine arbeiten, sich aber mit ihren Sitznachbarn austauschen können. Das positive Lernklima in der Gruppe zeigt sich darin, dass leistungsstärkere und -schwächere SuS zusammenarbeiten (z. B. T und J). Dabei stellte sich insbesondere die Arbeit in Gruppen von drei SuS als besonders effizient heraus.

8.2.3   Einordnung der Stunde in den Unterrichtszusammenhang

Die heutige Stunde ist die elfte von geplanten 20 Unterrichtsstunden in der **Unterrichtseinheit Matrizen**. Bislang lernten die SuS Matrizen als Darstellungsform von Daten kennen. Sie beherrschen die S-Multiplikation, Addition und die Multiplikation von Matrizen untereinander („von Hand" mit dem Falk'schen Schema und mit dem GTR). Die Gültigkeit der Rechengesetze (Kommutativität, Assoziativität und Distributivität) wurde im Unterricht thematisiert. Hierbei wurde zwischen formalen Beweisen und Vermutungen aufgrund von „Probieren" unterschieden. Inverse Matrizen wurden durch Lösung eines linearen Gleichungssystems (kurz LGS) berechnet. Angewendet wurden die Rechengesetze im Hinblick auf einstufige und mehrstufige Prozesse. Die Assoziativität wurde bei der Berechnung von Endprodukten mehrstufiger Prozesse verwendet. Matrizenpotenzen waren noch nicht Unterrichtsgegenstand. **Stochastische Prozesse**[3] wurden im Umfang einer Doppelstunde untersucht und anhand der Aufgaben 1 bis 3 eingeführt (siehe Abschn. 8.2.9 Anhang). Die Eigenschaften stochastischer Matrizen wurden im Unterrichtsgespräch gesichert. In der **heutigen Stunde** soll die Langzeitentwicklung stochastischer Prozesse (Markov-Ketten) behandelt werden. Dies wird in den kommenden Stunden vertieft, unter anderem unter Berücksichtigung absorbierender Prozesse. Die Untersuchung zyklischer Prozesse im Kontext „Populationsentwicklung" schließt die Einheit ab.

8.2.4   Didaktische Überlegungen

Fachliche Klärungen

Ein **stochastischer Prozess** beschreibt zeitlich geordnete zufällige Prozesse, z. B. das Wechselverhalten von Kunden oder Populationsentwicklungen. Eine neue Verteilung kann durch Multiplikation eines Verteilungsvektors mit einer sogenannten stochastischen Matrix

---

[3] Stochastische Prozesse und stochastische Matrizen werden häufig auch als Übergangs- oder Austauschprozesse bzw. Übergangs- oder Austauschmatrizen bezeichnet. Den SuS ist die synonyme Bedeutung und Verwendung bekannt.

oder Übergangsmatrix berechnet werden. Die **Übergangsmatrix** besteht aus Elementen, die eine Wahrscheinlichkeit des Wechsels von einem Zustand in einen anderen Zustand angeben. Die Matrix ist quadratisch. Für jedes Element a_{ij} der Matrix gilt: $0 \leq a_{ij} \leq 1$. Die Summe aller Spalteneinträge ergibt 1 (Gesamtwahrscheinlichkeit 100%) (vgl. [2]: 317). Wird für die Berechnung der künftigen Verteilungen stets dieselbe Matrix verwendet, wird dieser Prozess als homogener Markov-Prozess oder Markov-Kette bezeichnet (vgl. [8]: 267; [3]: 118 ff.). Bei der langfristigen Entwicklung einer Markov-Kette stellen sich unter bestimmten Bedingungen **Stabile Verteilungen** ein (siehe [1]: 332). Der stochastische Prozess konvergiert dann. Das konvergierende Verhalten ist unabhängig von der Anfangsverteilung. Man spricht von einem „asymptotisch stationären Prozess" ([8]: 268).[4]

Legitimierung des Stundenthemas

Bei der Untersuchung stochastischer Prozesse können **Anwendungsbezüge** in den Mathematikunterricht integriert werden. Zudem besteht die Chance, Aspekte der Linearen Algebra mit der Analysis (Grenzwertbetrachtungen) und Statistik/Stochastik (wahrscheinliches Käuferverhalten) zu verbinden und somit einen **fachlich übergreifenden Zugang** zur Mathematik für SuS auf erhöhtem Niveau in der Sekundarstufe II herzustellen (vgl. [9]: 1; [7]: 51). Das Kerncurriculum ([5]: 38) und der schulinterne Lehrplan geben die Behandlung von „Grenzmatrix und Fixvektoren im Sachzusammenhang von Käufer und Wahlverhalten" vor. Mit Blick auf prozessbezogene Kompetenzen können Teilaspekte des Modellierens behandelt werden (Modelle kritisch reflektieren). Meiner Meinung nach ist ein **realitätsnahes Modellieren** nur mit **Einschränkungen** möglich, da reale Prozesse mit Mitteln der Schulmathematik im Bereich stochastischer Prozesse nur stark vereinfacht untersucht werden können (siehe auch Erläuterungen in Fußnote 51). Es handelt sich demnach vielmehr um **anwendungsorientierte Aufgaben**. Mit Blick auf die Lerngruppe auf erhöhtem Anforderungsniveau möchte ich in dieser Stunde insbesondere das mathematische Argumentieren bei der Entdeckung verschiedener Untersuchungsstrategien fördern. Das Anforderungsniveau bei der Argumentation nimmt im Laufe der Stunde zu.

Zugänge zur Untersuchung stochastischer Prozesse

Der im Abschn. 8.2.3 skizzierte Zugang zu stochastischen Prozessen basiert auf Entscheidungen im Hinblick auf unterschiedliche mögliche **didaktische Ansätze**. Weiskirch & Bruder ([10]: 10, Schülerband) formulieren als Einstiegsaufgabe **ein Umfüllproblem**. Bevor Darstellungsformen von Übergangsmatrizen behandelt werden, wird die Untersuchung des Langzeitverhaltens handlungsorientiert eingeführt. Der Grenzprozess wird hier ohne tiefer gehende mathematische Betrachtungen behandelt und eignet sich daher eher für einen Kurs auf grundlegendem Niveau (vgl. [10]: 11, Lehrerband). Das eingeführte Schulbuch ([2]: 316 ff.) wählt im Gegensatz dazu einen **sehr inhaltsorientierten Zugang**,

---

[4] Aus Gründen der didaktischen Reduktion werden Prozesse, bei denen keine Grenzmatrix besteht (siehe z. B. [6]: 176, Aufgabe 27) oder der Prozess absorbierend ist (siehe [1]: 338 ff.), heute nicht untersucht.

bei dem Fachvokabular und die Untersuchung der Langzeitentwicklung anhand knapp gehaltener Beispiele erläutert werden. Gegen diesen Zugang spricht aus meiner Sicht, dass Lösungsstrategien nicht von den SuS entdeckt, erarbeitet und verinnerlicht werden können. **Mein Vorgehen** orientiert sich an Schmidt et al. ([6]: 166 ff.). Darstellungsformen und algorithmische Rechenvorschriften konnten im Unterricht anhand der Aufgaben 1 bis 3 entdeckt werden. Im Gegensatz zu dem Vorgehen bei Schmidt et al. (sowie auch bei [2]: 316 ff.; [4]) behandelte ich von der Reihenfolge her zunächst die statistische Entwicklung bei veränderlichen Matrizen. Die Langzeitentwicklung (stochastischer Prozess) folgt heute bei der Untersuchung von Markov-Ketten. Der Begriff „Markov-Kette" wird dabei im Unterricht nicht verwendet.

Aufgabenkontext und Unterrichtseinstieg

Zentraler Unterrichtsgegenstand der heutigen Stunde ist die **Aufgabe 4** (vgl. Abschn. 8.2.9), die sich unmittelbar auf Aufgabe 3 bezieht. Bei der Formulierung der Aufgaben wurden die Operatoren aus dem Kerncurriculum verwendet ([5]: 54 ff.), die auch im Abitur Anwendung finden. Der **Aufgabenkontext**[5] (Käuferverhalten bei Sportzeitschriften) zeichnet sich dadurch aus, dass er Bezug zur Lebenswelt der SuS hat und mathematisch anschlussfähig ist. Der drastische Einbruch von Leserzahlen der Zeitschrift „Bilder des Sports" (BS) wird zum Anlass genommen, dass die SuS als Mitarbeiter des Marktforschungsinstituts „What-Next" eine Prognose entwickeln sollen und dabei mathematisch die Langzeitentwicklung stochastischer Prozesse untersuchen.

Erste Berechnungen und Bedeutung der Assoziativität

Die **Teilaufgabe 4a** soll auch den schwächeren SuS einen erfolgreichen Einstieg in die Stunde ermöglichen. Mit bekannten Methoden werden Verteilungen für die kommenden drei Wochen berechnet. Diese können entweder **rekursiv** (wie in Abschn. 8.2.9, Aufgabe 3) oder **explizit** unter Verwendung von Matrixpotenzen berechnet werden. Einige SuS (z. B. R und K) werden dies vermutlich schnell erkennen. Sie sollen aber auch mathematisch begründen, warum die Verwendung von **Matrixpotenzen zulässig** ist. Die bereits im vorangegangenen Unterricht behandelte Argumentation über die Gültigkeit der Assoziativität sollte an dieser Stelle auch von den schwächeren SuS nachvollzogen werden können. Die Zulässigkeit der Verwendung von Matrixpotenzen ist wichtig für die im Folgenden beschriebenen Strategien A und B bei der Untersuchung des Langzeitverhaltens.

---

[5] Das Kerncurriculum gibt auch die Untersuchung des Wählerverhaltens vor. Dieser Kontext eignet sich aus meiner Sicht nicht für die Untersuchung von Markov-Ketten, da Wahlprognosen nicht über einen Zeitraum mehrerer Wahlen vorhergesagt werden können. Man muss sich darüber bewusst sein, dass auch das Käuferverhalten nur sehr eingeschränkt mit Markov-Ketten modelliert werden kann. Einflüsse von außen (z. B. der Rückgang oder Zugewinn von Käufern) können nicht berücksichtigt werden. Motive beim Zeitschriftenwechsel ändern sich. Am ehesten passt das Modell der gleich bleibenden Übergangsmatrix auf Prozesse, die naturwissenschaftlichen Gesetzen folgen (z. B. Brown'sche Bewegung, siehe [4]: 358, Aufgabe 1). Dagegen spricht, dass Modellannahmen nicht überprüft werden können. Zudem stammt dieser Kontext nicht aus dem Alltag der SuS.

Untersuchung des Langzeitverhaltens

Die Untersuchung des Langzeitverhaltens im **Aufgabenteil 4b** kann unter Verwendung **dreier Strategien** erfolgen (vgl. [6]: 173; [10]: 23; [9]: 12 ff.). Die Aufgabe ist offen formuliert und lässt verschiedene Lösungsstrategien zu. **Strategie A (Hochrechnen und Vermuten)** besteht darin, unter Verwendung von Matrixpotenzen zukünftige Verteilungen zu berechnen und darauf basierend Vermutungen über das langfristige Verhalten zu formulieren. Unter Nutzung von Matrixpotenzen können Schritte zusammengefasst werden. Die SuS erkennen das asymptotische Grenzverhalten. Ab der 78sten Potenz verändert sich die GTR-Anzeige nicht mehr. Dieses asymptotische Verhalten kann und soll bei der Sicherung I auch inhaltlich im Unterricht geklärt werden. Es wird ersichtlich, wenn man sich anhand der Matrix-Multiplikation klarmacht, dass irgendwann ein Zustand erreicht wird, bei dem gleich viele Leser von „Bilder des Sports" (BS) zu „Kickit" (KI) wechseln wie umgekehrt. Um mathematisches Kalkül und inhaltliche Überlegungen zu verbinden, eignet sich insbesondere der Einsatz von 2×2-Matrizen (vgl. [9]: 13). **Strategie B (Grenzmatrix ermitteln)** unterscheidet sich von Strategie A dadurch, dass die SuS nur die Matrixpotenz betrachten und diese nicht mit dem Verteilungsvektor multiplizieren. Dabei werden sie die Entdeckung machen, dass die Einzeleinträge jeweils eine Folge mit Grenzwert bilden und die Spalten der Grenzmatrix der Stabilen Verteilung entsprechen (vgl. [6]: 173). Die Begründung dafür könnte von den SuS hinterfragt werden, kann aber im Rahmen der 45 Minuten heute vermutlich nicht geklärt werden[6] (Beweis über den Ergodensatz, siehe [9]: 17 ff.). Bei **Strategie C** wird die **Stabile Verteilung** durch Lösen der Gleichung $\vec{v}_{stabil} = M \cdot \vec{v}_{stabil}$ berechnet (also durch Bestimmung eines Fixvektors). Dies kann dadurch motiviert werden, dass die SuS bei Strategie A entdecken, dass sich die GTR-Anzeige des Verteilungsvektors irgendwann nicht mehr ändert. Aktuelle und Folgeverteilung sind also identisch. Das Lösen linearer Gleichungssysteme wurde erst kürzlich bei der Berechnung inverser Matrizen behandelt und sollte daher von den SuS beherrscht werden. Eine **zu erwartende Schwierigkeit** ergibt sich daraus, dass das Gleichungssystem nicht eindeutig lösbar ist. Erst die Zusatzannahme, dass die Summe der Vektoreinträge 1 ergeben muss, führt zu einer eindeutigen Lösung. Das „mathematische Argumentieren" findet demnach im Vergleich zu Teilaufgabe 4a auf einem höheren Niveau statt, weil es sich auf neue inhaltliche Aspekte bezieht. Die **drei Strategien** sind aus meiner Sicht inhaltlich **nicht gleichwertig**. Bei den **Strategien A und B** spielt das Ausprobieren und Vermuten eine wichtige Rolle. **Strategie C** ist formal-mathematisch. In einem Kurs auf erhöhtem Anforderungsniveau sollten auch (aber nicht nur) formal-mathematische Ansätze und Begründungen (hier bei der Assoziativität und bei der Strategie C) im Unterricht behandelt werden (vgl. auch [5]: 15, Punkt 1 für erhöhtes Anforderungsniveau).

---

[6] Sowohl bei [6] als auch bei [2] und [4] wird die Form der Matrix nicht begründet oder bewiesen. Der formale Beweis basiert auf dem Ergodensatz. Er kann mit schulischen Mitteln nicht im Unterricht behandelt werden. Eine auch für SuS verständliche Begründung (allerdings ohne formalen Beweis) findet sich bei [9]: 17. Sie wurde von der Lehrkraft mit Bezug auf Aufgabe 4 auf einer Folie vorbereitet, die ggf. noch in dieser oder in der kommenden Stunde erläutert werden kann.

Untersuchung des Einflusses der Anfangsverteilung (Teilaufgabe 4c)

Die Stabile Verteilung ist unabhängig von der Ausgangsverteilung. Diese Vermutung kann durch Variieren der Anfangsverteilung entdeckt werden (vgl. [5]: 15, Punkt 3 für erhöhtes Anforderungsniveau). Sie lässt sich **mathematisch begründen**, wenn man die Grenzmatrix mit einem beliebigen Vektor multipliziert:

$$\begin{pmatrix} 0,2 & 0,2 \\ 0,8 & 0,8 \end{pmatrix} \cdot \begin{pmatrix} a \\ b \end{pmatrix} = \begin{pmatrix} 0,2a + 0,2b \\ 0,8a + 0,8b \end{pmatrix} = \begin{pmatrix} 0,2(a + b) \\ 0,8(a + b) \end{pmatrix} = \begin{pmatrix} 0,2 \\ 0,8 \end{pmatrix}$$

mit $a + b = 1$.

Hausaufgabe

Die **Aufgabe 5** (Smartphone-Betriebssysteme) ist als Hausaufgabe vorgesehen (vgl. Abschn. 8.2.9, dort (5)) und dient der Übung und Vertiefung im Unterricht erworbener Fähigkeiten. Sie ist ebenfalls im Kontext „Käuferverhalten" formuliert, bezieht sich nun aber auf reale Zahlen, die vorher durch die Lehrkraft recherchiert wurden. In **Teilaufgabe 5a** soll die Übersetzung eines Übergangsgraphen in eine Übergangsmatrix geübt werden. Die Erstellung einer Langzeitprognose unter Anwendung der im Unterricht kennengelernten Strategien wird im **Aufgabenteil 5b** geübt und vertieft. Um den Schwierigkeitsgrad zu erhöhen, wurde hier eine 3×3-Matrix ausgewählt, bei der das Erreichen einer Stabilen Verteilung nicht so intuitiv begründet werden kann wie bei einer 2×2-Matrix. Generell sollten sowohl die Aufgabe 4 als auch die Aufgabe 5 so authentisch wie möglich formuliert werden. In Aufgabe 4 wurde jedoch zugunsten der Herleitung mathematischer Prinzipien ein fiktives Beispiel ausgewählt. In Aufgabe 5 bot sich aber die Möglichkeit der größeren inhaltlichen Komplexität und somit das Arbeiten mit realen Zahlen und Marken. Die Übergangsmatrix resultiert aus eigenen Überlegungen und Internetrecherchen zur Entwicklung des Smartphone-Marktes.

8.2.5   Stundenziele

Die SuS …

- berechnen Verteilungen von Markov-Ketten, indem sie Verteilungsvektoren mit Übergangsmatrizen multiplizieren und das Ergebnis als neue Verteilung deuten.
- begründen mathematisch unter Bezug auf das Assoziativgesetz, dass bei der Berechnung künftiger Verteilungen mehrere Schritte unter Verwendung von Matrixpotenzen zusammengefasst werden können.
- entdecken, dass sich bei der Langzeitentwicklung von Markov-Ketten Stabile Verteilungen einstellen. Diese Entdeckungen basieren auf Hochrechnungen (Strategien A und B) und formalen mathematischen Überlegungen (Strategie C).
- entdecken und erarbeiten verschiedene Strategien zur Ermittlung der Stabilen Verteilung von Markov-Ketten und unterscheiden dabei zwischen „Hochrechnen und Vermuten" sowie formalen mathematischen Ansätzen.

- stellen Vermutungen zum Einfluss der Anfangsverteilung auf und untersuchen diese Vermutungen durch systematisches Variieren.
- wenden die neuen Erkenntnisse im erweiterten Kontext an (Hausaufgabe).

8.2.6 Methodische Überlegungen

Unterrichtsphasen

Die Stunde gliedert sich in **sieben Phasen**. Zunächst führt die Lehrkraft in den Stundenkontext ein. Im Anschluss wechseln sich drei Erarbeitungs- und Sicherungsphasen ab. In den Erarbeitungsphasen arbeiten die SuS in kombinierter Einzel- und Partnerarbeit (Austausch mit den Sitznachbarn). Ein Austausch mit den Sitznachbarn ist erlaubt und gewünscht. In den Sicherungsphasen präsentieren die SuS ihre Lösungen an der Tafel und/oder über den OHP. Strategien werden im LSG erarbeitet. Es wird demnach nicht von den eingeübten und bewährten Arbeitsmethoden abgewichen. Dieses Vorgehen erscheint auch vor dem Hintergrund der Lernziele sinnvoll.

Medien

Tafel und OHP (mit Display für den GTR) dienen zur Präsentation und Diskussion von Schülerergebnissen. Die Tafel wird bei der Besprechung der Teilaufgabe b unterteilt. Auf der rechten Tafelseite werden die Strategien festgehalten. Die linke Tafelseite steht für Berechnungen und Überlegungen zur Verfügung. Bei Anwendung der Strategien A und B ist die Verwendung eines GTR nahezu zwingend erforderlich. Bei Strategie C kann der GTR sinnvoll eingesetzt werden, um ein Gleichungssystem mithilfe des rref-Befehls zu lösen. Das asymptotische Grenzverhalten kann mithilfe des GTR (durch die Lehrkraft vorbereitet) grafisch veranschaulicht werden.

Differenzierung

Wie bereits in der didaktischen Analyse erläutert, bearbeiten alle SuS die gleiche Aufgabe. Eine Differenzierung findet im Unterricht insbesondere dadurch statt, dass bestimmte SuS ihre **individuellen Stärken** an unterschiedlichen Stellen im Unterricht gewinnbringend einbringen können. Während der Planungen überlegte ich, die drei Strategien durch Schülergruppen erarbeiten zu lassen und im Anschluss anhand kurzer Schülerpräsentationen und eines Lehrer-Schüler-Gesprächs gegenüberzustellen. Mit Blick auf die Lerngruppe hätte ich hier inhaltlich differenziert vorgehen können. Diesen Ansatz habe ich verworfen, da das Verständnis der Strategie C das Erkennen des Auftretens einer Stabilen Verteilung voraussetzt und damit erst nach dem Entdecken der Konvergenz sinnvoll behandelt werden kann.

Unterrichtsprozesse und Zeitmanagement

Motiviert durch den drastischen Rückgang der Leserschaft wird die Notwendigkeit der Erstellung von **Langzeitprognosen** durch die Lehrkraft in einem kurzen Einstiegsvortrag motiviert. Die SuS werden gefragt, welche Vor- und Nachteile sie im Verfahren des Marktforschungsinstituts „WhatNext" sehen und welche Erwartungen sie an die Entwicklung der Leserzahlen haben. Erste Berechnungen und die Zulässigkeit der Verwendung von Matrixpotenzen werden durch **Aufgabenteil 4a** erarbeitet. Die Bearbeitung und Besprechung der **Aufgabenteile 4b und 4c** lässt eine gewisse **Offenheit** des Unterrichtsprozesses zu. Ich rechne damit, dass die SuS **zunächst Strategie A** anwenden, die dann im Unterricht besprochen wird. Dies suggeriert in gewisser Weise schon die Konzeption der Aufgabe, da die SuS zunächst Berechnungen für die ersten drei Wochen anstellen. Anschließend kann flexibel zunächst **Strategie B oder C** besprochen werden. Durch die in der Didaktik (vgl. 8.2.4) beschriebenen Impulse der Lehrkraft können sie im Unterrichtsgespräch gemeinsam erarbeitet werden. Zum Erkennen der **Strategie B** reicht es vermutlich aus, die SuS aufzufordern, sich mithilfe des GTR die Entwicklung der Matrixpotenzen ohne Multiplikation mit dem Verteilungsvektor anzuschauen. Auf **Strategie C** soll mit Blick auf das übergeordnete Ziel des mathematischen Argumentierens an dieser Stelle auf jeden Fall eingegangen werden. Nach der Herleitung von Strategie C kann die Stunde sinnvoll beendet werden (möglicher Stundenausstieg, siehe Abschn. 8.2.7, Verlaufsplan). Die Bearbeitung der **Hausaufgabe** ist unter Anwendung der Strategien A und C möglich. Die Hausaufgabe soll dann durch die Bearbeitung von Aufgabe 4c ergänzt werden. Sollten die SuS bei der Besprechung von Aufgabenteil 4b nicht selbst auf die Strategie B kommen, kann bereits mit Aufgabenteil 4c begonnen werden. **Strategie B** wird dann erst im Zusammenhang mit der formalen mathematischen Begründung für die Unabhängigkeit der Stabilen Verteilung erarbeitet. Dies hat den Vorteil, dass der Nutzen von Strategie B direkt ersichtlich wird. Die verwendeten Strategien sollen im Unterricht mit Blick auf ihre mathematische Aussagefähigkeit auf einer Metaebene reflektiert werden.

8.2.7 Verlaufsplan

Anmerkung: Die in der heutigen Stunde zu bearbeitende Aufgabe 4 bezieht sich auf Aufgabe 3 aus der vorangegangenen Stunde.

Phase	Inhalt	Geplanter Ablauf	Arbeits-/ Sozial- form	Medien/ Material
Einstieg	Einführung in den Stundenkontext „Prognosen für BS und KI"	– Vorstellung des Auftrags für das Markforschungsinstitut „WhatNext" – Rückbezug auf Aufgabe 3 aus der vorangegangenen Stunde – Formulierung von Erwartungen an das Wechselverhalten der Leser – Erläuterung der Teilaufgabe 4a	LV LSG	OHP AB

Phase	Inhalt	Geplanter Ablauf	Arbeits-/ Sozial- form	Medien/ Material
Erarbei- tung I	Berechnun- gen zu einer Markov-Kette	– Bearbeitung von Teilaufgabe 4a durch SuS	EA/PA	AB GTR
Siche- rung I		– Vorstellung der Ergebnisse zu Teilaufgabe 4a durch Schüler über OHP-Display und/oder an der Tafel – Thematisierung der rekursiven und expliziten Berechnung mit Bezug auf das Assoziativgesetz	SP LSG	Tafel OHP
Erarbei- tung II	Entwicklung einer Langzeit- prognose	– Bearbeitung von Teilaufgabe 4b	EA/PA	AB GTR
Siche- rung II		– Vorstellung der Ergebnisse durch SuS – Erarbeitung und Reflexion von Lösungsstrategien im Gespräch	SP LSG	Tafel OHP
Mögliches Stundenende				
Erarbei- tung III	Untersuchung des Einflusses der Anfangs- verteilung	– Bearbeitung von Teilaufgabe 4c	EA/PA	AB GTR
Siche- rung III		– Vorstellung der Ergebnisse durch SuS – Erarbeitung einer formal-mathe- matischen Begründung	SP LSG	Tafel OHP
Geplantes Stundenende				
Übung und Ver- tiefung	Didaktische Reserve	– Ggf. Beginn der Bearbeitung von Aufgabe 5	LSG	AB

Geplante Hausaufgabe: Bearbeitung der Aufgabe 5 (Betriebssysteme auf Smartphones) als Übung und Vertiefung

Verwendete Abkürzungen:
AB: Arbeitsblatt, EA/PA: kombinierte Einzel- und Partnerarbeit, LSG: Lehrer-Schüler- Gespräch, LV: Lehrervortrag, SP: Schülerpräsentation, OHP: Overheadprojektor, GTR: Grafikfähiger Taschenrechner

8.2.8 Literatur

[1] Büchter, A./Henn, H.-W.: Elementare Stochastik: Eine Einführung in die Mathematik der Daten und des Zufalls. Zweite, überarbeitete und erweiterte Auflage. Berlin: Springer Verlag, 2007, 321–343

[2] Freudigmann, H./Baum, M./Bradt, D./Greulich, D./Riemer, W./Sandmann, R./Zinsner, M.: Lambacher Schweizer 11/12. Mathematik für Gymnasien. Stuttgart: Klett Verlag, 2009

[3] Huppert, B./Willems, W.: Lineare Algebra. Zweite, überarbeitete und erweiterte Auflage. Wiesbaden: Vieweg + Teubner, 2010, 118–137

[4] Krysmalski, M./Lütticken, R./Oselies, R./Scholz, D./Uhl, C. (Hrsg.): Fokus Mathematik. Qualifikationsphase gymnasiale Oberstufe. Ausgabe N. Berlin: Cornelsen Verlag, 2012

[5] Niedersächsisches Kultusministerium (Hrsg.): Kerncurriculum für das Gymnasium – gymnasiale Oberstufe. Mathematik. Hannover: Unidruck, 2009

[6] Schmidt, G./Zacharias, M./Lergenmüller, A. (Hrsg.): Mathematik – Neue Wege – Arbeitsbuch für Gymnasien – Lineare Algebra/Analytische Geometrie. Braunschweig: Schroedel Verlag, 2010

[7] Tietze, U.-P./Schroth, P./Wittmann, G.:. Mathematik in der Sekundarstufe II. Band 2: Didaktik der Analytischen Geometrie und der Linearen Algebra. Braunschweig: Vieweg Verlag, 2000

[8] Tysiak, W.: Mit Übergangsmatrizen von der Linearen Algebra zu Markov'schen Prozessen. In: MNU, 56/5, 2003, 265–269

[9] Vehling, R.: Mehrstufige Prozesse. Ausarbeitung zu einem Vortrag auf dem 27. Symposium des Arbeitskreises Schule – Universität (DASU) zum Thema „Matrizen im Mathematikunterricht" an der Leibniz-Universität Hannover, 2008

[10] Weiskirch, W./Bruder, R. (Hrsg.): Calimero. Schülerband (SB) und Lehrerband (LB) zu Matrizen. Sekundarstufe II. Diese Bände wurden mir freundlicherweise vor der Veröffentlichung zur Verfügung gestellt.

Internetquelle

Zu Aufgabe 6: http://www.giga.de/unternehmen/apple/news/smartphone-verkaufszahlen-samsung-weiter-vorne-apple-auf-rang-3/ (Zuletzt aufgerufen am 10.11.2012)

8.2.9 Anhang

(1) Bislang behandelte Aufgaben (Nr. 1 bis Nr. 3)

Aufgabe 1: Mäuselabyrinth

Ein biologisches Forschungslabor unter der Leitung von Prof. Raton will das Verhalten von Mäusen untersuchen. Dazu benutzt es eine Versuchsanordnung, die im Grundriss abgebildet ist. Sie besteht aus drei Räumen, die durch vier Türen miteinander verbunden sind. Die Forscher haben festgestellt, dass jede Maus nach einer Minute den Raum wechselt. Dabei ist die Wahl der Tür völlig zufällig.

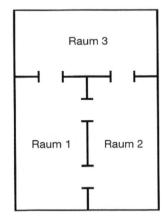

Zu Beginn der Untersuchung werden zwölf Mäuse in Raum 1 und jeweils sechs Mäuse in Raum 2 und 3 gesetzt.

In Prof. Ratons Aufzeichnungen finden sich folgende Eintragungen:

a) Interpretieren Sie die rechts stehende Aufzeichnung von Prof. Raton im Hinblick auf den Ausgang des Experiments!

b) Zur Berechnung der Verteilung der Mäuse auf die Räume nach der Durchführung des Experiments unterbreiten Prof. Ratons Assistenten folgende Vorschläge:

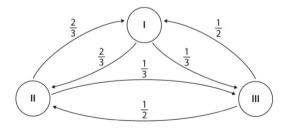

Dr. Vornbergers Vorschlag:

$$\begin{pmatrix} 0 & \frac{2}{3} & \frac{1}{2} \\ \frac{2}{3} & 0 & \frac{1}{2} \\ \frac{1}{3} & \frac{1}{3} & 0 \end{pmatrix} \cdot \begin{pmatrix} 12 \\ 6 \\ 6 \end{pmatrix}$$

Dr. Hintermwaldes Vorschlag:

$$\begin{pmatrix} 12 & 6 & 6 \end{pmatrix} \cdot \begin{pmatrix} 0 & \frac{2}{3} & \frac{1}{3} \\ \frac{2}{3} & 0 & \frac{1}{3} \\ \frac{1}{2} & \frac{1}{2} & 0 \end{pmatrix}$$

Berechnen Sie mit beiden Vorschlägen die Verteilung der Mäuse auf die einzelnen Räume!

c) Erläutern Sie die Gemeinsamkeiten und Unterschiede der beiden Vorgehensweisen!

Aufgabe 2: Relative und absolute Werte

In einer Kleinstadt gibt es drei Diskotheken. Das Wechselverhalten der Jugendlichen zwischen den drei Discos von einer zur nächsten Woche lässt sich durch folgende Übergangsmatrix beschreiben:

$$W = \begin{pmatrix} 0,8 & 0,2 & 0,2 \\ 0,1 & 0,7 & 0,3 \\ 0,1 & 0,1 & 0,5 \end{pmatrix}$$

a) An einem Wochenende besuchten 440 Besucher Disco 1, 390 Besucher Disco 2 und 370 Besucher Disco 3. Berechnen Sie die Besucherzahl in der nächsten Woche!

b) An einem anderen Wochenende besuchten 40 % der Jugendlichen Disco 1, 35 % Disco 2 und 25 % Disco 3. Berechnen Sie die prozentuale Verteilung in der folgenden Woche! Gehen Sie davon aus, dass das Wechselverhalten gleich bleibt.

Aufgabe 3: Käuferverhalten bei Sportzeitschriften

Wöchentlich erscheinen zwei große Sportzeitschriften: „Bilder des Sports" (BS) und „Kick It" (KI). Zu einem bestimmten Zeitpunkt kauften 400.000 Kunden die „Bilder des Sports". Die Zeitschrift „Kick It" wurde von 100.000 Lesern erworben. Über einen Untersuchungszeitraum von drei Wochen konnten statistisch folgende Änderungen im Käuferverhalten ermittelt werden:

Woche 0 → Woche 1			Woche 1 → Woche 2			Woche 2 → Woche 3		
	Von BS	Von KI		Von BS	Von KI		Von BS	Von KI
Zu BS	79 %	5 %	Zu BS	75 %	6 %	Zu BS	83 %	4 %
Zu KI	21 %	95 %	Zu KI	25 %	94 %	Zu KI	17 %	96 %

a) Berechnen Sie die Verkaufszahlen der Zeitschriften nach Woche 1, 2 und 3!

b) Berechnen Sie zusätzlich die Marktanteile der beiden Zeitschriften!

Quellen: Die Aufgaben 1, 2 und 3 basieren auf folgenden Quellen und wurden modifiziert:

- [6]: 166, Nr. 1 und [6]: 171, Nr. 15
- [10]: 22, Nr. 4

(2) Aktuelle Aufgaben (Nr. 4, Nr. 5)

Aufgabe 4: Kaufverhalten bei Sportzeitschriften – Fortsetzung

Aufgrund des dramatischen Einbruchs der Verkaufszahlen beauftragt die Zeitschrift „Bilder des Sports" das Marktforschungsinstitut „WhatNext". Es soll das Wechselverhalten der Leser näher untersuchen. Basierend auf den statistischen Untersuchungen der letzten drei Wochen und Leserumfragen entscheidet sich „WhatNext", für das Wechselverhalten eine „mittlere" Übergangsmatrix festzulegen:

$$M = \begin{pmatrix} 0,8 & 0,05 \\ 0,2 & 0,95 \end{pmatrix}$$

Zu Beginn der Untersuchung kauften noch 43,7 % der Leser die Zeitschrift „Bilder des Sports". 56,3 % der Leser entschieden sich für „Kick It".

a) Berechnen Sie als Mitarbeiter von „WhatNext" unter Verwendung des GTR die prozentualen Marktanteile der beiden Zeitschriften nach weiteren ein, zwei und drei Wochen.

b) (i) Untersuchen Sie die langfristige Entwicklung der Käuferzahlen! Was fällt auf?

(ii) Erläutern Sie Ihr Vorgehen (z. B. durch stichpunktartige Notizen).

c) „Bilder des Sports" möchte wissen, ob sich das Langzeitverhalten anders entwickelt hätte, wenn die Ausgangssituation (also die Verteilung der Leserschaft) zu Beginn eine andere gewesen wäre.

Stellen Sie eine Vermutung auf, welchen Einfluss die Anfangsverteilung der Zeitschriftenleser auf die Langzeitentwicklung hat, und überprüfen Sie Ihre Vermutung!

Quelle: Die Aufgabe 4 basiert auf [6]: 171, Nr. 15.

Aufgabe 5: Betriebssysteme auf Smartphones

Android und *iOS* sind die meistgenutzten Smartphone-Betriebssysteme. *Android* erreichte im 2. Quartal 2011 einen Marktanteil von 43,2 %, *iOS* einen Marktanteil von 18,2 %. 38,6 % der Smartphone-Besitzer nutzten andere Betriebssysteme.[7]

Basierend auf Nutzerumfragen entwickelte das Marktforschungsinstitut „WhatNext" ein Modell zur Beschreibung des jährlichen Wechselverhaltens von Smartphone-Nutzern.

a) Ergänzen Sie die fehlenden Angaben im Übergangsgraphen und übersetzen Sie ihn in eine Übergangsmatrix!
b) Erstellen Sie unter Nutzung der im Unterricht kennengelernten Strategien eine Langzeitprognose für die Nutzung von Smartphone-Betriebssystemen!

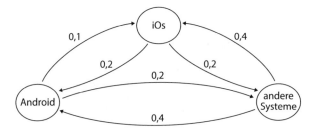

---

[7] **Quelle:** http://www.giga.de/unternehmen/apple/news/smartphone-verkaufszahlen-samsung-weiter-vorne-apple-auf-rang-3/ (Zuletzt aufgerufen am 10.11.2012).

(3) Geplantes Tafelbild

Aufgabe 4a)

	Rekursive Berechnung	**Explizite Berechnung**

a)   Nach Woche 1: $\vec{v}_1 = M \cdot \vec{v}_0 \approx \begin{pmatrix} 0,378 \\ 0,622 \end{pmatrix}$ $= M^1 \cdot \vec{v}_0$

      Nach Woche 2: $\vec{v}_2 = M \cdot \vec{v}_1 \approx \begin{pmatrix} 0,333 \\ 0,667 \end{pmatrix}$ $= M^2 \cdot \vec{v}_0$

      Nach Woche 3: $\vec{v}_3 = M \cdot \vec{v}_2 \approx \begin{pmatrix} 0,3 \\ 0,7 \end{pmatrix}$ $= M^3 \cdot \vec{v}_0$

$$\vec{v}_3 = M \cdot \vec{v}_2 = M \cdot (M \cdot \vec{v}_1) = M \cdot (M \cdot (M \cdot \vec{v}_0)) = (M \cdot M \cdot M) \cdot \vec{v}_0$$

Klammersetzung beliebig wegen Assoziativgesetz!

(die linke Tafelseite kann zwischendurch ausgewischt werden)

Aufgabe 4b)

Zu Strategie A

$$\vec{v}_{20} = M^{20} \cdot \vec{v}_0 \approx \begin{pmatrix} 0,20075 \\ 0,79925 \end{pmatrix}$$

$$\vec{v}_{78} = M^{78} \cdot \vec{v}_0 \approx \begin{pmatrix} 0,2 \\ 0,8 \end{pmatrix}$$

Zu Strategie B

$$M^{20} \approx \begin{pmatrix} 0,20254 & 0,20254 \\ 0,79746 & 0,79746 \end{pmatrix} \qquad M^{100} \approx \begin{pmatrix} 0,2 & 0,2 \\ 0,8 & 0,8 \end{pmatrix}$$

$$\Rightarrow \lim_{n \to \infty} M^n = \begin{pmatrix} 0,2 & 0,2 \\ 0,8 & 0,8 \end{pmatrix}$$

Zu Strategie C

$$M \cdot \vec{v}_{100} = \vec{v}_{101}$$

Für die stabile Verteilung gilt dann:

$$M \cdot \vec{v}_{stabil} = \vec{v}_{stabil}$$

$$\Rightarrow \begin{pmatrix} 0,8 & 0,05 \\ 0,2 & 0,95 \end{pmatrix} \begin{pmatrix} x \\ y \end{pmatrix} = \begin{pmatrix} x \\ y \end{pmatrix} \Leftrightarrow \begin{matrix} 0,8x + 0,05y = x \\ 0,2x + 0,95y = y \end{matrix}$$

$$\Leftrightarrow \begin{matrix} -0,2x + 0,05y = 0 \\ 0,2x - 0,05y = 0 \end{matrix}$$

$$\begin{pmatrix} -0,2 & 0,05 & 0 \\ 0,2 & -0,05 & 0 \end{pmatrix} \xrightarrow{rref-Befehl} \begin{pmatrix} 1 & -0,25 & 0 \\ 0 & 0 & 0 \end{pmatrix}$$

Es gilt also: x = 0,25 y

Außerdem gilt: x+y=1

$$\Rightarrow 1,25y = 1 \Leftrightarrow y = 0,8 \Rightarrow x = 0,2$$

Strategie A "Hochrechnen und Vermuten"
- Mehrere Berechnungsschritte durch Matrixpotenzen zusammenfassen
- Vermutung: Verteilung bleibt bei $\begin{pmatrix} 0,2 \\ 0,8 \end{pmatrix}$

Strategie B: "Grenzmatrix ermitteln"
- Berechnung von Matrixpotenzen
- $\lim_{n \to \infty} M^n = \begin{pmatrix} 0,2 & 0,2 \\ 0,8 & 0,8 \end{pmatrix}$ (Grenzmatrix)

Strategie C: "Gleichungssystem lösen"
- $M \cdot \vec{v}_{stabil} = \vec{v}_{stabil}$
- LGS lösen
- ACHTUNG: Summe der Einträge in $\vec{v}_{stabil} = 1$

Anmerkung: Im Raum steht eine kleine Beistelltafel zur Verfügung, die zur Fixierung der Strategien genutzt werden kann.

Aufgabe 4d)

$M^{100} \cdot \vec{v}_0$:

Variante 1: $\begin{pmatrix} 0{,}8 & 0{,}05 \\ 0{,}2 & 0{,}95 \end{pmatrix} \cdot \begin{pmatrix} 0{,}1 \\ 0{,}9 \end{pmatrix} \approx \begin{pmatrix} 0{,}2 \\ 0{,}8 \end{pmatrix}$

Variante 2: $\begin{pmatrix} 0{,}8 & 0{,}05 \\ 0{,}2 & 0{,}95 \end{pmatrix} \cdot \begin{pmatrix} 0{,}9 \\ 0{,}1 \end{pmatrix} \approx \begin{pmatrix} 0{,}2 \\ 0{,}8 \end{pmatrix}$

Vermutung: stabile Verteilung ist unabhängig von Anfangsverteilung.

Mathematische Begründung:

$$\begin{pmatrix} 0{,}2 & 0{,}2 \\ 0{,}8 & 0{,}8 \end{pmatrix} \cdot \begin{pmatrix} a \\ b \end{pmatrix} = \begin{pmatrix} 0{,}2a + 0{,}2b \\ 0{,}8a + 0{,}8b \end{pmatrix} = \begin{pmatrix} 0{,}2(a+b) \\ 0{,}8(a+b) \end{pmatrix} = \begin{pmatrix} 0{,}2 \\ 0{,}8 \end{pmatrix}$$

mit $a + b = 1$

8.3   Gibt es dieses Jahr eine Maikäferplage?

8.3.1   Thema der Stunde

Modellierung von zyklischen Übergangsprozessen

(Autor: Jochen Scheuermann)

8.3.2   Bemerkungen zur Lerngruppe

Die Lerngruppe besteht aus drei Schülerinnen und zwölf Schülern des 12. Jahrgangs[8] und stellt einen Kurs auf erhöhtem Niveau dar. Es gibt eine Reihe **sehr leistungsstarker SuS**, die ein tiefgehendes mathematisches Verständnis mitbringen und Herausforderungen suchen. Andererseits gibt es einige SuS, denen auch einfache mathematische Anwendungen noch schwerfallen. Das spiegelt sich auch in der Beteiligung wider. Daher müssen in dieser Stunde zum einen Anreize und Herausforderungen für die leistungsstarken SuS geschaffen, aber auch sichergestellt werden, dass die **leistungsschwächeren SuS** die grundlegenden Kompetenzen erreichen. Dies kann durch Gruppenzusammensetzung oder gezielte Betei-

---

[8] Im Folgenden wird die Abkürzung SuS verwendet.

ligung schwächerer SuS bei Präsentationen oder reproduktiven Aufgaben erfolgen. Ich unterrichte in diesem Kurs im Ausbildungsunterricht seit September. Das Verhältnis von SuS zur Lehrkraft ist freundlich und entspannt. Die SuS arbeiten konzentriert und zielorientiert, sodass insgesamt eine angenehme und produktive Arbeitsatmosphäre herrscht.

8.3.3   Bemerkungen zum Unterrichtszusammenhang und zu den Lernvoraussetzungen

Die Stunde liegt am Ende der Einheit Matrizenrechnung und stellt eine **Anwendung der Matrizenrechnung** dar. Dabei lernen die SuS anhand des Beispiels einer Maikäferpopulation zyklische Übergangsprozesse kennen. Das eingeführte Lehrbuch ist der *Lambacher Schweizer 11/12* [1], an dem sich auch der Aufbau der Einheit, ergänzt um einige vertiefende Aspekte, orientiert. Die SuS können die grundlegenden Operationen mit Matrizen durchführen. Sie können die Matrizenrechnung in verschiedenen Anwendungszusammenhängen (Materialverflechtungen, Übergangsprozessen) verwenden und diese auch durch entsprechende Diagramme darstellen. Sie kennen den Begriff und die Definition einer stochastischen Matrix. In den letzten Stunden wurden vermehrt **Modellierungen** vorgenommen und der Prozess des Modellierens thematisiert. Dabei wurde die Modellierung zunächst noch recht stark gelenkt. Während bei den leistungsstarken SuS auf diese Voraussetzungen zuverlässig zurückgegriffen werden kann, ist bei den leistungsschwächeren SuS unter Umständen mit Unsicherheiten zu rechnen. Der Umgang mit einer **Tabellenkalkulation** wurde insbesondere hinsichtlich der Berechnung von Matrizen thematisiert. Auch hier liegen deutliche Leistungsunterschiede im sicheren Anwenden, was durch eine heterogene Zusammensetzung der Partnerteams berücksichtigt werden soll. In der Zusammenarbeit in Gruppen, Partnerteams und der anschließenden Präsentation der Ergebnisse mittels Overheadprojektor oder Tafel sind die SuS geübt.

8.3.4   Bemerkungen zur Didaktik

Legitimation und Motivation

Formal ist die Stunde durch das Kerncurriculum des Landes Niedersachsen [4] legitimiert. In inhaltlicher Hinsicht finden sich die geförderten Kompetenzen im Bereich der Leitidee *Algorithmus* ([4]: 30), in der auf erhöhtem Niveau das Erkennen und Anwenden von zyklischen Prozessen gefordert wird. Weiterhin wird die Kompetenz *mathematisches Modellieren* ([4]: 17) ausgebaut. Zusätzlich werden die in den Bildungsstandards im Fach Mathematik für die Allgemeine Hochschulreife ([2]: 10) genannte allgemeine mathematische Kompetenz *Mathematisch modellieren* und die Leitidee *Algorithmus und Zahl* angesprochen. Die Anwendung von Matrizen, um komplexe Vorgänge zu systematisieren, wird sowohl in der Mathematik (lineare Abbildungen) als auch in vielen anderen technischen Fachgebieten sowie in der Biologie genutzt, was insbesondere an der gewählten Thematik deutlich wird. Außerdem ist Modellieren sowohl in innermathematischen Anwendungen (stochastische Modellierungen) als vor allem auch in alltäglichen Situationen eine wichtige Kompetenz, die hilft, Probleme zu lösen (vgl. [3]: 15) und Vorhersagen zu treffen (Maikäferplage, …). Der Thematik kommt damit sowohl eine fachliche als auch eine gesellschaftliche Relevanz zu. Durch den realitätsnahen Kontext sollen die Motivation und das Interesse der SuS erhöht werden.

Sachanalyse

Die Entwicklung von Maikäferpopulationen stellt ein Beispiel für einen zyklisch-periodischen Übergangsprozess dar. Um diesen zu modellieren, muss zunächst eine **Vereinfachung der Daten** vorgenommen werden. Da die sogenannten Flugjahre alle drei bis vier Jahre auftreten, wird hier von einem vierjährigen Entwicklungszyklus ausgegangen, der aus den Stadien Ei, Larve, Puppe und adulter Käfer besteht. In der Annahme dauert jede Phase ein Jahr, es wird von einer konstanten Anzahl gelegter Eier pro Weibchen und jeweils einer über die Jahre konstanten Übergangsrate zwischen den einzelnen Stadien ausgegangen. Nun erfolgt die **Modellierung** analog zu anderen Übergangsprozessen, wobei als Übergangsmatrix keine stochastische Matrix entsteht. Im untersuchten Beispiel ergeben sich daraus folgendes Übergangsdiagramm und die entsprechende Übergangsmatrix M (Abb. 8.1).

Ausgehend von einer ermittelten Anfangsverteilung kann nun durch Potenzieren der Matrix und Multiplikation mit der als Vektor notierten Anfangsverteilung $\vec{v}_0$ der Bestand an Käfern, Eiern, Larven und Puppen $\vec{v}_n$ nach einer beliebigen Anzahl n von Jahren berechnet werden:

$M^n \cdot \vec{v}_0 = \vec{v}_n$. Handelt es sich dabei um einen zyklisch-periodischen Prozess, so lässt sich dies zum einen am Übergangsgraphen erkennen, bei dem aus 80 Eiern genau ein weiblicher Maikäfer entsteht. Zum anderen bietet sich die Möglichkeit, die Entwicklung der Population in einem Diagramm zu zeichnen und die Perioden zu bemerken. Bildet man die Potenzen der Matrix M, so erkennt man die Periodizität daran, dass es ein n gibt, für das die folgende Gleichung gilt: $M^n = E$, wobei E die Einheitsmatrix ist. Mithilfe eines Tabellenkalkulationsprogramms und dem Befehl MMULT{} kann der Bestand an Käfern, Eiern, Larven und Puppen schnell für die nächsten 20 Jahre berechnet und auch sofort grafisch in einem Diagramm dargestellt werden (vgl. Abb. 8.2 auf der nächsten Seite).

Als **Kritikpunkt dieser Modellierung** könnte z. B. angeführt werden, dass die Entwicklung der Käfer von vielen Faktoren abhängt und somit immer wieder angepasst werden müsste. Auch die Annahme einer strengen Gliederung in vier, jeweils ein Jahr dauernde

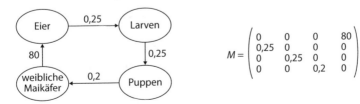

Abb. 8.1 *Übergangsgraph der Modellierung*

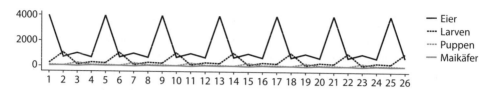

Abb. 8.2 Bestand der Eier, Larven, Puppen und weiblichen Käfer in Abhängigkeit der Jahre

Phasen entspricht nicht vollkommen der Realität. Es bietet sich aber die Möglichkeit, das Modell mit aktuellen Daten anzupassen. Durch Veränderungen an den Einträgen der Matrix, z. B. einer Erhöhung der gelegten Eier auf 100 pro Weibchen, kann so auch ein zyklischer nichtperiodischer Prozess – d. h., der Bestand ändert sich von Zyklus zu Zyklus – dargestellt werden. In der Tabellenkalkulation werden diese Veränderungen sofort ausgewertet und können interpretiert werden.

Transformation

Der Schwerpunkt der Stunde liegt auf der Bearbeitung und Kritik der **Modellierung eines zyklischen Prozesses**. Inhaltlich steht das Erkennen von zyklisch-periodischen Prozessen[9] an einer grafischen Darstellung, dem Übergangsdiagramm oder der Übergangsmatrix, im Mittelpunkt.

Die Stunde ist gegliedert in Einstieg, Erarbeitung, Sicherung und Vertiefung. **Ziel der Einstiegsphase** ist es, die Problemstellung, nämlich Vorhersagen über die Entwicklung einer Maikäferpopulation zu treffen, deutlich zu machen. Diese Problemstellung bildet den roten Faden, der durch die Stunde führt und auf den immer wieder Bezug genommen werden kann. Dies soll ein zielorientiertes, produktives Arbeiten in den folgenden Phasen schaffen und den SuS die Aufgabenstellungen transparenter und verständlicher machen. Es ist möglich, dass einige SuS an dieser Stelle schon Vorschläge für eine Modellierung mithilfe der Matrizen einbringen. Dies kann gut als gemeinsames Ausgangsplateau für die Erarbeitung genutzt werden und somit eine Hilfestellung für leistungsschwächere SuS darstellen. Sollte dies nicht geschehen, kann die Lehrkraft gezielt Impulse setzen, um Ideen für eine **Modellierung durch Übergangsmatrizen** einzufordern. Der nächste Schritt ist nun die Festlegung eines **vereinfachten Modells** und der **Annahme der benötigten Daten**. Hier würde sich die Möglichkeit bieten, den SuS Informationen über die Entwicklung der Maikäfer an die Hand zu geben und sie mithilfe dieser eine geeignete Modellierung finden zu lassen. Damit würde vor allem die Kompetenz der Modellbildung gefördert (vgl. [3]: 73 ff.). Logischerweise ergeben sich hierbei verschiedene Modellierungsmöglichkeiten, die die SuS im Folgenden sinnvollerweise bearbeiten und hinsichtlich der Tragfähigkeit auswerten müssten (vgl. [7]: 78 f.). Es ginge also vielmehr um einen entdeckenden Prozess, der aber in Bezug auf den inhaltlichen Fokus der Stunde nicht zielführend wäre. Auch der prozessorientierte Schwerpunkt, Modellinterpretation und -validierung, würde

---

[9] Hierbei muss beachtet und auch erwähnt werden, dass ein zyklischer, periodischer Prozess aus mathematischer Sicht ein sehr spezieller Fall ist – und keineswegs der Regelfall.

verschoben. Daher habe ich mich entschlossen, den SuS die **benötigten Daten** in **einem Übergangsdiagramm** zur Verfügung zu stellen, das sie hinsichtlich der Modellannahmen interpretieren sollen (vgl. [7]: 83 ff.). Anschließend soll innerhalb der Modellierung gearbeitet und eine Vorhersage erstellt werden. Dies dürfte für die SuS kein Problem darstellen, da das Vorgehen analog zu anderen Übergangsprozessen ist (siehe Abschn. 8.3.3).Eine **Schwierigkeit** könnte darin bestehen, dass die SuS nun keine stochastische Matrix wie bisher erstellen. Durch die schnelle Auswertung der Berechnungen mithilfe der Tabellenkalkulation und der grafischen Darstellung haben die SuS hier aber die Möglichkeit, ihre Ideen durch Ausprobieren und Auswerten der Ergebnisse zu überprüfen (vgl. [6]: 206). Ein **weiteres Problem** stellt dabei für einige SuS unter Umständen noch der Umgang mit der Tabellenkalkulation dar. Dem kann zum einen mit methodischen Maßnahmen (siehe Abschn. 8.3.6) begegnet werden, zum anderen durch eine Hilfestellung. Diese beinhaltet die Strukturierung der Tabelle und kann von den SuS bei Bedarf genutzt werden. Die grafische Darstellung macht das zyklisch-periodische Verhalten deutlich. Nun besteht der nächste Schritt darin zu erkennen, an welchen Merkmalen dies auch schon an Übergangmatrix bzw. Übergangsgraph deutlich wird. In letzterem Fall sollte dies kein Problem darstellen, bei der Übergangsmatrix ist dies etwas schwieriger und kann daher als eine Herausforderung für die leistungsstärkeren SuS angesehen werden. Die leistungsschwächeren SuS können gezielt durch einen Verweis auf die Matrixpotenzen seitens der Lehrkraft unterstützt werden. Eine weitere Maßnahme zur **Binnendifferenzierung** während der Erarbeitungsphase stellt die **vertiefende Zusatzaufgabe** dar, die eine Variation des Modells fordert. In der **Sicherungsphase** werden die erarbeiteten Ergebnisse präsentiert. Dabei sollten zunächst leistungsschwächere SuS berücksichtigt werden. Dadurch kann sich die Lehrkraft über deren Verständnis rückversichern. Die leistungsstärkeren SuS können in der anschließenden Diskussion ergänzend, erweiternd und vertiefend (Zusatzaufgabe) ihre Ergebnisse einbringen. Die Arbeit der Partnerteams wird somit gewürdigt und zugleich kann der Fokus nochmals auf die wichtigen Erkenntnisse gelegt werden, um diese zu festigen. Nun erfolgt ein Rückbezug zum Stundenanfang, der die bisherigen Ergebnisse zusammenfasst. Um eine **Modellkritik** zu provozieren, stellt die Lehrkraft aktuelle Daten vor, die nicht den Prognosen entsprechen. Dadurch wird ein kognitiver Konflikt (vgl. [7]: 89 f.) hergestellt, der die SuS dazu anregt, über die Modellannahmen zu reflektieren und Kritikpunkte zu nennen. Nach dieser Reflexion befindet sich ein möglicher Stundenausstieg. Andernfalls folgt die Vertiefung, in der die SuS aufgefordert werden, nun aufgrund ihrer Kritik das Modell den aktuellen Daten anzupassen. Diese Aufgabenstellung lässt viele Formen der Bearbeitung und auch verschiedene Ergebnisse zu (vgl. [7]: 78). Die SuS können also entsprechend ihrem Leistungsniveau eine oder mehrere Annahmen verändern und systematisch oder probierend Lösungen finden. Somit wird binnendifferenzierend eine möglichst breite Beteiligung auch in der anschließenden Präsentation und Diskussion erreicht. Die **Hausaufgabe** dient der Festigung und Vertiefung. Die SuS sollen dabei den erarbeiteten Zusammenhang zwischen einer Übergangsmatrix und einem zyklisch-periodischen Prozess (das Produkt der Einträge ergibt eins) beispielhaft an einer gegebenen 3×3-Matrix beweisen.

8.3.5   Lernziele und Kompetenzen

Das Hauptanliegen dieser Stunde besteht darin, dass die SuS ihre Modellierungskompetenz ausbauen und zyklisch-periodische Übergangsprozesse anhand grafischer Darstellungen, Übergangsgraphen und -matrizen erkennen können. Im Detail sollen dabei die folgenden Kompetenzen gefördert werden:

Inhaltsbezogene Kompetenzen

* Die SuS erkennen zyklisches Verhalten und interpretieren dies im Sachzusammen-hang, indem sie die Besonderheiten der grafischen Darstellung, des Übergangsgra-phen und der Übergangsmatrix nennen und anhand ihrer Berechnungen eine Prognose für die Entwicklung der Maikäferpopulation erstellen.

Prozessbezogene Kompetenzen

* Die SuS verwenden mathematische Darstellungen, indem sie den Übergangsprozess mithilfe eines Übergangsdiagramms interpretieren, dieses in eine Übergangsmatrix umwandeln und schließlich in eine grafische Darstellung überführen.
* Die SuS beschreiben die Entwicklung einer Maikäferpopulation anhand gegebener Modellannahmen durch Matrizen, interpretieren die Ergebnisse ihrer Berechnungen und reflektieren die Grenzen der Modellierung, indem sie auf Fehler in der Modellan-nahme hinweisen.

8.3.6   Bemerkungen zur Methodik

Der **Einstieg** erfolgt über mehrere Schlagzeilen und den Ausschnitt eines Zeitungsartikels, der mit dem Beamer projiziert wird. Die Schlagzeilen machen die Aktualität und den Realitätsbezug deutlich und führen direkt zum Kern der Stunde, der Modellierung dieses Prozesses. Die Präsentation mit dem Beamer fokussiert die SuS und bietet einen konzent-rierten Einstieg. Außerdem können leicht weitere Elemente zur Ergänzung und als Impulse eingeblendet werden (Informationen über die Entwicklung der Maikäfer). Im folgenden Unterrichtsgespräch werden Ideen für eine Modellierung gesammelt.

Gruppenzusammensetzung

Die anschließende Erarbeitung erfolgt in **Partnerteams** bzw. **Dreiergruppen**. Dies ist insofern sinnvoll, als bei einigen SuS noch Unsicherheiten bezüglich des Umgangs mit der **Tabellenkalkulation** bestehen, die durch die Gruppenzusammensetzung ausgegli-chen werden können. Andererseits ist eine Zusammenarbeit mit dem Laptop bei einer Gruppengröße von mehr als drei Personen nicht mehr gut möglich. Die Gruppenzusam-mensetzung erfolgt bezüglich der Kompetenz im Umgang mit der **Tabellenkalkula-**

tion heterogen, in Bezug auf die **mathematische Kompetenz** ungefähr **homogen**. In den letzten Stunden hat sich gezeigt, dass so zum einen die leistungsstärkeren Teams gefordert werden konnten, indem sie sich mit zusätzlichen tiefer gehenden Problemen beschäftigten. Zum anderen konnten die leistungsschwächeren Teams gezielt durch die Lehrkraft unterstützt und somit auch zu einer selbstständigen Bearbeitung der Aufgaben angeleitet werden.

Arbeitsblatt als roter Faden

Inhaltlich werden die SuS anhand des Arbeitsblattes durch die Erarbeitung geführt. Um die Modellannahmen darzustellen, wird ein **Übergangsgraph** verwendet, den die SuS interpretieren und für die weiteren Berechnungen in eine **Übergangsmatrix** umformen müssen. Anschließend stellen sie die Entwicklung im Laufe der nächsten 20 Jahre mithilfe der Tabellenkalkulation dar. Dies wurde bereits geübt und sollte weitgehend (s. o.) kein Problem darstellen. Die Strukturierungshilfe wird den SuS auf einem USB-Stick zur Verfügung gestellt (siehe Abschn. 8.3.4).

Tabellenkalkulation als Hilfe

Die Tabellenkalkulation eignet sich in diesem Fall sehr gut, da sie schnell viele Ergebnisse und eine gute grafische Darstellung liefert. Damit wird langwierige Rechenarbeit vom Computer übernommen und es bleibt mehr Raum, um sich den zyklischen Prozessen, der Modellierung und der Variation dieser zu widmen (vgl. [6]: 204 f.). All diese Punkte wären bei der Nutzung des Taschenrechners (TI-84 Plus) nur eingeschränkt oder unter relativ großem Aufwand möglich. Daher habe ich mich für die erste Variante entschieden.

Sicherung

In der Sicherung können die SuS ihre Bearbeitungen zum einen über den Beamer und zum anderen mithilfe einer von ihnen gestalteten Folie über den Overheadprojektor präsentieren. So wird eine schnelle Darstellung sowohl der am Laptop als auch der per Hand erarbeiteten Ergebnisse ermöglicht. Ergänzungen und Unklarheiten können bei Bedarf in einer anschließenden Diskussion geklärt werden. Abschließend wird eine Zusammenfassung der Merkmale zyklischer Übergangsprozesse an der Tafel notiert. Dadurch wird nochmals auf die wesentlichen Inhalte fokussiert.

Modellkritik

Durch die Präsentation aktueller Daten der Maikäferpopulation wird die Diskussion über die Modellkritik im Unterrichtsgespräch angeregt. Dabei soll die Lehrkraft möglichst zurückhaltend, hauptsächlich moderierend agieren und mit kurzen Zusammenfassungen auf die wichtigsten Inhalte fokussieren. In der Vertiefung können die SuS in der angelegten Tabelle leicht Parameter verändern und somit die Modellierung an die Realität anpassen (vgl. [6]: 207).

Diese Phase schließt mit einer kurzen Präsentation der Ergebnisse durch die SuS und mit der Erläuterung der Hausaufgabe durch die Lehrkraft ab.

8.3.7   Geplanter Stundenverlauf

Phase	Didaktik/Methodik		Material
Einstieg ca. 5'	Artikel aus Zeitungen → führt dazu, die Entwicklungen zu untersuchen und vorherzusagen. Wir benötigen Informationen. → Informationen über die Entwicklung von Maikäfern. *Stellen Sie einen Zusammenhang zur Matrizenrechnung her.* Evtl. Übergangszahlen zeigen.	UG	Beamer Abb.
Erarbeitung ca. 20'	*Bearbeiten Sie bitte die folgenden Aufgaben. Bereiten Sie eine Präsentation vor. Es stehen OHP und Beamer zur Verfügung.*	PA	AB, Folien, Laptops
Sicherung ca. 10'	Präsentation der Ergebnisse, evtl. Klärung von Nachfragen → Zusammenfassung an der Tafel festhalten → Rückbezug zum Stundenanfang, Reflexion und Modellkritik	SV	Folie, OHP, Beamer
Möglicher Stundenausstieg			
Vertiefung ca. 10'	*Variieren Sie die Übergangsmatrix so, dass sie den Vorgang besser darstellt.* → Vergleich der Ergebnisse	PA UG	Laptops Beamer
HA	Aufgabe: Beweisen Sie, dass $\begin{pmatrix} 0 & a & 0 \\ 0 & 0 & b \\ c & 0 & 0 \end{pmatrix}$ einen zyklisch-periodischen Prozess modelliert, wenn $a \cdot b \cdot c = 1$ gilt.		

Abkürzungen: **HA** = Hausaufgabe, **UG** = Unterrichtsgespräch, **PA** = Partnerarbeit, **SV** = Schülervortrag, **AB** = Arbeitsblatt, **OHP** = Overheadprojektor

8.3.8   Literaturverzeichnis

[1] Baum, M. et al.: Lambacher Schweizer 11/12, Mathematik für Gymnasien – Gesamtband Oberstufe. Klett Verlag, Stuttgart, 2009

[2] Bildungsstandards im Fach Mathematik für die Allgemeine Hochschulreife (Beschluss der Kultusministerkonferenz vom 18.10.2012)

[3] Maaß, K.: Mathematisches Modellieren. Cornelsen Scriptor, Berlin, 2007

[4] Niedersächsisches Kultusministerium (Hrsg.): Kerncurriculum für das Gymnasium – gymnasiale Oberstufe. Mathematik. Hannover, 2009

[5] Körner, H./Lergenmüller, A. (Hrsg.): Mathematik Neue Wege 11/12. Schroedel Verlag, Braunschweig, 2012

[6] Leuders, T. (Hrsg.): Mathematik Didaktik. Cornelsen Scriptor, Berlin, 2003

[7] Hinrichs, G.: Modellierung im Mathematikunterricht. Spektrum Akademischer Verlag, Heidelberg, 2008

8.3.9   Anhang

Geplantes Tafelbild

Zyklische Übergangsprozesse

Einen zyklischen Übergangsprozess, bei dem sich in periodischen Abständen die Verteilungen wiederholen, nennt man einen zyklisch-periodischen Prozess. Man erkennt ihn folgendermaßen:

→ Zeichnen einer Grafik	→ Die Koeffizienten des Übergangsgraphen ergeben miteinander multipliziert 1.	→ Es existiert eine Potenz n der Übergangsmatrix mit $M^n = E$.

Einstiegsfolie

Auf der Einstiegsfolie werden aktuelle Zeitungs- bzw. Zeitschriftenbeiträge knapp präsentiert mit widersprüchlichen Aussagen:

- **Der Maikäfer brummt wieder – aber nur in wenigen Exemplaren**
- **Hubschrauber auf Maikäferjagd: „Wie Weintrauben in den Bäumen"**

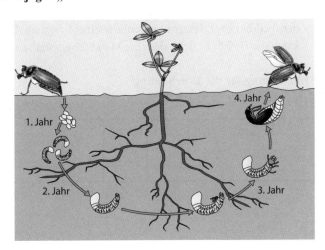

Abb. 8.3 Entwicklungszyklus des Waldmaikäfers ([5]: 385)

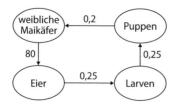

Abb. 8.4 Übergangsdiagramm

Arbeitsblatt

Maikäfer flieg

Wenn man Glück hat, kann man Ende April bis Ende Juni Maikäfer in freier Natur fliegen sehen. Besonders nach dem Ausfliegen im Frühjahr treffen sich die Käfer, um zu fressen und um sich zu paaren. Ein Phänomen dabei ist, dass in Abständen von vier Jahren in einigen Gebieten besonders viele Maikäfer ausfliegen, obwohl die Maikäfer als selten und vom Aussterben bedroht gelten. Man spricht dann von sogenannten Flugjahren.

Bei einer Bestandsaufnahme werden 640 Eier, 240 Larven, 40 Puppen und 50 weibliche Maikäfer erfasst.

a) **Erläutern** Sie anhand des Übergangsdiagramms (vgl. Abb. 8.4) die Modellannahmen, die getroffen wurden.

b) **Ermitteln** Sie mithilfe der Tabellenkalkulation die Entwicklung nach 1, 2, 3, 20 Jahren und **stellen** Sie diese sinnvoll grafisch **dar**.

c) **Beschreiben** Sie die Besonderheiten dieses Übergangsprozesses. Lässt sich ein solcher Prozess schon an der Übergangsmatrix oder beim Übergangsdiagramm erkennen?

Zur Vertiefung

d) **Untersuchen** Sie, in welchen Jahren die Population der Maikäfer offensichtlich besonders bedroht ist. Erläutern Sie mithilfe einer beispielhaften Rechnung, warum trotzdem kaum die Gefahr besteht, dass die Maikäfer aussterben (Quelle: [5]: 384).

Hilfestellung für die Erarbeitung:

						Generation	1	2	3
						Eier			
						Larven			
						Puppen			
						Käfer			

Übersicht über den Unterrichtszusammenhang

Termin	Thema
Stunde 1	Anwendung des Leontief-Modells
Stunde 2	Übergangsprozesse mit der Tabellenkalkulation darstellen
Stunde 3	**Modellierung zyklischer Übergangsprozesse**
Stunde 4	Wachstumsprozesse

8.4 Bestimmung des Fixvektors

8.4.1 Thema der Unterrichtsstunde

Selbstständige Erarbeitung eines Verfahrens zur Berechnung des Fixvektors für eine Stabile Verteilung

(Autor: Kolja Hanke)

A: Darstellung und Begründung der längerfristigen Unterrichtszusammenhänge

8.4.2 Leitgedanken und Intentionen des Unterrichtsvorhabens

Die Vorgaben der Richtlinien und Lehrpläne für die Sekundarstufe II in Gymnasien und Gesamtschulen[10] sowie die Vorgaben für die schriftlichen Prüfungen im Abitur im Jahr 2015[11] sind rahmengebend für das Unterrichtsvorhaben (UV)[12] *„Matrizen – Erarbeitung von Verfahren zur Matrizenberechnung und Anwendung dieser zum Bestimmen von Populationsentwicklung, Übergangs- und Produktionsprozessen"*.

In den Richtlinien und Lehrplänen[13] sind die Matrizen Gegenstand der Linearen Algebra/ Geometrie. Für die Jahresplanung des Leistungskurses bieten die RuL[14] zwei Möglichkei-

---

[10] Siehe *Richtlinien und Lehrpläne für die Sekundarstufe II – Gymnasien und Gesamtschule in Nordrhein-Westfalen. Mathematik.*

[11] Siehe *Vorgaben zu den unterrichtlichen Voraussetzungen für die schriftlichen Prüfungen im Abitur in der gymnasialen Oberstufe im Jahr 2015.*

[12] Im Folgenden mit UV abgekürzt.

[13] Im Folgenden für „Richtlinien und Lehrpläne".

[14] Siehe *Richtlinien und Lehrpläne für die Sekundarstufe II – Gymnasien und Gesamtschule in Nordrhein-Westfalen. Mathematik.* S. 24 f.

ten an: entweder das Thema Matrizen mit dem Gegenstand der Abbildungsmatrizen zu behandeln, oder alternativ dazu, die Übergangsmatrizen als Gegenstand zu nutzen. Da die Populationsentwicklung im Biologie Grundkurs thematisiert wurde, bieten sich Übergangsmatrizen und damit eine fächerübergreifende Zusammenarbeit an.[15] Eine weitere Legitimation erfährt das Vorhaben auch durch die Vorgaben zu den unterrichtlichen Voraussetzungen für die schriftlichen Prüfungen im Abitur 2015, in denen für den Leistungskurs unter dem Punkt Matrizenrechnung die Themen „Übergangsmatrizen", „Matrizenmultiplikation als Verkettung von Übergängen" und „Fixvektoren" aufgelistet sind.[16] Die Abbildungsmatrizen finden hier keine Erwähnung mehr.

Im schulinternen Curriculum finden sich die Unterpunkte „Matrizen" und „Rechnen mit Matrizen" unter den Inhaltsfeldern Analytische Geometrie/Lineare Algebra.

Da es sich um ein kompetenzorientiertes UV handelt, wird für die Formulierung der Kompetenzerwartungen auch der aktuelle Kernlehrplan für die Sekundarstufe II Gymnasium und Gesamtschule in Nordrhein-Westfalen Mathematik[17] genutzt. Dieser Kernlehrplan (KLP)[18] ist zwar nicht für die Lerngruppe gültig, aber es sind keine Widersprüche zu den gültigen RuL vorhanden, sodass eine Nutzung problemlos möglich ist.

In diesem komplexen UV werden im besonderen Maße die Kompetenzen im Bereich Problemlösen gefördert.

8.4.3   Einordnung in den unterrichtlichen Kontext

Sequenz I „Umgang mit Matrizen"

1. Auswertung einer Verkehrszählung – Abgrenzung des Matrixbegriffs und Erarbeitung der Addition und skalaren Multiplikation von Matrizen
2. Einkaufen für einen (alkoholfreien) Cocktailabend – Selbstständige Erarbeitung der Matrix-Vektor-Multiplikation in Partnerarbeit
3. Anwendung und Vertiefung des Gelernten durch Erläutern und Interpretieren von Matrizen und Berechnungsergebnissen in Anwendungs- und rein mathematischen Zusammenhängen im Lerntempoduett

---

[15] Ebda. S. 11 f.

[16] Siehe *Vorgaben zu den unterrichtlichen Voraussetzungen für die schriftlichen Prüfungen im Abitur in der gymnasialen Oberstufe im Jahr 2015*. S. 3.

[17] Siehe *Kernlehrplan für das Gymnasium – Sekundarstufe II in Nordrhein-Westfalen. Mathematik.* S. 18 f.

[18] Im Folgenden mit KLP abgekürzt.

Sequenz II „Übergangsmatrizen"

4. Die Wirkung von Insektiziden auf Mücken und ihre Populationsentwicklung – Entdecken der Übergangsmatrizen und Anwendung von diesen als Darstellung von Populationsentwicklungen
5. Die Probleme der Rinderzucht – Anwendungen bereits erlernter Unterrichtsinhalte und Vertiefung durch Prozessumkehrung
6. Abi-Partys im Nachbarort – Entdecken eines Austauschprozesses mit einer Stabilen Verteilung und Erarbeitung der Merkmale einer stochastischen Matrix in Kleingruppen
7. *Selbstständige Erarbeitung eines Verfahrens zur Berechnung des Fixvektors für eine Stabile Verteilung* (heutige Stunde)
8. Der Wildpark – Anwendung und Vertiefung der Merkmale von Übergangsmatrizen in außermathematischen Kontexten
9. Klausur

Sequenz III „Produktionsmatrizen"

10. Wir backen Kuchen – Entdeckung einstufiger Produktionsprozesse und Abgrenzung zu Austauschprozessen
11. Probleme eines Fabrikbesitzers – Selbstständige Erarbeitung der Matrizenmultiplikation anhand mehrstufiger Produktionsprozesse
12. Wiederholung, Vertiefung und Vernetzung der erlernten Unterrichtsinhalte in außermathematischen Anwendungsaufgaben
13. Evaluation – Selbstevaluation der Schülerinnen und Schüler[19] durch eine Checkliste und Unterrichtsevaluation mithilfe einer Online-Befragung der SuS

8.4.4 Entscheidungen zur Planung des Unterrichtsvorhabens

Den Mathematik-Leistungskurs haben SuS gewählt, die eine Affinität zur Mathematik entwickelt haben. Trotzdem ist diese Lerngruppe in unterschiedlichen Bereichen heterogen. Im Unterricht zeigt sich diese Heterogenität vor allem in den unterschiedlichen Lerntempi und der unterschiedlich stark ausgeprägten Abstraktionsfähigkeit der SuS. Um dieser Heterogenität gerecht zu werden, biete ich den SuS in meinem Unterricht unterschiedliche Zugangsweisen an und erstelle für Aufgabenblätter einen „NACH-gedacht"-Teil, der reflexionsanregende Fragen enthält. Weiter ist zu beobachten, dass beim Problemlösen unterschiedliche Strategien angewendet werden. Während einzelne SuS durch Raten und Ausprobieren auf schnelle Ergebnisse kommen möchten, nutzen andere die Wissensspeicher, um Lösungswege durch bekannte Verfahren zu entdecken.

---

[19] Im Folgenden mit SuS abgekürzt.

Um einen sinnstiftenden Mathematikunterricht für diese SuS zu planen, sind Lernarrangements nötig, die eine hohe Schülerorientierung und -aktivierung unterstützen und differenzierte Ansätze und Lösungen ermöglichen.

Bei vielen SuS zeigt sich ein gutes Artikulationsvermögen im mathematischen Bereich. Die prozessbezogene Kompetenz „Argumentieren" wird im UV in Gruppenarbeitsphasen und in offenen Unterrichtsgesprächen weiter gefördert.[20] Eine Hilfe zur zeitsparenden Bildung von Kleingruppen, zum Beispiel für eine Partnerarbeit, sind die Dating-Cards, die auch in der unterrichtspraktischen Prüfung (upP)[21] genutzt werden. Hierbei suchen sich die SuS selbstständig vier Partner und notieren deren Namen auf einer Karte. Bei Partnerarbeiten wird dann die Date-Nummer angegeben und die SuS organisieren sich selbstständig im Raum. Gerade diese Selbstorganisation, die gewonnene zeitliche Einsparung und die gewählten Sozialformen verschaffen im Unterricht einen hohen Anteil echter Lernzeit.[22]

Bedingt durch den Einsatz des grafikfähigen Taschenrechners (GTR)[23] haben die SuS die Matrizen bis jetzt nur als eine Darstellungsform von linearen Gleichungssystemen kennengelernt. In der ersten Sequenz wird an diese Vorstellung angeknüpft und um eine weitere Anwendung ergänzt. Nach dem Erkunden werden weitere Rechenoperationen erarbeitet. In Anwendungsbezügen erleichtert der Übergang von der Tabellenschreibweise zur Matrizenschreibweise den Zugang, da Tabellen in der Mathematik verschiedenartig genutzt werden können. Einerseits wird hier bekanntes Wissen aufgegriffen, andererseits findet aber auch eine Umstrukturierung statt, da die neu eingeführten Rechenoperationen der Matrizenaddition und skalaren Multiplikation einer Matrix für die bekannten linearen Gleichungssysteme nur bedingt genutzt werden. Andersherum finden die altbekannten Rechenoperationen in diesem UV wieder Anwendung.

In der nächsten Unterrichtseinheit wird der durchgehend progressive Aufbau des UV erkennbar: Nachdem die Matrix-Vektor-Multiplikation an einem Anwendungsbeispiel selbstständig erarbeitet worden ist, wird dieses Verfahren in der dritten Sequenz genutzt, um an dem Unterrichtsgegenstand „Produktionsmatrizen" die Matrizenmultiplikation selbstständig herzuleiten.

Die zweite Sequenz hat als Inhalt die Übergangsmatrizen, die über einen außermathematischen Kontext eingeführt werden. Am Ende der zweiten Sequenz wird die erste Klausur in der Q2 geschrieben.

In der ersten Unterrichtseinheit der zweiten Sequenz wird die Möglichkeit genutzt, den Mathematik- mit dem Biologieunterricht zu verknüpfen.[24]

Aus dem Unterricht kennen die SuS die Wissensspeicher, in denen alle Lernprodukte gesichert werden. Das Gerüst dieser Speicher wird von mir erstellt und bietet so einen gewissen Grad der Vorstrukturierung, der antiproportional zum Leistungsniveau der Lern-

---

[20] Siehe *Offene und realitätsbezogene Aufgaben für den Mathematikunterricht.* S. 96.

[21] Im Folgenden mit upP abgekürzt.

[22] Siehe *Was ist guter Unterricht?* S. 39.

[23] Im Folgenden mit GTR abgekürzt.

[24] Siehe *Leitgedanken und Intentionen des Unterrichtsvorhabens.*

gruppe immer weiter abnimmt.[25] Die SuS wählen eigene Formulierungen für die Wissens-
speicher und ergänzen diese durch Notizen. Die Wissensspeicher werden sehr gut von den
SuS angenommen und auch eingefordert. Gerade bei schwachen SuS ist immer wieder
zu beobachten, dass die Wissensspeicher als selbstdifferenzierende Hilfe genutzt werden.
Durch diese immer weniger geleitete Sicherung der Lernprodukte und das Nutzen des
Wissensspeichers bei Problemen wird das eigenverantwortliche Lernen im besonderen
Maße gefördert. Das selbstständige Ausfüllen der Wissensspeicher hilft den SuS bei der
autonomen Konstruktion, Strukturierung und Verknüpfung von Wissen.[26] Auch erkennen
die SuS ihr Lernen als sinnstiftend an, da die mathematischen Begriffe selbstständig erkundet, entwickelt und versprachlicht werden können.[27]

Im Anschluss an Gruppenarbeiten werden die Ergebnisse meist mithilfe von Folien
auf dem Overheadprojektor von den SuS präsentiert. Ergänzungen und Fragen aus dem
Plenum werden dabei positiv aufgenommen und diskutiert. Diese Kommunikationsform,
in der die SuS miteinander ins Gespräch kommen und ich mich zurücknehme, wird auch
im Unterrichtsgespräch durch das gegenseitige Aufrufen gefördert und ermöglicht allen
SuS eine selbststeuernde Auseinandersetzung mit dem Thema.[28]

In den Anwendungs- und Vertiefungsphasen werden die erlernten Verfahren auf andere
Problemsituationen übertragen und mit bekanntem Lernstoff verknüpft. Auch Umkeh-
rungen der Problemstellung werden entsprechend dem „intelligenten Üben" nach Hilbert
Meyer[29] genutzt. Die Anwendungsaufgaben werden in einen lebensnahen Kontext gestellt,
sodass die SuS sich mit der Aufgabe auseinandersetzen und die Mathematik als eine Hilfe
zum Lösen von Problemen erkennen.[30] In diesen Phasen wird häufig nach Lerntempo
differenziert und es werden zusätzliche reflexionsanregende Fragestellungen geplant. Die
Aufgabenstellungen sind offen gehalten, sodass die SuS ihre eigenen Lösungsansätze und
Ideen einbringen können.[31]

Allen SuS steht ein GTR zur Verfügung. Die Kompetenz „Werkzeuge nutzen" wird
unterrichtsbegleitend immer wieder gefördert. So findet sich auch eine Anleitung für die
Nutzung des GTR in den beschriebenen Wissensspeichern.

Da nach den Herbstferien der Mathematik-Leistungskurs auf eine Kursfahrt geht und
der weitere Unterricht voraussichtlich ohne mich stattfindet, wird die dritte Sequenz nach
Absprache wieder von der Ausbildungslehrerin unterrichtet. Abschließend soll in der letzten Stunde eine Evaluation des UV erhoben werden, die auch an mich weitergeleitet wird,
damit ich anhand der Rückmeldung der SuS Rückschlüsse auf meinen Unterricht ziehen
kann.[32]

---

[25] Siehe *Wege zu selbstreguliertem Lernen.* S. 18.

[26] Siehe ebd. S. 9.

[27] Siehe *Impulse für den Mathematikunterricht in der Oberstufe.* S. 8.

[28] Siehe *Mathematik unterrichten: Planen, durchführen, reflektieren.* S. 35.

[29] Siehe *Was ist guter Unterricht?* S. 104.

[30] Siehe *Impulse für den Mathematikunterricht in der Oberstufe.* S. 10.

[31] Siehe *Offene und realitätsbezogene Aufgaben für den Mathematikunterricht.* S. 10.

[32] Siehe *Mathematik unterrichten: Planen, durchführen, reflektieren.* S. 172.

B: Planung der Unterrichtsstunde

8.4.5 Thema der Unterrichtsstunde

Selbstständige Erarbeitung eines Verfahrens zur Berechnung des Fixvektors für eine Stabile Verteilung

8.4.6 Ziel der Unterrichtsstunde

Die Schülerinnen und Schüler erweitern ihre Kompetenzen im Bereich der Linearen Algebra/Geometrie, indem sie ein Verfahren zur Bestimmung von Fixvektoren für eine Stabile Verteilung mithilfe der Matrix-Vektor-Multiplikation erarbeiten und erläutern.

8.4.7 Bedingungsanalyse

Den Mathematik-Leistungskurs lernte ich während des Referendariats aus unterschiedlichen Perspektiven kennen. Neben Hospitationsphasen genoss ich Ausbildungsunterricht in dieser Lerngruppe und auch über Vertretungsstunden wurde mir der Kurs vertraut. Der Umgang der SuS untereinander lässt sich als freundschaftlich und respektvoll bezeichnen. Die Lernatmosphäre ist positiv und auch das Zusammenarbeiten von Schülerinnen und Schülern verläuft problemlos. Die gute Stimmung im Kurs führt aber auch dazu, dass bei Einzelarbeitsphasen SuS eher ihre Mitschülerin oder ihren Mitschüler um Hilfe bitten, als zum Beispiel bereitgestellte Tippkarten zu nutzen.

Im Unterricht der Ausbildungslehrerin haben die SuS viele Erfahrungen mit verschiedenen kooperativen Methoden gesammelt und können diese sicher anwenden. Da der Kurs am Vortag der Prüfung am Nachmittag stattfindet, gebe ich den SuS aufgrund einer Absprache der Lehrerkonferenz keine Hausaufgaben auf. Hinsichtlich der Mediennutzung kommt ein Overheadprojektor zum Einsatz. Die SuS sind den Umgang mit dem Overheadprojektor gewöhnt und nutzen ihn, um mithilfe von selbst erstellten Folien ihre Ergebnisse zu präsentieren. In vorherigen UV wurde thematisiert, wie eine Präsentation zu halten ist, sodass ihnen die Methode geläufig ist.

8.4.8 Didaktisch-methodischer Kommentar

Die SuS sind im letzten Schuljahr an dieser Schule. Da im Unterricht mehrfach zu beobachten war, dass die Vorbereitungen auf die Entlassfeierlichkeiten schon in vollem Gange sind, wird der Einstieg in die Stunde über ein fiktives Problem der Abi-Partys der Schule gewählt. Die Problematik stammt aus dem aktuellen Leben der SuS und ein emotionales Interesse der SuS ist zu erwarten.

Damit jeder der SuS die Möglichkeit hat, sich selbstständig mit der Aufgabe und deren Bearbeitung zu beschäftigen und eigene Lösungsansätze zu entwickeln, besteht der erste Teil der Aufgabe darin, mögliche Fragen und Lösungsansätze zu notieren. Das Lösen der ersten Aufgabe ist eine Reaktivierung des Lernergebnisses, das die SuS in der letzten Stunde erarbeitet haben. Im zweiten Teil diskutieren die SuS ihre Notizen in Partnerarbeit. Im geschützten Raum der Partnerarbeit trauen sich die SuS, Fragen zu stellen und ihre Lösungswege zu besprechen. Die Struktur des Arbeitsblattes soll den Lernenden die Möglichkeit bieten, sich dem Problem von verschiedenen Perspektiven zu nähern und auch Irrwege zu gehen. Wie in Abschn. 8.4.4 beschrieben, nutze ich die Dating-Cards zum Finden der Gruppen. Da die Karten von den SuS ausgefüllt werden, kann es zufällig zu leistungshomogenen wie auch leistungsheterogenen Paaren kommen. Um für alle SuS einen Lernzuwachs zu gewährleisten, ist hier eine geschlossene Differenzierung notwendig. Für SuS, die Lernhilfen benötigen, werden Tippkarten bereitgelegt. Auch die Nutzung der Wissensspeicher ist jederzeit möglich. Für die schnellen SuS bieten die Arbeitsblätter eine „NACH-gedacht"-Aufgabe, die nach den Aufgaben gelöst werden soll. Diese Aufgaben sind reflexionsanregend und bieten den schnellen SuS die Möglichkeit, sich vertiefend mit der Thematik auseinanderzusetzen. Hierbei ist zu beachten, dass diese Aufgaben keinen Lernstoff enthalten, der notwendigerweise von allen SuS erarbeitet werden muss. Diese Ergebnisse werden meist von den leistungsstärkeren SuS mithilfe einer Folie präsentiert und finden so eine Würdigung der Lerngruppe im Unterricht.

Da im Unterricht die Matrizenmultiplikation noch nicht behandelt wurde, ist die Bearbeitung des Problems über die Matrix-Vektor-Multiplikation zu erwarten. Im Unterricht wurden aber auch in anderen UV immer wieder alternative Lösungswege beobachtet, die zum Ziel führen. Diese alternativen Lösungswege sind eine Bereicherung für den Mathematikunterricht und werden gewürdigt. Aufgrund der zeitlichen Vorgaben der Unterrichtsstunde kann dies auch in der nächsten Stunde geschehen oder nach Rücksprache mit den SuS an geeigneter Stelle im UV, um ein Thema nicht vorwegzunehmen oder den Lösungsweg geschickt in eine Unterrichtseinheit zu integrieren.

Die zweite Aufgabe soll zu zweit bearbeitet werden. Hier wird an das Verfahren der letzten Stunde angeknüpft, in der die SuS die Übergangsmatrizen erkundet haben. Mit dem Fehlen zweier Werte einer Stabilen Verteilung wird den SuS ein Problem dargeboten, für dessen Lösung sie noch kein Verfahren kennen. Hier können die SuS eine Lösung durch Probieren erhalten, aber auch ein Bearbeiten des Problems mithilfe der Matrix-Vektor-Multiplikation mit anschließendem Lösen des linearen Gleichungssystems ist möglich. Dabei können sie auf die Problematik der Austauschprozesse der letzten Stunde zurückgreifen.

In der „NACH-gedacht"-Aufgabe wird thematisiert, dass trotz des Begriffs der Stabilen Verteilung ein Austausch von SuS zwischen den einzelnen Abi-Partys besteht.

Nach dem Besprechen der Ergebnisse in vorgegebenen Kleingruppen wird das Problem auf einer weiter abstrahierenden Stufe betrachtet. Das Problem wird aus einer immer stärker innermathematischen Sicht bearbeitet, wodurch eine Lösungsstrategie für die Erstellung von Stabilen Verteilungen entwickelt wird.

Die Kleingruppen werden vorgegeben, damit die SuS in heterogenen Gruppen weiterarbeiten. Dies soll den schwächeren SuS die Möglichkeit geben, Fragen an stärkere SuS zu stellen. Stärkere SuS nutzen hier die Methode *Lernen durch Lehren*. Auch in dieser Phase liegen Tippkarten bereit. Diese sollen den SuS einen Hinweis geben, sodass sie sich wieder selbstständig mit dem Problem auseinandersetzen können.

Die Sicherung der Aufgabe 1 findet in den Kleingruppen statt. Im Plenum werden nur mögliche Probleme der Aufgabe 2 und des „NACH-gedacht"-Teils besprochen.

Da in den Aufgaben Übergangsmatrizen genutzt werden, die eine Stabile Verteilung besitzen, und es das Ziel ist, eine solche zu finden, wird im „NACH-gedacht"-Teil der dritten Aufgabe thematisiert, dass nicht jede Übergangsmatrix eine Stabile Verteilung besitzt.

Nach Präsentation der Ergebnisse der Aufgabe 3 durch eine Gruppe und Ergänzungen weiterer Gruppen werden die Wissensspeicher ausgeteilt. Diese Wissensspeicher sind so vorstrukturiert, dass der Lösungsweg über die Matrix-Vektor-Multiplikation gewählt wurde und anschließend das lineare Gleichungssystem gelöst wird. Das Ausfüllen findet über eine Folie im Unterrichtsgespräch mit Vorschlägen der SuS statt. Trotz der projizierten Lösung an der Wand ist den SuS bekannt, dass nicht jeder den gleichen Wortlaut in die Wissensspeicher notieren muss. Durch das selbstständige Ausfüllen wird hier auch Rücksicht auf die verschiedenen Zugangsweisen der SuS zur Mathematik genommen. Diese Zugangsweisen zeigen sich in den Wissensspeichern der SuS. Bei einigen reicht eine formale Gleichung, andere fertigen Skizzen an und wieder andere erstellen einen Fließtext. Die Präsentation dient der Sicherung des Lernprodukts und ermöglicht den SuS den Abgleich mit ihren Ergebnissen und Ergänzungen.

Da die SuS in der fünften und sechsten Stunde Fachunterricht Mathematik bei der Ausbildungslehrerin erhalten, werden keine Hausaufgaben aufgegeben.

8.4.9   Verlaufsplanung der Unterrichtsstunde

Unterrichts-phase	Unterrichtsgeschehen	Organisations-/ Sozialform	Medien/ Material
Einstieg	Begrüßung und Vorstellung der Gäste	LB	
Einleitung, Reaktivierung, Ausrichtung	Durch den Gozinto-Graphen der Abi-Partygänger werden die SuS an die letzte Stunde erinnert. Durch die Überleitung, dass es sich dieses Mal um die Abi-Partys des Gymnasiums handelt, haben die SuS eine emotionale Verbindung mit der Aufgabenstellung.	SV	Folie

Unterrichts-phase	Unterrichtsgeschehen	Organisations-/ Sozialform	Medien/ Material
Hinführung	Aus der letzten Stunde ist den SuS die Stabile Verteilung bekannt. Zu der neuen Problematik erfassen die SuS, dass bei Abi-Partys eine Stabile Verteilung besteht und dass 100 SuS nicht auf die Abi-Partys, sondern auf private Feiern gehen. Ziel ist es herauszufinden, wie viele SuS zur Abi-Party kommen und wie viele zu Hause lernen.	UG	Folie
Erarbeitung	1. Die SuS bearbeiten Aufgabe 1 und no-tieren sich Fragen, Lösungsansätze und Stichpunkte für die zweite Aufgabe. 2. Die SuS finden sich mit Date 3 zusammen und bearbeiten die Aufgabe 2. Tippkarten liegen bereit. Schnelle Teams können sich Gedanken über den Hinweis bei „NACH-gedacht" machen. 3. Zwei Teams finden sich zusammen, vergleichen ihre Ergebnisse und notieren sich mögliche Schwierigkeiten. Im An-schluss bearbeiten die SuS Aufgabe 3 in Gruppenarbeit. Tippkarten liegen bereit. Schnelle Teams können sich Gedanken über den Hinweis bei „NACH-gedacht" machen.	EA PA GA	AB, Tipp-karten, Folie II
Präsentation	Ausgewählte SuS stellen ihre Ergebnisse mithilfe einer Folie vor.	SV	Folie
Sicherung	Der Wissensspeicher wird mithilfe einer Folie ausgefüllt.	UG	Wissens-speicher
Abschluss	Verabschieden der SuS/Ausblick		

8.4.10 Literatur- und Quellenverzeichnis

Barzel, Bärbel (Hrsg.): Mathematik unterrichten: Planen, durchführen, reflektieren. Berlin. Cornelsen Verlag 2011.

Meyer, Hilbert (Hrsg.): Was ist guter Unterricht? Cornelsen Verlag. Berlin 2004.

Ministerium für Schule und Weiterbildung des Landes Nordrhein-Westfalen (Hrsg.): Impulse für den Mathematikunterricht in der Oberstufe. Stuttgart: Ernst Klett Schulbuchverlage GmbH 2007.

Ministerium für Schule und Weiterbildung des Landes Nordrhein-Westfalen (Hrsg.): Offene und realitätsbezogene Aufgaben für den Mathematikunterricht – Anregungen aus der niederländischen Wiskunde. Stuttgart: Ernst Klett Schulbuchverlage GmbH 2007.

Ministerium für Schule und Weiterbildung des Landes Nordrhein-Westfalen (Hrsg.): Richtlinien und Lehrpläne für die Sekundarstufe II – Gymnasien und Gesamtschule in Nordrhein-Westfalen. Mathematik. Frechen: Ritterbach Verlag GmbH 1999.

Ministerium für Schule und Weiterbildung des Landes Nordrhein-Westfalen (Hrsg.): Vorgaben zu den unterrichtlichen Voraussetzungen für die schriftlichen Prüfungen im Abitur in der gymnasialen Oberstufe im Jahr 2015. URL: http://www.standardsicherung.schulministerium.nrw.de/abitur-gost/fach.php?fach=2 (Stand: 19.09.2014)

Ministerium für Schule und Weiterbildung des Landes Nordrhein-Westfalen (Hrsg.): Wege zu selbstreguliertem Lernen – Beispiele aus dem mathematisch-naturwissenschaftlichen Unterricht. Stuttgart: Ernst Klett Schulbuchverlage GmbH 2007.

Ministerium für Schule und Weiterbildung, Wissenschaft und Forschung des Landes Nordrhein-Westfalen (Hrsg.): Kernlehrplan für das Gymnasium – Sekundarstufe II in Nordrhein-Westfalen. Mathematik. Frechen: Ritterbach Verlag GmbH 2014.

8.4.11 Anhang A: Folien

Folie 1

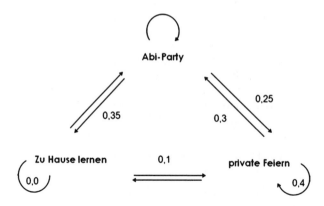

Folie 2

- **Einzelarbeit:** Lies die Aufgaben 1 und 2 durch. Bearbeite zuerst die Aufgabe 1. Notiere anschließend Fragen, Lösungsansätze und Stichpunkte zu Aufgabe 2.
- **Partnerarbeit:** Besprecht danach eure Notizen und Ergebnisse mit Date 3 und bearbeitet die Aufgabe 2 zusammen.
- **Gruppenarbeit:** Findet euch mit der angegebenen Gruppe zusammen, vergleicht eure Ergebnisse aus Aufgabe 2 und notiert mögliche Schwierigkeiten. Bearbeitet anschließend Aufgabe 3.

Gruppeneinteilung: …

8.4.12 Anhang B: Arbeitsblatt

Um die richtige Location für die Abi-Party zu mieten, muss das Abi-Party-Komitee wissen, wie viele Gäste von den immer gleichen, eingeladenen Schülerinnen und Schülern kommen.

Vom letzten Abiturjahrgang hat das Komitee einen unfertigen Gozinto-Graphen bekommen.

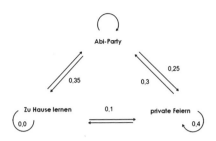

Aufgabe 1

Vervollständige den Gozinto-Graphen und erstelle eine Übergangsmatrix für die Abi-Partys:

	von		
nach	Abi-Party	Private Feiern	Zu Hause lernen
Abi-Party			
Private Feiern			
Zu Hause lernen			

Aufgabe 2

Von Abi-Party zu Abi-Party tritt ganz schnell eine Stabile Verteilung ein. Es ist bekannt, dass 100 Schülerinnen und Schüler nicht auf die Abi-Partys, sondern auf private Feiern gehen.

Bestimme bei einer Stabilen Verteilung die Anzahl der Partygäste, damit das Abi-Party-Komitee gut kalkulieren kann.

NACH-gedacht

An dem Wochenende, als die Stabile Verteilung das erste Mal eintritt, lernt Klaus zu Hause. Als er von der Stabilen Verteilung erfährt, denkt er sich: „Oh nein, jetzt muss ich immer zu Hause lernen, wenn Abi-Party ist." Was meint Klaus? Was sagt ihr dazu?

Aufgabe 3

Da der letzte Abi-Jahrgang euch den Gozinto-Graphen gegeben hat, wäre es nett, für den nächsten Jahrgang auch etwas zu hinterlassen, was ihm beim Bestimmen der Anzahl der Abi-Partygäste helfen kann. Dass jeder Abi-Jahrgang anders ist, spiegelt sich auch in der Übergangsmatrix für die Abi-Partys wider.

Bestimme für die geschätzte Übergangsmatrix des nächsten Abi-Jahrgangs einen

$$\text{Fixvektor} \quad \vec{x} = \begin{pmatrix} x_1 \\ x_2 \\ x_3 \end{pmatrix}, \text{ bei dem}$$

x_1 die Abi-Partygäste, x_2 jene Schülerinnen und Schüler, die zu privaten Feiern gehen, und x_3 jene Schülerinnen und Schüler, die zu Hause lernen, angibt:

	Abi-Party	Private Feiern	Zu Hause lernen
Abi-Party	0,6	0,4	0,8
Private Feiern	0,2	0,3	0,1
Zu Hause lernen	0,2	0,3	0,1

Beschreibt, wie ihr vorgegangen seid.

NACH-gedacht:
Nachdem Klaus geübt hat Fixvektoren zu bestimmen, fällt ihm auf, dass die unterste Zeile seiner Lösung des linearen Gleichungssystems in allen Fällen nur aus Nullen besteht. Ist das ein Zufall? Was bedeutet das?

8.4.13 Anhang C: Tippkarten

Tipp I – für Aufgabe 2
Versuche den Austauschprozess von einer Abi-Party zur nächsten Abi-Party mit einer Matrix-Vektor-Multiplikation zu beschreiben.

Tipp II – für Aufgabe 2
Die Übergangsmatrix, multipliziert mit einer Stabilen Verteilung, ergibt wieder die Stabile Verteilung.
    Löse die Gleichung auf, um an die gesuchte Anzahl zu kommen.

Tipp I – für Aufgabe 3
Versuche den Austauschprozess von einer Abi-Party zur nächsten Abi-Party mit einer Matrix-Vektor-Multiplikation zu beschreiben.

Tipp II – für Aufgabe 3

Die Übergangsmatrix, multipliziert mit einer Stabilen Verteilung, ergibt wieder die Stabile Verteilung.
  Löse das lineare Gleichungssystem.

Tipp III – für Aufgabe 3

Schaue in deinen Wissensspeichern, wie du lineare Gleichungssysteme, in denen die letzte Zeile 0 ist, gelöst hast.

8.4.14 Anhang D: Wissensspeicher

Manche Übergangsprozesse sind Austauschprozesse.

So erkennt man Austauschprozesse:

	Übergangs-matrix	Verteilungs-vektor	Neuer Verteilungs-vektor

$$\begin{pmatrix} 0,2 & 0,7 & 0,3 \\ 0,4 & 0,2 & 0,2 \\ 0,4 & 0,1 & 0,5 \end{pmatrix} \cdot \begin{pmatrix} 600 \\ 200 \\ 300 \end{pmatrix} = \begin{pmatrix} 580 \\ 250 \\ 270 \end{pmatrix}$$

Einen Austauschprozess kann man auch an der zugehörigen Übergangsmatrix erkennen.

Besonderheiten dieser Matrix sind:

- _____

- _____
  _____

- _____   _____

$$\begin{pmatrix} 0,2 & 0,8 & \\ 0,5 & & 0,2 \\ & 0,1 & 0,4 \end{pmatrix}$$

Eine Matrix mit diesen Eigenschaften nennt man **stochastische Matrix**.

So erkennt man eine Stabile Verteilung:

_____

_____

_____

Einen Verteilungsvektor einer Stabilen Verteilung nennt man auch **Fixvektor**.

Ist $\vec{x}$ ein Fixvektor, so ist auch $r \cdot \vec{x}$ _____.

Beim Weiterrechnen hilft ein Fixvektor, der die prozentualen Anteile der Verteilung angibt.

So bestimmt man einen Fixvektor mit prozentualen Anteilen aus einem Fixvektor mit absoluten Werten:

Beispiel:

So bestimmt man einen Fixvektor $\vec{x}$ für eine Übergangsmatrix U:

Beispiel:

$$\begin{pmatrix} \square & \square & \square \\ \square & \square & \square \\ \square & \square & \square \end{pmatrix} \cdot \begin{pmatrix} \square \\ \square \\ \square \end{pmatrix} = \begin{pmatrix} \square \\ \square \\ \square \end{pmatrix}$$

8.4.15 Anhang E: Lösungen

Aufgabe 1

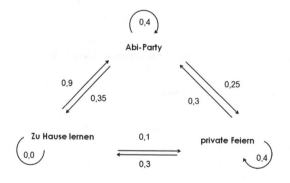

	Abi-Party	Private Feiern	Zu Hause lernen
Abi-Party	0,4	0,3	0,9
Private Feiern	0,25	0,4	0,1
Zu Hause lernen	0,35	0,3	0,0

Aufgabe 2

$$\begin{pmatrix} 0,4 & 0,3 & 0,9 \\ 0,25 & 0,4 & 0,1 \\ 0,35 & 0,3 & 0,0 \end{pmatrix} \cdot \begin{pmatrix} x_1 \\ 100 \\ x_3 \end{pmatrix} = \begin{pmatrix} x_1 \\ 100 \\ x_3 \end{pmatrix} \Leftrightarrow \begin{pmatrix} -0,6x_1 + 0,9x_3 \\ 0,25x_1 + 0,1x_3 \\ 0,35x_1 + 0,3x_3 \end{pmatrix} = \begin{pmatrix} -30 \\ 60 \\ -30 \end{pmatrix}$$

$$\Rightarrow x_1 = 200, x_3 = 100$$

Die stabile Verteilung der Geräte ist $\begin{pmatrix} 200 \\ 100 \\ 100 \end{pmatrix}$. Es kommen 200 Schülerinnen und Schüler zu den Abi-Partys.

NACH-gedacht

Da immer noch ein Austausch stattfindet, braucht sich Klaus keine Sorgen zu machen.

Aufgabe 3

$$\begin{pmatrix} 0,6 & 0,4 & 0,8 \\ 0,2 & 0,3 & 0,1 \\ 0,2 & 0,3 & 0,1 \end{pmatrix} \cdot \begin{pmatrix} x_1 \\ x_2 \\ x_3 \end{pmatrix} = \begin{pmatrix} x_1 \\ x_2 \\ x_3 \end{pmatrix} \Leftrightarrow \begin{pmatrix} -0,6x_1 + 0,4x_2 + 0,8x_3 \\ 0,2x_1 - 0,7x_2 + 0,1x_3 \\ 0,2x_1 + 0,3x_2 - 0,9x_3 \end{pmatrix} = \begin{pmatrix} 0 \\ 0 \\ 0 \end{pmatrix}$$

$$\overset{x_2=t}{\Rightarrow} x_1 = 3t, x_2 = t$$

Für das lineare Gleichungssystem gibt es unendlich viele Lösungen.

$$\vec{x} = t \cdot \begin{pmatrix} 3 \\ 1 \\ 1 \end{pmatrix}, \ \vec{x} = t' \cdot \begin{pmatrix} 0,6 \\ 0,2 \\ 0,2 \end{pmatrix}$$

NACH-gedacht

Wenn $\vec{x}$ ein Fixvektor ist, so ist auch $r \cdot \vec{x}$ ein Fixvektor. Es gibt also unendlich viele Fixvektoren. Deshalb ist die untere Reihe des linearen Gleichungssystems gleich null.

Mögliche Lösung des Wissensspeichers

Mögliche Lösung des Wissensspeichers

Manche Übergangsprozesse sind Austauschprozesse. So erkennt man Austauschprozesse:

Die Summe der Elemente des neuen und alten

Verteilungsvektors bleiben gleich. Nur die

Verteilung ändert sich.

Übergangs-matrix	Verteilungs-vektor	Neuer Verteilungs-vektor
$\begin{pmatrix} 0,2 & 0,7 & 0,3 \\ 0,4 & 0,2 & 0,2 \\ 0,4 & 0,1 & 0,5 \end{pmatrix}$	$\cdot \begin{pmatrix} 600 \\ 200 \\ 300 \end{pmatrix}$	$= \begin{pmatrix} 580 \\ 250 \\ 270 \end{pmatrix}$

Einen Austauschprozess kann man auch an der zugehörigen Übergangsmatrix erkennen.

Besonderheiten dieser Matrix sind:

- *Die Summe der Spalten ist 1.*

- *Die Elemente sind kleiner als 1 und größer als 0.*

- *Die Matrix hat genauso viele Spalten wie Zeilen.*

$$\begin{pmatrix} 0,2 & 0,8 & \\ 0,5 & & 0,2 \\ & 0,1 & 0,4 \end{pmatrix}$$

Eine Matrix mit diesen Eigenschaften nennt man stochastische **Matrix**.

So erkennt man eine Stabile Verteilung:

Ändert sich der Verteilungsvektor nach einem Übergangs-

prozess nicht, spricht man von einer Stabilen Verteilung.

So einen Verteilungsvektor nennt man auch **Fixvektor**.

Ist $\vec{x}$ ein Fixvektor, so ist auch $r \cdot \vec{x}$ *ein Fixvektor* .

Beim Weiterrechnen hilft ein Fixvektor, der die prozentualen Anteile der Verteilung angibt.

So bestimmt man einen Fixvektor mit prozentualen Anteilen aus einem Fixvektor

mit absoluten Werten:

Man teilt jedes Element des Fixvektors durch die Summe der Elemente.

Beispiel: $\vec{x} = \begin{pmatrix} 200 \\ 100 \\ 100 \end{pmatrix}$,   *Summe der Elemente* $= 400$, $\vec{x} = \begin{pmatrix} 0,5 \\ 0,25 \\ 0,25 \end{pmatrix}$

So bestimmt man einen Fixvektor $\vec{x}$ für die Übergangsmatrix U:

Man multipliziert die Matrix U mit dem Fixvektor $\vec{x}$ und setzt

gleich $\vec{x}$. Danach löst man das lineare Gleichungssystem.

Dann muss man eine Variable gleich t setzen und den

Fixvektor in Abhängigkeit von t angeben.

Beispiel: $\begin{pmatrix} 0,6 & 0,4 & 0,8 \\ 0,2 & 0,3 & 0,1 \\ 0,2 & 0,3 & 0,1 \end{pmatrix} \cdot \begin{pmatrix} x_1 \\ x_2 \\ x_3 \end{pmatrix} = \begin{pmatrix} x_1 \\ x_2 \\ x_3 \end{pmatrix} \longrightarrow \begin{pmatrix} 1 & 0 & -3 & 0 \\ 0 & 1 & -1 & 0 \\ 0 & 0 & 0 & 0 \end{pmatrix}$

Man setzt x_3 gleich t und erhält den Fixvektor: $\vec{x} = t \cdot \begin{pmatrix} 3 \\ 1 \\ 1 \end{pmatrix}$.

Entwürfe zur Stochastik

9

9.1 Anzahl der Erfolge bei Überraschungseiern

9.1.1 Thema der Unterrichtsstunde

Binomialkoeffizienten

(Autor: Maximilian Brunegraf)

9.1.2 Lerngruppenbeschreibung

Der Kurs auf erhöhtem Niveau des 11. Jahrgangs setzt sich aus 13 Schülerinnen und sieben Schülern zusammen.[1] Ich unterrichte ihn im Ausbildungsunterricht seit dem 21. Oktober. Dabei ist das angenehme Lernklima geprägt von gegenseitigem Respekt und dem Interesse der SuS an den Ideen ihrer Mitschülerinnen und Mitschüler. Die Arbeitshaltung ist einem Kurs auf erhöhtem Niveau angemessen. Die SuS arbeiten in weiten Teilen selbstständig inhaltliche Defizite auf und stellen im Unterricht Verständnisfragen. Insbesondere C verbalisiert viele Gedanken und Fragen, sodass die gesamte Lerngruppe mit Gewinn an ihren Denkprozessen teilhaben kann.

Das Leistungsniveau des Kurses ist dabei insgesamt ein mittleres und weist keine außerordentliche Heterogenität auf. Die fachsprachliche Richtigkeit der SuS-Aussagen entspricht allerdings noch nicht immer dem gewünschten Niveau. Das mittlere Leistungsniveau der Lerngruppe macht es immer wieder nötig, mit Veranschaulichungen zu arbeiten, während sich innermathematische Zugänge zum Lerngegenstand als weniger zielführend erwiesen haben.

---

[1] Aufgrund der besseren Lesbarkeit werden Schülerinnen und Schüler im Weiteren mit SuS abgekürzt.

© Springer-Verlag Berlin Heidelberg 2016
C. Geldermann et al., *Unterrichtsentwürfe Mathematik Sekundarstufe II*,
Mathematik Primarstufe und Sekundarstufe I + II, DOI 10.1007/978-3-662-48388-6_9

Die SuS sind es gewohnt, sich gegenseitig ihre Lösungsansätze zu erklären, und arbeiten gerne in Gruppen gemeinsam an der Lösung eines Problems. Die prozessbezogene Kompetenz des mathematischen Argumentierens wurde so gefördert und soll in dieser Stunde besonders in den Blick genommen werden. Aufgrund des offenen Umgangs mit Ideen der Mitschüler ist zu erwarten, dass sich die Lerngruppe intensiv mit den vorgebrachten Argumenten auseinandersetzen wird.

9.1.3 Unterrichtszusammenhang

Im Vorfeld dieser Prüfungsunterrichtsstunde sind sechs Doppelstunden zur Leitidee „Daten und Zufall" im Rahmen des Ausbildungsunterrichts von mir unterrichtet worden. Als Grundlage für die Einführung von Wahrscheinlichkeitsverteilungen wiederholten und vertieften die SuS zunächst ihre Kenntnisse zur Wahrscheinlichkeitsrechnung aus der Mittelstufe. Diese Grundlagen wurden ergänzt um die Begriffe „Zufallsgröße", „Erwartungswert" und „Wahrscheinlichkeitsverteilung". Im Hinblick auf die Einführung des Binomialkoeffizienten als Teilaspekt der Binomialverteilung wurde in der letzten Stunde vor dem Prüfungsunterricht die Bedeutung der Begriffe „Bernoulli-Experiment" und „Bernoulli-Kette" besprochen. An einer kurzen Bernoulli-Kette thematisierten die SuS die allgemeine Form der Binomialverteilung beispielhaft, wobei die Anzahl der Pfade mit einer bestimmten Anzahl von Erfolgen sowohl durch strukturiertes Aufschreiben als auch anhand von kombinatorischen Überlegungen von den SuS ermittelt wurde. Diese Überlegungen wurden noch nicht systematisiert. Der Stunde kam also eine vorentlastende Funktion für die Einführung von Binomialkoeffizienten zu. Die Schwierigkeit, die Anzahl der Pfade bei längeren Bernoulli-Ketten zu bestimmen, soll in dieser Stunde mithilfe des Binomialkoeffizienten überwunden werden, um im Anschluss die Binomialverteilung genauer zu untersuchen.

9.1.4 Unterrichtsgegenstand

Die Binomialkoeffizienten sind Funktionen aus dem Bereich der Kombinatorik, die eine formale Beschreibung vieler mathematischer Sachverhalte ermöglichen. In der Schule finden sie besondere Anwendung bei der binomischen Formel und bei der Binomialverteilung. Der Zugang zu den Binomialkoeffizienten kann dabei additiv-rekursiv über das Pascal'sche Dreieck erfolgen oder durch das kombinatorische Abzählen entsprechender Pfade bei einer n-stufigen Bernoulli-Kette. Dies führt letztlich zu der Erkenntnis, dass sich die Anzahl der möglichen Pfade für k Erfolge bei einer n-stufigen Bernoulli-Kette folgendermaßen errechnen lassen:

$$\binom{n}{k} = \frac{n \cdot (n-1) \cdot (n-2) \cdot \ldots \cdot (n-k+1)}{k \cdot (k-1) \cdot (k-2) \cdot \ldots \cdot 1}$$

Daraus ergeben sich die Symmetrieeigenschaften: $\binom{n}{k} = \binom{n}{n-k}$

9.1.5 Didaktische Überlegungen

Die Erarbeitung der Binomialverteilung kommt bei einfachen Beispielen aus der Lebenswelt der SuS auch ohne Binomialkoeffizienten aus, da die entsprechende Anzahl an Pfaden abgezählt werden kann. Dennoch ist die Einführung erforderlich, damit sich die SuS – im Sinne einer beurteilenden Statistik – mit der Binomialverteilung auch bei längeren Bernoulli-Ketten auseinandersetzen können. Diese Anforderung formuliert das Kerncurriculum im inhaltsbezogenen Kompetenzbereich „Daten und Zufall" wie folgt: „Die Schülerinnen und Schüler kennen das Modell der Bernoulli-Kette, können in diesem Modell rechnen und es zum Modellieren sachgerecht anwenden."[2] Auch wenn das Berechnen später mit dem eingeführten Taschenrechner durchgeführt wird, verlangt die sachgerechte Anwendung doch ein Verständnis der Zusammenhänge. Dies erklärt, warum die SuS nicht unmittelbar mit dem Taschenrechnerbefehl konfrontiert werden können.

Darüber hinaus bietet die Auseinandersetzung mit den Binomialkoeffizienten einen guten Anlass für die SuS, ihre prozessbezogene Kompetenz im Bereich des „mathematischen Argumentierens" zu schulen. Insbesondere der kombinatorische Ansatz verlangt von ihnen, „in inner- und außermathematischen Situationen, Strukturen und Zusammenhänge [zu erläutern] und darüber Vermutungen auf[zustellen]".[3] Da die Verwendung von Fachsprache in dem Kurs noch weiter verbessert werden soll (vgl. 9.1.2), fördert die Stunde dabei die Fähigkeit der SuS im Rahmen des „mathematischen Argumentierens", die „mathematischen Zusammenhänge unter Verwendung der Fachsprache präzise zu erläutern".[4]

Wie in der Beschreibung des Unterrichtsgegenstands bereits angedeutet, gibt es für die Erarbeitung der Binomialkoeffizienten zwei unterschiedliche Herangehensweisen. Mit Ausnahme des Schulbuchs „Neue Wege" [5] entscheiden sich alle weiteren analysierten Schulbücher für den kombinatorischen Zugang.[5] Zwar bietet die Verwendung des Pascal'schen Dreiecks Vernetzungs- und Anknüpfungspunkte zu der binomischen Formel und verdeutlicht den SuS damit innermathematische Zusammenhänge, ist aber gleichzeitig weniger anschaulich.[6] Der Hinweis auf das Pascal'sche Dreieck als Lösung des Problems erfolgt fast zwangsläufig über die Lehrkraft. Den SuS kommt bei diesem Ansatz in erster Linie die Aufgabe zu, die Adäquatheit des Pascal'schen Dreiecks für das Problem zu überprüfen und zu erklären. Aufgrund des rekursiven Charakters fällt es darüber hinaus schwer bzw. ist es sehr aufwändig, die konkreten Binomialkoeffizienten für lange Bernoulli-Ketten zu bestimmen. Dennoch wäre ein solcher Zugang für einen Kurs, der weniger Anschau-

---

[2] Niedersächsisches Kultusministerium (Hrsg.): Kerncurriculum für das Gymnasium – gymnasiale Oberstufe Mathematik, Hannover 2009, S. 25 (im Folgenden kurz [6]).

[3] [6], S. 15.

[4] [6], S. 16.

[5] Analysiert wurden die Schulbücher [2], [3] und [5].

[6] [5], S. 118.

lichkeit benötigt als diese Lerngruppe, eine gute Möglichkeit, den Binomialkoeffizienten zu erarbeiten.

Für diese Lerngruppe wird daher der Zugang über den kombinatorischen Ansatz gewählt. Neben der für diesen Kurs notwendigen größeren Anschaulichkeit (vgl. Abschn. 9.1.2) und den beschriebenen Schwächen der Alternative liegt die besondere Stärke dieses Zugangs in der Möglichkeit, mathematische Gesetzmäßigkeiten selbstständig zu erkennen und diese im Sinne des „mathematischen Argumentierens" anderen zu erläutern. Damit bietet er sich für diese zu fördernde prozessbezogene Kompetenz besonders an.

Für die Lernprogression bedeutet dies, dass die SuS zunächst ihr Vorwissen zu Bernoulli-Ketten anhand der ihnen aus der vorausgehenden Stunde bekannten Aufgabe zu drei Überraschungseiern reaktivieren. Dabei werden sie erneut mit dem Problem konfrontiert werden, dass die Anzahl der Pfade mit den gewünschten Erfolgen zu ermitteln ist. Dies können sie bisher nur für kurze Bernoulli-Ketten. Sie sollen die hierbei erworbenen Einsichten auf längere Bernoulli-Ketten transferieren und dabei systematisieren, um die konkrete Anzahl an Pfaden für eine konkrete Anzahl von Erfolgen bestimmen zu können. Eingebettet ist diese Problematisierung in die Frage nach der Wahrscheinlichkeit für zehn Erfolge bei einer ganzen Palette von Überraschungseiern.

Da die Handhabung einer solch langen Bernoulli-Kette für die SuS nur schwer möglich ist, wird das Problem im weiteren Verlauf der Stunde auf eine fünfstufige Kette vereinfacht, bei der drei Erfolge erzielt werden sollen. Dabei werden sie feststellen, dass das geschickte Notieren und Abzählen an Grenzen stößt und der weniger intuitive Zugang einer Berechnung der Pfade über kombinatorische Überlegungen hilfreicher ist. Die SuS müssen an dieser Stelle entweder die Idee entwickeln, dass der erste Erfolg fünf mögliche Positionen einnehmen kann, der zweite dann vier und der dritte noch drei. Daraus ergibt sich, dass es $5 \cdot 4 \cdot 3$ Möglichkeiten gibt. Oder die SuS erkennen, dass der dritte Erfolg bei bereits festgelegten Positionen für Erfolg eins und zwei noch drei Möglichkeiten hat, der zweite bei festgelegter Position für den ersten Erfolg vier und der erste fünf. Dabei ergibt sich $3 \cdot 4 \cdot 5$. Allerdings tritt nun das Problem des mehrfachen Zählens einzelner Pfade auf. Dies zu verstehen und zu lösen, stellt den nächsten Schritt in der Lernprogression dar. Es ergibt sich, dass der erste Erfolg drei, der zweite zwei und der dritte eine mögliche Position einnehmen kann, es also $3 \cdot 2 \cdot 1$ Mehrfachzählungen eines „gleichen" Pfades sind. Den SuS muss deutlich werden, dass im Zähler die Anzahl aller Möglichkeiten steht, inklusive der Mehrfachzählungen, und im Nenner die Anzahl, wie oft ein „gleicher" Pfad mehrfach gezählt wird.

Insbesondere für die leistungsstärkeren SuS bietet sich hier die Gelegenheit, ihre Kompetenzen beim mathematischen Argumentieren zu schulen, weil sie ihre Überlegungen den anderen SuS erklären müssen. Darauf aufbauend lernen die SuS den Begriff „Binomialkoeffizient" und die Sprechweise „n über k" als Kurzform des Problems kennen, k Erfolge auf n Stufen zu verteilen. Zur Sicherung und Festigung sollen die SuS einzelne Binomialkoeffizienten berechnen. Die dabei entstehende Symmetrie zu erkennen und zu erklären, stellt das Maximalziel der Stunde dar.

9.1.6 Ziele der Stunde

Aus den beschriebenen didaktischen Überlegungen ergibt sich folgendes **Minimalziel:** Die SuS berechnen konkrete Binomialkoeffizienten, indem sie ihre Ergebnisse zur Berechnung eines Binomialkoeffizienten auf analoge Fälle transferieren.

Das **Maximalziel** lautet: Die SuS erkennen und erklären die Symmetrieeigenschaften von Binomialkoeffizienten, indem sie konkrete Binomialkoeffizienten vergleichen und in den Sachkontext einbetten.

Damit die SuS diese Stundenziele erreichen können, müssen zunächst folgende **Feinziele** erreicht werden:

1. Die SuS reaktivieren ihr Vorwissen zur Berechnung konkreter Wahrscheinlichkeiten bei Bernoulli-Ketten, indem sie diese berechnen und den Rechenweg erläutern.
2. Die SuS bestimmen die Anzahl der Pfade der Zufallsgröße X, deren Wert X = 3 ist, bei einer fünfstufigen Bernoulli-Kette, indem sie die Möglichkeiten entweder durch geschicktes Aufschreiben oder durch kombinatorisch begründetes Rechnen ermitteln.
3. Die SuS systematisieren ihre Überlegungen hinsichtlich der Bestimmung der entsprechenden Pfadanzahl, indem sie sich diese gegenseitig erklären.
4. Die SuS lernen den Begriff „Binomialkoeffizienten" und die Sprechweise „n über k" als Kurzform des Problems kennen, k Erfolge auf n Stufen zu verteilen.
5. Die SuS berechnen konkrete Binomialkoeffizienten, indem sie ihre Ergebnisse zur Berechnung eines Binomialkoeffizienten auf analoge Fälle transferieren (Minimalziel).
6. Die SuS erkennen und erklären die Symmetrieeigenschaften von Binomialkoeffizienten, indem sie konkrete Binomialkoeffizienten vergleichen und in den Sachkontext einbetten (Maximalziel).

Insbesondere das sechste Feinziel wird nicht von allen SuS in der Stunde zu erreichen sein. Allerdings sollten alle SuS die Ergebnisse nachvollziehen können, um zukünftig mit dem Binomialkoeffizienten sinnvoll umgehen zu können.

9.1.7 Methodische Überlegungen

Der Unterrichtseinstieg erfolgt anhand der Ergebnisfolie aus der vorangegangenen Stunde, in der – eingekleidet in einen Überraschungseier-Kontext – eine dreistufige Bernoulli-Kette besprochen worden ist. Dieser Einstieg bietet sich an, weil er zum einen direkt an das Vorwissen der SuS anknüpft und zum anderen leicht zu einer Problemorientierung führt, die verdeutlicht, dass es notwendig ist, die Anzahl der entsprechenden Pfade für eine Zufallsgröße X berechnen zu können. Eine Variation der Aufgabe, bei der nun eine ganze Palette Überraschungseier gekauft wird, also eine 24-stufige Bernoulli-Kette entsteht, führt zu diesem Schritt.

Die Betrachtung einer fünfstufigen Bernoulli-Kette, bei der drei Erfolge erzielt werden, bietet den SuS die Möglichkeit, in der geplanten Einzelarbeitsphase noch alle zehn Pfade durch geschicktes Notieren und Abzählen zu ermitteln. Gleichzeitig wird dies bereits so umständlich, dass einige SuS aufgrund der Ideen aus der vorherigen Stunde einen anderen Zugang wählen werden. Für die anschließende Gruppenphase ist daher mit einer gewinnbringenden Diskussion über die Vor- und Nachteile der beiden Zugänge zu rechnen. Diese gewünschte Diskussion unter den SuS ist der Grund dafür, die Arbeitsphase in einem Think-Pair-Share-Verfahren (Ich-Du-Wir-Methode; vgl. [4]: 125) anzulegen, weil die SuS so in dieser Stunde ihre Kompetenz im Bereich des mathematischen Argumentierens besonders schulen können (vgl. [1]: 11 ff.).

Die Pair-Phase ist dabei in Dreiergruppen geplant. Damit sinkt die Wahrscheinlichkeit, dass alle SuS einer Gruppe denselben Ansatz gewählt haben; gleichzeitig ist die Gruppe noch nicht so groß, dass sich einzelne SuS aus der Diskussion herausziehen können. Denkbar wäre auch ein Gruppenpuzzle (vgl. [4]: 125) gewesen, bei dem die beiden in den didaktischen Überlegungen vorgestellten Ansätze zur Bestimmung der Anzahl der Pfade in unterschiedliche Stammgruppen gegeben worden wären. Dabei wäre es allerdings notwendig gewesen, die unterschiedlichen Ideen den SuS vorzugeben. Deswegen wurde bewusst von dieser Methode abgesehen, weil zunächst selbstständig Ideen und Lösungsansätze entwickelt werden sollen.

Die erste inhaltliche Schwierigkeit ist die rechnerische Bestimmung aller – auch gleicher – Möglichkeiten, wie drei Erfolge bei fünf Stufen angeordnet sein können (vgl. Abschn. 9.1.5). Da die Grundlage für die notwendigen kombinatorischen Ideen in der vorherigen Stunde gelegt wurde, ist in der Gruppenphase ein Hinweis auf die letzte Stunde ein zielführender Impuls. Für den Fall, dass eine Gruppe gar keinen Diskussionsansatz findet, soll auf die Möglichkeit verwiesen werden, sich zu überlegen, wie viele Möglichkeiten es gibt, den ersten Erfolg zu platzieren.

Die größere SuS-Schwierigkeit ist jedoch bei der Bestimmung der Anzahl der mehrfachen Zählungen zu erwarten. Auch dieses Problem wurde in der vorherigen Stunde bereits im Grundsatz angesprochen. Ein möglicher Impuls ist es daher wieder, an diese Stunde zu erinnern. Sollte dies nicht genügen, werden die SuS auf die Betrachtung einer konkreten Anordnung hingewiesen, bei der sie gegebenenfalls jedem Erfolg eine Nummer geben.

Sicherlich wird nicht jede Gruppe bis zu diesem Punkt in ihrer Diskussion gelangen. Bei der Präsentation soll auf eine Gruppe zurückgegriffen werden, die noch nicht alle Schwierigkeiten überwunden hat, damit an dieser Stelle angesetzt und weitergedacht werden kann. Eine Präsentation durch eine starke Gruppe birgt die Gefahr, dass die fertigen Ergebnisse von den anderen SuS hingenommen und nicht mehr weiter hinterfragt werden. Das soll in jedem Fall verhindert werden, um bei möglichst vielen SuS ein Verständnis für die Zusammenhänge zu erzeugen.

Je nach Verlauf der Stunde werden die Ergebnisse der Diskussion im Unterrichtsgespräch noch weiter strukturiert oder bereits gesichert. Bei der Sicherung wird der Begriff „Binomialkoeffizient" eingeführt und an dem konkreten Beispiel erläutert. Da es sich hierbei um einen Fachbegriff und eine vorgegebene Schreibweise handelt, muss die Einführung durch die Lehrkraft erfolgen. Bereits bei der Problematisierung am Anfang der Stunde hätte die Möglichkeit bestanden, diese Nomenklatur einzuführen. Darauf wurde aber bewusst verzichtet, damit sich die SuS unbefangen dem Problem annähern und nicht durch mögliche Unsicherheiten in Bezug auf die neue Fachsprache verunsichert werden.

Die Berechnung weiterer Binomialkoeffizienten dient der Festigung und erfolgt zunächst gemeinsam an der Tafel, um Sicherheit bei der neuen Schreibweise herzustellen. Als Beispiel dient hier:

$$\binom{5}{2}$$

Danach berechnen die SuS in Partnerarbeit weitere Binomialkoeffizienten. Die Partnerarbeit wird gewählt, damit die SuS bei möglichen Unsicherheiten eine Hilfestellung erhalten. Erneut ist hier auch die prozessbezogene Kompetenz des mathematischen Argumentierens wichtig. So erklären sich die SuS gegebenenfalls gegenseitig den Lösungsweg nochmals. Die zu berechnenden Binomialkoeffizienten sind so gewählt, dass die Symmetrie ersichtlich wird, und bieten den Anlass für die geplante Vertiefung.

9.1.8 Tabellarische Verlaufsplanung

Phase	Inhaltliche Aspekte	Lernaktivitäten der SuS	Teilziel Nr.	Methodische Aspekte	Materialien, Medien
Einstieg (8:40–8:45) *(5 min.)*	Reaktivieren des Vorwissens Berechnung der Wahrscheinlichkeit für eine Zufallsvariable bei einer kurzen Bernoulli-Kette Problematisierung	Die SuS … – reaktivieren ihr Vorwissen. – berechnen eine konkrete Wahrscheinlichkeit für die Zufallsvariable X = 1. – benennen das Problem bei längeren Bernoulli-Ketten.	1		OHP; Folie 1 „Überraschungseier"

Phase	Inhaltliche Aspekte	Lernaktivitäten der SuS	Teilziel Nr.	Methodische Aspekte	Materialien, Medien
Erarbeitung (8:45–9:15) 1. Phase (10 min.) 2. Phase (10 min.) 3. Phase (10 min.)	*Gruppen einteilen Arbeitsblatt verteilen* Lösungsansätze finden (allein) Lösungsansätze diskutieren (Dreiergruppe) Präsentation und Diskussion	Die SuS … – bestimmen die Anzahl der Pfade mit drei Erfolgen bei fünf Stufen. – erklären sich ihre Lösungsansätze und systematisieren diese. – präsentieren ihre Ergebnisse und diskutieren diese im Plenum.	2 3	Think-Pair-Share EA GA SV; UG	AB 1 „Überraschungseier" Folie OHP; Folie
Sicherung und Vertiefung (9:15–9:25) (10 min.)	Einführung des Begriffs *Binomialkoeffizient* Festigung durch Berechnung weiterer Binomialkoeffizienten Symmetrieeigenschaft	Die SuS … – lernen den Begriff „Binomialkoeffizient" und die Sprechweise „n über k" kennen. – berechnen bestimmte Binomialkoeffizienten. – erkennen und erklären die Symmetrieeigenschaft.	4 5 6	UG; LV PA UG	Tafel AB 2 „Aufgaben" Folie „Vertiefung"

9.1.9 Geplantes Tafelbild

| *Als Schmierseite:* *Bei größeren Schwierigkeiten:* *(E, , ,) wie viele Möglichkeiten?* *(E1, E2, E3, ,) wie viele Möglichkeiten?* | Binomialkoeffizienten Der Binomialkoeffizient gibt die Anzahl der Pfade für k Erfolge bei n-stufigen Bernoulli-Ketten an. Man schreibt $\binom{n}{k}$ und spricht: „n über k". Beispiel: $\binom{5}{3} = \frac{5 \cdot 4 \cdot 3}{3 \cdot 2 \cdot 1}$ Die Anzahl aller Möglichkeiten $5 \cdot 4 \cdot 3$ steht im Zähler, die Anzahl der mehrfachen Möglichkeiten $3 \cdot 2 \cdot 1$ steht im Nenner | Weiteres Beispiel: $\binom{5}{2} = \frac{5 \cdot 4}{2 \cdot 1}$ |

9.1.10 Literaturverzeichnis

[1] Brüning, L./Saum, T.: Erfolgreich unterrichten durch Kooperatives Lernen. Strategien zur Schüleraktivierung, Essen, 2006.

[2] Freudigmann, H. u. a. (Hrsg.): Lambacher Schweitzer 11/12. Mathematik für Gymnasien. Gesamtband Oberstufe Niedersachsen, Stuttgart, 2009.

[3] Griesel, H. u. a. (Hrsg.): Elemente der Mathematik. Niedersachsen 11./12. Schuljahr, grundlegendes und erhöhtes Niveau, Braunschweig, 2009.

[4] Heckmann, K./Padberg, F.: Unterrichtsentwürfe Mathematik Sekundarstufe I, Berlin/Heidelberg, 2012.

[5] Lergenmüller, A.: Mathematik Neue Wege. Arbeitsbuch für Gymnasien Stochastik, Braunschweig 2012.

[6] Niedersächsisches Kultusministerium (Hrsg.): Kerncurriculum für das Gymnasium – gymnasiale Oberstufe Mathematik, Hannover, 2009.

9.1.11 Anhang

(1) Arbeitsblatt 1 „Überraschungseier"

1. Bestimme die Anzahl der Möglichkeiten, bei fünf Überraschungseiern drei Erfolge zu erzielen (EA) (10 min.).
2. Erklärt euch gegenseitig eure Lösungen und überlegt, wie man die Anzahl der Möglichkeiten berechnen kann. Notiert eure Überlegungen so, dass ihr sie dem Kurs erklären könnt (GA) (10 min.).

(2) Folie „Überraschungseier-Aufgabe"

Zufallsvariable X

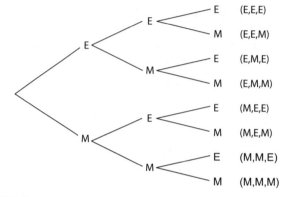

P(X=1)=

(3) Arbeitsblatt 2 „Aufgaben"

Bestimme folgende Binomialkoeffizienten:

Binomialkoeffizient	Wert
$\binom{6}{0}$	
$\binom{6}{1}$	
$\binom{6}{2}$	
$\binom{6}{3}$	
$\binom{6}{4}$	
$\binom{6}{5}$	
$\binom{6}{6}$	

(4) Hausaufgabe

1. Bestimme drei Binomialkoeffizienten deiner Wahl.
2. Bestimme die Wahrscheinlichkeit, bei einer Palette mit 24 Überraschungseiern 10 Erfolge zu erzielen.
3. Erkläre, warum gilt: $\binom{n}{0} + \binom{n}{1} \ldots + \binom{n}{n} = 2^n$.
   Zeichne dazu ein Beispielbaumdiagramm.

(5) Folie „Vertiefung"

Bestimme folgende Binomialkoeffizienten:

Binomialkoeffizient	Wert
$\binom{6}{0}$	
$\binom{6}{1}$	
$\binom{6}{2}$	
$\binom{6}{3}$	
$\binom{6}{4}$	
$\binom{6}{5}$	
$\binom{6}{6}$	

9.2   Optimierung der Flottengröße beim Carsharing

9.2.1   Thema der Unterrichtsstunde

Optimierung der Flottengröße eines Carsharing-Unternehmens hinsichtlich des zu erwartenden Gewinns

(Autor: Tim Schöning)

9.2.2   Anmerkung zur Lerngruppe

Bei der Lerngruppe handelt es sich um einen Mathematikkurs auf erhöhtem Niveau des 12. Jahrgangs. Er besteht aus sechs Schülerinnen und neun Schülern.

Das Arbeitsverhalten und das Engagement der Schüler[7] variieren insgesamt stark. Während die Schülerinnen mehrheitlich eine hohe Einsatzbereitschaft aufweisen und nur wenige Anstöße zur konstruktiven Bearbeitung z. B. von Gruppenarbeitsaufträgen benötigen, zeigen sich große Teile der Schüler als eher träge. Daher verzögert sich der Beginn von Gruppenarbeiten von Zeit zu Zeit. Dies tritt insbesondere dann verstärkt auf, wenn neue Kontexte oder ungewöhnliche Aufgabentypen eine Denkleistung jenseits bereits bekannter Routinen erfordern. Die Schüler antworten darauf in der Regel nicht mit gesteigertem

---

[7] Grundsätzlich sei im Folgenden bei Verwendung des Wortes „Schüler" die weibliche Form „Schülerin" bzw. „Schülerinnen" mitgedacht.

Engagement, sondern verlieren sich in nebensächliche Überlegungen oder abschweifende Gespräche. Hier ist es erforderlich, bei den entsprechenden Gruppen regelmäßig zu prüfen, ob sie noch zielgerichtet arbeiten, und bei Bedarf regulativ zu intervenieren.

Außerdem tendieren die Schüler überwiegend dazu, ihre Gedanken nur bruchstückartig und ohne Beachtung formaler Schreibweisen zu notieren. Jenseits der Problematik, dass die Verwendung von Fachsprache und die verständliche Dokumentation eine wichtige Zielsetzung ist – so verlangt das Kerncurriculum für die gymnasiale Oberstufe ([5]: 16) „die mathematischen Zusammenhänge unter Verwendung der Fachsprache präzise zu erläutern" –, erzeugt diese Dokumentationsmüdigkeit in einigen Situationen bei der Erläuterung oder Präsentation von Überlegungen bei den übrigen Kursteilnehmern Verständnisschwierigkeiten.

Der Kurs arbeitet insgesamt eher auf einem durchschnittlichen Leistungsniveau. Es lässt sich jedoch auch hier eine starke Streuung der Schülerleistungen beobachten. Die Lerngruppe erweist sich als stark heterogen. Auf der einen Seite befinden sich mit A, K und L gute bis sehr gute Schüler im Kurs, wobei insbesondere L des Öfteren durch originelle Lösungswege und Alternativansätze auffällt. Auf der anderen Seite gibt es im Kurs eine Gruppe von Schülern (B, M, R und P) mit starken Defiziten auch im Bereich der Sekundarstufe-I-Inhalte.

Diese Heterogenität wird dadurch verstärkt, dass in Bezug auf den Inhalt der Unterrichtseinheit sehr unterschiedliche Vorkenntnisse bei den Schülern vorherrschen. Einige von ihnen sind während ihrer Schulzeit in der Sekundarstufe I relativ intensiv in Kontakt mit dem Themenbereich Stochastik gekommen, sodass sie bereits Erfahrungen im Umgang mit Bernoulli-Ketten besitzen. Für andere stellt die Auseinandersetzung im Rahmen dieser Unterrichtseinheit die erste Begegnung mit ihnen und der Binomialverteilung dar.

Im bisherigen Unterrichtsverlauf haben die Schüler insgesamt reges Interesse an stochastischen Fragestellungen und eine gewisse Lust zu stochastischen Deutungen und Interpretationen gezeigt. Einige Schüler (insbesondere F, weniger häufig J-P und T) neigen dabei jedoch zu langwierigen oder abschweifenden Ausführungen. Die fachlichen Voraussetzungen der Schüler für den Inhalt der Unterrichtsstunde sind in den vorangegangenen Stunden gelegt worden. Der Begriff und die Definition einer Zufallsgröße wurden thematisiert und an einigen Beispielen geübt. Außerdem steht den Schülern eine Berechnungsformel für den Erwartungswert einer Zufallsgröße sowie die Berechnung von Wahrscheinlichkeiten der Binomialverteilung – auch mithilfe des GTR – zur Verfügung. Die Modellierung von Auslastungssituationen mithilfe der Binomialverteilung war unter anderem Thema der letzten Stunde. Hier haben einige Schüler insbesondere dabei noch Schwierigkeiten, einen „Erfolg" richtig zu definieren.[8]

---

[8] So neigten die Schüler in der vorangegangenen Stunde bei der Fragestellung „Mit welcher Wahrscheinlichkeit reichen drei Kopierer in einem Büro mit zehn Mitarbeitern, die jeweils im Mittel 15 Minuten pro Stunde kopieren müssen, aus?" dazu, den Erfolg so zu definieren: Er tritt ein, wenn ein Mitarbeiter nicht warten muss. Dies liegt im Sachkontext begründet und erscheint logisch. In Bezug auf die Modellierung des Kontextes mithilfe der Binomialverteilung ist jedoch eine andere Definition notwendig, nämlich dass ein Mitarbeiter kopieren muss.

9.2.3 Einordnung der Stunde in den Unterrichtszusammenhang

Die Unterrichtsreihe stellt den Beginn der Auseinandersetzung mit dem Themenbereich Stochastik in der gymnasialen Oberstufe dar. Der Einstieg in die Thematik erfolgte über eine rasche Einführung der Binomialverteilung durch die Analyse von n-stufigen Bernoulli-Experimenten und anschließender Untersuchung der Verteilung.

Hierbei wurden wegen der Heterogenität bei den Vorkenntnissen der Schüler Grundlagen zur Wahrscheinlichkeitsrechnung aus der Mittelstufe wiederholt.

Die Binomialverteilung wird aufgrund ihrer Bedeutung bei der Modellierung geeigneter Sachkontexte als eine der wichtigsten Wahrscheinlichkeitsverteilungen eingeschätzt (vgl. [6]: 49). Auch im Kerncurriculum für die gymnasiale Oberstufe wird im Kompetenzbereich „Daten und Zufall" wie folgt formuliert ([5]: 25): „Die Schülerinnen und Schüler kennen das Modell der Bernoulli-Kette, können in diesem Modell rechnen und es zum Modellieren sachgerecht anwenden."

Im Laufe der Unterrichtsreihe wurden weitere an dieser Stelle geforderte Begrifflichkeiten (Zufallsgröße, Wahrscheinlichkeitsverteilung, Erwartungswert einer Zufallsgröße) sowie Darstellungsformen einer Wahrscheinlichkeitsverteilung (Tabelle, Histogramm, formale Schreibweise) exemplarisch eingeführt. Die Unterrichtssequenz bildet damit auch ein begriffliches und formales Gerüst für die weitere Auseinandersetzung mit den Inhalten der Stochastik.

Neben diesem eher vorbereitenden Charakter bekommt die Auseinandersetzung mit der Binomialverteilung insbesondere durch ihren Bezug zu Realsituationen ihre Bedeutung. So kann Mathematik als unmittelbar auf Phänomene und Fragestellungen der Welt bezogen wahrgenommen werden. Aus diesem Grund nahm die Unterrichtssequenz anschließend Anwendungskontexte der Binomialverteilung in den Blick. In der der Lehrprobe unmittelbar vorangegangenen Stunde traten Auslastungssituationen, wie sie z. B. bei der gemeinsamen Nutzung von Gebrauchsgegenständen entstehen, in den Mittelpunkt. Die Schüler lernten dabei die Binomialverteilung als adäquates (aber begrenztes) Modell für Fragestellungen, die eine ähnliche Natur besitzen, kennen. Dabei wurde bereits angedeutet, dass die Mathematik unter bestimmten Bedingungen Entscheidungshilfen für Realsituationen bereitstellt. Diese Andeutung wird in der Lehrprobe aufgegriffen und mathematisch vertieft. Die bisher eingeführten Konzepte der Zufallsgröße und des Erwartungswerts müssen zudem in neuem Kontext angewendet und übend vertieft werden.

Der Lehrprobe schließt sich die Einführung der Varianz als weiterer Kenngröße einer Wahrscheinlichkeitsverteilung und die Betrachtung weiterer Verteilungen (hypergeometrische und Multinomialverteilung) an. Dies wird allerdings durch die Fachlehrerin erfolgen, die direkt im Anschluss an die Lehrprobenstunde den Unterricht übernimmt und daher auch nicht an der Lehrprobenbesprechung teilnimmt.

9.2.4   Didaktische Überlegungen

„Carsharing ist die organisierte, gemeinschaftliche Nutzung von Kraftfahrzeugen" (Bundesverband CarSharing e. V. [1]). Dabei geht es jedoch im Allgemeinen nicht um Fahrgemeinschaften, sondern um die zeitlich disjunkte, aber gemeinschaftliche Nutzung eines Fahrzeuges/Fahrzeugpools. Die Carsharing-Organisationen machen sich zunutze, dass viele Autos während eines Großteils ihrer Lebensspanne eher ungenutzt bleiben. Die gemeinschaftliche Nutzung bietet bei entsprechender Organisation also enormes Einsparpotenzial und somit eine effektivere Nutzung von Ressourcen.

Dabei wird das Angebot eines Carsharing-Unternehmens selbstredend umso attraktiver, je verlässlicher es die Wünsche der Kunden befriedigen kann. Es ist verständlich, dass eine hundertprozentige Versorgung aller Kunden nur dann sicher gewährleistet wäre, wenn genauso viele Autos im Fahrzeugpool wie Kunden des Unternehmens vorhanden sind. Dann wäre die Idee des Carsharings jedoch sinnlos. Insofern steht im Zentrum der planerischen Tätigkeit eines Carsharing-Unternehmens die möglichst optimale Kalkulation der benötigten Flottengröße.

Die zu einem bestimmten Zeitpunkt benötigte Fahrzeuganzahl stellt sich aus Sicht des Unternehmens als eine zufällige Größe dar. Natürlich versucht das Unternehmen durch organisatorische Vorkehrungen die Zufälligkeit weitestgehend zu eliminieren, im Kern bleibt sie aber bestehen. Die Problemlage des Carsharing-Unternehmens stellt also eine Auslastungssituation dar. Diese kann unter bestimmten Voraussetzungen mit der Binomialverteilung modelliert werden. Die Realsituation wird hierbei sehr stark vereinfacht. Es muss z. B. angenommen werden, dass alle Kunden des Unternehmens mit einer konstanten Wahrscheinlichkeit unabhängig voneinander ein Auto anfordern. Während die Unabhängigkeit zwar grundsätzlich unterstellt werden kann, ist es in der Realität aber keinesfalls so, dass die Nutzungsfrequenz der Kunden gleich ist. Dieser Aspekt muss hier in der Modellierung unberücksichtigt bleiben. Man unterstellt, dass jeder Kunde sich so verhält, wie eine Umfrage im Mittel ergeben hat. Ist diese Annahme allerdings getroffen, kann die Binomialverteilung als Modell für die Anzahl der benötigten Fahrzeuge zu einem bestimmten Zeitpunkt verwendet werden. Der Carsharing-Kontext ist somit eine Möglichkeit, den Schülern die (wenn auch nur unter bestimmten Annahmen gültigen) Anwendungsbezüge der Binomialverteilung deutlich zu machen. Diese erhält damit jenseits des für sie paradigmatischen Ziehens aus Urnen mit Zurücklegen einen konkreten, den Schülern einsichtigen Realitätsbezug.

Der Inhalt der Lehrprobenstunde ist die Modellierung des potenziellen Gewinns eines Carsharing-Unternehmens zur Beantwortung der Frage, ob und wie die Flottengröße zur optimalen Gewinnerzielung verändert werden sollte (siehe *Arbeitsblatt für die Stunde* im Anhang).

Sieht man von aller notwendigen Vereinfachung des Kontextes ab, so zeigt sich in der Fragestellung dennoch ein Qualitätsmerkmal für Aufgaben im Mathematikunterricht. Die Art der Aufgabenstellung gibt „authentisch die charakteristische Weise wieder [...], in der Mathematik auf die reale Welt bezogen ist" ([4]: 101): Ein komplexer stochastischer Vorgang wird mathematisch so erfasst, dass mithilfe der *zum jeweiligen Zeitpunkt zugänglichen*

Mathematik Hinweise zur Beantwortung von relevanten Fragestellungen gewonnen werden können. Dabei spielt es meiner Meinung nach keine so entscheidende Rolle, ob Carsharing-Unternehmen tatsächlich so vorgehen. Wichtiger ist die Tatsache, dass die Überlegungen zur mathematischen Modellierung in diesem Kontext grundsätzlich Sinn ergeben. Mathematische Modelle sind ein in der Wirtschaft gängiges Mittel zur Beurteilung von Investitionsentscheidungen. Die Schüler erfahren also, dass die „Mathematik […] ein nützliches Handwerkszeug für die persönliche und gesellschaftliche Planung und Gestaltung von zentralen Lebensbereichen" ([2]: 5) darstellt. Sie kann dazu beitragen, Bewertungen und Entscheidungen begründet zu treffen (vgl. ebd.). Dass diese Modelle in der Wirtschaft wesentlich komplexer realisiert werden, ist selbstverständlich. Gerade die geringe Güte der Modellierung in der Schule bietet meiner Meinung nach aber das Potenzial, über Grenzen der Modellierung nachzudenken (vgl. [3]: 126). Dass dies notwendig ist, zeigt insbesondere auch das blinde Vertrauen in mathematische Modellierungen innerhalb der Finanzwelt, das einen gewissen Beitrag zur problematischen Lage im Finanzsektor geleistet hat. Es erscheint daher geboten, Ergebnisse von Modellrechnungen nicht zu unmittelbaren Realitätsentscheidungen führen zu lassen, sondern sie im Rahmen des gewählten Modells als Beitrag zu selbiger zu verstehen (vgl. ebd.). Aufgrund des engen zeitlichen Rahmens der Lehrprobenstunde wird dieser Aspekt voraussichtlich zu kurz kommen. Der Schwerpunkt der Stunde liegt in der Mathematisierung sowie der Berechnung im Modell. Eine kritische Reflexion müsste im Anschluss folgen.

Die Besprechung der Hausaufgabe dient der Reaktivierung des Kontextes sowie einer *kurzen* Thematisierung der Modellannahmen. Dies soll hier mit Blick auf den Schwerpunkt der Stunde jedoch nicht vertieft werden.

In der folgenden Problematisierungsphase wird die Fragestellung nach der optimalen Flottengröße thematisiert und Aspekte, die bei der Modellierung berücksichtigt werden müssten, nach einer kurzen Murmelphase gesammelt (Anzahl der Kunden; Wahrscheinlichkeit, dass ein Kunde ein Auto mietet; Größen zur Kalkulation des Gewinns: Gewinn pro vermietetem Auto, Höhe des Verlusts bei Fremdanmietung eines Autos und die Kosten eines ungenutzten Autos). Dies dient der Einstimmung auf die Thematik der Gewinnmodellierung und der Bewusstmachung, dass zu Beginn einer Modellierung stets die Informationsbeschaffung steht. Es wird zudem deutlich, dass Modellrechnungen oftmals von vorgegebenen Daten abhängig sind, die das Ergebnis der Modellierung maßgeblich beeinflussen[9].

Um die Gruppenarbeit in ihrer Komplexität zu reduzieren, gibt das Unternehmen aus der Aufgabenstellung den Schülern einen äußerst reduzierten und vereinfachten Kontext vor. Mir ist bewusst, dass die so präsentierten Rahmenbedingungen wenig realitätsnah sind. Die Anzahl der Kunden ist niedrig gewählt, um den von den Schülern zu leistenden Rechenaufwand und die gesamte Struktur der Gewinn-Verlust-Rechnung überschaubar zu halten. Um zu einer sinnvollen Verteilung zu kommen, muss eine höhere Trefferwahrscheinlichkeit angesetzt werden, deren Authentizität sicherlich angezweifelt werden kann. Die Wahl

---

[9] Die genannten Aspekte sind in der Regel ebenfalls Ergebnisse von Modellierungsprozessen und sicherlich Hauptkritikpunkt bei der Evaluation der Modellierungsergebnisse.

von realistischeren Rahmenbedingungen hätte die Anforderungen hinsichtlich der GTR-Fähigkeiten enorm gesteigert, was mir dem Ziel der Stunde nicht angemessen erscheint.

Es geht in der Lehrprobenstunde schließlich in erster Linie um die Erfahrung der Schüler, dass die Problemstellung den Mitteln der Stochastik zugänglich gemacht werden kann. Die Schüler sollen in einem überschaubaren Rahmen eine Gewinnmodellierung durchführen und daraus Hinweise zur Optimierung der Flottengröße ableiten. Ein weiteres Ziel besteht in der angewandten Übung zur Erwartungswertberechnung und vorherigen Definition bzw. Berechnung einer passenden Zufallsgröße.

Gerade bei der Berechnung der passenden Zufallsgröße erwarte ich die meisten Schwierigkeiten. Ich habe mich gegen den Einsatz von Hilfskärtchen entschieden, weil diese nicht flexibel genug auf den jeweiligen Stand in der Gruppe reagieren können. Daher werden entsprechende Hinweise von mir je nach Bedarf in der Betreuung der Gruppen eingebracht. Neben motivationalen und strategischen Tipps bieten sich gegebenenfalls folgende inhaltliche Hilfestellungen an:

> Welche Zufallsgrößen könntet ihr definieren? Welche interessiert hier? Wie steht die Zufallsgröße X: „Anzahl der benötigten Autos" im Verhältnis zu Y: „Gewinn bei vier Fahrzeugen in der Flotte"? Welche möglichen Gewinngrößen können sich ergeben? Berechnet den Gewinn, wenn 3, 4 oder 6 Autos vermietet werden. Welche Wahrscheinlichkeiten haben die verschiedenen Werte der Zufallsgröße Y? Schaut nach bei der Definition des Erwartungswertes einer Zufallsgröße.

Ich erwarte folgendes Vorgehen der Schüler: Sie könnten zunächst die Verteilung der Zufallsgröße X: „Anzahl der benötigten Autos" zum Zeitpunkt b tabellarisch notieren. Dann müssten sie überlegen, wie sich die Zufallsgröße X zu der Zufallsgröße Y: „Gewinn bzw. Verlust des Unternehmens" verhält, und eine entsprechende Zuordnung vornehmen. Hier erwarte ich die Ergänzung der tabellarischen Übersicht. Wenn diese vorgenommen wurde, muss der Rückgriff auf die Erwartungswertdefinition erfolgen.

Die Berechnung des Erwartungswertes kann mit dem GTR über Listen und den SUM-Befehl vereinfacht werden. Den Schülern steht frei, dies zu tun oder die Berechnungen des Erwartungswertes manuell durchzuführen. Dabei könnte es grundsätzlich problematisch sein, dass es Fälle gibt, bei denen die Zuordnung der Zufallsgröße X zur Zufallsgröße Y nicht injektiv ist, sodass streng genommen zunächst eine neue Tabelle für die Wahrscheinlichkeitsverteilung von Y erstellt werden müsste, um eine *formale* Nutzung der Definition des Erwartungswertes vorzunehmen. Die Werte sind jedoch so gewählt, dass die Zuordnung $X \rightarrow Y$ für alle Fälle injektiv ist.[10]

Die Gliederung der Aufgabenstellung in zwei Teile hat mehrere Funktionen. Zum einen dient sie dazu, dass die Schüler nicht mit einem vagen Optimierungsauftrag konfrontiert

---

[10] Selbst wenn dies nicht der Fall wäre, gehe ich davon aus, dass die Schüler hier kein Problem sehen und einfach den doppelt vorkommenden Wert von Y mit der jeweiligen Wahrscheinlichkeit multiplizieren und die Ergebnisse addieren würden (was dann wegen des Distributivgesetzes ein äquivalentes Vorgehen darstellt).

werden. Meine Erfahrungen in der Lerngruppe zeigen, dass diese Vagheit bei den Schülern oftmals dazu führt, nicht zügig mit den Gruppenarbeiten zu beginnen. Das soll durch die konkrete Aufforderung (siehe Arbeitsblatt) an die Schüler vermieden werden. Zum anderen bietet sie eine Möglichkeit zur Differenzierung zwischen den Gruppen. Während die schnelleren von ihnen bereits den gesamten Optimierungsauftrag bearbeiten, erhalten die langsameren die Gelegenheit, die Grundstruktur der Gewinnmodellierung in Ruhe nachzuvollziehen. Außerdem kann hier ein mögliches Stundenende realisiert und der zweite Aufgabenteil in die nächste Stunde verlagert werden, nachdem die grundlegende Vorgehensweise im Plenum besprochen wurde. Sehr schnelle Gruppen können des Weiteren Verbesserungsvorschläge für die Modellierung prüfen oder über die Grenzen der Modellierung reflektieren (dritter Aufgabenteil) und darüber den anderen Gruppen im Anschluss berichten.

9.2.5 Lernziele

Die Schüler modellieren den zu erwartenden Gewinn eines Carsharing-Unternehmens und treffen Aussagen über die optimale Flottengröße, indem sie …

- zunächst ermitteln, welche Informationen zur Berechnung des Gewinns in diesem Kontext notwendig sind,
- eine passende Zufallsgröße für den Gewinn des Unternehmens definieren und in Bezug zu der binomialverteilten Zufallsgröße X: „Anzahl der benötigten Fahrzeuge" setzen,
- den Erwartungswert der Zufallsgröße für den Gewinn des Unternehmens für unterschiedliche Flottengrößen berechnen und vergleichen, um abschließend
- eine Empfehlung zur Flottengröße zu geben.

9.2.6 Methodische Überlegungen

Um die Stunde zeitlich und fachlich zu entlasten, wurde in der vorangegangenen Stunde das Auslastungsmodell an anderen Beispielen (Kopierer, Bankberatung) eingeführt und als Hausaufgabe ein Transfer dieser Modellierung auf den Kontext Carsharing gefordert. Der Einstieg der Stunde erfolgt also über eine kurze Besprechung der Hausaufgabe im Unterrichtsgespräch. Hier werde ich die Klasse relativ eng führen, damit nicht zu viel Zeit verloren geht.

Mit der Frage, warum ein Carsharing-Unternehmen ein Interesse an solchen Berechnungen haben könnte, lenke ich die Aufmerksamkeit der Schüler auf den Aspekt der Gewinnkalkulation bzw. der Optimierung der Flottengröße hinsichtlich des Gewinns. Damit wird zum ersten Arbeitsauftrag übergeleitet, der durch die Folie eingeführt wird. Ihr Inhalt wird vorgelesen. Direkt daran schließt sich eine kurze Murmelphase für die Schüler an. Weil die

Fragestellung nicht besonders komplex ist, bedarf es hier keiner weiteren Strukturierungen. Dennoch ist mir wichtig, dass sich jeder kurz mit der Thematik auseinandersetzt, damit alle für die Informationsbeschaffung als Ausgangspunkt einer Modellierung sensibilisiert sind. Die einzelnen Aspekte werden an der Tafel gesammelt.

Die Aspekte, die eventuell von den Schülern zusätzlich zu den von mir antizipierten genannt werden, werden gewürdigt. Mit Blick auf die dann folgende Gruppenarbeitsphase werde ich jedoch darauf hinweisen, dass zunächst nur die von mir angedachten Aspekte berücksichtigt werden sollen. Schnellen Gruppen bietet sich dann die Möglichkeit zu überlegen, wie die fehlenden Punkte ins Modell integriert werden könnten. Darauf würde ich an dieser Stelle hinweisen.

Die Gruppen sind bewusst leistungsheterogen und mit Blick auf die Arbeitshaltung (keine rein männliche Schülergruppe) ausgewählt worden, damit nicht zu große zeitliche Differenzen in der Bearbeitung der gleichen Aufgabenstellung entstehen. Zudem erhoffe ich mir, dass die leistungsstarken Schüler durch die oftmals auf Erklärung bestehenden schwächeren Schüler zum Austausch und zum genaueren Arbeiten angehalten werden. So profitieren beide Gruppen von der gemeinsamen Arbeit.

In der Gruppenarbeitsphase halte ich mich zunächst zurück, um den Schülern Raum für eigene Ansätze und Ideen zu geben und die Dynamik in den Gruppen nicht zu stören. Sollte es jedoch entweder inhaltliche Probleme oder Schwierigkeiten bezüglich der Arbeitshaltung geben, würde ich meine Präsenz erhöhen und die angedachten stufigen Hilfestellungen geben (dem Prinzip der minimalen Hilfe folgend). Wenn sich herausstellt, dass keine der Gruppen überhaupt zu einem Ansatz findet, werde ich die ursprüngliche Stundenplanung verlassen und zu einem entwickelnden Unterrichtsgespräch wechseln. Dies würde den ersten Aufgabenteil so weit bearbeiten, bis die Gruppen sich imstande sehen, diesen abzuschließen bzw. die Vorgehensweise auf den zweiten Teil zu übertragen.

Spätestens wenn zwei der Gruppen zu Ergebnisse für den ersten Aufgabenteil gekommen sind, unterbreche ich die Gruppenarbeit und fordere eine der fertigen Gruppen auf, ihr Vorgehen zu erklären. So werden mögliche Schwierigkeiten in den anderen Gruppen ausgeräumt und eine gemeinsame Basis geschaffen, die alle Gruppen im zweiten Teil dann noch einmal selbst nachvollziehen können. Zudem bietet sich hier ein erstes mögliches bzw. wahrscheinliches Stundenende. Die Präsentation der Vorgehensweise erfolgt über den Overheadprojektor mit in den Gruppen vorbereiteten Folien. Eine Vorstellung mehrerer Gruppenergebnisse macht nur Sinn, wenn diese hinreichend unterschiedlich sind. Außer der Präsentation und Erläuterung der Vorgehensweise (und des Ergebnisses) ist keine weitere Ergebnissicherung vorgesehen. Wurde das Vorgehen auf einer Folie gut dokumentiert, wird diese den Schülern kopiert, ansonsten erhalten sie ein Lösungsblatt.

Die Beantwortung des zweiten Aufgabenteils sowie ihre Besprechung und die Reflexion der Modellierung müssen voraussichtlich in der zweiten Stunde von der Fachlehrerin vorgenommen werden.

9.2.7   Geplanter Unterrichtsverlauf

Phase	Inhalt	Sozialform	Medien/ Material
Einstieg	Durch die Besprechung der Hausaufgabe wird der Kontext „CarSharing" reaktiviert.	UG	
Problemati- sierung	L. führt vertiefenden Kontext ein.	LV	OHP
	S. erhalten die Gelegenheit, sich in einer kur- zen Murmelphase über mögliche Aspekte, die berücksichtigt werden müssten, auszutauschen.	PA	
	Die Ergebnisse werden gesammelt. L. schränkt gegebenenfalls zu berücksichtigende Aspekte ein und erteilt Auftrag zur Gruppenarbeit.	UG	
Erarbeitung	S. bearbeiten den Arbeitsauftrag in Gruppen	GA	AB
Sicherung	Ein ausgewählter Schüler stellt das Vorgehen und die Lösung zu Aufgabenteil 1 vor.	SP/UG	OHP
Mögliches Stundenende			
Didaktische Reserve	Schüler bearbeiten in Gruppen den Aufgaben- teil 2.	GA	
	Die Ergebnisse werden verglichen und prob- lematisiert. Ggf. erfolgt eine Ideensammlung, wie die Modellierung verbessert werden könnte.		

Abkürzungen: **UG** = Unterrichtsgespräch, **LV** = Lehrervortrag, **PA** = Partnerarbeit, **GA** = Grup- penarbeit, **OHP** = Overheadprojektor, **AB** = Arbeitsblatt

9.2.8   Literaturverzeichnis

[1] Bundesverband CarSharing e. V. (homepage: www.carsharing.de, letzter Aufruf: 18.02.2015)

[2] Büchter, A.: Bewerten und Entscheiden – mit Mathematik, in: mathematik lehren, Heft 153: „Bewerten und Entscheiden", Seelze, 2009, S. 4–9

[3] Jahnke, T.: Mathematik vor dem Abflug, in: mathematik lehren, Heft 132: „Bewusster Lernen", Seelze, 2005, S. 47–51

[4] Leuders, T.: Qualität im Mathematikunterricht der Sekundarstufe I und II, Berlin, 2001

[5] Niedersächsisches Kultusministerium (Hrsg.): Kerncurriculum für das Gymnasium – gymnasiale Oberstufe Mathematik, Hannover, 2009

[6] Tietze, U.P./Klika, M./Wolpers, H. (Hrsg.): Mathematikunterricht in der Sekundarstufe II. Band 3. Didaktik der Stochastik, Braunschweig/Wiesbaden, 2002

9.2.9 Anhang

(1) Hausaufgabe zur Stunde

Carsharing ist die professionelle und alltagstaugliche optimierte Nutzung eines Fahrzeugpools durch „viele" Nutzer. Oft wird dies durch ein Unternehmen organisiert und angeboten. Die Autos stehen so nicht ca. 23 Stunden pro Tag ungenutzt (Mittelwert Statistisches Bundesamt) herum und verursachen dabei hohe Fixkosten, die man beim eigenen Auto allein zu tragen hat. Durch die Vielfachnutzung kann das einzelne Auto wirtschaftlicher genutzt werden und so werden Kosten, notwendiger Parkraum und Umweltschäden verringert.

Aufgabe

Ein Carsharing-Unternehmen hat 100 Kunden. Das Statistische Bundesamt hat ermittelt, dass ein Auto nur knapp eine Stunde pro Tag benutzt wird. Unser Carsharing-Unternehmen besitzt eine Flotte von 13 Autos.

1. Welche Annahmen musst du treffen, damit du diese Situation als Bernoulli-Kette modellieren und damit die Wahrscheinlichkeit für die Anzahl der benötigten Autos berechnen kannst? Welche Faktoren bleiben ggf. unberücksichtigt?
2. Mit welcher Wahrscheinlichkeit reichen die 13 Autos des Unternehmens nicht aus, d. h. kann der Buchungswunsch eines Kunden nicht erfüllt werden?
3. Das Unternehmen wirbt damit, dass Kundenwünsche in 93 % der Fälle erfüllt werden können. Wie viele Autos sollte die Flotte des Unternehmens mindestens umfassen, damit diese Werbung gerechtfertigt ist?

(2) Arbeitsblatt für die Stunde

Aufgabe – Optimierung der Flottengröße

Das Carsharing-Unternehmen „AutoGarant" möchte die Zufriedenheit seiner Kunden erhöhen. Für den Fall, dass einem Kunden keines der unternehmenseigenen Autos zugänglich gemacht werden kann, wird ein Mietwagen einer Fremdfirma zur Verfügung gestellt. Da das mit höheren Kosten einhergeht, macht die Firma in diesen Fällen Verluste. Das Unternehmen überlegt nun, wie viele Autos es in der eigenen Flotte haben sollte, damit der zu erwartende Gewinn maximal wird. Es fragt euch um Rat.

> **Das Unternehmen gibt euch folgende Informationen**
> In der Abteilung „Transporter" besitzen wir derzeit vier Autos. Umfragen im Kundenkreis haben ergeben, dass überhaupt nur zehn der Kunden diesen Wagentyp buchen, dies aber sehr intensiv tun: Sie benötigen durchschnittlich an 10 von 30 Tagen im Monat ein Auto.

Ein genutztes Auto bringt uns 50 Euro Gewinn pro Tag.
Ein ungenutztes Auto führt zu 20 Euro Verlust pro Tag.
Bei jedem zusätzlich benötigten Auto entstehen 40 Euro Verlust pro Tag.

Dokumentiert eure Ergebnisse (auf Folie) so, dass ihr dem Unternehmen eure Modellrechnungen übersichtlich darstellen und verständlich machen könnt. Dokumentiert schrittweise, d. h., haltet eure Ergebnisse zu Aufgabe 1 zunächst auf Folie fest, wenn ihr sie abgeschlossen habt.

1. Bestimmt den zu erwartenden Gewinn des Unternehmens bei der derzeitigen Flottengröße!
2. Wie viele Autos sollte das Unternehmen vorhalten, damit der zu erwartende Gewinn maximal wird? Mit welcher Wahrscheinlichkeit reichen dann die Autos der eigenen Flotte?
3. Schätzt die Sicherheit eurer Empfehlung ein. Wo könnten ggf. die Schwachstellen der Empfehlung liegen? Könnt ihr diese beheben?

(3) Folie 1

Optimierung der Flottengröße

Das Carsharing-Unternehmen „AutoGarant" möchte die Zufriedenheit der Kunden erhöhen. Für den Fall, dass einem Kunden keines der unternehmenseigenen Autos zugänglich gemacht werden kann, wird ein Mietwagen einer Fremdfirma zur Verfügung gestellt. Da das mit höheren Kosten einhergeht, macht die Firma in diesen Fällen Verluste. Das Unternehmen überlegt nun, wie viele Autos es in der eigenen Flotte haben sollte, damit der zu erwartende Gewinn maximal wird. Es fragt euch um Rat.

Welche Informationen benötigt ihr, um das Unternehmen im Rahmen eurer Möglichkeiten zu beraten?

(4) Folie 2

Das Unternehmen gibt euch folgende Informationen
In der Abteilung „Transporter" besitzen wir derzeit vier Autos.
Umfragen im Kundenkreis haben ergeben, dass überhaupt nur zehn der Kunden diesen Wagentyp buchen, dies aber sehr intensiv tun: Sie benötigen durchschnittlich an 10 von 30 Tagen im Monat ein Auto.
Ein genutztes Auto bringt uns 50 Euro Gewinn pro Tag.
Ein ungenutztes Auto führt zu 20 Euro Verlust pro Tag.
Bei jedem zusätzlich benötigten Auto entstehen 40 Euro Verlust pro Tag.

(5) Lösungszettel

X: Anzahl der benötigten Autos

Y_4: Gewinn des Unternehmens bei vier Fahrzeugen in der Flotte

Zuordnung der Anzahl der benötigten Autos X zum Gewinn Y_4:

$$g_4(k) = \begin{cases} 50k - 20 \cdot (4 - k) & \text{für } k \le 4 \\ 200 - 40 \cdot (k - 4) & \text{für } k > 4 \end{cases}$$

X = k	$Y_4 = m = g_4(k)$	$P(Y_4 = m) = P(X = k)$	$m \cdot P(Y_4 = m)$
0	−80	0,01734	−1,387
1	−10	0,08671	−0,8671
2	60	0,19509	11,706
3	130	0,26012	33,816
4	200	0,22761	45,522
5	160	0,13656	21,85
6	120	0,0569	6,8282
7	80	0,01626	1,3006
8	40	0,00305	0,12193
9	0	0,00034	0
10	−40	0,000017	−0,0007
$E(Y_4) =$			118,89 Euro

$g_3(k)$, $g_5(k)$, $g_6(k)$ analog.

X = k	P(X = k)	$Y_3 = m = g_3(k)$	$Y_5 = m = g_5(k)$	$Y_6 = m = g_6(k)$
0	0,01734	−60	−100	−120
1	0,08671	10	−30	−50
2	0,19509	80	40	20
3	0,26012	150	110	90
4	0,22761	110	180	160
5	0,13656	70	250	230
6	0,0569	30	210	300
7	0,01626	−10	170	260

X = k	P(X = k)	$Y_3 = m = g_3(k)$	$Y_5 = m = g_5(k)$	$Y_6 = m = g_6(k)$
8	0,00305	−50	130	220
9	0,00034	−90	90	180
10	0,000017	−130	50	140
		$E(Y_3) = 90{,}41$ Euro	$E(Y_5) = 122{,}33$ Euro	$E(Y_6) = 110{,}76$ Euro

Der größte Gewinn pro Tag ist also bei einer eigenen Flottengröße von fünf Fahrzeugen zu erwarten. Die eigenen Autos in der Flotte reichen dann mit einer Wahrscheinlichkeit von:

$$P(X \leq 5) = \sum_{k=0}^{5} \binom{10}{k} \cdot \left(\frac{1}{3}\right)^k \cdot \left(\frac{2}{3}\right)^{(n-k)} = \text{binomcdf}\left(10; \frac{1}{3}; 5\right) = 0{,}9234 = 92{,}34\,\%$$

9.3   Der Alternativtest

9.3.1   Thema der Stunde

Der Alternativtest

(Autorin: Sandra Korb)

9.3.2   Bedingungsanalyse

Die vorgestellte Stunde zum Alternativtest wird in der besonderen Situation eines Kurses unterrichtet, der im vertieft mathematisch-naturwissenschaftlichen Profil ausgebildet wird. Die Schüler dieses Kurses sind demnach in diesem Fächerbereich überdurchschnittlich begabt, was direkten Einfluss auf den Unterricht nimmt.

Dieser Kurs des 12. Jahrgangs ist mit 14 Schülern ein normal großer Leistungskurs. Dass die Schüler allesamt Jungen sind, ist für die vertiefte Ausbildung, in der sie sich befinden, nicht besonders außergewöhnlich und ändert nicht viel am Unterrichtsverlauf. Sie sind alle in besonderem Maße interessiert am Mathematikunterricht. Obendrein erfolgte die Einteilung der beiden aktuellen vertieft ausgebildeten 12er-Mathematik-Leistungskurse am Anfang der Oberstufe nach Leistung, wobei die besseren Schüler in diesen Kurs kamen. Dies zeigt sich in einem besonders hohen Kursniveau.

Von einer homogenen Leistungsverteilung im Kurs kann trotz allem nicht gesprochen werden. Die Fähigkeiten und das Wissen einzelner Schüler sind so gut entwickelt, dass die vermittelten Lehrplaninhalte ihnen oft keine neuen Erkenntnisse bringen; anderen Schülern fällt es schwerer, das relativ hohe Niveau des Kurses mitzutragen. Auf beide Ränder dieses Spektrums muss daher geachtet werden. Aufgrund der vorherrschenden relativ hohen Motivation des kompletten Kurses ist die Mitarbeit trotzdem fast immer sehr gut und grobe Störungen des Unterrichtsverlaufs sind von keinem der Schüler zu erwarten.

Die Leistungsspitze des Kurses bilden vor allem zwei Schüler: T fällt der Unterricht meist sehr leicht. Er hat eine hohe und schnelle Auffassungsgabe. Dennoch ist er stets, auch bei einfacheren Unterrichtsteilen, motiviert bei der Sache, arbeitet sehr gut mit, meldet sich gern und steht oft für Erklärungen bereit. Außerdem stellt er den „GTR-Experten" im Kurs dar. Er programmiert gern Anwendungen und stellt diese seinen Mitschülern zur Verfügung. Noch stärker einzuschätzen ist der Schüler J. Aufgrund seiner Begabung nimmt er zusätzlich zum Mathematikunterricht am Erweiterungsunterricht „Drehtür Mathematik" der TU teil. Zusätzlich zeichnet er sich durch regelmäßige Erfolge bei verschiedenen Mathematikwettbewerben aus. Im Gegensatz zu T ist J im Unterricht eher zurückhaltend. Er meldet sich eher nur bei kniffligeren Problemen oder wenn ihm Ungereimtheiten auffallen. Der Kurs wendet sich gern an ihn, um zum Beispiel zu überprüfen, ob die Ergebnisse an der Tafel stimmen. Ich versuche seine Aktivität auch dadurch zu fördern, dass ich ihn seinen Mitschülern Sachverhalte in eigenen Worten erklären lasse, was er gern übernimmt.

Zu den schwächeren Schülern im Kurs gehören P und M. P fällt teilweise durch fehlende Hausaufgaben oder fehlende Mitarbeit auf. Bringt man ihn dazu, seine Aufgaben zu erledigen, und ermutigt ihn in seinem Können, so bringt er allerdings oft gute Ergebnisse. M hingegen arbeitet immer motiviert mit, meldet sich aber so gut wie nie, da er sich scheinbar nicht traut.

Neben der Tafel setze ich im Mathematikunterricht vor allem den Beamer als Anschauungsmittel und zur Präsentation von Arbeitsaufträgen ein. Dazu bringe ich Laptop und Beamer mit in den Unterricht. Der von mir zuvor getestete Overheadprojektor hatte sich als ungeeignet erwiesen, da aufgrund der Raumverhältnisse oft ungenügende Sichtbarkeit bestand.

Die Schüler sind mit einem Satz Mathematikbücher „Lambacher Schweizer 11/12. Mathematik für Gymnasien" des Klett-Verlags in der Auflage von 2008 ausgestattet. Da diese dem hohen Niveau der Schüler allerdings nur eingeschränkt genügen, sind es die Schüler gewohnt, ihre Bücher zu Hause zu lassen. So können sie als Material für Hausaufgaben dienen. Im Unterricht bekommen die Schüler ihre Aufgabenstellungen üblicherweise in Form von Arbeitsblättern. Die Aufgaben dazu stelle ich aus verschiedenen Lehrbüchern zusammen, bevorzugt aus „Stochastik Leistungskurs" von Barth und Haller (1996) und „Lambacher Schweizer Stochastik Leistungskurs" des Klett-Verlags (1988).

9.3.3   Fachliche Analyse

Der stochastische Lernbereich der 12. Klasse trägt den Namen „Normal verteilte Zufallsgrößen/Beurteilende Statistik". Für beide Themen sind laut sächsischem Lehrplan 28 Unterrichtsstunden vorgesehen. Die vorgestellten Stunden zum Thema Alternativtest stellen die Stunden 17 und 18 in dieser Reihe dar. Zur Beurteilenden Statistik haben die Schüler bis hierhin erst eine „richtige" Doppelstunde Unterricht gehabt. In diesem Block haben wir das Grundproblem der Beurteilenden Statistik erläutert, das Testen von Hypothesen und das grobe Vorgehen dabei eingeführt und über die Fehler erster Art und zweiter Art sowie deren Wahrscheinlichkeiten α bzw. β gesprochen.

Wie bereits erwähnt, sind die Schüler schon mit dem groben Vorgehen beim Hypothesentesten vertraut. Sie wissen, dass es dabei darum geht, eine sogenannte Nullhypothese H_0 zu überprüfen, indem man eine geeignete Stichprobe zieht, mit deren Ergebnis man darüber entscheidet, ob man H_0 ablehnt oder nicht. Sie haben auch die Fehler erster Art und zweiter Art und deren Wahrscheinlichkeiten α bzw. β als die bedingten Wahrscheinlichkeiten $\alpha = P_{H_0}(K)$ bzw. $\beta = P_{\overline{H_0}}(\overline{K})$ kennengelernt, d. h. zum Beispiel, dass α die Wahrscheinlichkeit dafür angibt, dass das Ergebnis der Stichprobe in den Ablehnungsbereich K des Tests fällt unter der Bedingung, dass H_0 zutrifft, bzw. die Wahrscheinlichkeit dafür, dass man das eigentlich richtige H_0 ablehnt. Um das Verständnis der Schüler zu den Fehlerwahrscheinlichkeiten und damit auch zum Signifikanzniveau zu fördern, soll auch in dieser Doppelstunde weiter darauf Wert gelegt werden, dass es sich bei α und β um bedingte Wahrscheinlichkeiten handelt, und dazu auch weiterhin die Schreibweisen $\alpha = P_{H_0}(K)$ bzw. $\beta = P_{\overline{H_0}}(\overline{K})$ genutzt werden.

Was die Schüler nun noch lernen sollen, ist vor allem wie man den Ablehnungsbereich eines Tests festlegt. Dies sollen sie in dieser Stunde am konkreten Fall des Alternativtests und in den folgenden Stunden am Signifikanztest nachvollziehen. Obwohl in konkreten Lehrbuchaufgaben dabei in der Regel vorgegeben ist, wie groß die Stichprobenzahl sein und zu welchem Signifikanzniveau der Test geplant werden soll, sollen die Schüler in dieser Doppelstunde das Testplanen ohne wirkliche Vorgaben kennenlernen. Es wird also auch diskutiert werden, wie man selbst Signifikanzniveau und Stichprobengröße geeignet wählt. Dabei soll, abweichend von vielen Lehrbüchern, Irrtumswahrscheinlichkeit und Signifikanzniveau nicht beides mit dem griechischen Buchstaben α bezeichnet werden, da dies mathematisch unsauber ist und zu Verwirrungen führen könnte. Stattdessen werden wir das Signifikanzniveau mit

$$\alpha_{max} = P_{H_0}(K) = \sum_{i=g}^{n} \binom{n}{i} p^i (1-p)^{n-i}$$

bezeichnen, was den zusätzlichen Vorteil hat, dass aus diesem Formelzeichen direkt dessen Bedeutung hervorgeht, nämlich dass $\alpha_{max} = P_{H_0}(K) = \sum_{i=g}^{n} \binom{n}{i} p^i (1-p)^{n-i}$ der maximale Wert ist, den α annehmen darf.

Obwohl die Schüler den Begriff „Ablehnungsbereich" bereits in der Einführungsstunde zur Beurteilenden Statistik kennengelernt haben, soll der Begriff auch hier noch einmal eine große Rolle spielen, vor allem da die Schüler nun zum ersten Mal selbst Ablehnungsbereiche bestimmen sollen. Dass beim Alternativtest das Gegenereignis zum Ablehnungsbereich auch oft mit „Annahmebereich" bezeichnet wird, soll den Schülern lediglich gesagt werden. Da wir in der vorangegangenen Stunde viel Wert darauf gelegt haben, dass beim Hypothesentesten eigentlich keine Hypothesen angenommen werden, sondern die Nullhypothese entweder abgelehnt oder eben nicht abgelehnt wird, soll diese Formulierung so auch beim Alternativtest fortgeführt werden, obwohl dort das Ablehnen der einen Hypothese eben schon dem Annehmen der anderen Hypothese entspricht.

Es wird bei der Erarbeitung des Alternativtests bewusst darauf verzichtet, zusätzliche Variablen p_0 und p_1 einzuführen, mit denen dann z. B. zwei verschiedene Zufallsvariablen $X \sim \mathrm{Bin}(n, p_0)$ und $Y \sim \mathrm{Bin}(n, p_1)$ eingeführt werden könnten, mit denen man dann $\alpha = P_{H_0}(X \in K)$ und $\beta = P_{H_1}(Y \in \overline{K})$ berechnet. Da die Zufallsvariablen hier nicht im Mittelpunkt stehen, sondern – wie weiter oben bereits erwähnt – vor allem das Verständnis von α und β als bedingte Wahrscheinlichkeiten gefördert werden soll, wird lediglich eine Zufallsvariable X eingeführt, die von p abhängt. So schreibe ich in meinem Einführungsbeispiel z. B. „$X \sim \mathrm{Bin}(n, p)$ mit $p = 0{,}6$ oder $p = 0{,}4$". Mit welcher dieser beiden Wahrscheinlichkeiten wann gerechnet werden muss, sollte den Schülern bereits durch die Bedingung „H_0" bzw. „H_1" klar sein.

9.3.4   Didaktisch-methodische Analyse

Stundenziele

Die vorgestellte Doppelstunde verfolgt vier eng miteinander verbundene Ziele, die hier und in der Verlaufsplanung mit Z1 bis Z4 bezeichnet werden. Zunächst sollen die Schüler die wichtigsten Begriffe zum Alternativtest, *Alternativhypothese*, *kritischer Wert* und *Ablehnungsbereich*, kennen (Z1). Nur den Begriff *Ablehnungsbereich* haben die Schüler bereits in der vorangegangenen Einführungsstunde zum Hypothesentesten kennengelernt. Die anderen beiden sind ganz neu. Alle drei Begriffe werden den Schülern während der Erarbeitungsphase noch einmal vermittelt. Das Ziel soll dann einerseits kontinuierlich im Unterrichtsgespräch in verschiedenen Phasen überprüft werden, wann immer die Schüler ihre eigenen Ergebnisse präsentieren (z. B. während der Phase „Zusammenfassung: Alternativtest"). Andererseits findet eine explizite Überprüfung während einer „Wahr/Falsch-Übung" statt. Hier kommen in Behauptungen die genannten Begriffe direkt vor; die Schüler können nur dann eine Aussage über den Wahrheitsgehalt der Aussagen treffen und dies begründen, wenn sie mit den Begriffen umgehen können und ihre Bedeutung kennen.

Ein weiteres Ziel der Stunde besteht darin, dass die Schüler die Vorgehensweise beim Planen eines Alternativtests kennen (Z2). Während der Erarbeitungsphase wird genau diese Vorgehensweise behandelt. Indem die Schüler im Anschluss selber zusammenfassen sollen, welche Schritte zum Alternativtest gehören, und diese allgemein formulieren, kann während der Auswertung dazu nachvollzogen werden, ob die Schüler die Schritte verstanden haben. Während des Abschlusses der Stunde werden sie erneut aufgefordert, die einzelnen Schritte des Alternativtests zu erläutern, nun aber, indem sie sie anhand einer Mitschrift nachvollziehen. Gelingt es hier auch einem der schwächeren Schüler, die einzelnen Schritte korrekt zu identifizieren, so kann Z2 als erreicht betrachtet werden.

Ziel drei besagt, dass die Schüler den Ablehnungsbereich eines Alternativtests bei vorgegebener Versuchszahl n und Signifikanzniveau α_{max} bestimmen können (Z3). Es soll dadurch erreicht werden, dass die Schüler mindestens eine solche Aufgabe selbstständig bearbeiten. Auch hier dient der mündliche Ergebnisvergleich dazu, dass ich nachvollziehen kann, ob die Schüler diese Erwartung erfüllen und wo ggf. noch Probleme liegen.

Ein letztes Ziel soll darin bestehen, dass die Schüler die Wahrscheinlichkeiten für den Fehler erster und zweiter Art eines Alternativtests berechnen und anhand derer die Güte des Tests qualitativ beurteilen können (Z4). Wie man diese Wahrscheinlichkeiten berechnet, haben wir bereits in der Einführungsstunde zum Hypothesentesten behandelt und soll daher nicht noch einmal explizit besprochen werden. Die Schüler sollen das Rechnen nun weiter festigen. Zusätzlich sollen sie die ermittelten Wahrscheinlichkeiten interpretieren, um so Aussagen über die Güte eines Tests treffen zu können. Wie ihnen dies gelingt, werde ich einerseits im Unterrichtsgespräch während der Erarbeitungsphase und dem Ergebnisvergleich erfahren, andererseits kann ich es erneut durch die „Wahr/Falsch"-Übung überprüfen, in der Aussagen zu Fehlerwahrscheinlichkeiten und zur Güte des Tests vorkommen. Auch im Abschluss der Stunde, wenn die Schüler erklären sollen, wie Dr. Sorglos seinen Test hätte verbessern können, kann Z4 überprüft werden.

Einstieg

Als Stundeneinstieg – und später auch für den Stundenabschluss – soll eine Geschichte von „Dr. Sorglos" dienen, die durch Cartoonbilder (Geschichte und Bilder aus Umfangs-gründen hier nicht gedruckt) auf Folie unterstützt wird. Ich habe mich für diese Geschichte als Einstieg entschieden, weil sie einen schnellen, motivierenden Einstieg in das Thema der Hypothesentests darstellt und mit ihrer Hilfe noch einmal gut wiederholt werden kann, was die Schüler bisher schon zum Testen von Hypothesen und vor allem zu den Fehler-wahrscheinlichkeiten wissen. Indem ich am Stundenende noch einmal auf Dr. Sorglos zurückkomme und die Geschichte erweitere, bilde ich außerdem einen Rahmen um die Stunde, der den Schülern helfen soll, die Stunde zum Hypothesentesten im Allgemeinen in einen Kontext zu setzen.

Erarbeitung

Die Erarbeitung des Alternativtests soll problemorientiert und größtenteils lehrergesteuert im Unterrichtsgespräch erfolgen. Dies bietet sich in der Beurteilenden Statistik häufig an, weil es die Möglichkeit eröffnet, die Schüler auf Feinheiten hinzuweisen, und ihnen gleichzeitig das „korrekte" Aufschreiben vorgemacht wird. Um die Aufzeichnungen der Schüler zu strukturieren, bekommen sie ein Arbeitsblatt AB 1 („Der Alternativtest", siehe Anhang (1)), das das von mir eingesetzte Problem und eine Grobstruktur für die Mitschrift enthält. Ein Arbeitsblatt ist besonders geeignet, da sonst vor allem die guten Schüler schnell geneigt sind, ihre Mitschriften nur sehr spärlich oder unstrukturiert ausfallen zu lassen. Außerdem dient seine Zweiteilung in das allgemeine Vorgehen beim Alternativtest (linke Spalte) und die Erarbeitung am Beispiel (rechte Spalte) dazu, die Stunde zu strukturieren, und die Schüler beim selbstständigen Ausfüllen der linken Seite zum zusammenfassenden Wiederholen und Konkretisieren anzuregen.

Als Problem habe ich mir das Bestimmen der Gewinnwahrscheinlichkeit p einer Menge von Losen gewählt, von denen man nur weiß, dass sie entweder 30 % Gewinne oder 60 % Gewinne enthält. Ich habe es einerseits ausgesucht, weil es (im Gegensatz zu vielen anderen Aufgaben zum Alternativtest) einen wirklichen Alternativtest darstellt:

Die Gewinnwahrscheinlichkeit kann keine andere als 30 % oder 60 % sein. Andererseits werde ich das Problem in eine Geschichte aus meinem „realen" Alltag verpacken und so das Interesse der Schüler wecken. Ein zusätzlicher Vorteil dieses Problems besteht darin, dass die Schüler nach Planen des Alternativtests diesen tatsächlich an den von mir mitgebrachten Losen durchführen können, was ebenfalls sowohl Verständnis als auch Motivation fördert.

Ich werde das Problem also mit den Schülern gemeinsam im Unterrichtsgespräch lösen. Dabei werde ich an der Tafel die Schritte und Rechnungen notieren, die die Schüler dann so auf der rechten Seite ihres Arbeitsblattes stehen haben sollen. Das Ausrechnen der Fehlerwahrscheinlichkeiten α und β überlasse ich dabei den Schülern. Sie nennen mir die Ergebnisse und ich notiere sie an der Tafel.

An der Stelle während der Planung des Tests, wenn es darum geht, die Anzahl der Versuche n festzulegen, werde ich bewusst n = 26 vorschlagen. Auf diese Weise ist es möglich, dass die Durchführung des Tests so erfolgen kann: 13 der 14 Schüler ziehen jeweils zwei Lose aus der Tüte, öffnen sie und lesen vor, ob es sich um einen Gewinn oder eine Niete handelt. Schüler 14 führt darüber eine Strichliste an der Tafel. Sollten ein oder mehrere Schüler fehlen, werde ich deren Platz übernehmen und selbst mit Lose ziehen.

Nach Planung und Durchführung des Tests sollen die Schüler die einzelnen Schritte des Tests allgemein zusammenfassen und auf der linken Seite ihres Arbeitsblattes notieren. Da eine korrekte und vollständige Formulierung schwierig sein könnte, es aber wichtig ist, dass die Aufzeichnungen der Schüler nicht falsch werden, bekommen die Schüler Hilfe in Form einer Folie, die die zu notierenden Schritte als Lückentext vorgibt (vgl. Anhang (5)). Während des Vergleichs nennen die Schüler dann die kompletten Formulierungen, die sie noch einmal auf der Folie überprüfen können.

Übung

Die Übungsphase besteht im Wesentlichen aus vier Teilen. In der ersten, klassischen Übungsaufgabe (vgl. AB 2, Aufgabe 1; siehe Anhang (2))[11] sollen die Schüler das eben erworbene Wissen anwenden und erneut einen Alternativtest planen. Dazu können sie ihr Arbeitsblatt als Anhaltspunkt verwenden. Anders als während der Erarbeitung sind auf dem Arbeitsblatt Signifikanzniveau und Versuchsanzahl vorgegeben. Außerdem unterscheidet sich diese Aufgabe vom vorherigen Problem dadurch, dass die Wahrscheinlichkeit, von der die Nullhypothese ausgeht, hier kleiner als die Wahrscheinlichkeit ist, die die Alternativhypothese annimmt. Dadurch hat der Ablehnungsbereich nicht die Form $K = \{0, 1, 2, \dots, g\}$, sondern $K = \{g, \dots, n\}$, was bei den Schülern evtl. zu Unklarheiten führen könnte und auf jeden Fall bei der Auswertung thematisiert werden muss. Eine weitere Hürde könnte hier die Tatsache sein, dass das Berechnen von α durch $\alpha = P_{H_0}(K) = \sum_{i=g}^{n} \binom{n}{i} p^i (1 - p)^{n-i}$ zumindest auf älteren Taschenrechner-Mo-

---

[11] Entnommen aus *Lambacher Schweizer 11/12. Mathematik für Gymnasien*. Klett, 2008. S. 244, Beispiel 2, Aufgabe leicht abgeändert.

dellen Probleme bereiten dürfte, man hier also über das Gegenereignis rechnen muss: $\alpha = P_{H_0}(K) = 1 - P_{H_0}(\overline{K})$. Auch dies wird während der Auswertung ggf. thematisiert. Sollte sich herausstellen, dass einzelne Schüler hier besonders schnell fertig sind, oder sollte noch Zeit sein, steht an dieser Stelle Aufgabe 2 von AB 2 als weiterführende Aufgabe zur Verfügung.

Eine zweite Übung wird, wie bereits erwähnt, in Form von Wahr/Falsch-Aussagen geschehen (vgl. Anhang (2), rechts). Hier geht es für die Schüler noch einmal darum, exakt mit den Begriffen der Stunde zu hantieren. Auch diese Aussagen bekommen die Schüler auf ihrem Aufgabenblatt präsentiert, wo sie sich notieren können, ob sie die Aussagen für wahr oder falsch halten. Der Vergleich wird dann mündlich erfolgen. Dabei werde ich darauf Wert legen, dass die Schüler begründen, wenn eine Aussage falsch ist, und dabei exakt formulieren. Hier kann ich auch überprüfen, ob die Schüler die Begriffe kennen und das Konzept hinter dem Alternativtest und den Fehlern erster und zweiter Art wirklich verstanden haben.

Eine dritte Übung wird in Form der Hausaufgabe stattfinden, auf die ich während der Stunde lediglich verweise (vgl. AB 2, Aufgabe 3). Die Aufgabe ist so geartet, dass sie vom Niveau her etwa dem während der Erarbeitung behandelten Problem entspricht, sodass die Schüler diese zu Hause selbst lösen können sollten.

Als vierte Übungsmöglichkeit (vgl. AB 2, Aufgabe 4) habe ich eine Übung als optional eingeplant. Sie geht über die eigentlichen Unterrichtsziele hinaus und wird nur aufgegriffen, falls noch ausreichend Zeit dafür zur Verfügung steht.

Abschluss

Wie oben bereits erläutert, greife ich als Abschluss der Stunde erneut die Geschichte von „Dr. Sorglos" auf und bilde damit einen Rahmen um die Stunde. Indem ich die Schüler während der Geschichte die Notizen von Dr. Sorglos zu dem von ihm durchgeführten Alternativtest erläutern und die Güte seines Tests beurteilen lasse, kann ich außerdem ein letztes Mal meine Stundenziele überprüfen und ggf. letzte Unklarheiten beseitigen.

9.3.5 Verlaufsskizze

Thema: Der Alternativtest
Ziele: Die Schüler …

- kennen die Begriffe Alternativhypothese, kritischer Wert und Ablehnungsbereich (Z1),
- kennen die Vorgehensweise beim Planen eines Alternativtests (Z2),
- können den Ablehnungsbereich eines Alternativtests bei vorgegebener Versuchszahl n und Signifikanzniveau α_{max} bestimmen (Z3),
- können die Wahrscheinlichkeiten für den Fehler erster und zweiter Art eines Alternativtests berechnen und anhand derer die Güte des Tests qualitativ beurteilen (Z4).

Unter-richtsab-schnitt; Zeit	Did.	Meth.	Lehrertätigkeit	Schülertätigkeit	Medien; Ziel
Begrü-ßung + Einstieg 10:30	Mo, SgAn Zo	UG	– zeigt einen Car-toon und erzählt dazu die Geschichte von „Dr. Sorglos" – fragt die Schüler im Anschluss: „ Was war passiert? (Welcher Fehler ist Dr. Sorglos unterlaufen? Er-klärt.) " – fasst kurz zusammen, was bisher behandelt wurde, und erklärt Stundenziel	– hören zu – antworten („Fehler erster Art: Er lehnte die Nullhypothese ab, obwohl diese eigentlich richtig war.")	Folien
Erarbei-tung: Alterna-tivtest 10:37	ASt	UG	– bringt Einführungsbei-spiel „Tombola" und zeigt Tüten mit Losen – fordert auf, wiederho-lend Vorgehen beim Hypothesentesten zu beschreiben	– nennen Vorgehen beim Testen einer Hypothese – ein S analysiert die Situation des Sachverhalts – geben AB 1 herum	Lose Folie 1 Tafel AB 1 Folie 1 Folie 2
			– legt Vorgehen auf Folie auf und zeigt, woran heute noch gearbeitet werden soll (1. & 2.) schreibt Hypothese an Tafel – erklärt Begriff „Alter-nativhypothese", schreibt an Tafel, und leitet damit Thema „Alternativtest" ein – erläutert AB 1 und gibt es aus AA: „Tragt die Hypo-these ein. "	– übernehmen die Hypothesen in ihr AB – machen Vorschläge – machen Vorschlag – erklären – machen Vorschläge und schreiben mit – rechnen Irrtums-wahrscheinlich-keiten für die verschiedenen Ablehnungsberei-che aus und nennen sie	

Unter-richtsab-schnitt; Zeit	Did.	Meth.	Lehrertätigkeit	Schülertätigkeit	Medien; Ziel
			− ergänzt X an der Tafel verweist auf 2. Schritt auf Folie > „Wie könnten wir den Test durchführen?" − klärt an Tafel Bedeutung von X „Wie ist X verteilt?" − klärt mit S, dass X nur annähernd binomialverteilt ist. „Wie würdet ihr nun n wählen?" („Wovon ist das abhängig?") − erklärt und skizziert an Tafel − erklärt Begriff „Signifikanzniveau" α_{max} − schlägt Werte für α_{max} und n vor und begründet diese − bespricht mit S, wie der Ablehnungsbereich aussehen wird; führt Begriff „kritischer Wert" ein „Könnte man g nicht einfach noch größer wählen?"	− rechnen aus − begründen, warum β klein genug ist − formulieren Entscheidungsregel	
			− überprüft mit den S die Wahrscheinlichkeit β für den Fehler zweiter Art, schreibt an − zeigt auf Folie Tabelle mit mehreren Werten für α und β und weist auf deren Gegenläufigkeit hin − schreibt Entscheidungsregel an		

Unterrichtsabschnitt; Zeit	Did.	Meth.	Lehrertätigkeit	Schülertätigkeit	Medien; Ziel
Durchführung des Alternativtests 11:05			– fordert zum Testen auf – *„Interpretiert das Ergebnis."*	– nehmen sich je zwei Lose aus der Tüte und öffnen sie; sagen nacheinander an, ob sie Gewinne oder Nieten haben; ein S macht dazu eine Strichliste an der Tafel – interpretieren: Hypothese abgelehnt oder nicht (Welche Tüte hat wohl welche Wahrscheinlichkeit?)	Lose Tafel
Zusammenfassung Alternativtest 11:10	ASt (Ko)	Sst	– AA: *„Fasst die fünf Schritte beim Planen eines Alternativtests zusammen und formuliert sie in der linken Seite des AB."*	– arbeiten selbst auf ihrem AB – kontrollieren/ ergänzen ggf.	AB 1 Folie 3 Z1, Z2
Übung: Festigung 11:20	Fest (Ko)	Sst UG	– legt Aufgabe auf Folie auf gibt dann AB 2 aus – geht herum und gibt ggf. Hilfestellung – vergleicht mit den S, hebt v. a. die Unterschiede zum „Tombola"-Problem hervor	– ein S liest vor – geben AB 2 herum planen selbst einen Alternativtest zum vorgegebenen Sachverhalt, notieren sich dazu die fünf Schritte; nutzen dabei ihr AB 1 als Anhaltspunkt	Folie AB 2 AB 1 Folie Z1 Z3 Z4
				– S, die eher fertig sind, befassen sich mit Aufgabe 2 – ein S erklärt Lösungsweg; die anderen vgl. dann auch auf Folie	

Unter-richtsab-schnitt; Zeit	Did.	Meth.	Lehrertätigkeit	Schülertätigkeit	Medien; Ziel
Übung: wahr/falsch 11:35	Fest (Ko)	Sst UG	– gibt AA – vgl. mit den S; fragt nach, um Unklarheiten zu beseitigen und das Verständnis der S zu überprüfen	– notieren sich, ob die Aussagen wahr oder falsch sind – nennen Ergebnisse und begründen	Folien AB 2 Z1 Z4
HA; 11:44			– nennt HA: AB 2 Nr. 3	– notieren sich die HA	AB 2
Zusätz-liche Übung (10 min)	Vert	Sst UG		– lösen Aufgabe 4 auf AB 2 – stellen Ergebnis vor	
Zusam-menfas-sung/Ab-schluss 11:50			– greift Geschichte von Dr. Sorglos wieder auf AA: *„Erklärt anhand der Notizen von Dr. Sorglos das Vorgehen beim Alternativtest und verwendet dabei geeignete Fachbegriffe.“* – *„Hat er beim Planen des Tests etwas falsch gemacht?“* – Fallschirm –> *„Beurteilt den Test für diesen Fall. Hätte er etwas anders machen sollen?“*	– erklären – erklären – erklären	Folien Z1 Z2 Z4

Legende: **AA** – Arbeitsauftrag, **AB** – Arbeitsblatt, **ASt** – Arbeit am Stoff, **Fest** – Festigung, **HA** – Hausaufgabe, **Ko** – Kontrolle, **Mo** – Motivation, **S** – Schüler, **SgAn** – Sicherung des Ausgangsniveaus, **Sst** – Schülerselbsttätigkeit, **UG** – Unterrichtsgespräch, **Vert** – Vertiefung, **Z** – Ziel, **Zo** – Zielorientierung

9.3.6   Anhang

(1) Arbeitsblatt: „Der Alternativtest" (AB 1)

Für eine Tombola wurden zwei Kisten mit jeweils 1000 Losen
vorbereitet: Eine Kiste enthält dabei 60 % Gewinnlose, die andere
nur 30 %. Leider kann nicht mehr nachvollzogen werden, in
welcher Kiste sich die Lose mit höherer Gewinnwahrscheinlichkeit
befinden. Entwickeln Sie einen geeigneten Test, um einer Kiste
ihre (unbekannte) Gewinnwahrscheinlichkeit p zuzuordnen.

Der Alternativtest

Vorgehensweise beim Planen eines Alternativtests

(1) Hypothesen aufstellen	
(2)	$X\ldots$ Anzahl der Gewinnlose bei n-maligem Ziehen aus derselben Kiste
(3)	
(4)	0 1 2 … …
(5)	

(2) Arbeitsblatt: „Aufgaben: Alternativtest" (AB 2)

links:

Aufgaben Alternativtest

1. Ein Spieler hat einen gefälschten Würfel in Auftrag gegeben, den er vor der Bezahlung durch 120 Würfe testen will. Der Fälscher behauptet, dass die Sechs mit einer Wahrscheinlichkeit von 0,3 fällt; der Spieler zweifelt daran und vermutet, dass es sich um einen gewöhnlichen Laplace-Würfel handelt. Beide einigen sich darauf, dass nur bezahlt wird, wenn sich die Hypothese des Spielers mit einer Irrtumswahrscheinlichkeit unter 10 % ablehnen lässt.

   a) Formulieren Sie die Nullhypothese und die Gegenhypothese und bestimmen Sie den Ablehnungsbereich.

   b) Berechnen Sie die Wahrscheinlichkeit dafür, dass der Fälscher trotz „fachgerechter Arbeit" den Würfel zurücknehmen muss.

2. Ein anderer Spieler hat den gleichen Würfel wie in (1.) bestellt, ist aber noch skeptischer. Er will seinen Würfel durch 600 Würfe überprüfen und nicht be-

zahlen, falls dabei weniger als 130 Sechser fallen. Berechnen Sie die bedingten Wahrscheinlichkeiten für einen Fehler erster und zweiter Art.
(Tipp: Nutzen Sie den Grenzwertsatz von Moivre-Laplace.)

3. An eine Werkstatt werden Schachteln mit Schrauben geliefert. Ein Teil davon enthält 1. Qualität, d.h. Schrauben, von denen nur 1 % die vorgeschriebenen Maßtoleranzen nicht einhält. Die restlichen Schachteln enthalten 2. Qualität mit einem Ausschussanteil von 4 %. Die Lieferfirma hat vergessen, die Schachteln nach ihrem Inhalt zu kennzeichnen. Für die Verarbeitung ist es aber wichtig, die Qualität der Schrauben zu kennen. Entwickeln Sie einen Alternativtest zum Signifikanzniveau 5 %, nach dem der Inhalt einer Schachtel als 1. oder 2. Qualität eingestuft werden soll. Halten Sie den Prüfaufwand gering.

rechts:

4. In einer Schießbude gibt es sehr gute und mittelmäßige Gewehre (Treffwahrscheinlichkeiten 0,9 bzw. 0,7). Weil bei einem davon die geheime Kennzeichnung unleserlich geworden ist, macht der Besitzer mit ihm 20 Probeschüsse. Er weiß, dass ihm der Fehler, ein schlechtes Gewehr fälschlich für ein gutes zu halten, mehr Schaden bringt als der umgekehrte Irrtum (Verärgerung anspruchsvoller Kunden!). Er möchte daher die Wahrscheinlichkeit für diesen Fehler höchstens halb so groß machen wie die für den zweiten Fehler. Welche Entscheidungsregel muss er aufstellen?

Wahr oder falsch?

Stellen Sie sich vor, Sie wollen mit einem Alternativtest die Hypothese H_0 gegen die Hypothese H_1 testen. Sie haben dazu einen Test entwickelt, bei dem Sie eine Wahrscheinlichkeit für einen Fehler erster Art von $\alpha = 0,04$ errechnen. Welche der folgenden Aussagen lassen sich daraus ableiten? Begründen Sie!

i.   Die Wahrscheinlichkeit für einen Fehler zweiter Art ist 96 %.

ii.   Die Wahrscheinlichkeit des Zutreffens der Nullhypothese ist 96 %.

iii. Das Testergebnis wird mit einer Wahrscheinlichkeit von 4 % im Ablehnungsbereich liegen.

iv.   Trifft H_0 zu, so wird man dies in 96 % der Fälle auch herausfinden.

v.   Trifft H_1 zu, so wird man dies in 4 % der Fälle bestätigen.

Nun führen Sie den Test durch. Das dabei ermittelte Ergebnis liegt im Ablehnungsbereich des Tests. Was lässt sich schlussfolgern?

vi.   Es ist eindeutig bewiesen, dass die Nullhypothese richtig ist.

vii. Es ist eindeutig bewiesen, dass die Alternativhypothese richtig ist.

viii. Der kritische Wert wurde überschritten.

ix.   Die Nullhypothese sollte abgelehnt werden.

x.   Der entwickelte Test ist ungeeignet.

(3) Folie 1

Das Testen von Hypothesen

Vorgehen:

1. Situation analysieren und Hypothese aufstellen
    H_0: ...   („**Nullhypothese**")
2. Planung einer Stichprobe
    - Wie ist die Untersuchung durchzuführen?
    - Unter welchen Umständen ist H_0 abzulehnen?
    (Festlegen des **Ablehnungsbereichs** K)
3. Stichprobe ziehen
4. Hypothese überprüfen
    - Liegt das Stichprobenergebnis in K, muss H_0
      abgelehnt werden.
    - Liegt das Stichprobenergebnis außerhalb K, kann H_0
      nicht abgelehnt werden.

5

(4) Folie 2

$H_0 : p = 0,6$
$H_1 : p = 0,3$

$K = \{0,1,\ldots,g\}$	$\alpha = P_{H_0}(K)$	$\beta = P_{H_1}(\overline{K})$
$\{0,1,\ldots,8,9\}$	0,0079	0,2295
$\{0,1,\ldots,8,9,10\}$	0,0217	0,1253
$\{0,1,\ldots,8,9,10,11\}$	0,0518	0,0603
$\{0,1,\ldots,8,9,10,11,12\}$	0,1082	0,0255
$\{0,1,\ldots,8,9,10,11,12,13\}$	0,1993	0,0094

(5) Folie 3

Vorgehensweise beim Planen eines Alternativtests

(1) Hypothesen aufstellen

(2) Lege _____ fest und gib _____ an.   X...

(3) Lege _____ fest („**Signifikanzniveau**") und lege _____ fest.

(4) Nimm an, _____ .   0   1   2   ...
     Bestimme _____ ,
     so dass _____ .

(5) Prüfe, ob _____ -
     wenn ja: _____ .
     wenn nein: _____ .

9.4 Signifikanztests

9.4.1 Thema der Unterrichtsstunde

„Vom Gefühl her müsste das stimmen" – Vertiefende Übung von Signifikanztests in Anlehnung an das Gruppenpuzzle zur Förderung der Modellierungskompetenzen

(Autor: Sven Kirchner)

I. Darstellung der längerfristigen Unterrichtszusammenhänge

9.4.2 Thema der Unterrichtsreihe

„Signifikanz – na und?" – Erarbeitung und Übung von Signifikanztests

9.4.3 Intention der Unterrichtsreihe[12]

Die Schülerinnen und Schüler erweitern ihre inhaltsbezogenen Kompetenzen im Bereich *Stochastik*, indem sie …

---

[12] Dieser Abschnitt stützt sich weitgehend auf den *Kernlehrplan für die Sekundarstufe II* (Ministerium für Schule und Weiterbildung des Landes Nordrhein-Westfalen 2013).

- den Erwartungswert μ und die Standardabweichung σ von binomialverteilten Zufallsgrößen bestimmen und prognostische Aussagen treffen,
- die Binomialverteilung und ihre Kenngrößen zur Lösung von Problemstellungen nutzen,
- die σ-Regeln für prognostische Aussagen nutzen,
- Hypothesentests bezogen auf den Sachkontext konstruieren und interpretieren und
- den Fehler 1. und 2. Art beschreiben und beurteilen.

Darüber hinaus erweitern die Schülerinnen und Schüler ihre prozessbezogenen Kompetenzen vor allem in dem Bereich des *Modellierens* und vertiefen ihre Kompetenzen im Bereich des *Argumentierens*, indem sie …

- Annahmen treffen und begründete Vereinfachungen einer Realsituation vornehmen,
- zunehmend komplexe Sachsituationen in mathematische Modelle übersetzen,
- mit Hilfe mathematischer Kenntnisse und Fertigkeiten eine Lösung innerhalb des mathematischen Modells erarbeiten,
- die erarbeiteten Lösungen wieder auf die Sachsituation beziehen,
- die Abhängigkeit einer Lösung von den getroffenen Annahmen reflektieren,
- Vermutungen aufstellen und
- diese beispielgebunden unterstützen.

9.4.4   Einordnung der Unterrichtseinheit in die Unterrichtsreihe

- *„Immer ich! Das ist nicht fair"* – Einführung des zweiseitigen Signifikanztests zur Überprüfung von Vermutungen anhand eines 30-seitigen Würfels im Unterrichtsgespräch mit Erarbeitungsphasen nach dem Think-Pair-Share-Prinzip
- *„Die kranken Engländer. Sind wir gesünder?"* – Übung zum zweiseitigen Hypothesentest im Lerntempoduett am Beispiel der Schnupfenempfindlichkeit
- *„Verzapft! Fehlerhafte Bierflaschenproduktion"* – Hinführung zum einseitigen Signifikanztest am Beispiel einer fehlerhaften Bierflaschenproduktion in arbeitsteilig arbeitenden Kleingruppen
- *„Vertippt! Werden die großen Lottozahlen häufiger gezogen?"* – Anwendung des einseitigen Hypothesentests in Anlehnung an das Partnerbriefing
- **„Vom Gefühl her müsste das stimmen"** – **Vertiefende Übung von Signifikanztests in Anlehnung an das Gruppenpuzzle zur Förderung der Modellierungskompetenzen**
- *„Und das ist jetzt sicher?"* – Problemlösende Erarbeitung der Fehler erster und zweiter Art in kooperativen Lernformen
- *„Schweinerei"* – Ausarbeitung von Vertrauensintervallen in Gruppenarbeit mit Hilfe des Würfelspiels *„Schweinerei"*[13]

---

[13] Es handelt sich jeweils um Doppelstunden.

9.4.5 Bedingungsanalyse

Der Leistungskurs besteht aus 17 Schülerinnen und Schülern, davon sind fünf weiblich und zwölf männlich. Die Lernenden sind leistungsbereit und interessiert. Sie bearbeiten Aufgaben durchweg gewissenhaft und gründlich, was zumeist gute und richtige Aufgabenlösungen hervorbringt. In der voran gegangenen Reihe der *Analysis* war die Leistungsbereitschaft etwas gedämpfter und auch die aktive Mitarbeit der einzelnen Lernenden anders verteilt. In der Unterrichtsreihe *Stochastik* ist ein deutlich stärkeres Interesse und höhere Mitarbeit seitens der Lernenden zu vernehmen. Auch die Lernenden, die sich in der Analysis weitgehend zurückgezogen haben, nehmen aktiv am Unterrichtsgeschehen und an den Diskussionen im Plenum teil. In den Diskussionen werden die anwendungsorientierten Aufgaben kritisch hinterfragt und multiperspektivisch betrachtet. Besonders während der Unterrichtseinheit *Hypothesentest* sind die verschiedenen Deutungen der Ergebnisse ein häufiger Anlass zu ertragreichen Diskussionen. Für die beschriebene Unterrichtseinheit sind daher zwei *Signifikanzniveaus* gewählt worden, um so gezielt verschiedene Lösungen und Sichtweisen zu produzieren, die genügend Spielraum zu ausgiebigen Diskussionen bieten. Zudem sollte sich jede Schülerin und jeder Schüler zunächst mit dem Hypothesentest eigenständig auseinandergesetzt haben, um darauf aufbauende Gedanken der anderen Gruppen nachvollziehen zu können.

Drei Lernende (ein Mädchen und zwei Jungen) sind sehr leistungsstark. Dies zeigt sich nicht nur in ihrer intensiven Beteiligung im Unterricht, sondern auch in dem schnellen und sicheren Lösen von Aufgaben und dem Erklären der gewählten Lösungswege.

Neben den sehr leistungsstarken Lernenden gibt es auch wenige eher leistungsschwache Lernende. Diese halten sich in Unterrichtsgesprächen jedoch nicht zurück, sondern fordern durch ihre Fragen ausführliche Erklärungen seitens der anderen Lernenden ein. Sie benötigen mehr Zeit in den Erarbeitungsphasen und mitunter Hilfe bei der Bearbeitung von Aufgaben. Um diesen Lernenden Sicherheit zu geben, wurde die Methode des *Gruppenpuzzles* als Sozialform während der Erarbeitung gewählt. Ein sehr positives Merkmal des Kurses ist, dass die leistungsstärkeren den leistungsschwächeren Lernenden jederzeit bei der Bearbeitung von Aufgaben helfen, sodass alle Lernenden nach angemessener Bearbeitungszeit ein Ergebnis präsentieren können.

Insgesamt zeigt dieser Leistungskurs ein gutes Leistungsniveau. Der Kurs profitiert stark von den Leistungsstarken, die den Unterricht immer wieder durch gute Überlegungen nach vorne bringen, und der guten etablierten Diskussionskultur. Mit dem Leistungskurs ist ein intensives und vertiefendes Arbeiten möglich.

II. Planung der Unterrichtseinheit

9.4.6 Thema der Unterrichtseinheit

„Vom Gefühl her müsste das stimmen" – Vertiefende Übung von Signifikanztests in Anlehnung an das Gruppenpuzzle zur Förderung der Modellierungskompetenzen

9.4.7   Intention der Unterrichtseinheit

Die Schülerinnen und Schüler erweitern und vertiefen ihre inhaltsbezogenen Kompetenzen im Bereich *Stochastik*, indem sie …

- sich, bezogen auf den Sachkontext, begründet für den einseitigen oder zweiseitigen Signifikanztest entscheiden,
- einseitige und zweiseitige Signifikanztests konstruieren,
- mit Hilfe der σ-Regeln prognostischen Aussagen treffen,
- den Annahmebereich und den Verwerfungsbereich festlegen und
- Hypothesentests bezogen auf den Sachkontext interpretieren.

Zudem erweitern und festigen die Schülerinnen und Schüler ihre prozessbezogenen Kompetenzen besonders im Bereich *Modellieren*, indem sie …

- Vermutungen aufstellen,
- eine Sachsituation in ein mathematische Modell übersetzen,
- mit Hilfe mathematischer Kenntnisse eine Lösung erarbeiten und
- die Abhängigkeit einer Lösung von den getroffenen Annahmen reflektieren.

9.4.8   Geplanter Unterrichtsverlauf

Unterrichts-phase	Unterrichtsgeschehen	Methoden/ Sozial-form	Medien/ Material
Einstieg	Der Lehrer begrüßt die Lernenden und stellt kurz die Gäste vor. Es folgt ein kurzer Überblick über den Verlauf der Unterrichtsstunde. Die Lernenden werden in vier Gruppen eingeteilt (drei Vierergruppen und eine Fünfergruppe). Sie sollen nun in ihren Gruppen reihum auf jedem der ausgehängten Plakate ihre Zustimmung oder Ablehnung der These durch eine Markierung kundtun. Anschließend erfolgt ein kurzer Austausch in den jeweiligen Gruppen über die getroffenen Entscheidungen.	LV EA GA	Gruppenkarten Plakate, Stifte

Unterrichts-phase	Unterrichtsgeschehen	Methoden/ Sozial-form	Medien/ Material
Erarbeitung	Es werden die Aufgaben und Arbeitsaufträge ausgeteilt. In den Gruppen bearbeitet jedes Gruppenmitglied zuerst für sich alleine zwei der vier Aufgaben (Dabei bearbeiten jeweils zwei Gruppen die gleichen Aufgaben). Anschließend tauschen sich die Lernenden in der Gruppe über ihre Ergebnisse aus. Je zwei Lernende pro Gruppe halten ein Ergebnis einer Aufgabe auf Folie fest.	EA PA GA	AB, Tippkärtchen, Sprinter-aufgaben, Lösungsblätter Folie, Folienstifte
Austausch	Die ursprünglichen Gruppen teilen sich in Zweierteams auf und es finden sich neue Vierergruppen, indem sich die Zweierteams jeweils mit dem Zweierteam der anderen Vierergruppe zusammentun, das die gleiche Aufgabe (auf Folie) bearbeitet hat. Es folgt ein Austausch über die Lösungen und eine Reflexion, warum die verschiedenen Gruppen trotz gleicher Aufgaben zu unterschiedlichen Ergebnissen gekommen sind, mit Rückbezug zu den Plakaten.	GA	Folie, Folienstifte
Sicherung	Vergleich eines der Plakate und der gefundenen Ergebnisse im Plenum Bestehen auffällige Differenzen? Oder stimmen die Ergebnisse mit den anfangs getätigten Vermutungen überein? Wie kommen die unterschiedlichen Vermutungen zu Stande?	UG	Plakate, Folie
Didaktische Reserve	Es werden verschiedene Aussagen zu Signifikanztests als Folienschnipsel aufgelegt und die Lernenden versuchen diese begründet zusammenzuführen.	UG	Folienschnipsel, OHP
Hausaufgabe	Die Lernenden sollen eine Aufgabe, die dem Format „wahr – oder – falsch" entspricht, lösen und ihre Antworten begründen.		Schulbuch (S. 377, Nr. 12)

LV: Lehrervortrag, **UG:** Unterrichtsgespräch, **OHP:** Overheadprojektor, **EA/PA/GA:** Einzel-, Partner- und Gruppenarbeit, **AB:** Arbeitsblatt

9.4.9   Literatur

BÖER, H. (2005): PROST – Problemorientierte Stochastik für realistische und relevante Anwendungen. MUED-Kurzlehrgang – Orientierungswissen Stochastik. MUED Schriftenreihe. Appelhülsen.

FREUDIGMANN, H. et al. (2011): Lösungen – Lambacher Schweizer – Mathematik – Qualifikationsphase – Leistungskurs/Grundkurs Nordrhein-Westfalen. Ernst Klett Verlag GmbH, Stuttgart.

FREUDIGMANN, H. et al. (2011): Lambacher Schweizer – Mathematik – Qualifikationsphase – Leistungskurs/Grundkurs Nordrhein-Westfalen. Ernst Klett Verlag GmbH, Stuttgart. (*eingeführtes Schulbuch*)

KÜTTING, H. & SAUER, M. J. (2011): Elementare Stochastik – Mathematische Grundlagen und didaktische Konzepte. Spektrum Akademischer Verlag, 3. Auflage, Heidelberg.

MATTES, W. (2011): Methoden für den Unterricht – Das Schülerheft. Schöningh Verlag, Paderborn.

MINISTERIUM FÜR SCHULE UND WEITERBILDUNG DES LANDES NORDRHEIN-WESTFALEN (2013): Kernlehrplan für die Sekundarstufe II – Gymnasium/ Gesamtschule in Nordrhein-Westfalen. Düsseldorf.

SEYDEL, F. (2009): Mathematik lehren: erfolgreich unterrichten. Konzepte und Materialien. Friedrich Verlag, Velber.

ZFSL MÜNSTER (2013): Schriftliche Planung von Unterrichtsbesuchen – Seminar Gy/Ge. Münster.

9.4.10 Anhang

Thesen für die Plakate (zu den Aufgaben)

I.   Ein Handybasar verkauft gebrauchte **Smartphones**. Ein neuer Lieferant behauptet, er könne gebrauchte Smartphones liefern, von denen sich mindestens 80 % in einem einwandfreien Zustand befinden. Der Ladeninhaber möchte keine falsche Kaufentscheidung treffen und will die Behauptung des Lieferanten überprüfen. Dazu testet der Ladeninhaber 100 Smartphones aus dem Sortiment des Lieferanten und findet 73 einwandfreie Smartphones.
Lässt sich die Aussage des Lieferanten halten?

II. Bei einem **Glücksspielautomaten** beträgt die Wahrscheinlichkeit für einen Gewinn 30 %. In 170 Spielrunden gab es 40 Gewinner.
Hält der Glücksspielautomat was er verspricht?

III. Eine Untersuchung hat gezeigt, dass höchstens 60 % der Patienten auf **Placebos** ansprechen. Neuere Studien weisen darauf hin, dass die Wirkung von Placebos verstärkt werden kann, wenn diese einen bitteren Beigeschmack haben.
Ist die Aussage der Studie zu unterstützen, wenn bei einer Untersuchung von 200 Patienten 131 auf die bitteren Placebos ansprechen?

IV. Im vergangenen Jahr haben 75 % aller **Abiturienten** in Nordrhein-Westfalen nach dem Abitur mit einem Studium begonnen. Eine Befragung von 3496 zukünftigen Abiturienten ergab, dass 2581 von ihnen sich vorstellen können, ein Studium in Angriff zu nehmen.
Ist die Annahme aus dem Vorjahr auch für die zukünftigen Abiturienten zu vertreten?

Skizze für den Aufbau der Plakate

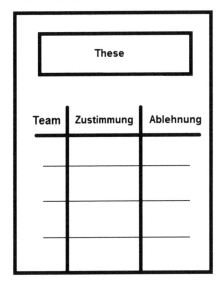

Arbeitsblätter

Arbeitsaufträge:

1. Bearbeite die zwei Aufgaben I und II in **Einzelarbeit**. Verwende dabei das Signifikanzniveau, das auf eurer Gruppenkarte steht.
   *Solltest du mit den Aufgaben Schwierigkeiten haben, liegen vorne auf dem Pult Hilfs-
   kärtchen aus.*
   *Solltest du bei der Bearbeitung der Aufgabe schneller sein als die anderen Mitglieder
   deiner Gruppe, liegt vorne auf dem Pult eine Sprinteraufgabe für dich bereit.*
2. Tausche dich nun mit den anderen Gruppenmitgliedern **deiner Gruppe** aus und vergleicht eure Ergebnisse und Vorgehensweisen untereinander.
   *Solltet ihr euch bei der Lösung unsicher sein, liegen vorne auf dem Pult die entspre-
   chenden Lösungsblätter.*
3. Findet euch innerhalb eurer Gruppe in Zweierteams zusammen. Jedes Zweierteam hält
   die Lösung einer der beiden Aufgaben auf Folie fest.
   Achtet darauf, dass ihr zu beiden Aufgaben eine Lösungsfolie erstellt.
4. Findet nun **das Zweierteam der anderen Vierergruppe**, das die Folie zu der gleichen
   Aufgabe erstellt hat, stellt euch gegenseitig eure Ergebnisse vor und vergleicht eure
   Lösungen untereinander.
   *Solltet ihr bei der Besprechung der Aufgabe schneller sein als die anderen Gruppen,
   liegt vorne auf dem Pult eine Sprinteraufgabe für euch bereit.*

Aufgabe I

Ein Handybasar verkauft gebrauchte **Smartphones**. Ein neuer Lieferant behauptet, er
könne gebrauchte Smartphones liefern, von denen sich mindestens 80 % in einem ein-

wandfreien Zustand befinden. Der Ladeninhaber möchte keine falsche Kaufentscheidung treffen und will die Behauptung des Lieferanten überprüfen. Dazu testet der Ladeninhaber 100 Smartphones aus dem Sortiment des Lieferanten und findet 73 einwandfreie Smartphones.

Untersuche, ob sich die Aussage des Lieferanten halten lässt!

Aufgabe II

Der Hersteller eines Glücksspielautomaten behauptet, dass die Wahrscheinlichkeit für einen Gewinn 30 % beträgt. Tom ist sich da jedoch nicht so sicher und beobachtet daher 170 Spielrunden. Es zeigt sich, dass in diesen Spielrunden 40 Personen einen Gewinn erzielen konnten.

Konstruiere einen Signifikanztest, mit dem Tom herausfinden kann, ob die Behauptung des Herstellers zutrifft.

Aufgabe III

Eine Untersuchung hat gezeigt, dass Placebos bei vielen Patienten die gleiche Wirkung erzielen wie gleich aussehende, echte Tabletten. Die Erfahrung einer Klinik besagt, dass höchstens 60 % der Patienten, die Schmerztabletten einnehmen, auf Placebos ansprechen. Eine neuere Studie behauptet, dass die Wirkung der Placebos verstärkt werden könne, wenn sie einen bitteren Beigeschmack haben. Ein Klinikarzt verabreicht 200 Patienten die neuen Placebos und stellt fest, dass 131 von ihnen darauf ansprechen.

Konstruiere einen Signifikanztest, um die Behauptung der Studie zu überprüfen.

Aufgabe IV

Im vergangenen Jahr haben 75 % aller **Abiturienten** in Nordrhein-Westfalen nach dem Abitur mit einem Studium begonnen. Das Ministerium für Schule und Weiterbildung vermutet, dass der Anteil der Schülerinnen und Schüler, die an die Uni wechseln, auch in diesem Jahr unverändert bleibt. Eine Befragung von 3496 zukünftigen Abiturienten ergab, dass 2581 von ihnen sich vorstellen können, ein Studium in Angriff zu nehmen.

Konstruiere einen Signifikanztest, mit dem die Vermutung des Ministeriums für Schule und Weiterbildung überprüft werden kann.

Tippkärtchen

Aufgabe I

Der Ladeninhaber bezweifelt die Aussage des Lieferanten. Die Alternativhypothese lautet somit: $H_1: p < 0{,}8$.

Die Nullhypothese ist nur abzulehnen, wenn möglichst wenige Smartphones in einem einwandfreien Zustand sind. Es handelt sich daher um einen **linksseitigen Hypothesentest**.

Aufgabe II

Da weder eine eindeutige Abweichung nach unten noch nach oben vermutet wird, handelt es sich um einen **zweiseitigen Hypothesentest**.

Der Ablehnungsbereich, bestimmt durch das Signifikanzniveau, verteilt sich somit gleichmäßig auf beide Seiten.

Aufgabe III

Vermutet wird, dass die Placebos mit bitterem Beigeschmack wirksamer sind. Die Alternativhypothese lautet somit: H_1: $p > 0{,}6$.

Die Nullhypothese ist nur abzulehnen, wenn möglichst viele Patienten auf die Placebos ansprechen. Es handelt sich daher um einen **rechtsseitigen Hypothesentest**.

Aufgabe IV

Da weder eine eindeutige Abweichung nach unten noch nach oben vermutet wird, handelt es sich um einen **zweiseitigen Hypothesentest**.

Der Ablehnungsbereich, bestimmt durch das Signifikanzniveau, verteilt sich somit gleichmäßig auf beide Seiten.

Sprinteraufgabe:

Der Schokoladenproduzent „Schokotraum-Deluxe" behauptet, dass seine Konkurrenzfirma „Chocolate 4 everyone" die Gewichtsangabe, die auf deren Schokoladenverpackungen steht, häufiger als in 10 % der Fälle unterschreitet und damit die Kunden betrügt. Erlaubt ist, dass maximal 10 % der Packungen Untergewicht haben. „Chocolate 4 everyone" dementiert: „Weniger als 10 % der Verpackungen haben Untergewicht." Es werden 200 Tafeln untersucht.

Wie testet die Firma „Schokotraum-Deluxe"?

Wie testet die Firma „Chocolate 4 everyone"?

Formuliere die Nullhypothesen und die jeweiligen Alternativhypothesen der beiden Firmen. Kommentiere deine Vorgehensweise.

Tippkärtchen – Sprinteraufgabe

Was ist wie zu testen?

Aufstellen der Nullhypothese (H_0) und der Gegenhypothese (H_1)
Die Nullhypothese hängt von der jeweiligen Interessenlage der Beteiligten ab.
Interessengruppe I behauptet $p < p_0$. Das ist gleichzeitig die Alternativhypothese dieser Interessengruppe.
Demnach testet diese Gruppe:

$$H_0: p \geq p_0 \text{ und } H_1: p < p_0$$

Interessengruppe II verfolgt ein anderes Ziel und vermutet $p > p_0$. Um ihre Alternativhypothese zu bestätigen, wird diese Gruppe ihren Hypothesentest wie folgt aufbauen:

$$H_0: \; p \leq p_0 \text{ und } H_1: \; p > p_0$$

Formuliere die Nullhypothesen und die jeweiligen Alternativhypothesen der beiden Firmen. Kommentiere deine Vorgehensweise.

Lösungsblätter

Aufgabe I

Der Ladeninhaber bezweifelt die Aussage des Lieferanten und geht davon aus, dass weniger als 80 % der Smartphones in einem einwandfreien Zustand sind. Die Alternativhypothese lautet somit: $H_1: p < 0,8$.

Die Nullhypothese ist nur abzulehnen, wenn möglichst wenig Smartphones in einem einwandfreien Zustand sind. Es handelt sich daher um einen **linksseitigen Hypothesentest**.

Wir erhalten also folgende Hypothesen:
H_0: $p \geq 80\%$ – Die Behauptung des Lieferanten ist richtig.
H_1: $p < 80\%$ – Der Lieferant kann seinem Versprechen nicht nachkommen
Gegeben ist $n = 100$ und $p = 80\%$, daraus ergibt sich als Erwartungswert:

$$\mu = 100 \cdot 0,8 = 80 \text{ und}$$

$$\sigma = \sqrt{100 \cdot 0,8 \cdot 0,2} = \sqrt{16} \approx 4 > 3$$

Somit lassen sich die σ-Regeln anwenden und wir können die Annahmebereiche bestimmen:

$\alpha = 5\%$:	$\alpha = 10\%$:
$[\mu - 1,654\sigma; 100]$. Dies entspricht gerundet einem Annahmebereich von [73, 100]. Da in der Lieferung 73 einwandfreie Smartphone zu finden waren und demnach $k = 73$ im Annahmebereich liegt, kann H_0 angenommen und H_1 verworfen werden.	$[\mu - 1,282\sigma; 100]$. Dies entspricht gerundet einem Annahmebereich von [74; 100]. Da in der Lieferung 73 einwandfreie Smartphones waren und demnach $k = 73$ nicht im Annahmebereich liegt, kann H_0 verworfen und H_1 angenommen werden.

Aufgabe II

Da weder eine eindeutige Abweichung nach unten noch nach oben vermutet wird, handelt es sich um einen **zweiseitigen Hypothesentest**.

Der Ablehnungsbereich, bestimmt durch das Signifikanzniveau, verteilt sich somit gleichmäßig auf beide Seiten.

H_0: $p = \frac{1}{3}$ – Der Spielautomat funktioniert einwandfrei
H_1: $p \neq \frac{1}{3}$ – Der Spielautomat funktioniert nicht einwandfrei.
Gegeben ist $n = 170$ und $p = \frac{1}{3}$, daraus ergibt sich als Erwartungswert:

$$\mu = 170 \cdot 0{,}3 = 51 \text{ und}$$

$$\sigma = \sqrt{170 \cdot 0{,}3 \cdot 0{,}7} = \sqrt{36{,}7} \approx 5{,}97 > 3$$

Somit lassen sich die σ-Regeln anwenden und wir können die Annahmebereiche bestimmen:

α = 5 %:	*α = 10 %:*
$[\mu - 1{,}96\sigma; \mu + 1{,}96\sigma]$. Dies entspricht gerundet einem Annahmebereich von $[39, 63]$. Da 40 Personen einen Gewinn erzielen konnten und $k = 40$ im Annahmebereich liegt, kann H_0 angenommen und H_1 verworfen werden.	$[\mu - 1{,}64\sigma; \mu + 1{,}64\sigma]$. Dies entspricht gerundet einem Annahmebereich von $[41, 61]$. Da 40 Personen einen Gewinn erzielen konnten und $k = 40$ nicht im Annahmebereich liegt, kann H_0 verworfen und H_1 angenommen werden.

Aufgabe III

Da die Placebos mit einer Wahrscheinlichkeit von höchstens 60 % wirken, wird vermutet, dass die Placebos mit bitterem Beigeschmack wirksamer sind. Die Alternativhypothese lautet somit:

$$H_1\colon p > 0{,}6.$$

Die Nullhypothese ist nur abzulehnen, wenn möglichst viele Patienten auf die Placebos ansprechen. Es handelt sich daher um einen **rechtsseitigen Hypothesentest**.

Wir erhalten also folgende Hypothesen:

H_0: $p \leq 60\%$ – Placebos mit bitterem Beigeschmack wirken genauso wie andere Placebos.
H_1: $p > 60\%$ – Placebos mit bitterem Beigeschmack sind wirkungsvoller.
Gegeben ist $n = 200$ und $p = 60\%$, daraus ergibt sich als Erwartungswert:

$$\mu = 200 \cdot 0{,}6 = 120$$

$$\sigma = \sqrt{200 \cdot 0{,}6 \cdot 0{,}4} = \sqrt{48} \approx 6{,}93 > 3$$

Somit lassen sich die σ-Regeln anwenden und wir können die Annahmebereiche bestimmen:

α = 5 %:	*α = 10 %:*
$[0; \mu + 1{,}654\sigma]$. Dies entspricht gerundet einem Annahmebereich von $[0, 132]$. Da 131 Patienten auf das Placebo ansprechen und $k = 131$ im Annahmebereich liegt, kann H_0 angenommen und H_1 verworfen werden.	$[0; \mu + 1{,}282\sigma]$. Dies entspricht gerundet einem Annahmebereich von $[0, 129]$. Da 131 Patienten auf das Placebo ansprechen und $k = 131$ nicht im Annahmebereich liegt, kann H_0 verworfen und H_1 angenommen werden.

Aufgabe IV

Da weder eine eindeutige Abweichung nach unten noch nach oben vermutet wird, handelt es sich um einen **zweiseitigen Hypothesentest**.

Der Ablehnungsbereich, bestimmt durch das Signifikanzniveau, verteilt sich somit gleichmäßig auf beide Seiten.

H_0: $p = 0,75$ – Der Anteil der Abiturienten, die nach dem Abitur ein Studium aufnehmen, hat sich nicht verändert.

H_1: $p \neq 0,75$ – Der Anteil der Abiturienten, die nach dem Abitur ein Studium aufnehmen, hat sich verändert.

Gegeben ist $n = 3496$ und $p = 0,75$, daraus ergibt sich als Erwartungswert:

$$\mu = 3496 \cdot 0,75 = 2622 \text{ und}$$

$$\sigma = \sqrt{3496 \cdot 0,75 \cdot 0,25} = \sqrt{655,5} \approx 25,60 > 3$$

Somit lassen sich die σ-Regeln anwenden und wir können die Annahmebereiche bestimmen:

$\alpha = 5\%$:	$\alpha = 10\%$:
$[\mu - 1,96\sigma; \mu + 1,96\sigma]$. Dies entspricht gerundet einem Annahmebereich von $[2571, 2673]$.	$[\mu - 1,64\sigma; \mu + 1,64\sigma]$. Dies entspricht gerundet einem Annahmebereich von $[2580, 2664]$.
Da 2581 Abiturienten ein Studium anstreben und $k = 2581$ im Annahmebereich liegt, kann H_0 angenommen und H_1 verworfen werden.	Da 2581 Abiturienten ein Studium anstreben und $k = 2581$ im Annahmebereich liegt, kann H_0 angenommen und H_1 verworfen werden.

Sprinteraufgabe

Die Firma „Schokotraum-Deluxe" möchte zeigen, dass in mehr als 10 % der von „Chocolate 4 everyone" produzierten Schokoladentafeln die Gewichtsangabe unterschritten wird.

Daher lauten deren Hypothesen wie folgt:
H_0: $p \leq 10\%$ und H_1: $p > 10\%$.

Die Firma möchte zeigen, dass wenn relativ viele Schokoladentafeln die Gewichtsangabe unterschreiten, dann die Nullhypothese nicht mehr zu halten ist und ihre Alternativhypothese angenommen werden sollte.

Es handelt sich somit um einen **rechtsseitigen Hypothesentest.**

Die Firma „Chocolate 4 everyone" hingegen möchte zeigen, dass in weniger als 10 % der von ihnen produzierten Schokoladentafeln die Gewichtsangabe unterschritten wird.

Daher lauten deren Hypothesen wie folgt:
H_0: $p \geq 10\%$ und
H_1: $p < 10\%$.

Die Firma möchte zeigen, dass wenn relativ wenige Schokoladentafeln die Gewichtsangabe unterschreiten, dann die Nullhypothese nicht mehr zu halten ist und ihre Alternativhypothese angenommen werden sollte.

Es handelt sich somit um einen **linksseitigen Hypothesentest.**

Aussagenschnipsel

H_0 wird beibehalten, wenn das Stichprobenergebnis im Annahmebereich liegt, sonst wird H_0 verworfen.

Wenn man zweimal nacheinander den gleichen Signifikanztest durchführt, kann es sein, dass man unterschiedlich entscheidet.

Das Verwerfen einer Hypothese bedeutet nicht unbedingt, dass die Hypothese falsch ist.

Die Irrtumswahrscheinlichkeit ist bei einem Signifikanztest nie größer als das Signifikanzniveau.

Gruppenaufteilung (Vorderseite)

Team <Bild 1>	Team <Bild 1>	Team <Bild 1>	Team <Bild 1>
Team <Bild 2>	Team <Bild 2>	Team <Bild 2>	Team <Bild 2>
Team <Bild 3>	Team <Bild 3>	Team <Bild 3>	Team <Bild 3>
Team <Bild 4>	Team <Bild 4>	Team <Bild 4>	Team <Bild 4>

Gruppenaufteilung (Rückseite)

Signifikanzniveau $\alpha=5\%$	Signifikanzniveau $\alpha=5\%$	Signifikanzniveau $\alpha=5\%$	Signifikanzniveau $\alpha=5\%$
Signifikanzniveau $\alpha=5\%$	Signifikanzniveau $\alpha=5\%$	Signifikanzniveau $\alpha=5\%$	Signifikanzniveau $\alpha=5\%$
Signifikanzniveau $\alpha=10\%$	Signifikanzniveau $\alpha=10\%$	Signifikanzniveau $\alpha=10\%$	Signifikanzniveau $\alpha=10\%$
Signifikanzniveau $\alpha=10\%$	Signifikanzniveau $\alpha=10\%$	Signifikanzniveau $\alpha=10\%$	Signifikanzniveau $\alpha=10\%$

Zusätzliche Karte für die 17. Person in der Lerngruppe

(Eine der Karten ist frei zuteilbar)

Team <Bild 1>	Team <Bild 2>	Team <Bild 3>	Team <Bild 4>
Signifikanzniveau $\alpha=10\%$	Signifikanzniveau $\alpha=10\%$	Signifikanzniveau $\alpha=5\%$	Signifikanzniveau $\alpha=5\%$

9.5   Anwendung der Normalverteilung

9.5.1   Thema der Unterrichtsstunde

In jedem siebten Ei?! Anwendung der Normalverteilung als Annäherung an binomialverteilte Zufallsgrößen mit großer Stichprobe beim Testen von Hypothesen

(Autorin: Katharina Rensinghoff)

I. Darstellung der längerfristigen Unterrichtszusammenhänge

9.5.2   Thema der Unterrichtsreihe

Nicht nur in der Schule wird getestet! – Erarbeitung und Anwendung von Hypothesentests

9.5.3   Intention der Unterrichtsreihe

Die Schülerinnen und Schüler erweitern und festigen ihre Kompetenzen im Bereich der Leitidee „Daten und Zufall"[14], indem sie …

- exemplarisch statistische Erhebungen planen und beurteilen,
- die Binomialverteilung und ihre Kenngrößen nutzen,
- aufgrund von Stichproben auf die Gesamtheit schließen,
- für binomialverteilte Zufallsgrößen Aussagen über die unbekannte Wahrscheinlichkeit machen sowie die Unsicherheit und Genauigkeit dieser Aussagen begründen,
- Hypothesentests interpretieren und die Unsicherheit und Genauigkeit der Ergebnisse begründen,
- die ‚Glockenform' als Grundvorstellung von normalverteilten Zufallsgrößen nutzen und
- stochastische Situationen untersuchen, die zu annähernd normalverteilten Zufallsgrößen führen.[15]

---

[14] Bildungsstandards 2012, S. 10.
[15] Ebd. S. 26.

Sie erweitern außerdem ihre „allgemeinen mathematischen Kompetenzen"[16], indem sie

- Argumentationen auf der Basis von Alltagswissen führen
- sowie anspruchsvolle Argumentationen nutzen, erläutern und entwickeln (K1 „Mathematisch argumentieren")[17],
- Lösungswege zu Problemstellungen finden (K2 „Probleme mathematisch lösen")[18] und Realsituationen in ein mathematisches Modell überführen und das Resultat überprüfen und bewerten (K3 „Mathematisch Modellieren").[19]
- Zudem erfassen die Schülerinnen und Schüler mathematische Fachtexte sinnentnehmend und legen mehrschrittige Lösungswege, Überlegungen und Ergebnisse verständlich dar (K6 „Mathematisch kommunizieren").[20]

9.5.4 Einordnung der Unterrichtsstunde in die Unterrichtsreihe

1. UE: Entwicklung des Alternativtests am Beispiel eines Geschmackstests von verschiedenen Schokoladensorten in Gruppenarbeit
2. UE: Bestimmung der kritischen Zahl K bei gegebener Irrtumswahrscheinlichkeit
3. UE: *Fit fürs Abi I* – Bearbeitung von Beispielaufgaben zum Alternativtest auf Abiturniveau
4. UE: Erarbeitung des Signifikanztests am Beispiel der Wirksamkeit von Medikamenten in Partnerarbeit und Übertragung auf verschiedene Anwendungsbeispiele
5. UE: *Von der Binomialverteilung zur Normalverteilung* – Selbstständige Erarbeitung der Standardisierung, der lokalen und der globalen Näherungsformel von Laplace und de Moivre in Gruppenarbeit[21]
6. **UE: *In jedem siebten Ei?!* – Anwendung der Normalverteilung als Annäherung an binomialverteilte Zufallsgrößen mit großer Stichprobe beim Testen von Hypothesen**
7. UE: *Fit fürs Abi II* – Bearbeitung von Aufgaben auf Abiturniveau mit gestuften Hilfen und Erstellung einer Inhaltsübersicht für die bisher erarbeiteten Inhalte der Stochastik

---

[16] Ebd. S. 10.
[17] Ebd. S. 15.
[18] Vgl. ebd. S. 16.
[19] Vgl. ebd. S. 17.
[20] Vgl. ebd. S. 20.
[21] An dieser Stelle wurden noch keine stetigen Zufallsgrößen behandelt, da dies nach dem Prinzip des kumulierten Lernens Teil der Wiederholungsphase in der Q2 sein wird.

9.5.5   Didaktisch-methodische Überlegungen zur Reihenplanung

Erläuterungen zur Auswahl des Themas

Die Auswahl des Themas ergibt sich zum einen aus dem schulinternen Curriculum, welches sich an den Vorgaben für das Zentralabitur orientiert,[22] zum anderen aus den Inhaltsfeldern des alten Lehrplans[23] sowie dem gerade veröffentlichten Beschluss der Kultusministerkonferenz zu den Bildungsstandards im Fach Mathematik für die Allgemeine Hochschulreife.[24]

Die Lernenden haben sich zuvor intensiv mit diskreten Zufallsgrößen und der Binomialverteilung beschäftigt und in einer Übungsphase die Themen Baumdiagramme und bedingte Wahrscheinlichkeiten wiederholt.

Das Thema Hypothesentests stellt den Abschluss des Themas Stochastik in der Jahrgangsstufe Q1 dar, welches in der Q2 vertiefend wiederholt werden soll. Der Einschub zur Normalverteilung wurde notwendig, da diese zuvor ausgelassen wurde.

Hinweise zur Lerngruppe

Bei dem Kurs handelt es sich um einen von zwei Mathematik-Leistungskursen der Jahrgangsstufe Q1. Die Zusammensetzung aus 17 Schülern und sechs Schülerinnen entspricht der an der Schule üblichen stärkeren Ausrichtung der Mädchen auf den Bereich der Fremdsprachen.

Die Schülerinnen und Schüler sind sehr leistungsbereit und weisen im Allgemeinen eine hohe Motivation auf. Sie bringen eigene Ideen und weiter zurückliegende Inhalte in das Unterrichtsgespräch ein und formulieren mit geringen Einschränkungen in mathematischer Fachsprache.

Insbesondere in Arbeitsphasen, in denen sie eigenständig tätig sind, zeigen die Schülerinnen und Schüler bis auf wenige Ausnahmen ein konzentriertes Arbeitsverhalten. Dabei lassen sich jedoch deutliche Unterschiede zwischen den Lernenden in Bezug auf ihr Arbeitstempo, ihre mathematische Vorstellungskraft sowie ihre Kreativität im Umgang mit unbekannten Aufgabentypen beobachten. Während eine große Zahl an Lernenden hier deutlich im erhöhten Anforderungsniveau arbeitet, stoßen einige dabei an ihre Grenzen. Diesen Schülerinnen und Schülern zusätzliche Hilfen in Form von Hilfekarten o. Ä. anzubieten, zeigte sich bisher als wenig zielführend, da sie ihre Schwierigkeiten ungern vor dem Kurs öffentlich machen wollten. Es erwies sich hingegen als hilfreich, ihnen in Arbeitsphasen verstärkt Hilfestellung vonseiten der Lehrkraft zu geben, um ihnen die Mitarbeit im Leistungskurs möglich zu machen. Insbesondere der richtige Ansatz bei der Bearbeitung komplexerer Anwendungsaufgaben bereitete diesen Schülerinnen und Schülern in der Vergangenheit Probleme. Dabei zeigte sich immer wieder, dass sie sich auf einen eigenen (falschen) Lösungsweg festlegten und lieber lange an diesem weiterarbeiteten, anstatt sich durch kleine Hilfen auf den richtigen Weg führen zu lassen.

In Präsentationsphasen sind es oft die gleichen Lernenden, die ihre Ergebnisse vorstellen möchten. Dabei gibt es einige Schüler, die im schriftlichen Bereich überdurchschnittlich

---

[22] Vgl. Ministerium für Schule und Weiterbildung 2014.
[23] Vgl. Ministerium für Schule und Weiterbildung 1999.
[24] Vgl. Bildungsstandards 2012.

gut abschneiden, sich jedoch selten bis nie am Unterrichtsgespräch beteiligen. Die direkte Ansprache während der Arbeitsphase mit dem Hinweis, dass die Aufgabe richtig gelöst wurde, und die Frage, ob die Schülerinnen und Schüler diese vorstellen möchten, zeigte dabei keine Wirkung. Daher werden die Lernenden, obwohl sie bereits in der Q1 sind, in unregelmäßigen Abständen direkt angesprochen, ohne dass sie sich von selbst gemeldet haben.

Ein Schüler hat aufgrund einer Erkrankung eine längere Unterrichtsphase verpasst und besucht erst seit zwei Wochen wieder den Kurs. Er bringt seine Fragen jedoch immer wieder in den Unterricht ein und konnte so bereits große Lücken schließen.

Aufgrund der aktuellen Erkältungswelle zeigt sich in dem Kurs ein erhöhter Krankenstand. Den Schülerinnen und Schülern obliegt dabei die Verantwortung, den verpassten Stoff eigenständig nachzuholen. Sie können aber selbstverständlich Unklarheiten mit in den Unterricht bringen.

II. Planung der Unterrichtsstunde

9.5.6   Thema der Unterrichtsstunde

In jedem siebten Ei?! Anwendung der Normalverteilung als Annäherung an binomialverteilte Zufallsgrößen mit großer Stichprobe beim Testen von Hypothesen

9.5.7   Intentionaler Schwerpunkt der Unterrichtsstunde

Die Schülerinnen und Schüler erweitern und festigen ihre *inhaltsbezogenen Kompetenzen* im Bereich der *Stochastik (Leitidee Daten und Zufall)*[25], indem sie …

- die Normalverteilung als Annäherung an eine binomialverteilte Zufallsgröße mit großer Stichprobe nutzen und diese bei einem einseitigen Signifikanztest anwenden,
- bei gegebener kritischer Zahl K die Wahrscheinlichkeit für einen Fehler erster Art berechnen
- sowie bei gegebenem Signifikanzniveau α die kritische Zahl K bestimmen.

Sie erweitern und festigen ihre *prozessbezogenen Kompetenzen*, indem sie …

- eine Problemsituation erfassen und mit mathematischen Hilfsmitteln lösen *(Problemlösen)*,
- eine Realsituation in ein mathematisches Modell übersetzen sowie ihre Lösung zurück in die Realsituation übertragen *(Modellieren)*
- und diese anhand der Realsituation überprüfen und bewerten *(Argumentieren/Kommunizieren)*.

---

[25] Vgl. Bildungsstandards 2012, S. 10.

9.5.8   Geplanter Unterrichtsverlauf

Unterrichts-phase	Unterrichtsgeschehen	Sozialform	Medien
Einstieg	Die L' präsentiert ein Überraschungsei. Die SuS tragen spontane Reaktionen zusammen (z. B. „Kenne ich!", „Schmeckt gut!", „Da ist in jedem siebten Ei eine Figur."). Ggf. äußern die SuS bereits Vorschläge, wie mathematisch damit umgegangen werden kann (z. B. „Wir könnten testen, ob wirklich in jedem siebten Ei eine Figur ist." etc.).	LV, UG	Überra-schungseier
	Die SuS lesen Kommentare aus einem Nutzerforum von Sammlern der Überraschungseierfiguren vor. Sie formulieren die mathematische Problemstellung, die hinter diesen Kommentaren steht.	UG	Folie
	Mögliche SuS-Antworten: „Wir müssten einen Test entwickeln, mit dem man überprüfen kann, ob es stimmt, dass in jedem siebten Ei eine Figur ist."		Tafel
Erarbeitung I	Die SuS konstruieren kurz in Murmelgruppen eine Testsituation, in der sie Zufallsgröße, Hypothesen, zugehörige Wahrscheinlichkeiten und ggf. eine selbst gewählte kritische Zahl K benennen.	PA	Heft
Zwischen-sicherung	Die SuS tragen ihre Ergebnisse zusammen und einigen sich auf eine gemeinsame Testkonstruktion. Antizipierte SuS-Antworten: „Da in jedem siebten Ei eine Figur sein soll, ist $p = 1/7$." „Die Zufallsgröße X beschreibt die Anzahl der Figuren, die man erhält." „Wir können davon ausgehen, dass sie binomial verteilt ist, da bei jedem Ei die Chance, eine Figur zu erhalten, wieder 1/7 beträgt." „Die Stichprobengröße $n = 864$ ist sehr groß, daher müssen wir die Normalverteilung als Näherung benutzen." Der Nutzer geht davon aus, dass häufiger als in jedem siebten Ei eine Figur ist. Wir müssen also einen einseitigen Test durchführen. „Man kann den Erwartungswert bestimmen und sich dazu eine kritische Zahl überlegen, zum Beispiel wenn höchstens zehn Figuren mehr dabei sind, als der Erwartungswert angibt, gehen wir davon aus, dass 1/7 stimmt."	SV, UG	Tafel

Unterrichts-phase	Unterrichtsgeschehen	Sozialform	Medien
	„Auch dann kann natürlich noch ein Fehler vorliegen, denn das tatsächliche Ergebnis ist ja weiter zufällig. Die Wahrscheinlichkeit für den Fehler können wir aber bestimmen." Mögliche Hilfen: Erinnerung an Fachtermini „Können wir nach diesem Test die Frage des Users sicher beantworten?"		
Erarbei-tung II	Die SuS bestimmen zu zweit bei gegebener kritischer Zahl K die Wahrscheinlichkeit für einen Fehler erster Art. Anschließend bestimmen sie bei gegebenem Signifikanzniveau α eine neue kritische Zahl K und formulieren eine Entscheidungsregel. Die stärkeren SuS formulieren ggf. einen Forumsbeitrag als Antwort auf die Frage des Figurensammlers und stellen ggf. bereits erste Überlegungen zur Berechnung von K an, falls $p_1 < 1/7$ gilt. Alle SuS arbeiten auf Folien, damit jede Gruppe im Anschluss die Ergebnisse präsentieren kann. Die Folie wird zur nächsten Stunde für beide SuS kopiert (Mögliche SuS-Lösungen: vgl. Anhang). Mögliche Hilfen: Hinweis auf das Vorgehen bei Signifikanztests bei binomialverteilten Zufallsgrößen. Erinnerung an die Definition des Fehlers erster Art und Hilfe beim „Sortieren", mit welchen Werten für K bzw. p gearbeitet werden muss. Hinweis, bei Aufgabe 2 genauso zu starten wie bei Aufgabe 1 und so weit umzuformen, bis es nicht mehr weiter geht, bevor die Tabelle hinzugezogen wird. Hilfe beim Ablesen der Werte aus der Tabelle für die Normalverteilung.	PA	AB, Folien, Tabelle zur Normalver-teilung (im Buch bzw. AB)
Präsentation	Einige SuS präsentieren ihre Ergebnisse. Schwierigkeiten werden im Plenum diskutiert.	SV, UG	Folien
Sicherung	Die SuS führen eine Reflexion durch und fassen zusammen, wie die Normalverteilung beim Testen von Hypothesen angewandt wird.	UG	

Unterrichts-phase	Unterrichtsgeschehen	Sozialform	Medien
	Antizipierte SuS-Antworten: Zunächst werden, wie schon bei binomialverteilten Zufallsgrößen, die Zufallsgröße X, die Null- und Alternativhypothese, die zugehörigen Wahrscheinlichkeiten und der Annahme- bzw. Ablehnungsbereich festgelegt. Erwartungswert μ und Standardabweichung σ werden für die Wahrscheinlichkeit p_0 berechnet. Bei gegebenem K wird damit die Hilfsgröße z bestimmt und die Wahrscheinlichkeit für einen Fehler erster Art berechnet. Bei gegebenem Signifikanzniveau wird zunächst eine Ungleichung für die Berechnung von α aufgestellt und so weit umgeformt, dass man den benötigten Wert für die Hilfsgröße z aus der Tabelle für die Normalverteilung ablesen kann. Es wird ein Term für die Berechnung dieser Hilfsgröße aufgestellt und mit Hilfe des ermittelten Wertes der gesuchte Wert für K bestimmt. Daraufhin kann eine Entscheidungsregel formuliert werden. *Mögliches Stundenende*		
Didaktische Reserve	Es werden sieben Überraschungseier präsentiert. Die SuS reflektieren daran, inwiefern die Ergebnisse der durchgeführten Rechnung gedeutet werden müssen. Ggf. stellen SuS den in der Zusatzaufgabe formulierten Forumsbeitrag vor.	LV, UG	Überraschungseier
	Die SuS bestimmen bei gegebenem Signifikanzniveau α die kritische Zahl K, falls die Alternativhypothese besagt, dass $p_1 < 1/7$.	PA	AB, Folie

LV = Lehrerdarbietung; **SV** = Schülerdarbietung; **PA** = Partnerarbeit; **UG** = Unterrichtsgespräch; **AB** = Arbeitsblatt; **SuS**: Schülerinnen und Schüler

Hausaufgabe zur Stunde

Wiederholung der erarbeiteten Inhalte zum Thema Hypothesentests.

Fortführung des Unterrichts im zweiten Teil der Doppelstunde[26]

Je nach Ende der Stunde:

Möglichkeit 1 (Die Stunde endet mit der Sicherung):
Die Schülerinnen und Schüler bestimmen bei gegebenem Signifikanzniveau α die kritische Zahl K, falls die Alternativhypothese besagt, dass $p < 1/7$. Anschließend formulieren sie zu zweit einen Eintrag für ihr Regelheft, in dem sie die wichtigen Arbeitsschritte beim Anwenden der Normalverteilung bei Hypothesentests zusammenfassen.

Möglichkeit 2 (Die Stunde endet mit der Bearbeitung der didaktischen Reserve):
Die Schülerinnen und Schüler formulieren zu zweit einen Eintrag für ihr Regelheft, in dem sie die wichtigen Arbeitsschritte beim Anwenden der Normalverteilung bei Hypothesentests zusammenfassen. Anschließend bearbeiten sie eine weitere Übungsaufgabe, in der sie zunächst noch einmal einen einseitigen Signifikanztest bearbeiten und diesen auf einen zweiseitigen Test erweitern.[27]

Hausaufgaben aus der Stunde

Je nach Ende der Stunde:

Möglichkeit 1 (Die Doppelstunde endet mit der Zusammenfassung der Ergebnisse):
Die Lernenden bearbeiten die Übungsaufgabe im Buch (S. 738, Nr. 5).

Möglichkeit 2 (Die Doppelstunde endet mit der Bearbeitung der Zusatzaufgabe):
Die Lernenden erstellen eine Mind-Map über den behandelten Stoff im Bereich der Stochastik und notieren Fragen/Unklarheiten, die offen geblieben sind.[28]

9.5.9 Didaktisch-methodische Planungsüberlegungen

Aufgrund der eingangs geschilderten Situation der Lerngruppe und des Fortschritts der Unterrichtsreihe ist es Aufgabe dieser Stunde, dass die Schülerinnen und Schüler die beiden Themen Normalverteilung als Näherung für binomialverteilte Zufallsgrößen mit großer Stichprobe und Hypothesentests miteinander verbinden. Dabei ist zu bedenken, dass die Lernenden die Arbeit mit der Normalverteilung als Annäherung an die Binomialverteilung weitgehend eigenständig erarbeitet haben, sodass diese gleichzeitig geübt werden soll. Um die Verbindung zum Thema Tests für die schwächeren Schülerinnen und Schüler möglich zu machen, wurde die längere Einstiegsphase inklusive einer Zwi-

---

[26] Die Schülerinnen und Schüler haben auch in der zweiten Stunde Unterricht und setzen diesen unter der Leitung der eigentlichen Lehrkraft fort, da ihnen aufgrund der anstehenden Klausur eine Ansprechperson für Rückfragen zur Verfügung stehen soll.

[27] Buch S. 738 Nr. 5, vgl. Anhang.

[28] Da am 11. März die Klausur geschrieben wird, wird die nächste Doppelstunde die letzte Stunde vorher sein und damit zum Üben und Wiederholen genutzt werden.

schensicherung, die auch den späteren Vergleich der Ergebnisse ermöglicht, geplant, mit Hilfe derer alle Lernenden in der Lage sein sollten, die Wahrscheinlichkeit für einen Fehler erster Art mit Hilfe der Normalverteilung zu bestimmen. Im nächsten Schritt haben die Schülerinnen und Schüler dann bewusst mehr Freiraum, um herauszufinden, wie sie selbst eine kritische Zahl K ermitteln und eine Entscheidungsregel formulieren können, wenn das Signifikanzniveau gegeben ist. Um dieses vorzubereiten, sollten sie bereits zu Hause die behandelten Inhalte zu den Hypothesentests bei der Binomialverteilung wiederholen.

Es ist damit zu rechnen, dass einige Schülerinnen und Schüler auf Schwierigkeiten stoßen, wenn sie nicht mehr wie gewohnt mit den Tabellen der kumulierten Binomialverteilung arbeiten können, sondern mit der Tabelle der Normalverteilung und damit mit der Hilfsgröße z, die einen zusätzlichen Denkschritt nötig macht. Dennoch sollen nur wenige Hinweise zum Lösungsweg gegeben werden, um den leistungsstarken Lernenden die Möglichkeit zu bieten, ihre Fähigkeiten zu erproben und das erhöhte Anforderungsniveau des Kurses deutlich zu machen. Um die Schülerinnen und Schüler, die damit Schwierigkeiten haben, zu unterstützen, arbeiten sie zum einen zu zweit, was eine gegenseitige Hilfe möglich macht, zum anderen stehe ich für Fragen zu Verfügung.

In der Präsentation und Auswertung am Ende der Stunde wird es sinnvoll sein, mit den Schülerinnen und Schülern zu diskutieren, was das Ergebnis bedeutet, um deutlich zu machen, dass die Formulierung einer Entscheidungsregel und die Berechnung einer kritischen Zahl K noch nicht gleichzusetzen ist mit der Durchführung eines Tests. Auch eine kritische Betrachtung des Anwendungskontextes sollte in einem Leistungskurs an dieser Stelle geschehen.

9.5.10 Literatur

BARTH, Friedrich, HALLER, Rudolf: Stochastik. München, 12. Auflage 1998.

BARZEL, Bärbel, BÜCHTER, Andreas, LEUDERS, Timo: Mathematik-Methodik. Handbuch für die Sekundarstufe I und II. Berlin 2007.

BIGALKE, Anton, KÖHLER, Norbert: Mathematik. Gymnasiale Oberstufe. Nordrhein-Westfalen. Qualifikationsphase. Leistungskurs. Berlin 2011.

LERGENMÜLLER, Arno, SCHMIDT, Günter u. a.: Mathematik neue Wege. Arbeitsbuch für Gymnasien. Stochastik. Braunschweig 2012.

KULTUSMINISTERKONFERENZ: Bildungsstandards im Fach Mathematik für die Allgemeine Hochschulreife (Beschluss der Kultusministerkonferenz vom 18.10.2012).

MINISTERIUM FÜR SCHULE UND WEITERBILDUNG DES LANDES NORDRHEIN-WESTFALEN: Kernlehrplan für das Gymnasium – Sekundarstufe I (G8) in Nordrhein-Westfalen. Mathematik. Frechen 2007.

MINISTERIUM FÜR SCHULE UND WEITERBILDUNG DES LANDES NORDRHEIN-WESTFALEN (1999). Richtlinien und Lehrpläne für die Sekundarstufe II – Gymnasium/Gesamtschule in Nordrhein-Westfalen: Mathematik. Frechen: Ritterbach Verlag.

Ministerium für Schule und Weiterbildung des Landes Nordrhein-Westfalen: Vorgaben zu den unterrichtlichen Voraussetzungen für die schriftlichen Prüfungen im Abitur in der gymnasialen Oberstufe im Jahr 2014: http://www.standardsicherung.schulministerium.nrw.de/abitur-gost/fach.php?fach=2 (zuletzt abgerufen am 24.02.2013).

Tietze, Uwe-Peter, Klika, Manfred u. a.: Mathematikunterricht in der Sekundarstufe II. Didaktik der Stochastik. Braunschweig/Wiesbaden 2002.

Internetquellen

http://de.answers.yahoo.com/question/index;_ylt=AqvCYfAh8JLT8x40ja_KsH4xCgx.;_ylv=3?qid=20061002105406AA8BHqw (zuletzt abgerufen am 24.02.2013)

http://www.eierlei.de/forum-thema?thema_id=23009 (zuletzt abgerufen am 24.02.2013)

9.5.11 Anhang

I) Einstiegsfolie[29]

<Bild eines Überraschungseies>

Gelöste Frage	Nächste Frage ≫

In jedem 7. Ei?
Überraschungsei: In jedem 7. Ei eine Figur …?

Lilli-Sm …: *Ist das immer so? Ich kaufe oft Überraschungseier. Mittlerweile ist es so, dass sich sehr häufig eine Figur darin befindet. Mir kommt es so vor als wären es jetzt wesentlich mehr als früher. Was hat sich verändert?*

Weitere Details
Die Tatsache, dass jedes 7. Ei einer Palette nicht unbedingt eine Figur enthält, ist mir durchaus bewusst. Mir ging es darum, dass die Anzahl der Figuren meines Erachtens allgemein gestiegen ist oder ob ich es eben nur so empfinde.

Ich weiß, dass es egal ist, wo sich die Eier mit Figuren auf der Palette befinden und dass es keine spezielle Anordnung gibt! Mir war schon vorher klar … darum geht's ja nicht.

Beste Antwort – Ausgewählt vom Fragesteller

Ninni267 …: *Das kenne ich, habe auch schon drüber nachgedacht ob die jetzt mehr Figuren reinpacken. Ich denke das ist auch so. Es muss ja einen gesunden Anreiz zum kaufen geben und nicht nur Enttäuschung hinterlassen.*

---

[29] Foreneinträge aus dem Original (ohne dort aufgeführte übliche Graphiken).

Weitere Antworten (13)

?: *Also auf einer Palette sind 864 Eier. Wenn du die ganze Palette kaufst und tatsächlich nur in jedem siebten Ei eine Figur wäre, kannst du dir ja leicht ausrechnen, wie viele drin sein müssten ...*

Haribo: *DAS IST PURES GLÜCK, WENN DU MEHR ERWISCHST FREU DICH DOCH HAST AUCH MAL GLÜCK*

II) Antizipiertes Tafelbild

X: Anzahl der Überraschungseier mit einer Figur

$$H_0: p_0 = \frac{1}{7}$$

$$H_1: p_1 > \frac{1}{7}$$

$$n = 864 \quad ; \quad \mu = \frac{864}{7} \approx 123{,}43 \quad ; \quad \sigma = \frac{72}{7} \approx 10{,}29 > 3$$

Die Laplace-Bedingung ist erfüllt!

III) Arbeitsblatt
\<Bild eines Überraschungseies\>

In jedem siebten Ei?!
Aufgabe 1: Bestimmt die Wahrscheinlichkeit für einen Fehler erster Art auf Grundlage des gerade konstruierten Tests.

Aufgabe 2: Um die Wahrscheinlichkeit möglichst gering zu halten, sich bei der Produktionsfirma zu beschweren, dass häufiger als in jedem siebten Ei eine Figur ist, obwohl doch nur in jedem siebten Ei eine Figur ist, soll das Signifikanzniveau α maximal 1 % betragen. Bestimmt die kritische Zahl K.

Zusatzaufgabe 1: Formuliert einen Forumseintrag, in dem ihr auf die Frage des fleißigen Figurensammlers antwortet.

Zusatzaufgabe 2: Eine andere Antwort in dem Forum war:

Weitere Antworten (13)

?: *Es gab in den 80'ern mal eine Gerichtsverhandlung, weil angeblich nicht in jedem 7. Ei eines drin war.*

Konstruiert auf Grundlage dieser Antwort einen neuen Test und bestimmt die kritische Zahl K bei einem Signifikanzniveau $\alpha \leq 1\%$ (Tipp: Du musst irgendwann benutzen, dass gilt $\Phi(z) = 1 - \Phi(-z)$).

IV) Tabelle zur Normalverteilung[30]

<Tabelle mit Beispielen zum Gebrauch>

V) Antizipierte SuS-Lösung

Aufgabe 1:

Wähle K z. B. gleich 133, also

$$H_0:\ p_0 = \frac{1}{7} \text{ für } X \leq 133$$

$$H_1:\ p_1 > \frac{1}{7} \text{ für } X > 133$$

$$\alpha = P(X > 133) = 1 - P(X \leq 133) \approx 1 - \Phi(0,98) \approx 1 - 0,8365 = 16,35\%$$

$$\text{mit } z = \frac{133 - 123,43 + 0,5}{10,29} \approx 0,98$$

Aufgabe 2

$$\alpha \leq 0,01$$

$$H_0:\ p_0 = \frac{1}{7} \text{ für } X \leq K$$

$$H_1:\ p_1 > \frac{1}{7} \text{ für } X > K$$

$$\alpha = P(X > K) = 1 - P(X \leq K) \approx 1 - \Phi(z) \leq 0,01$$

also $\Phi(z) \geq 0,99$ und damit $z \geq 2,33$

mit $\frac{K - 123,43 + 0,5}{10,29} \geq 2,33$ also $K \geq 146,91$

Wähle K = 147.

VI) Folie zur didaktischen Reserve

Weitere Antworten (13)

Es gab in den 80'ern mal eine Gerichtsverhandlung, weil angeblich nicht in jedem 7. Ei eines drin war.

---

[30] Vgl. Bigalke/ Köhler, S. 827.

VII) Antizipierte SuS-Lösung zur didaktischen Reserve

$$\alpha \leq 0,01$$

$$H_0:\ p_0 = \frac{1}{7} \text{ für } X > K$$

$$H_1:\ p_1 < \frac{1}{7} \text{ für } X \leq K$$

$$\alpha = P(X \leq K) \approx \Phi(z) \leq 0,01$$

Es gilt $1 - \Phi(-z) = \Phi(z)$ und damit $(1 - \Phi(-z)) \leq 0,01$.

Also folgt $\Phi(-z) \geq 0,99$ und damit $-z \geq 2,33$ also $z \leq -2,33$.

mit $\frac{K-123,43+0,5}{10,29} \leq -2,33$ also $K \leq 98,95$

Wähle K = 98.

VIII) Weiterführende Aufgabe

40% aller Handybesitzer haben auf ihrem Handy zusätzliche Klingeltöne installiert, die bei verschiedenen Anbietern gekauft werden können.

Ein Anbieter von Klingeltönen möchte durch Umfrage unter n = 500 Handybesitzern ausloten, ob sich dieser Anteil in letzter Zeit geändert hat.

a) Da die Tarife für das Herunterladen von Klingeltönen gesenkt wurden, geht der Anbieter davon aus, dass der Anteil der Nutzer seines Dienstes auf keinen Fall gesunken ist. Wie muss der Test konzipiert werden? Wie lauten die Hypothesen und die Entscheidungsregel bei einem Signifikanzniveau (α-Fehler) von 10%?

b) Entwirf die Entscheidungsregel für einen zweiseitigen Signifikanztest (n = 500, H_0: $p_0 = 0,4$ gegen H_1: $p_1 \neq 0,4$), der ein Signifikanzniveau von $\alpha = 10\%$ besitzt.

Literatur

1. Baptist P (2009): Und er bewegt sich doch – der Mathematikunterricht. In: Prenzel M, Friedrich A, Stadler M (Hrsg): Von SINUS lernen – wie Unterrichtsentwicklung gelingt [mit CD-ROM], 1. Aufl. Klett Kallmeyer, Seelze-Velber, S 146–159

2. Baptist P, Raab D (2007): Auf dem Weg zu einem veränderten Mathematikunterricht. Universität Bayreuth. http://www.sinus-transfer.uni-bayreuth.de/fileadmin/MaterialienBT/sinus-transfer.pdf. Zugegriffen: 14. Juni 2015

3. Barzel B, Büchter A, Leuders T (2014): Mathematik-Methodik. Handbuch für die Sekundarstufe I und II. Cornelsen Scriptor, Berlin

4. Barzel B, Holzäpfel L, Leuders T, Streit C (2011): Mathematik unterrichten: planen, durchführen, reflektieren, 1. Aufl. Cornelsen Scriptor, Berlin

5. Baumert J, Kunter M (2006): Stichwort: Professionelle Kompetenz von Lehrkräften. Zeitschrift für Erziehungswissenschaft 9(4), S 469–520

6. Baumert J, Kunter M (2011): Das mathematikspezifische Wissen von Lehrkräften, kognitive Aktivierung im Unterricht und Lernfortschritte von Schülerinnen und Schülern. In: Kunter M, Baumert J, Blum W, Klusmann U, Krauss S, Neubrand M (Hrsg): Professionelle Kompetenz von Lehrkräften. Ergebnisse des Forschungsprogramms COACTIV. Waxmann, Münster, S 163–192

7. Beck E (2012): Individuelle Förderung des schulischen Lernens mit Hilfe Adaptiver Lehrkompetenz. Lehren und Lernen 38(2), S 9–14

8. Beck E, Brühwiler C, Müller P (2007): Adaptive Lehrkompetenz als Voraussetzung für individualisiertes Lernen in der Schule. In: Lemmermöhle D, Rothgangel M, Bögeholz S, Hasselhorn M, Watermann R (Hrsg): Professionell lehren – erfolgreich lernen. Waxmann, Münster, New York, München, Berlin, S 197–210

9. Biermann M, Blum W (2001): Eine ganz normale Mathe-Stunde? Was „Unterrichtsqualität" konkret bedeuten kann. mathematik lehren 18(108), S 52–54

10. Blömeke S, Suhl U, Döhrmann M (2012): Zusammenfügen, was zusammengehört. Kompetenzprofile am Ende der Lehrerausbildung im internationalen Vergleich. Zeitschrift für Pädagogik 58(4), S 422–440

11. Blum W (2007): Einführung. In: Blum W, Drüke-Noe C, Hartung R, Köller O (Hrsg): Bildungsstandards Mathematik: konkret. Sekundarstufe I: Aufgabenbeispiele, Unterrichtsanregungen, Fortbildungsideen [mit CD-ROM], 3. Aufl. Cornelsen Scriptor, Berlin, S 14–32

© Springer-Verlag Berlin Heidelberg 2016
C. Geldermann et al., *Unterrichtsentwürfe Mathematik Sekundarstufe II,*
Mathematik Primarstufe und Sekundarstufe I + II, DOI 10.1007/978-3-662-48388-6

12. Blum W, Krauss S, Neubrand M (2011): COACTIV – Ein mathematikdidaktisches Projekt? In: Kunter M, Baumert J, Blum W, Klusmann U, Krauss S, Neubrand M (Hrsg): Professionelle Kompetenz von Lehrkräften. Ergebnisse des Forschungsprogramms COACTIV. Waxmann, Münster, S 329–343

13. Bonsen M (2009): Schulleitung, Schuleffektivität und Unterrichtsentwicklung – Was wissen wir über diesen Zusammenhang? In: Rolff H, Rhinow E, Röhrich T (Hrsg): Unterrichtsentwicklung – eine Kernaufgabe der Schule: die Rolle der Schulleitung für besseres Lernen. Carl Link/Luchterhand, Köln, S 44–58

14. Bonsen M (2011): Kooperative Unterrichtsentwicklung. In: Rolff H (Hrsg): Qualität mit System. Eine Praxisanleitung zum Unterrichtsbezogenen Qualitätsmanagement (UQM). Carl Link/Luchterhand, Köln, S 97–118

15. Bruder R (2008): Üben mit Konzept. mathematik lehren 25(147), S 4–11

16. Bruder R, Pinkernell G (2011): Die richtigen Argumente finden. mathematik lehren 28(168), S 2–7

17. Büchter A, Leuders T (2005): Mathematikaufgaben selbst entwickeln. Lernen fördern – Leistung überprüfen, 2. Aufl. Cornelsen Scriptor, Berlin

18. Buff A, Reusser K, Pauli C (2010): Selbstvertrauen ist wichtig, aber nicht ausreichend – Die Bedeutung von Unterricht, Selbstvertrauen und Qualität der Lernmotivation für Engagement und Leistung im Fach Mathematik. In: Reusser K, Pauli C, Waldis M (Hrsg): Unterrichtsgestaltung und Unterrichtsqualität. Ergebnisse einer internationalen und schweizerischen Videostudie zum Mathematikunterricht. Waxmann, Münster, S 279–308

19. Combe A, Kolbe F (2008): Lehrerprofessionalität: Wissen, Können, Handeln. In: Helsper W, Böhme J (Hrsg): Handbuch der Schulforschung, 2. Aufl. VS Verlag für Sozialwissenschaften, Wiesbaden, S 857–875

20. Einsiedler W, Hardy I (2010): Kognitive Strukturierung im Unterricht: Einführung und Begriffsklärungen. Unterrichtswissenschaft 38(3), S 194–209

21. Fröhlich I, Prediger S (2008): Sprichst du Mathe? Kommunizieren in und mit Mathematik. Praxis der Mathematik in der Schule 50(24), S 1–8

22. Gallin P (2010): Dialogisches Lernen im Mathematikunterricht. In: Leuders T, Hefendehl-Hebeker L, Weigand H (Hrsg): Mathemagische Momente, 1. Aufl. Cornelsen, Berlin, S 40–49

23. Gallin P, Hussmann S (2006): Dialogischer Unterricht. Aus der Praxis in die Praxis. Praxis der Mathematik in der Schule 48(7), S 1–6

24. Gallin P, Ruf U (1998): Austausch unter Ungleichen. Grundzüge einer interaktiven und fächerübergreifenden Didaktik. Dialogisches Lernen in Sprache und Mathematik, Bd 1. Kallmeyer, Seelze

25. Gallin P, Ruf U (1998): Spuren legen – Spuren lesen. Unterricht mit Kernideen und Reisetagebüchern. Dialogisches Lernen in Sprache und Mathematik, Bd 2. Kallmeyer, Seelze

26. Geldermann C (2010): Unterrichtsentwicklung als Schulleitungsaufgabe am Beispiel der Stützung der Fachkonferenzarbeit, Ostbevern

27. Geldermann C (2015): Erfolgreicher Mathematikunterricht. Eine Interviewstudie mit Expertenlehrern der gebundenen Ganztagsschule. Hochschulschriften zur Mathematikdidaktik, Bd 4. WTM Verlag für wissenschaftliche Texte und Medien, Münster

28. Green N, Green K, Heckt DH (2011): Kooperatives Lernen im Klassenraum und im Kollegium. Das Trainingsbuch, 6. Aufl. Kallmeyer, Seelze-Velber

29. Gudjons H (2006): Neue Unterrichtskultur – veränderte Lehrerrolle. Klinkhardt, Bad Heilbrunn

30. Hattie J (2009): Visible learning. A synthesis of over 800 meta-analyses relating to achievement. "Reveals teaching's Holy Grail". The Times Educational Supplement. Routledge, London [u. a.]

31. Hattie J, Beywl W, Zierer K (2013): Lernen sichtbar machen. Überarbeitete deutschsprachige Ausgabe von Visible Learning. Schneider Hohengehren, Baltmannsweiler

32. Heckmann K, Padberg F (2012): Unterrichtsentwürfe Mathematik Sekundarstufe I. Mathematik Primarstufe und Sekundarstufe I + II. Spektrum Akademischer Verlag GmbH, Berlin, Heidelberg

33. Helmke A (2003): Unterrichtsqualität erfassen, bewerten, verbessern. Schulisches Qualitätsmanagement. Klett Kallmeyer, Seelze

34. Helmke A (2009): Unterrichtsqualität und Lehrerprofessionalität. Diagnose, Evaluation und Verbesserung des Unterrichts, 2. Aufl. Klett Kallmeyer, Seelze-Velber

35. Helmke A (2011): Forschung zur Lernwirksamkeit des Lehrerhandelns. In: Terhart E, Bennewitz H, Rothland M (Hrsg): Handbuch der Forschung zum Lehrerberuf. Waxmann, Münster, S 630–643

36. Helsper W (2009): Jugend zwischen Familie und Schule. Eine Studie zu pädagogischen Generationsbeziehungen, 1. Aufl. VS Verlag für Sozialwissenschaften, Wiesbaden

37. Hentig Hv (1971): Allgemeine Lernziele der Gesamtschule. In: Becksmann U (Hrsg): Lernziele der Gesamtschule, 3. Aufl. Klett, Stuttgart

38. Heymann HW (1996): Allgemeinbildung und Mathematik. Studien zur Schulpädagogik und Didaktik, Bd 13. Beltz, Weinheim [u. a.]

39. Heymann HW (2010): Wie viel Mathe braucht der Mensch? Oder: Was für einen Mathematikunterricht brauchen unsere Kinder und Jugendlichen? Lehren und Lernen 36(4), S 4–7

40. Hugener I, Pauli C, Reusser K (2007): Inszenierungsmuster, kognitive Aktivierung und Leistung im Mathematikunterricht. In: Lemmermöhle D, Rothgangel M, Bögeholz S, Hasselhorn M, Watermann R (Hrsg): Professionell lehren – erfolgreich lernen. Waxmann, Münster, New York, München, Berlin, S 109–121

41. Hußmann S, Nührenbörger M, Prediger S, Selter C (2014): Schwierigkeiten in Mathematik begegnen. Praxis der Mathematik in der Schule 56(56), S 2–8

42. Jordan A, Krauss S (2008): Aufgaben im COACTIV-Projekt: Zeugnisse des kognitiven Aktivierungspotentials im deutschen Mathematikunterricht. In: Vásárhelyi E (Hrsg): Beiträge zum Mathematikunterricht 2008 Online. Vorträge auf der 42. Tagung für Didaktik der Mathematik. Martin Stein Verlag, Münster, S 481–484

43. Kirschner PA, Sweller J, Clark RE (2006): Why Minimal Guidance During Instruction Does Not Work: An Analysis of the Failure of Constructivist, Discovery, Problem-Based, Experiental and Inquiry-Based Teaching. Educational Psychologist 41(2), S 75–86

44. Kleickmann T, Vehmeyer JK, Möller K (2010): Zusammenhänge zwischen Lehrervorstellungen und kognitivem Strukturieren im Unterricht am Beispiel von Scaffolding-Maßnahmen. Unterrichtswissenschaft 38(3), S 210–228

45. Klieme E (2003): Zur Entwicklung nationaler Bildungsstandards. Eine Expertise. http://www.bmbf.de/pub/zur_entwicklung_nationaler_bildungsstandards.pdf. Zugegriffen: 18. Juni 2015

46. Klieme E, Lipowsky F, Rakoczy K, Ratzka N (2006): Qualitätsdimensionen und Wirksamkeit von Mathematikunterricht. Theoretische Grundlagen und ausgewählte Ergebnisse des Projekts „Pythagoras". In: Prenzel M, Allolio-Näcke L (Hrsg): Untersuchungen zur Bildungsqualität von Schule. Abschlussbericht des DFG-Schwerpunktprogramms [BIQUA]. Waxmann, Münster, S 127–146

47. KMK (2012): Bildungsstandards im Fach Mathematik für die Allgemeine Hochschulreife. Beschluss der Kultusministerkonferenz vom 18.10.2012

48. Kohler B, Wacker A (2013): Das Angebots-Nutzungs-Modell. Überlegungen zu Chancen und Grenzen des derzeit prominentesten Wirkmodells der Schul- und Unterrichtsforschung. Die deutsche Schule 105(3), S 241–257

49. Köller O (2012): Forschung zur Wirksamkeit von Maßnahmen zur Professionalisierung von Lehrkräften: ein Desiderat für die empirische Bildungsforschung. In: Kobarg M, Fischer C, Dalehefte IM, Trepke F, Menk M (Hrsg): Lehrerprofessionalisierung wissenschaftlich begleiten. Strategien und Methoden. Waxmann, Münster, München [u. a.], S 9–14

50. Köller O, Möller J (2012): Was wirklich wirkt. John Hattie resümiert die Forschungsergebnisse zu schulischem Lernen. Schulmanagement 43(2), S 21–24

51. Kultusministerkonferenz (KMK) (2004): Standards für die Lehrerbildung: Bildungswissenschaften. Beschluss der Kultusministerkonferenz vom 04.12.2004. http://www.kmk.org/fileadmin/veroeffentlichungen_beschluesse/2004/2004_12_16-Standards-Lehrerbildung.pdf. Zugegriffen: 18. Juni 2015

52. Kunter M, Baumert J (2011): Das COACTIV-Forschungsprogramm zur Untersuchung professioneller Kompetenz von Lehrkräften – Zusammenfassung und Diskussion. In: Kunter M, Baumert J, Blum W, Klusmann U, Krauss S, Neubrand M (Hrsg): Professionelle Kompetenz von Lehrkräften. Ergebnisse des Forschungsprogramms COACTIV. Waxmann, Münster, S 345–366

53. Kunter M, Baumert J, Blum W, Klusmann U, Krauss S, Neubrand M (Hrsg): (2011): Professionelle Kompetenz von Lehrkräften. Ergebnisse des Forschungsprogramms COACTIV. Waxmann, Münster

54. Kuntze S (2012): Gestalten kognitiv anregender Lernanlässe in Mathematik. Journal für LehrerInnenbildung 12(1), S 9–18

55. Leisen J (2013): Handbuch Sprachförderung im Fach, 1. Aufl. Klett Sprachen, Stuttgart

56. Leisen J (2014): Ein guter Lehrer kann beides: Lernprozesse material und personal steuern. In: Höhle G (Hrsg): Was sind gute Lehrerinnen und Lehrer? Zu den professionsbezogenen Gelingensbedingungen von Unterricht, 1. Aufl. Prolog-Verlag, Immenhausen, Hess, S 168–183

57. Leuders T (2014): Entdeckendes Lernen – Produktives Üben. In: Linneweber-Lammerskitten H (Hrsg): Fachdidaktik Mathematik. Grundbildung und Kompetenzaufbau im Unterricht der Sek. I und II, 1. Aufl. Klett; Kallmeyer, [Stuttgart], Seelze, S 236–263

58. Leuders T, Prediger S (2012): „Differenziert Differenzieren" – Mit Heterogenität in verschiedenen Phasen des Mathematikunterrichts umgehen. In: Lazarides R, Ittel A (Hrsg): Differenzierung im mathematisch-naturwissenschaftlichen Unterricht. Implikationen für Theorie und Praxis. Klinkhardt, Bad Heilbrunn, S 35–66

59. Linneweber-Lammerskitten H (Hrsg) (2014): Fachdidaktik Mathematik. Grundbildung und Kompetenzaufbau im Unterricht der Sek. I und II, 1. Aufl. Reihe „Lehren lernen". Klett; Kallmeyer, [Stuttgart], Seelze

60. Linneweber-Lammerskitten H (2014): Mathematikdidaktik, Bildungsstandards und mathematische Kompetenz. In: Linneweber-Lammerskitten H (Hrsg): Fachdidaktik Mathematik. Grundbildung und Kompetenzaufbau im Unterricht der Sek. I und II, 1. Aufl. Klett; Kallmeyer, [Stuttgart], Seelze, S 9–27

61. Lipowsky F, Rakoczy K, Klieme E, Reusser K, Pauli C (2005): Unterrichtsqualität im Schnittpunkt unterschiedlicher Perspektiven. In: Holtappels HG (Hrsg): Schulentwicklung und Schulwirksamkeit. Systemsteuerung, Bildungschancen und Entwicklung der Schule: 30 Jahre Institut für Schulentwicklungsforschung. Juventa-Verlag, Weinheim, München, S 223–238

62. Meyer H (2004): Was ist guter Unterricht? Mit 65-Minuten-Vortrag, 1. Aufl. Cornelsen Scriptor, Berlin

63. Meyer H (2012): Kompetenzorientierung allein macht noch keinen guten Unterricht! Die „ganze Aufgabe" muss bewältigt werden! Lernende Schule 15(58), S 7–12

64. Meyer H (2012): Mischwald ist besser als Monokultur. Anregungen zur Unterrichtsentwicklung, Salzburg

65. Meyer H (2015): Unterrichtsentwicklung [alle Schulformen; mit Materialien auf CD-ROM]. Cornelsen Scriptor, Berlin

66. Meyer HL, Walter-Laager C, Pfiffner M (2012): Leitfaden für Lehrende in der Elementarpädagogik. Frühe Kindheit : Ausbildung & Studium. Cornelsen, Berlin

67. Ministerium für Bildung, Wissenschaft und Weiterbildung Rheinland-Pfalz (1998): Lehrplan Mathematik Grund- und Leistungsfach Jahrgangsstufen 11 bis 13 der gymnasialen Oberstufe (Mainzer Studienstufe). http://lehrplaene.bildung-rp.de/schulart.html?tx_abdownloads_pi1[action]=getviewcatalog&tx_abdownloads_pi1[category_uid]=118&tx_abdownloads_pi1[cid]=5785&cHash=f3307f600efed5f07cf048f6532f7d0b. Zugegriffen: 18. Juni 2015

68. Ministerium für Schule und Weiterbildung des Landes Nordrhein-Westfalen (2013): Kernlehrplan für die Sekundarstufe II Gymnasium/Gesamtschule in Nordrhein-Westfalen. http://www.schulentwicklung.nrw.de/lehrplaene/upload/klp_SII/m/-KLP_GOSt_Mathematik.pdf. Zugegriffen: 18. Juni 2015

69. Neubrand M, Jordan A, Krauss S, Blum W, Löwen K (2011): Aufgaben im COACTIV-Projekt: Einblick in das Potenzial für kognitive Aktivierung im Mathematikunterricht. In: Kunter M, Baumert J, Blum W, Klusmann U, Krauss S, Neubrand M (Hrsg): Professionelle Kompetenz von Lehrkräften. Ergebnisse des Forschungsprogramms COACTIV. Waxmann, Münster, S 115–132

70. Pauli C, Drollinger-Vetter B, Hugener I, Lipowsky F (2008): Kognitive Aktivierung im Mathematikunterricht. Zeitschrift für Pädagogische Psychologie 22(2), S 127–133

71. Pauli C, Lipowsky F (2007): Mitmachen oder zuhören? Mündliche Schülerinnen- und Schülerbeteiligung im Mathematikunterricht. Unterrichtswissenschaft 35(2), S 101–124

72. Peterßen WH (1998): Handbuch Unterrichtsplanung. Grundfragen, Modelle, Stufen, Dimensionen, 8. Aufl. Oldenbourg, München

73. Prediger S, Scherres C (2012): Niveauangemessenheit von Arbeitsprozessen in selbstdifferenzierenden Lernumgebungen. Qualitative Fallstudie am Beispiel der Suche aller Würfelnetze. Journal für Mathematik-Didaktik 33(1), S 143–173

74. Prenzel M (2013): PISA 2012. Fortschritte und Herausforderungen in Deutschland. Waxmann, Münster

75. Prenzel M, Friedrich A, Stadler M (Hrsg) (2009): Von SINUS lernen – wie Unterrichtsentwicklung gelingt [mit CD-ROM], 1. Aufl. Sinus-Transfer. Klett Kallmeyer, Seelze-Velber

76. Rach S, Ufer S, Heinze A (2012): Lernen aus Fehlern im Mathematikunterricht – kognitive und affektive Effekte zweier Interventionsmaßnahmen. Unterrichtswissenschaft 40(3), S 213–234

77. Reich K (Hrsg) (2009): Lehrerbildung konstruktivistisch gestalten. Wege in der Praxis für Referendare und Berufseinsteiger. Pädagogik und Konstruktivismus. Beltz, Weinheim, Basel

78. Reich K (2012): Konstruktivistische Didaktik. Das Lehr- und Studienbuch mit Online-Methodenpool, 5. Aufl. Beltz Pädagogik. Beltz, Weinheim

79. Reich K (2012): Methodenpool. http://methodenpool.uni-koeln.de. Zugegriffen: 14. Juni 2015

80. Reiss K, Heinze A, Kuntze S, Kessler S, Rudolph-Albert F, Renkl A (2006): Mathematiklernen mit heuristischen Lösungsbeispielen. In: Prenzel M, Allolio-Näcke L (Hrsg): Untersuchungen zur Bildungsqualität von Schule. Abschlussbericht des DFG-Schwerpunktprogramms [BIQUA]. Waxmann, Münster, S 194–208

81. Renkl A (2011): Aktives Lernen in Mathematik: Von sinnvollen und weniger sinnvollen Konzeptionen aktiven Lernens. In: Haug R, Holzäpfel L (Hrsg): Beiträge zum Mathematikunterricht 2011. WTM Verlag für wissenschaftliche Texte und Medien, Münster, S 23–30

82. Reusser K, Pauli C (2010): Unterrichtsgestaltung und Unterrichtsqualität – Ergebnisse einer internationalen und schweizerischen Videostudie zum Mathematikunterricht: Einleitung und Überblick. In: Reusser K, Pauli C, Waldis M (Hrsg): Unterrichtsgestaltung und Unterrichtsqualität. Ergebnisse einer internationalen und schweizerischen Videostudie zum Mathematikunterricht. Waxmann, Münster, S 9–32

83. Reusser K, Pauli C, Eimer A (2011): Berufsbezogene Überzeugungen von Lehrerinnen und Lehrern. In: Terhart E, Bennewitz H, Rothland M (Hrsg): Handbuch der Forschung zum Lehrerberuf. Waxmann, Münster, S 478–465

84. Rolff H (2011): Das System UQM im Überblick. In: Rolff H (Hrsg): Qualität mit System. Eine Praxisanleitung zum Unterrichtsbezogenen Qualitätsmanagement (UQM). Carl Link/Luchterhand, Köln, S 1–16

85. Rolff H, Rhinow E, Röhrich T (Hrsg) (2009): Unterrichtsentwicklung – eine Kernaufgabe der Schule: die Rolle der Schulleitung für besseres Lernen. Carl Link/Luchterhand, Köln

86. Rosentritt-Brunn G, Dresel M (2011): Attributionales Feedback und Reattributionstraining. In: Honal WH, Graf D, Knoll F (Hrsg): Handbuch der Schulberatung. Olzog, München, S 1–21

87. Sächsisches Staatsministerium für Kultus (2013): Lehrplan Gymnasium Mathematik 2004/2009/2011/2013. http://www.schule.sachsen.de/lpdb/web/down-loads/1530_lp_gy_mathematik_2013.pdf?v2. Zugegriffen: 14. Juni 2015

88. Schröder C, Wirth I (2012): 99 Tipps – Kompetenzorientiert unterrichten, 1. Aufl. Praxis-Ratgeber-Schule. Cornelsen, Berlin

89. Schukajlow S, Krug A (2012): Multiple Lösungen beim Modellieren: Wirkungen auf Leistungen, kognitive Aktivierung, Kontrollstrategien, Selbstregulation, Interesse und Selbstwirksamkeit. http://www.mathematik.uni-dortmund.de/ieem/-bzmu2012/files/BzMU12_0049_Schukajlow.pdf. Zugegriffen: 14. Juni 2015

90. Sekretariat der Ständigen Konferenz der Kultusminister der Länder in der Bundesrepublik Deutschland (2006): Gesamtstrategie der Kultusministerkonferenz zum Bildungsmonitoring. Kultusministerkonferenz (KMK). http://www.kmk.org/file-admin/veroeffentlichungen_beschluesse/2006/2006_08_01-Gesamtstrategie-Bildungsmonitoring.pdf. Zugegriffen: 25. Juni 2015

91. Sjuts J (2014): Mathematikunterricht planen, durchführen, reflektieren und evaluieren. In: Linneweber-Lammerskitten H (Hrsg): Fachdidaktik Mathematik. Grundbildung und Kompetenzaufbau im Unterricht der Sek. I und II, 1. Aufl. Klett; Kallmeyer, [Stuttgart], Seelze, S 219–235

92. Staatsinstitut für Schulqualität und Bildungsforschung München (2009): Lehrplan des achtjährigen Gymnasiums. Bayerisches Staatsministerium für Unterricht und Kultus. http://www.isb-gym8-lehrplan.de/contentserv/3.1.neu/g8.de/index.php-?StoryID=26378. Zugegriffen: 18. Juni 2015

93. Stadler M (2009): Modul 10: Prüfen: Erfassen und Rückmelden von Kompetenzzuwachs. In: Prenzel M, Friedrich A, Stadler M (Hrsg): Von SINUS lernen - wie Unterrichtsentwicklung gelingt [mit CD-ROM], 1. Aufl. Klett Kallmeyer, Seelze-Velber, S 55–58

94. Stadler M (2009): Modul 5: Zuwachs von Kompetenz erfahrbar machen: Kumulatives Lernen. In: Prenzel M, Friedrich A, Stadler M (Hrsg): Von SINUS lernen – wie Unterrichtsentwicklung gelingt [mit CD-ROM], 1. Aufl. Klett Kallmeyer, Seelze-Velber, S 35–38

95. Stadler M (2009): Modul 8: Entwicklung von Aufgaben für die Kooperation von Schülerinnen und Schülern. In: Prenzel M, Friedrich A, Stadler M (Hrsg): Von SINUS lernen – wie Unterrichtsentwicklung gelingt [mit CD-ROM], 1. Aufl. Klett Kallmeyer, Seelze-Velber, S 47–51

96. Stadler M (2009): Modul 9: Verantwortung für das eigene Lernen stärken. In: Prenzel M, Friedrich A, Stadler M (Hrsg): Von SINUS lernen – wie Unterrichtsentwicklung gelingt [mit CD-ROM], 1. Aufl. Klett Kallmeyer, Seelze-Velber, S 52–54

97. Tenorth H (2012): Forschungsfragen und Reflexionsprobleme – zur Logik fachdidaktischer Analysen. In: Bayrhuber H, Harms U, Muszynski B, Ralle B, Rothgangel M, Schön L, Vollmer HJ, Weigand H (Hrsg): Formate fachdidaktischer Forschung. Empirische Projekte – historische Analysen – theoretische Grundlegungen. Waxmann, Münster [u. a.], S 11–27

98. Ufer S, Reiss K (2010): Inhaltsübergreifende und inhaltsbezogene strukturierende Merkmale von Unterricht zum Beweisen in der Geometrie – eine explorative Videostudie. Unterrichtswissenschaft 38(3), S 247–265

99. Vygotskij LS (2002) Denken und Sprechen. Psychologische Untersuchungen. Beltz-Taschenbuch, 125: Psychologie. Beltz, Weinheim, Basel

100. Wagner A, Wörn C (2011): Erklären lernen – Mathematik verstehen. Ein Praxisbuch mit Lernangeboten, 1. Aufl. Klett Kallmeyer, Seelze

101. Weinert FE (Hrsg) (2001): Leistungsmessungen in Schulen. Beltz-Pädagogik. Beltz, Weinheim [u. a.]

102. Weinert FE (2001): Vergleichende Leistungsmessung in Schulen – eine umstrittene Selbstverständlichkeit. In: Weinert FE (Hrsg): Leistungsmessungen in Schulen. Beltz, Weinheim [u. a.], S 17–31

103. Wellenreuther M (2009): Frontalunterricht, direkte Instruktion oder offener Unterricht. Empirische Forschung für die Schulpraxis nutzen. SchulVerwaltung NRW 20(6), S 169–172

104. Wellenreuther M (2010): Fördern im Mathematikunterricht – aber wie? Lehren und Lernen 36(4), S 20–24

105. Wellenreuther M (2011): Unterrichtskompetenz verbessern. Zum Programm „adaptives Unterrichten". SchulVerwaltung NRW 22(1), S 20–24

106. Winter H (1995): Mathematikunterricht und Allgemeinbildung. Vorstellungen zur inneren Weiterentwicklung des Mathematikunterrichts in der Oberstufe des Gymnasiums. Mitteilungen der Gesellschaft für Didaktik der Mathematik (61), S 37–46

107. Wottge M (2013): Der „Advance Organizer" – eine geeignete Methode zum Einstieg in die Unterrichtseinheiten? Pädagogische Führung 24(6), S 28–34

Stichwortverzeichnis